面向 21 世纪高等院校课程规划教材

模拟电子技术

靳孝峰　主编

北京航空航天大学出版社

内容简介

本书依据高等院校"模拟电子技术"课程教学内容的基本要求而编写。在编写过程中充分考虑到现代模拟电子技术的飞速发展,重点介绍了模拟电子技术的新理论、新技术和新器件及其应用。本书既有严密完整的理论体系,又具有较强的实用性。

本书主要内容包括半导体器件、基本放大电路、多级放大电路和差动放大电路、放大电路中的频率特性、集成运算放大器、负反馈放大电路、模拟信号运算电路、模拟信号处理电路、信号产生电路、低频功率放大电路、直流稳压电源和晶闸管及其应用电路共12章内容。书中给出了大量的例题和习题,书后给出了附录,以便于学生自学。

本书适合普通高等院校本专科电子、电气、信息技术和计算机等专业作为"模拟电子技术"课程教材使用,也适合高职高专相关专业作为教材以及工程技术人员作为技术参考书使用。

图书在版编目(CIP)数据

模拟电子技术/靳孝峰主编. —北京:北京航空航天大学出版社,2009.8
ISBN 978-7-81124-797-8

Ⅰ.模… Ⅱ.靳… Ⅲ.模拟电路—电子技术 Ⅳ.TN710

中国版本图书馆 CIP 数据核字(2009)第 075418 号

© 2009,北京航空航天大学出版社,版权所有。
未经本书出版者书面许可,任何单位和个人不得以任何形式或手段复制或传播本书内容。
侵权必究。

模拟电子技术
靳孝峰 主编
责任编辑 史海文 杨 波 李保国
*
北京航空航天大学出版社出版发行
北京市海淀区学院路37号(100191) 发行部电话:(010)82317024 传真:(010)82328026
http://www.buaapress.com.cn E-mail:emsbook@gmail.com
北京市松源印刷有限公司印装 各地书店经销
*
开本:787×1092 1/16 印张:25.75 字数:659千字
2009年8月第1版 2009年8月第1次印刷 印数:5 000册
ISBN 978-7-81124-797-8 定价:39.00元

前　言

"模拟电子技术"课程是电子、电气、信息技术和计算机等专业必须开设的一门专业基础课。本书依据高等院校"模拟电子技术"课程教学内容的基本要求而编写,编写时充分考虑到模拟电子技术的飞速发展,加强了模拟电子技术新理论、新技术和新器件及其应用的介绍。本书的编写原则是知识面宽、知识点新、应用性强,有利于学生的理解和自学。

本教材参考教学学时为64学时,可以根据教学要求进行适当调整。本教材具有以下特点:其一,本书以器件、单元电路及系统为主线对模拟电子技术内容进行了重新组合,实行模块化组织,力求顺序合理,逻辑性强。本书条理清晰,语言通俗易懂,具有很强的可读性,利于读者阅读理解和自学。其二,本书注重介绍新器件和新技术,反映了模拟电子技术的最新发展。例如,增加了白光LED、红外发光管、激光二极管、双基极二极管、双向触发晶闸管等器件的介绍;增加了由集成运放组成的压控振荡器、函数发生器等内容。其三,本书加强了对器件和系统实际应用的介绍,即多种型号的集成电路及实际应用。其四,本书重点介绍模拟电路的分析方法和设计方法以及常用集成芯片的应用。对于模拟集成电路的内部结构不作过多地分析和繁杂的数学公式推导,力求简明扼要。其五,本书正文与例题、习题紧密配合,互相补充,便于调节教学节律,利于理解深化。另外,本书还设置了选讲和自学的内容,以便于加深加宽知识面,可根据实际情况进行取舍。其六,考虑到本科和专科学生普遍存在实践能力较差的问题,在附录中安排了一些实训内容。

本教材可以与《数字电子技术》教材配合使用,也可单独使用。考虑到不同学校不同专业,两门课程的开设顺序不同,本教材增加了半导体器件内容作为本书的第1章。若已开设过"数字电子技术"课程的专业,第1章可以选讲。

本书由北京航空航天大学、郑州大学、焦作大学、河南理工大学、中原工学院、河南农业大学、河南城建学院、焦作师范高等专科学校、河南经贸职业学院等兄弟院校共同编写,参加本书编写的人员均为长期从事模拟电子技术教学的一线教师,具有丰富的教学经验。靳孝峰担任本书主编,负责制定编写要求和详细的内容编写目录,并对全书进行统稿和定稿。孙炳海、郭艳清、谷利芬和刘晓莉担任副主编,负责协助主编工作。第1章由李长有、靳孝峰共同编写;第2章由郭艳清、谷利芬共同编写;第3章由周海涛编写;第4章由王燕编写;第5章由马彦霞编写;第6章由李聪、李祥共同编写;第7章由王燕、马彦霞、王新强共同编写;第8章由王新强编写;第9章由刘晓莉编写;第10章由孙炳海编写;第11章由李玉魁编写;

第12章由谷利芬、郭艳清共同编写；附录由靳孝峰、李长有共同编写。李鸿征、武超、赵锋、刘云朋、梁超、张艳、司国宾、王春霞等老师为本书查找了很多资料，并制作了全部电路图。本书由河南理工大学付子义教授、康润生副教授负责审阅，两位老师在百忙中认真细致地审阅了全部书稿，并提出了宝贵建议。北京航空航天大学出版社的工作人员为本书的成功出版付出了艰辛的劳动。

编者在此对为本书成功出版作出贡献的所有工作人员表示衷心的感谢。同时对本书所引用参考文献的作者表示诚挚的谢意。

由于编者水平有限，书中的错漏和不妥之处在所难免，敬请读者批评指正，以便不断改进。

作　者

2009 年 6 月

本教材还配有教学课件。需要用于教学的教师，请与北京航空航天大学出版社联系。北京航空航天大学出版社联系方式如下：

通信地址：北京海淀区学院路 37 号北京航空航天大学出版社教材推广部

邮　　编：100191

电　　话：010-82317027

传　　真：010-82328026

E-mail：bhkejian@126.com

目 录

第1章 半导体器件

1.1 半导体的基本知识 1
1.1.1 本征半导体 1
1.1.2 杂质半导体 2
1.1.3 PN结及其导电特性 3

1.2 半导体二极管及其应用电路 7
1.2.1 半导体二极管的结构 7
1.2.2 半导体二极管的导电特性 7
1.2.3 半导体二极管的主要参数 9
1.2.4 半导体二极管的应用 10
1.2.5 二极管使用注意事项 11

1.3 特殊二极管 11
1.3.1 稳压二极管 11
1.3.2 变容二极管 13
1.3.3 光电二极管 13
1.3.4 发光二极管 14
1.3.5 肖特基二极管 15

1.4 双极型半导体三极管 15
1.4.1 三极管的结构 16
1.4.2 半导体三极管的工作原理 16
1.4.3 半导体三极管的伏安特性曲线 20
1.4.4 半导体三极管的主要参数 22
1.4.5 半导体三极管的应用 24

1.5 光电三极管和光电耦合器 25

1.6 半导体场效应管 26
1.6.1 结型场效应管 26
1.6.2 绝缘场效应管 30
1.6.3 场效应管参数 34
1.6.4 场效应管的特点及应用 35

本章小结 36
习 题 36

第 2 章 基本放大电路

2.1 放大电路概述 … 40
2.1.1 放大的实质 … 40
2.1.2 放大电路的分析方法和放大电路的主要性能指标 … 41
2.2 三极管放大电路的基本组成和工作原理 … 44
2.2.1 单管共射放大电路的基本组成 … 44
2.2.2 单管共射放大电路的工作原理 … 46
2.2.3 放大器组成原则 … 48
2.3 放大电路的分析方法 … 49
2.3.1 图解法 … 49
2.3.2 微变等效电路法 … 55
2.3.3 静态工作点稳定电路 … 60
2.3.4 三极管 3 种基本组态放大电路的分析 … 63
2.4 场效应管放大电路 … 70
2.4.1 场效应管偏置电路 … 71
2.4.2 场效应管放大电路分析 … 73
2.4.3 共漏和共源放大电路的比较 … 77
本章小结 … 78
习　题 … 78

第 3 章 多级放大电路和差动放大电路

3.1 多级放大电路 … 87
3.1.1 多级放大电路的耦合方式 … 87
3.1.2 多级放大电路的分析 … 91
3.1.3 组合式电路 … 92
3.2 差动放大电路 … 97
3.2.1 直接耦合放大电路中的特殊问题及解决措施 … 97
3.2.2 基本差动放大电路 … 97
3.2.3 实际差动放大器 … 100
3.2.4 差动放大器的几种接法 … 105
3.2.5 差动放大器的调零 … 107
3.2.6 场效应晶体管差动放大电路 … 109
3.2.7 差动放大电路的传输特性 … 111
本章小结 … 111
习　题 … 112

第 4 章 放大电路的频率特性

4.1 频率响应的一般概念及其分析方法 … 116

目录

    4.1.1 频率响应的基本概念 ·· 116
    4.1.2 频率响应的一般分析方法 ·· 118
  4.2 晶体三极管的高频等效电路及频率参数 ································ 120
    4.2.1 晶体三极管的高频等效电路 ······································ 120
    4.2.2 晶体管的高频参数 ·· 121
    4.2.3 混合π型等效电路的单向化和密勒效应 ························ 123
  4.3 共射基本放大电路的频率响应 ·· 124
    4.3.1 中频放大倍数 A_{usm} ·· 125
    4.3.2 低频放大倍数 A_{usl} 及波德图 ···································· 126
    4.3.3 高频电压放大倍数 A_{ush} 及波德图 ···························· 127
    4.3.4 完整的频率特性曲线 ·· 129
    4.3.5 其他电容对频率特性的影响 ······································ 131
  4.4 多级放大电路的频率特性 ··· 135
    4.4.1 多级放大电路的幅频特性和相频特性 ·························· 135
    4.4.2 多级放大电路的上限频率和下限频率 ·························· 136
  本章小结 ··· 139
  习　题 ··· 139

第 5 章　集成运算放大器

  5.1 集成运放概述 ··· 141
    5.1.1 集成电路的特点和类型 ··· 141
    5.1.2 集成运放的组成及其表示符号 ·································· 143
    5.1.3 集成运算放大器的分类 ··· 144
  5.2 电流源电路 ·· 146
    5.2.1 镜像电流源电路 ·· 146
    5.2.2 威尔逊电流源电路 ·· 147
    5.2.3 比例电流源电路 ·· 148
    5.2.4 微电流源电路 ··· 149
    5.2.5 多路偏置电路 ··· 150
    5.2.6 电流源作为有源负载 ·· 151
  5.3 典型集成运算放大器 ··· 152
    5.3.1 集成运算放大器 F007 ·· 152
    5.3.2 CMOS 集成运放 CC14573 ····································· 155
    5.3.3 其他集成运放简介 ·· 156
  5.4 集成运放的主要技术指标及其选择 ······································ 158
    5.4.1 集成运放的主要技术指标 ·· 158
    5.4.2 集成运算放大器的选择 ·· 162
  5.5 集成运算放大器的使用常识 ·· 162
  本章小结 ·· 166

习　题 ·· 166

第6章　负反馈放大电路

6.1 反馈的基本概念 ·· 169
6.1.1 什么是反馈 ·· 169
6.1.2 反馈放大电路的组成及方框图 ·· 170
6.1.3 反馈的类型与判别 ··· 170
6.2 负反馈放大电路的4种基本组态 ··· 174
6.3 负反馈放大电路的基本关系式 ··· 180
6.4 负反馈对放大器性能的影响 ·· 182
6.4.1 提高闭环放大倍数的稳定性 ·· 182
6.4.2 展宽通频带 ·· 183
6.4.3 减小非线性失真和抑制干扰、噪声 ·· 185
6.4.4 改变输入电阻和输出电阻 ··· 186
6.5 深度负反馈放大电路的估算 ·· 189
6.6 负反馈放大电路的稳定问题 ·· 192
6.6.1 产生自激振荡的原因及条件 ·· 192
6.6.2 自激振荡的判断方法 ··· 193
6.6.3 负反馈放大电路的稳定裕度 ·· 194
6.6.4 负反馈自激的消除 ·· 194
本章小结 ·· 195
习　题 ·· 196

第7章　模拟信号运算电路

7.1 理想运算放大器及其应用特点 ··· 200
7.1.1 理想集成运算放大器 ··· 200
7.1.2 集成运放的工作区 ·· 200
7.2 比例运算电路 ··· 202
7.2.1 反相输入比例运算电路 ·· 202
7.2.2 同相输入比例运算电路 ·· 203
7.2.3 差动输入比例运算电路 ·· 204
7.3 求和运算电路 ··· 206
7.3.1 反相求和电路 ··· 206
7.3.2 同相求和电路 ··· 207
7.3.3 双端求和电路 ··· 207
7.4 积分和微分运算 ·· 210
7.4.1 积分运算 ··· 210
7.4.2 微分运算 ··· 212
7.5 对数和反对数运算电路 ·· 213

目 录

    7.5.1 对数运算电路 ·· 213
    7.5.2 反对数运算电路 ·· 214
    7.5.3 对数和反对数组合运算电路 ····································· 215
  7.6 集成模拟乘法器及其应用 ·· 215
    7.6.1 集成模拟乘法器 ·· 216
    7.6.2 集成模拟乘法器的应用 ··· 217
 本章小结 ··· 219
 习 题 ··· 220

第 8 章 模拟信号处理电路

  8.1 有源滤波电路 ··· 224
    8.1.1 滤波电路概述 ··· 224
    8.1.2 有源低通滤波 ··· 226
    8.1.3 有源高通滤波 ··· 229
    8.1.4 有源带通滤波电路 ·· 230
    8.1.5 有源带阻滤波电路 ·· 232
    8.1.6 开关电容滤波器 ·· 233
  8.2 精密整流电路 ··· 235
    8.2.1 精密半波整流电路 ·· 236
    8.2.2 精密全波整流电路 ·· 236
  8.3 信号比较电路 ··· 237
    8.3.1 单限电压比较器 ·· 237
    8.3.2 迟滞电压比较器 ·· 240
    8.3.3 双限比较器 ··· 245
    8.3.4 单片集成比较器 ·· 245
 本章小结 ··· 247
 习 题 ··· 247

第 9 章 信号产生电路

  9.1 正弦波振荡电路 ·· 252
    9.1.1 正弦波振荡电路概述 ··· 252
    9.1.2 RC 正弦波振荡电路 ·· 255
    9.1.3 LC 正弦波振荡电路 ·· 258
    9.1.4 石英晶体正弦波振荡电路 ····································· 265
  9.2 非正弦波产生电路 ·· 268
    9.2.1 矩形波产生电路 ·· 269
    9.2.2 三角波产生电路 ·· 270
    9.2.3 锯齿波产生电路 ·· 271
  9.3 压控振荡器 ·· 273

9.4　单片集成函数发生器 8038 简介…………………………………………………… 276
本章小结………………………………………………………………………………… 278
习　题…………………………………………………………………………………… 279

第 10 章　低频功率放大电路

10.1　功率放大电路概述………………………………………………………………… 284
　　10.1.1　功率放大器的特点及要求…………………………………………………… 284
　　10.1.2　功率放大器的分类…………………………………………………………… 285
　　10.1.3　提高输出功率和效率的方法………………………………………………… 286
10.2　互补对称功率放大电路…………………………………………………………… 287
　　10.2.1　乙类双电源互补对称功率放大电路………………………………………… 287
　　10.2.2　甲乙类双电源互补对称电路………………………………………………… 290
　　10.2.3　单电源互补对称电路………………………………………………………… 292
　　10.2.4　复合管互补对称电路………………………………………………………… 293
　　10.2.5　变压器耦合推挽功率放大电路……………………………………………… 295
　　10.2.6　实际功率电路举例…………………………………………………………… 297
10.3　集成功率放大器…………………………………………………………………… 302
　　10.3.1　TDA2030A 音频集成功率放大器…………………………………………… 302
　　10.3.2　单片音频功率放大器 5G37…………………………………………………… 304
　　10.3.3　单片音频功率放大器 LM386………………………………………………… 305
　　10.3.4　BiMOS 集成功率放大器……………………………………………………… 306
　　10.3.5　桥式平衡功率放大器………………………………………………………… 307
10.4　功率器件…………………………………………………………………………… 309
　　10.4.1　双极型大功率晶体管(BJT)………………………………………………… 309
　　10.4.2　功率 MOS 器件………………………………………………………………… 311
　　10.4.3　功率模块……………………………………………………………………… 312
本章小结………………………………………………………………………………… 313
习　题…………………………………………………………………………………… 313

第 11 章　直流稳压电源

11.1　直流稳压电源概述………………………………………………………………… 316
11.2　单相整流电路……………………………………………………………………… 318
　　11.2.1　单相半波整流电路…………………………………………………………… 318
　　11.2.2　单相全波整流电路…………………………………………………………… 319
　　11.2.3　单相桥式整流电路…………………………………………………………… 321
　　11.2.4　倍压整流电路………………………………………………………………… 323
11.3　滤波电路…………………………………………………………………………… 325
　　11.3.1　电容滤波电路………………………………………………………………… 325
　　11.3.2　电感滤波电路和 LC 滤波电路……………………………………………… 328

目录

- 11.3.3 π型滤波电路 ………………………………………………… 329
- 11.3.4 各种滤波电路性能比较 ………………………………………… 330
- 11.4 分立元件稳压电路 …………………………………………………… 330
  - 11.4.1 硅稳压管组成的并联型稳压电路 ……………………………… 330
  - 11.4.2 串联型稳压电路 ………………………………………………… 334
- 11.5 集成稳压电路 ………………………………………………………… 337
  - 11.5.1 三端固定式集成稳压器 ………………………………………… 337
  - 11.5.2 三端可调集成稳压器 …………………………………………… 340
  - 11.5.3 三端集成稳压器的使用注意事项 ……………………………… 341
- 11.6 开关型稳压电路 ……………………………………………………… 342
  - 11.6.1 开关型稳压电路的特点和分类 ………………………………… 342
  - 11.6.2 开关型稳压电路的组成 ………………………………………… 343
  - 11.6.3 开关型稳压电路的工作原理 …………………………………… 344
  - 11.6.4 开关型稳压电路实例 …………………………………………… 345
- 本章小结 ……………………………………………………………………… 347
- 习 题 ………………………………………………………………………… 348

第12章 晶闸管及其应用电路

- 12.1 普通单向晶闸管 ……………………………………………………… 353
  - 12.1.1 单向晶闸管的基本结构和工作原理 …………………………… 353
  - 12.1.2 单向晶闸管的伏安特性曲线及其主要参数 …………………… 355
- 12.2 单相可控整流电路 …………………………………………………… 357
  - 12.2.1 单相半波可控整流电路 ………………………………………… 357
  - 11.2.2 单相半控桥式整流电路 ………………………………………… 359
- 12.3 单结晶体管触发电路 ………………………………………………… 362
  - 12.3.1 单结晶体管的结构及其性能 …………………………………… 362
  - 12.3.2 单结晶体管触发电路 …………………………………………… 364
  - 12.3.3 单结管同步触发电路 …………………………………………… 365
- 12.4 晶闸管的保护 ………………………………………………………… 366
  - 12.4.1 过电流保护 ……………………………………………………… 366
  - 12.4.2 过电压保护 ……………………………………………………… 367
- 12.5 双向晶闸管及双向触发二极管 ……………………………………… 368
  - 12.5.1 双向晶闸管 ……………………………………………………… 368
  - 12.5.2 触发二极管 ……………………………………………………… 369
  - 12.5.3 交流调光台灯的应用电路 ……………………………………… 370
- 本章小结 ……………………………………………………………………… 371
- 习 题 ………………………………………………………………………… 372

附录A 综合实训 ································· 373

A.1 综合实训的任务与基本要求 ································· 373
A.2 电子电路的安装与调试 ································· 373
　　A.2.1 元器件的选择 ································· 373
　　A.2.2 电子设备的布局与安装 ································· 376
　　A.2.3 电路的调试 ································· 377
　　A.2.4 制板与焊接 ································· 378
A.3 综合实训举例 ································· 378
　　综合实训1 铂电阻测温电路的制作实训 ································· 378
　　综合实训2 扩音机的制作 ································· 380
　　综合实训3 直流稳压电源的制作 ································· 381

附录B 部分习题参考答案 ································· 384

附录C 本书常用文字符号 ································· 397

参考文献 ································· 400

第1章 半导体器件

电子技术是一门研究电子器件及其应用的科学技术。电子技术按其产生、传输和处理信号的不同,分为数字电子技术和模拟电子技术两个组成部分。数值随时间连续变化的信号是模拟信号,产生、传输和处理模拟信号的电路称为模拟电子电路;时间和数值都离散的信号是数字信号,产生、传输和处理数字信号的电路称为数字电子电路。由于两种电路中电子器件的工作状态不同,所以电路的分析方法、设计方法和实验方法均有明显的差别。

半导体器件是以半导体(硅、锗)等为主要材料制作而成的电子控制器件,是组成模拟电路和数字电路的共同基本单元。它的种类很多,二极管、三极管、场效应管以及集成电路都是重要的半导体器件。半导体器件具有体积小、质量轻、使用寿命长、输入功率小、功率转化效率高以及可靠性强等优点,因而得到极为广泛的应用。本章首先介绍半导体的基本知识,然后介绍半导体二极管、三极管、场效应管的结构、工作原理、特性曲线、主要参数以及应用。

1.1 半导体的基本知识

根据导电性能的不同,物质可分为导体、绝缘体和半导体3大类。凡容易导电的物质(如金、银、铜、铝、铁等金属物质)称为导体;不容易导电的物质(如玻璃、橡胶、塑料、陶瓷等)称为绝缘体;导电能力介于导体和绝缘体之间的物质(如硅、锗、硒、砷化镓等)称为半导体。半导体之所以得到广泛的应用,是因为它具有热敏性、光敏性和掺杂性等特殊性能。

1.1.1 本征半导体

本征半导体是一种纯净的半导体晶体。常用的半导体材料是单晶硅(Si)和单晶锗(Ge)。半导体硅和锗原子结构中最外层轨道上有4个价电子,它们都是4价元素。

本征半导体硅和锗的共价键结构如图1.1所示。由图1.1可见,各原子间整齐而有规则地排列着,每个原子的4个价电子不仅受所属原子核的吸引,而且还受相邻4个原子核的吸引,每一个价电子都为相邻原子核所共用,形成了稳定的共价键结构。每个原子核最外层等效有8个价电子,由于价电子不易挣脱原子核束缚而成为自由电子,因此,本征半导体导电能力较差。

但是,如果能从外界获得一定的能量(如光照、温升等),有些价电子就会挣脱共价键的束缚而成为自由电子,在共价键中留下一个带电空位,称为"空穴",如图1.2所示。空穴的出现使相邻原子的价电子离开它所在的共价键来填补这个空穴,这个共价键中又产生了一个新的空穴,同时,这个空穴也会被相邻的价电子填补而产生新的空穴,这种电子填补空穴的运动相当于带正电荷的空穴在运动。因此,可以把空穴看成一种带正电荷的载流子,空穴越多,半导体的载流子数目就越多,形成的电流就越大。

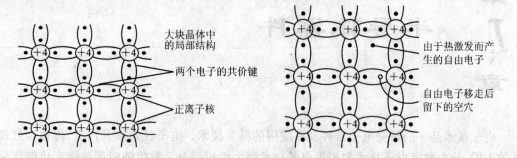

图 1.1 硅和锗的共价键结构　　　图 1.2 本征激发产生的电子和空穴

在本征半导体中,自由电子和空穴数目总是相等的,空穴与电子是成对出现的,称为电子-空穴对。本征半导体在温度升高时产生电子-空穴对的现象称为本征激发。温度越高,产生的电子-空穴对数目就越多,这就是半导体的热敏性。本征半导体中空穴和自由电子浓度相等,即 $n_i = p_i$(下标 i 表示为本征半导体)。理论分析表明,本征载流子的浓度与温度、材料和结构等有关,温度升高时,电子、空穴对的浓度加大,本征半导体导电性能明显提高。

在半导体中存在着自由电子和空穴两种载流子,而导体中只有自由电子这一种载流子,这是半导体与导体的不同之处。

1.1.2 杂质半导体

在本征半导体中掺入微量特定的杂质元素,就会使半导体的导电性能发生显著改变。根据掺入杂质元素的性质不同,杂质半导体可分为 P 型半导体和 N 型半导体两大类。

1. P 型半导体

P 型半导体是在本征半导体硅(或锗)中掺入微量的 3 价元素(如硼、铟等)而形成的。因杂质原子只有 3 个价电子,它与周围硅原子组成共价键时,缺少 1 个电子,因此,在晶体中便产生一个空穴。当相邻共价键上的电子受热激发获得能量时,就有可能填补这个空穴,使硼原子成为不能移动的负离子,而原来硅原子的共价键因缺少了一个电子,便形成了空穴,使得整个半导体仍呈电中性,如图 1.3(a)所示。在 P 型半导体中,原来的晶体仍会产生电子-空穴对,由于杂质的掺入,使得空穴数目远大于自由电子数目,成为多数载流子(简称多子),而自由电子则为少数载流子(简称少子)。因而 P 型半导体以空穴导电为主。由于 3 价杂质原子可接受自由电子,故称为受主杂质。

2. N 型半导体

N 型半导体是在本征半导体硅(或锗)中掺入微量的 5 价元素(如磷、砷、镓等)而形成的。杂质原子有 5 个价电子与周围硅原子结合成共价键时,多出 1 个价电子,这个多余的价电子易成为自由电子,使磷原子成为不能移动的正离子,整个半导体仍呈电中性,如图 1.3(b)所示。由于 5 价杂质原子可提供自由电子,故称施主杂质原子。N 型半导体中,仍会产生电子-空穴对,自由电子是多数载流子,空穴是少数载流子。

理论证明,在热平衡下,多子浓度值与少子浓度值的乘积恒等于本征载流子浓度值 n_i 的平

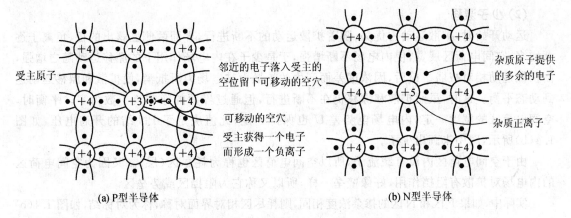

(a) P型半导体　　　　　　　　　　　　(b) N型半导体

图 1.3　杂质半导体的结构

方。即在一定温度下,电子浓度与空穴浓度的乘积是一个常数,与掺杂浓度无关。

在以上两种杂质半导体中,尽管掺入的杂质浓度很小,但通常由杂质原子提供的载流子数却远大于本征载流子数,大大提高了导电能力。因此,对半导体掺杂是改变半导体导电性能的有效方法。

1.1.3　PN 结及其导电特性

通过掺杂工艺,把本征硅(或锗)片的一边做成 P 型半导体,另一边做成 N 型半导体,这样在它们的交界面处会形成一个很薄的特殊物理层,称为 PN 结。PN 结是构造半导体元器件的基本结构单元。

1. PN 结的形成

(1) 多子扩散

P 型半导体由带正电的空穴、带负电的电子及带负电的负离子组成,其中空穴是多子,电子是少子。N 型半导体由带负电的电子、带正电的空穴及带正电的正离子组成,其中电子是多子,空穴是少子。半导体中正负电荷是相等的,因此保持电中性。

P 型半导体和 N 型半导体有机地结合在一起时,因为 P 区一侧空穴多,N 区一侧电子多,所以在它们的界面处存在空穴和电子的浓度差。于是 P 区中的空穴会向 N 区扩散,并在 N 区被电子复合。而 N 区中的电子也会向 P 区扩散,并在 P 区被空穴复合。这样在 P 区和 N 区分别留下不能移动的负离子和正离子。上述过程如图 1.4(a)所示。多子扩散的结果在界面的两侧形成了由等量正、负离子组成的空间电荷区,形成了自建内电场,如图 1.4(b)所示。

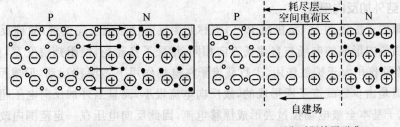

(a) 多数载流子的扩散运动　　　　　　(b) 平衡时阻挡层形成

图 1.4　PN 结的形成

(2) 少子漂移

运动开始时,扩散运动占优势,随着扩散运动的不断进行,界面两侧显露出的正、负离子逐渐增多,空间电荷区展宽,使内电场不断增强,于是少子在内电场作用下的漂移运动随之增强,而扩散运动相对减弱。最后,因浓度差而产生的扩散力被电场力所抵消,使扩散和漂移运动达到动态平衡。这时,虽然扩散和漂移仍在不断进行,但通过界面的净载流子数为零。平衡时,空间电荷区的宽度一定,内电场电势差 U 也保持一定,此值决定了 PN 结的开启电压,如图 1.4(b)所示,图中未画出少子。

由于空间电荷区内没有载流子,所以空间电荷区也称为耗尽区(层)。又因为空间电荷区的内电场对扩散有阻挡作用,好像壁垒一样,所以又称它为阻挡区或势垒区。

实际中,如果 P 区和 N 区的掺杂浓度相同,则耗尽区相对界面对称,称为对称结,如图 1.4(b)所示。如果一边掺杂浓度大(重掺杂),一边掺杂浓度小(轻掺杂),则称为不对称结,用 P^+N 或 PN^+ 表示(+号表示重掺杂区)。这时耗尽区主要伸向轻掺杂区一边,如图 1.5(a)和(b)所示。

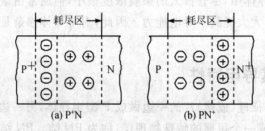

图 1.5 不对称 PN 结

2. PN 结的单向导电性

上面所讨论的 PN 结处于平衡状态,称为平衡 PN 结。PN 结的单向导电性只有在外加电压时才显示出来。

(1) PN 结外加正向电压

若将电源的正极接 P 区,负极接 N 区,则称此为正向接法或正向偏置,简称正偏。由于空间电荷区的电阻比 P 区、N 区高,故外加电压几乎全部加在空间电荷区。此时外加电压在阻挡层内形成的电场与自建内电场方向相反,削弱了自建场,使阻挡层变窄,如图 1.6(a)所示,串接 R 为限流电阻。显然,扩散作用大于漂移作用,在电源作用下,多数载流子向对方区域扩散形成正向电流,其方向由电源正极通过 P 区、N 区到达电源负极。此时,PN 结处于导通状态,它所呈现出的电阻为正向电阻,其阻值很小。正向电压越大,正向电流越大。

(2) PN 结外加反向电压

若将电源的正极接 N 区,负极接 P 区,则称此为反向接法或反向偏置,简称反偏。此时外加电压在阻挡层内形成的电场与自建场方向相同,增强了自建场,使阻挡层变宽,如图 1.6(b)所示。此时漂移作用大于扩散作用,少数载流子在电场作用下做漂移运动,形成反向电流 I_R。由于反向电流是由少数载流子所形成的,故反向电流很小,而且当外加反向电压超过零点几伏时,少数载流子基本全被电场拉过去形成漂移电流,因此反向电压在一定范围内改变时反向电流基本不变。此时,PN 结处于截止状态,呈现的电阻称为反向电阻,其阻值很大,高达几百千欧以上。

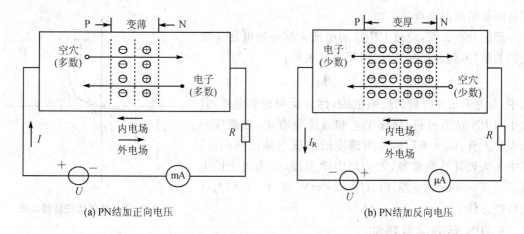

(a) PN结加正向电压　　　　　　　　(b) PN结加反向电压

图 1.6　PN 结的单向导电性

综上所述，PN结加正向电压，处于导通状态；加反向电压，处于截止状态，即PN结具有单向导电特性。

3. 反向击穿特性

PN结处于反向偏置时，在一定电压范围内，流过PN结的电流是很小的反向电流。但是当反向电压超过某一数值(U_{BR})后，反向电流急剧增加，这种现象称为反向击穿，如图1.7所示，U_{BR}称为反向击穿电压。PN结发生反向击穿的机理可以分为雪崩击穿和齐纳击穿两种。

(1) 雪崩击穿

在轻掺杂的PN结中，耗尽区较宽。当外加反向电压足够高时，内电场很强，少子漂移通过耗尽区时被加速，动能增大到一定程度，少子会与中性原子的价电子相碰撞，将其撞出共价键，产生电子-空穴对。新产生的电子、空穴被强电场加速后，又会撞出新的电子-空穴对，如此连锁反应，使反向电流急剧增加，出现击穿现象。这种击穿称为雪崩击穿。

(2) 齐纳击穿

在重掺杂的PN结中，耗尽区很窄，所以不大的反向电压（一般为几伏），就能在耗尽区内形成很强的电场（可达 $2×10^6$ V/cm）。当反向电压大到一定值时，强电场足以将耗尽区内中性原子的价电子直接拉出共价键，产生大量电子-空穴对，使反向电流急剧增大。这种击穿称为齐纳击穿或场致击穿。一般来说，对硅材料的PN结，$U_{BR}>7$ V 时为雪崩击穿；$U_{BR}<5$ V 时为齐纳击穿；U_{BR}介于5~7 V时，两种击穿都有。由于击穿破坏了PN结的单向导电特性，因而一般使用时应避免出现击穿现象。

发生击穿并不一定意味着PN结被损坏。当PN结反向击穿时，只要注意控制反向电流的数值（一般通过串接电阻R实现），不使其过大，以免因过热而烧坏PN结（热击穿），当反向电压（绝对值）降低时，PN结的性能就可以恢复正常。稳压二极管正是利用了PN结的反向击穿特性来实现稳压的，当流过PN结的电流变化时，结电压保持U_{BR}基本不变。

4. PN结的伏安特性

PN结的伏安特性曲线如图1.7所示，它描述了流过PN结的电流i与外加电压u之间的关系。图中U_{ON}为开启电压（或称门限电压、死区电压），它的大小与材料有关，硅材料约为0.5 V，锗材料约为0.1 V。正向电压低于U_{ON}时，正向电流很小，只有当正向电压高于U_{ON}后，才有明显的正向电流。

理论分析证明,流过 PN 结的电流 i 与外加电压 u 之间的关系(不包含击穿特性)可用下式表示:

$$I_D = I_S(e^{\frac{U}{U_T}} - 1) \quad (1-1)$$

式中,I_S 为未击穿时最大反向电流,称为反向饱和电流,其大小与 PN 结的材料、制作工艺和温度等有关,随温度升高明显上升;$U_T = kT/q$,称为温度的电压当量或热电压,其中 k 为玻耳兹曼常数,T 为热力学温度,Q 为电子的电量。当 $T = 300$ K(室温)时,$U_T = 26$ mV,式(1-1)称为伏安特性方程。

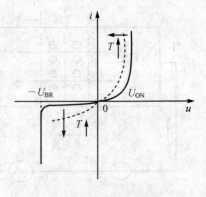

图 1.7 PN 结的伏安特性曲线

5. PN 结的温度特性

PN 结特性对温度变化很敏感,反映在伏安特性上即为:温度升高,正向特性左移,反向特性下移,如图 1.7 中虚线所示。具体变化规律是,保持正向电流不变时,温度每升高 1℃,结电压减小 2~2.5 mV,温度每升高 10℃,反向饱和电流 I_S 增大一倍,反向击穿电压减小。

当温度升高到一定程度时,由本征激发产生的少子浓度有可能超过掺杂浓度,使杂质半导体变得与本征半导体一样,这时 PN 结就不存在了。因此,为了保证 PN 结正常工作,它的最高工作温度有一个限制,对硅材料约为 150~200℃,对锗材料约为 75~100℃。

6. PN 的电容特性

PN 结两端加上电压,PN 结内就有电荷的变化,说明 PN 结具有电容效应。PN 结具有两种电容,势垒电容和扩散电容。

(1) 势垒电容

势垒电容是由阻挡层内空间离子电荷随外加电压变化引起的电容效应,用 C_T 表示。外加反向电压,C_T 变化较明显,一般随反向电压增加而减小。势垒电容的大小与 PN 结的制作工艺、掺杂浓度和结构有关,利用此特性可制作变容二极管。

(2) 扩散电容

扩散电容是 PN 结在正向电压时,多数载流子在扩散过程中引起电荷积累而产生的,用 C_D 表示。当 PN 结加正向电压时,N 区的电子扩散到 P 区,同时 P 区的空穴也向 N 区扩散。这些扩散的载流子在扩散区积累了电荷。显然,在 PN 区交界处,载流子的浓度最高。由于扩散运动,离交界处越远,载流子浓度越低。若 PN 结正向电压加大,则多数载流子扩散加强,电荷量增加;反之,若正向电压减少,则积累的电荷将减少,这就形成了扩散电容效应。扩散电容正比于正向电流,即 $C_D \propto I$。

势垒电容和扩散电容都是非线性电容。由于 C_T 和 C_D 均等效地并接在 PN 结上,所以 PN 结上的总电容 C_j 为两者之和,即 $C_j = C_T + C_D$。正偏时以 C_D 为主,$C_j \approx C_D$,其值通常为几十至几百 pF;反偏时以 C_T 为主,$C_j \approx C_T$,其值通常为几至几十 pF。

综合以上分析可以看出 PN 结既有电阻性又有电容性,因为 C_T 和 C_D 并不大,在低频工作时可以不考虑电容作用,在高频工作时,将影响其单向导电性,必须考虑电容的影响。

思考题

1. 简述本征半导体的温度特性。
2. 简述 P 型和 N 型杂质半导体的导电特性。
3. PN 结是怎么形成的,为什么具有单向导电性?

1.2 半导体二极管及其应用电路

半导体二极管是由 PN 结加上电极引线和管壳构成的,二极管的类型很多,外形各异。按制造二极管的材料分,有硅二极管、锗二极管和砷化镓二极管等;按工作频率分,有高频二极管(开关)和中低频二极管;按工作功率分,有大功率二极管和中低功率二极管;按功能和应用分类,种类更是繁多,例如普通二极管(开关和整流)、稳压二极管、变容二极管、光电二极管、发光二极管和阻尼二极管等。

1.2.1 半导体二极管的结构

具有单向导电特性的普通二极管应用最广,其管子结构有点接触型、面接触型和硅平面型 3 种类型二极管。虽然结构不同,但共用同一电路符号,其结构示意图和电路符号分别如图 1.8(a),(b),(c),(d)所示。电路符号中,接到 P 型区的引线称为正极(或阳极),接到 N 型区的引线称为负极(或阴极)。点接触型二极管结构,如图 1.8(a)所示,这类管子的 PN 结面积和极间电容均很小,允许通过电流较小,工作频率较高,不能承受高的反向电压和大电流,因而适用于制作高频检波和脉冲数字电路里的开关元件以及作为小电流的整流管;面接触型和硅平面型二极管,其结构如图 1.8(b)和(c)所示,这种二极管的 PN 结面积大,可承受较大的电流,其极间电容大,工作频率低,因而适用于整流,而不宜用于高频电路中。集成电路中常用硅平面型工艺。

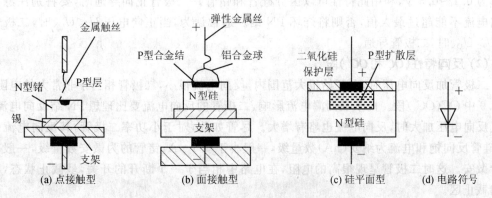

图 1.8 半导体二极管的结构和符号

1.2.2 半导体二极管的导电特性

普通二极管的实际伏安特性曲线如图 1.9 所示,与理想 PN 结伏安特性极为相似。实际二极管由于引线的接触电阻、P 区和 N 区体电阻以及表面漏电流等影响,其伏安特性与 PN 结的伏安特性略有差异,而且,不同型号和结构的二极管伏安特性曲线也有差别。由图 1.9 可以

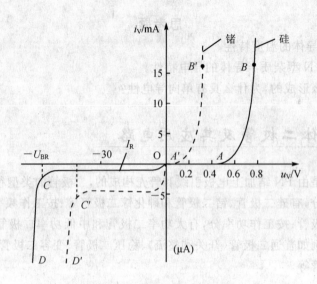

图 1.9 二极管伏安特性曲线

看出,实际二极管的伏安特性有如下特点。

(1) 正向特性

二极管两端加正向电压时,就产生正向电流,当正向电压较小时,正向电流极小(几乎为零),这一部分称为死区,相应的 $A(A')$ 点的电压称为死区电压或门槛电压(也称阈值电压),在室温下,硅管的 U_{ON} 约为 0.5 V,锗管约为 0.1 V,如图 1.9 中 $OA(OA')$ 段。

正向电压高于 U_{ON} 才有明显的正向电流,称为正向导通区,如图 1.9 中 $AB(A'B')$ 段。正向特性在小电流时,呈现出指数变化规律,电流较大以后近似按直线上升。这是因为大电流时,P 区、N 区体电阻和引线接触电阻的作用明显了,从而使电流、电压近似呈线性关系。导通较好时,二极管呈现很小电阻而处于导通状态。这时硅管的管压降为 0.6~0.8 V,锗管的管压降为 0.1~0.3 V,利用此特性可以区分硅管和锗管。二极管正向导通时,要特别注意它的正向电流不能超过最大值,否则将烧坏 PN 结。通常认为,当正向电压 $U<U_{ON}$ 时,二极管截止;$U>U_{ON}$ 时,二极管导通。

(2) 反向特性(OC 和 OC')段

二极管加反向电压时,在开始很大范围内,反向电流很小,二极管相当于非常大的电阻,如图 1.9 中 $OC(OC')$ 段。由于表面漏电流影响,二极管的反向电流要比理想 PN 结反向电流大,而且反向电压加大时,反向电流也略有增大。尽管如此,对于小功率二极管,其反向电流仍很小,硅管反向饱和电流为纳安(nA)数量级,一般小于 0.1 μA,锗管的为微安数量级,一般小于几十微安。这时二极管呈现很高的电阻,在电路中相当于一个断开的开关,呈截止状态,称为反向截止区。

(3) 二极管的反向击穿特性和温度特性

当反向电压加到一定值时,反向电流急剧增加,产生击穿,如图 1.9 中 $CD(C'D')$ 段,此时对应的电压称为反向击穿电压,用 U_{BR} 表示。二极管的反向击穿原理与 PN 结相同,只是数据不同,普通二极管反向击穿电压一般在几十伏以上(高反压管可达几千伏)。二极管的温度特性与 PN 结相似,温度升高时二极管正向特性曲线向左移动,正向压降减小;反向特性曲线向下移动,反向电流增大,利用二极管的温度特性,可作为温度补偿器件、传感器件。

二极管是一种非线性元件,根据分析手段及应用要求,器件电路模型将有所不同。例如,借助计算机辅助分析,则允许模型复杂,以保证分析结果尽可能精确,而在工程分析中,则力求模型简单、实用,以突出电路的功能及主要特性。二极管单向导电性是其重要特性,一般可将其看成一个开关(对其电阻电压特性根据实际情况适当近似)。

1.2.3 半导体二极管的主要参数

器件参数是定量描述器件性能质量和安全工作范围的重要数据,更是合理选择和正确使用器件的依据。二极管的参数一般可以从产品手册中查到,也可以通过直接测量得到。下面介绍晶体二极管的主要参数及其意义。

1. 二极管的直流电阻 R_D 和交流电阻 r_D

二极管的直流电阻 R_D 为二极管两端所加直流电压 U_D 与流过它的直流电流 I_D 之比,即

$$R_D = \frac{U_D}{I_D}$$

R_D 不是恒定值,正向工作时的 R_D 随工作电流增大而减小,反向工作时的 R_D 随反向电压变化很小。

二极管在其工作状态(例如 I_{DQ}, U_{DQ})处的电压微变量与电流微变量之比,为二极管的交流电阻 r_D,即

$$r_D = \left.\frac{\Delta U}{\Delta I}\right|_{I_{DQ},U_{DQ}} = \left.\frac{du}{di}\right|_{I_{DQ},U_{DQ}}$$

r_D 为二极管伏安特性曲线上 $Q(I_{DQ}, U_{DQ})$ 点处切线斜率的倒数。根据 PN 结的电流方程求微分可得交流电阻 r_D。室温条件下 ($T=300$ K),

$$r_D \approx \frac{26 \text{ mV}}{I_{DQ}}$$

r_D 与工作电流 I_{DQ} 成反比,并与温度有关。通过以上分析可知,二极管交、直流电阻均是非线性电阻,即特性曲线上不同点处的交、直流电阻不同,同一点处交流和直流电阻也不相同。对同一工作点而言,直流电阻 R_D 大于交流电阻 r_D;对不同工作点而言,工作点越高,R_D 和 r_D 越低。

2. 最大整流电流 I_F

I_F 是二极管长期运行时,允许通过的最大正向平均电流。实际应用时,流过二极管的平均电流不能超过此值,否则二极管将过热而烧毁。例如 2AP1 的最大整流电流为 16 mA。此值取决于 PN 结的面积、材料和散热情况。

3. 最大反向工作电压 U_{RM}

U_{RM} 是指二极管允许的最大反向工作电压。当反向电压超过此值时,二极管可能被击穿。为了留有余地,通常取击穿电压的一半作为 U_{RM}。

4. 反向电流 I_R

I_R 指二极管未击穿时的反向电流。I_R 越小,单向导电性能越好。I_R 与温度密切相关,使用时应注意 I_R 的温度条件。

5. 最高工作频率 f_{max}

f_{max} 的值主要取决于 PN 结结电容的大小,结电容越大,则二极管允许的最高工作频率越

低。工作频率超过 f_{max} 时,二极管的单向导电性能变坏。

需要指出,由于器件参数分散性较大,手册中给出的一般为典型值,必要时应通过实际测量得到准确值。另外,应注意参数的测试条件,不同测试条件,参数不同,当运用条件不同时,应考虑其影响。

1.2.4 半导体二极管的应用

二极管是电子电路中常用的半导体器件。利用二极管的单向导电特性及导通时正向压降很小的特点,可实现整流、检波、限幅、钳位、电平变换、开关以及元件保护等功能。现简单举例说明。

1. 二极管整流电路

把交流电变为单方向脉动的直流电,称为整流。整流电路可用于信号检测,也是直流电源的一个组成部分。利用二极管的单向导电性可组成单相、三相等各种形式的整流电路,然后再经过滤波、稳压,便可获得平稳的直流电。这些内容将在直流电源部分详细介绍。

单相半波整流和单相桥式整流电路是直流电源常用的两种整流电路。一个简单的二极管单相半波整流电路如图 1.10(a)所示。视二极管为理想二极管(导通管压为 0,导通和截止电阻看作理想),当输入正弦波正半周时,二极管导通(相当开关闭合),$u_o = u_i$;负半周时,二极管截止(相当开关断开),$u_o = 0$。其输入、输出波形见图 1.10(b)。由于流过负载的电流和加在负载两端的电压只有半个周期的正弦波,故称半波整流。

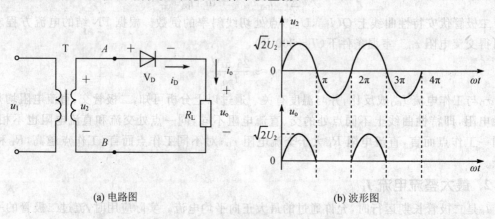

(a) 电路图　　　　　　　　　　　　(b) 波形图

图 1.10　单相半波整流电路及波形图

2. 二极管限幅电路

限幅电路也称为削波电路,它是一种能把输入电压的变化范围加以限制的电路,常用于波形变换和整形。一个简单的上限幅电路如图 1.11(a)所示,认为二极管电阻理想,导通管压为 0 V。由图 1.11 可知,当 $u_i \geqslant 5$ V 时,二极管 V_D 导通,$u_o = 5$ V,即将 u_i 的最大电压限制在 5 V 上;当 $u_i < 5$ V 时,V_D 截止,二极管支路开路,$u_o = u_i$。图 1.11(b)画出了输入幅度为 10 V 的正弦波时该电路的输出波形。可见,上限幅电路将输入信号中高出 5 V 的部分削平了。下限幅电路和双限幅电路读者可自行分析。如图 1.11(a)所示上限幅电路中,若二极管导通电压为 0.7 V,输出波形又如何?

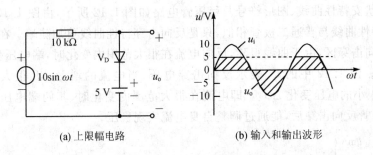

图 1.11 二极管的上限幅电路和波形

利用二极管正向导通时压降很小且基本不变的特性,可组成钳位电路、电平变换电路,可以将电路中某点钳位在一个固定电位也可将电平升高或下降;二极管具有单向导电性,在电子线路中,经常作为无触点开关使用;通信电子电路中,常用二极管作检波元件;在电子线路中,常用二极管来保护其他元器件免受过高电压的损害,例如,与继电器并联的二极管就可以在开关瞬间对继电器进行保护。

1.2.5 二极管使用注意事项

在使用二极管之前,应对二极管进行简易测试,以判断二极管的质量和好坏。一般将万用表置于电阻档测试二极管电阻即可鉴别二极管的极性和判别其质量的好坏,电阻档位要合理选择以免损坏器件。

二极管使用时,应注意以下事项:

① 应按照用途、参数及使用环境选择二极管。

② 使用二极管时,正、负极不可接反。通过二极管的电流,承受的反向电压及环境温度等都不应超过手册中所规定的极限值。

③ 更换二极管时,应该使用同类型或高一级的代替。

④ 二极管的引线弯曲处距离外壳端面应不小于 2 mm,以免造成引线折断或外壳破裂。

总之,二极管在实际应用中,首先应根据电路要求选用合适的管子类型和型号,并且保证管子参数满足电路的要求,同时留有余量以免损坏二极管;另外在实际操作时应注意对二极管的保护。

1.3 特殊二极管

前面主要讨论了普通二极管,另外还有一些特殊用途的二极管,如稳压二极管、发光二极管、光电二极管和变容二极管等,下面分别介绍。

1.3.1 稳压二极管

利用二极管反向击穿特性实现稳压功能的二极管称为稳压二极管。它一般是用硅材料制作的,所以简称硅稳压管。它除了可以构成限幅电路之外,主要用于稳压电路。

1. 稳压二极管的特性

硅稳压二极管结构上一般是掺杂浓度较高的面接触型管子,能长期工作在反向击穿状态。

稳压二极管的伏安特性曲线、图形符号及稳压管电路如图 1.12 所示,由图 1.12 可见,它的正向特性、反向特性曲线与普通二极管相似,只是反向击穿特性曲线更加陡峭。在正常情况下稳压管工作在反向击穿区,由于曲线很陡,反向电流在很大范围内变化时,端电压变化很小,因而具有稳压作用。图 1.12 中的 U_B 表示反向击穿电压,当电流的增量 ΔI_Z 很大时($I_{Zmin}<I<I_{Zmax}$),只引起很小的电压变化 ΔU_Z。即电流在很大范围内变化时,其两端电压几乎不变。这表明,稳压二极管反向击穿后,能通过调整自身电流实现稳压。

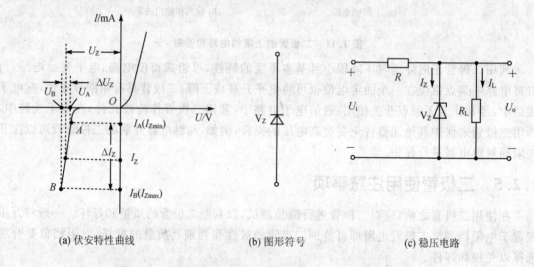

(a) 伏安特性曲线　　　　(b) 图形符号　　　　(c) 稳压电路

图 1.12　稳压二极管的伏安特性曲线、图形符号及稳压电路

稳压二极管击穿后,电流急剧增大,使管耗相应增大。当反向电流超过其最大稳定电流,就会形成破坏性的热击穿。因此必须对击穿后的电流加以限制,以保证稳压二极管的安全。实际电路中应与稳压管串联一个具有适当阻值的限流电阻。图 1.12(c)中,U_i 为有波动的输入电压,并满足 $U_i>U_Z$。R 为限流电阻,R_L 为负载。R 值可根据实际应用和稳压管参数进行计算,允许有一定范围。

2. 稳压二极管的主要参数

为了准确描述稳压管的质量,规定了以下稳压二极管的主要参数。

① 稳定电压 U_Z:U_Z 是指击穿后在电流为规定值时,管子两端的电压值。由于制作工艺的原因,参数 U_Z 分散性较大,即使同型号的稳压二极管,U_Z 也有所不同。使用时可通过测量确定其准确值。

② 额定功耗 P_Z:由于稳压管两端的电压值为 U_Z,而管子中又流过一定的电流,因此稳压管要消耗一定的功率。这部分功耗转化为热能,会使稳压管发热。P_Z 取决于稳压管允许的温升。P_Z 与 PN 结所用的材料、结构及工艺有关,使用时不允许超过此值。

③ 稳压电流 I_Z:I_Z 是稳压二极管正常工作时的参考电流,允许有一定范围。工作电流小于此值时,稳压效果差,大于此值时,稳压效果好,稳定电流应满足 $I_{Zmin}<I_Z<I_{Zmax}$。I_{Zmax} 为最大工作电流,$I_{Zmax}=P_Z/U_Z$,工作电流不允许超过此值,否则会烧坏管子;I_{Zmin} 为最小工作电流,小于此值时,稳压二极管将失去稳压作用。

④ 动态电阻 r_Z:r_Z 是稳压二极管在击穿状态下,两端电压变化量与其电流变化量的比值,即 $r_Z=\Delta U/\Delta I$。反映在特性曲线上,是工作点处切线斜率的倒数。r_Z 值越小,则稳压性能越

好。同一稳压管，一般工作电流越大时，r_z值越小。通常手册上给出的r_z值是在规定的稳定电流之下测得的，r_z的数值一般为几欧姆到几十欧姆。

⑤ 温度系数 α：α是反映稳定电压值受温度影响的参数，用单位温度变化引起稳压值的相对变化量表示。通常，$U_z<5$ V时具有负温度系数(因齐纳击穿具有负温系数)；$U_z>7$ V时具有正温度系数(因雪崩击穿具有正温系数)；而U_z在5～7 V之间时，温度系数可达最小。

例如2DW7系列的稳压管是一种具有温度补偿效应的稳压管，用于电子设备的精密稳压源中。管子内部实际上包含两个温度系数相反的二极管对接在一起。当温度变化时，一个二极管被反向偏置，温度系数为正值；而另一个二极管被正向偏置，温度系数为负值，二者互相补偿，使两端之间的电压随温度的变化很小。它们的电压温度系数比其他一般的稳压管约小一个数量级。如2DW7C，$\alpha=0.005$ ％/℃。

1.3.2 变容二极管

二极管结电容的大小除了与本身的结构和工艺有关外，还与外加电压有关。结电容(呈现势垒电容)随反向电压的增加而减小，这种效应显著的二极管称为变容二极管，其图形符号如图1.13(a)所示，图1.13(b)是变容二极管的特性曲线。

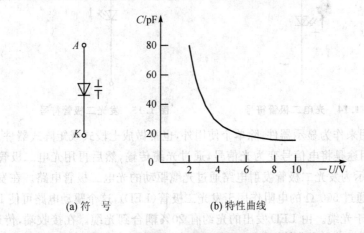

(a) 符　号　　　　　(b) 特性曲线

图1.13　变容二极管的符号和压容特性曲线

变容二极管的主要参数有：变容指数、结电容的压控范围及允许的最大反向电压等。不同型号的变容二极管参数差别较大。变容二极管在自动控制和高频技术中有着广泛的应用。

1.3.3 光电二极管

光电二极管是一种将光能转换为电能的半导体器件，其结构与普通二极管相似，只是在它的PN结处，通过管壳上的一个玻璃窗口能接收外部的光照。光电二极管的PN结在反向偏置状态下运行，其反向电流随光照强度的增加而上升。图1.14是光电二极管的图形符号。光电二极管的主要特点是其反向电流与光照度成正比。

光电二极管可以作为光电控制器件或用来进行光的测量。当制作成大面积的光电二极管时，可以作为一种能源称为光电池。

1.3.4 发光二极管

发光二极管是一种能把电能转换成光能的特殊器件(Light-Emintting-Diode,LED),它通常由元素周期表中Ⅲ、Ⅴ族的化合物如砷化镓、磷化镓等制成。其内部结构是一个 PN 结,这种二极管不仅具有普通二极管的正、反向特性,而且当给管子施加正向偏压时,由于注入到 N 区和 P 区的多数载流子被复合,管子还会发出可见光和不可见光(即电致发光)。光谱范围较窄,其波长由所用的基本材料而定。发光二极管种类很多,图 1.15 所示为发光二极管的图形符号。目前应用的有红、黄、绿、蓝、紫等颜色的发光二极管。此外,还有变色发光二极管,即当通过二极管的电流改变时,发光颜色也随之改变。发光二极管正向导通电压为 1~2 V,工作电流一般为几毫安至几十毫安,目前一些高亮度 LED 可达数百毫安。除了普通发光二极管外,还有一些特殊用途的发光管例如红外发光二极管、激光管等均需工作在正偏状态。检测方法与普通二极管相同。

图 1.14 光电二极管符号　　　　图 1.15 发光二极管符号

发光二极管常用来作为显示器件,除单个使用外,也常做成七段式或矩阵式器件。发光二极管的另一个重要的用途是将电信号变为光信号,通过光缆传输,然后再用光电二极管接收,再现电信号。图 1.16 所示为发光二极管发射电路通过光缆驱动的光电二极管电路。在发射端,一个 0~5 V 的脉冲信号通过 500 Ω 的电阻作用于发光二极管(LED),这个驱动电路可使 LED 产生一数字光信号,并作用于光缆。由 LED 发出的光约有 20% 耦合到光缆。在接收端,传送的光中约有 80% 耦合到光电二极管,以致在接收电路的输出端复原为 0~5 V 电压的脉冲信号。

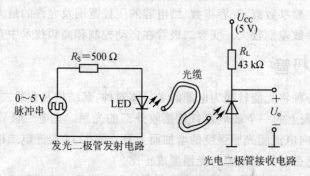

图 1.16 光电传输系统示意图

值得一提的是,随着发光二极管制作技术水平的提高,目前在大屏幕显示和照明技术中得到了极为广泛的应用。特别是照明领域,白光管的出现,使发光管照明成为现实,由于其具有低耗能、无污染等优良特性,必将成为未来照明的主流。

1.3.5 肖特基二极管

肖特基二极管是一种特殊工艺制作的硅二极管。当金属与 N 型半导体接触时，在其交界面处会形成势垒，利用该势垒制作的二极管，称为肖特基二极管或表面势垒二极管（SBD）。它的原理结构图和对应的图形符号如图 1.17 所示。

(a) 结构示意图　　　　　　(b) 图形符号

图 1.17　肖特基二极管符号和结构示意图

SBD 导通电压较低，约有 0.3 V，而且存储效应小，反向恢复时间短，开关速度高。利用它可提高电路的工作速度。

思考题

1. 点接触型和面接触型二极管结构上有什么特点？各有什么用途？
2. 如何区分硅材料和锗材料二极管？
3. PN 结两端存在电位差，问将二极管短路后是否有电流流过？
4. 怎样用万用表判断二极管的正负极性和好坏？
5. 发光二极管的工作电流和电压有何要求？
6. 为什么用万用表不同电阻档测二极管的正向（或反向）电阻值时，测得的阻值会不同？用万用表测得的晶体二极管的正、反向电阻是直流电阻还是交流电阻？

1.4　双极型半导体三极管

双极型半导体三极管又称晶体三极管，简称三极管。它在电子电路中既可作为放大元件，又可作为开关元件，应用十分广泛。

双极型三极管种类很多。按照工作频率分，有低频管和高频管；按照功率分，有小、中、大功率管；按照半导体材料分，有硅管和锗管等。三极管一般有 3 个电极，常见的三极管外形如图 1.18 所示。

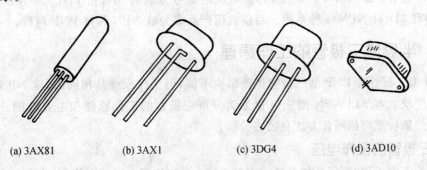

(a) 3AX81　　　(b) 3AX1　　　(c) 3DG4　　　(d) 3AD10

图 1.18　三极管的几种常见外形

1.4.1 三极管的结构

三极管一般有 NPN 型和 PNP 型两种结构类型,结构示意和图形符号如图 1.19(a)和(b)所示。

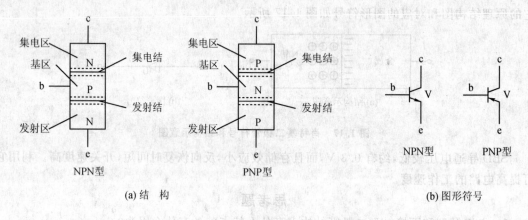

图 1.19 三极管的结构和图形符号

在一块半导体上,掺入不同杂质,制成不同的 3 层杂质半导体,形成两个紧挨着的 PN 结,并引出 3 个电极,则构成三极管。从 3 块杂质半导体各自引出的电极依次为发射极(e 极)、基极(b 极)和集电极(c 极)。对应的杂质半导体称为发射区、基区和集电区。在三区交界处形成两个 PN 结:基区和发射区形成发射结;基区和集电区形成集电结。

3 块杂质半导体,体积和掺杂浓度有很大差别。发射区掺杂浓度远大于基区的掺杂浓度,以便于有足够的载流子供"发射"。基区很薄,掺杂浓度很低,以减少载流子在基区的复合机会,这是三极管具有放大作用的关键所在。集电区比发射区体积大且掺杂少,以利于收集载流子。

由此可见,三极管并非两个 PN 结的简单组合,不能用两个二极管来代替;在放大电路中也不可将发射极和集电极对调使用。三极管不是对称性器件。

组成 NPN 晶体管的三层杂质半导体是 N-P-N 型结构,所以称为 NPN 管;组成 PNP 晶体管的三层杂质半导体是 P-N-P 型结构,所以称为 NPN 管。注意两种结构管子电路符号发射极的箭头方向不同。

晶体三极管产品共有 4 种类型,它们对应的型号分别为 3A(锗 PNP)、3B(锗 NPN)、3C(硅 PNP)和 3D(硅 NPN)4 种系列。目前我国产品多为硅 NPN 和锗 PNP 两种。

1.4.2 半导体三极管的工作原理

NPN 型三极管和 PNP 型三极管虽然结构不同,但工作原理是相同的,硅 NPN 型三极管应用最为广泛。本节以 NPN 型三极管为例分析三极管的工作原理和主要性能。有关 PNP 三极管的性能特点可依照此方法自己去分析。

1. 三极管的工作电压

三极管正常工作时,须外加合适的电源电压。三极管要实现放大作用,发射结必须加正向电压,集电结必须加反向电压,即发射结正偏,集电结反偏,如图 1.20 所示。其中 V 为三极管,U_{CC}为集电极电源电压,U_{BB}为基极电源电压,两类管子外部电路所接电源极性正好相反,R_b为基极电阻,R_c为集电极电阻。若以发射极电压为参考电压,则三极管发射结正偏,集电结反偏这个外部条件也可用电压关系来表示:对于 NPN 型,$U_C>U_B>U_E$;对于 PNP 型,$U_E>U_B>U_C$。

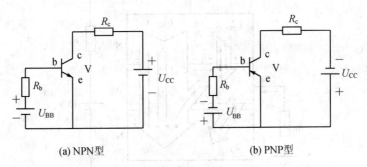

(a) NPN型　　　　　　　　(b) PNP型

图 1.20　三极管的电源接法

2. 三极管的基本连接方式

三极管有 3 个电极,而在连成电路时必须由两个电极接输入回路,两个电极接输出回路,这样势必有一个电极作为输入和输出回路的公共端。根据公共端的不同,有各俱特点的 3 种基本连接方式。

① 共发射极接法(简称共射接法)。共射接法是以基极为输入端的一端,集电极为输出端的一端,发射极为公共端,如图 1.21(a)所示。

② 共集电极接法(简称共集接法)。共集接法是以基极为输入端的一端,发射极为输出端的一端,集电极为公共端,如图 1.21(b)所示。

③ 共基极接法(简称共基接法)。共基接法是以发射极为输入端的一端,集电极为输出端的一端,基极为公共端,如图 1.21(c)所示。

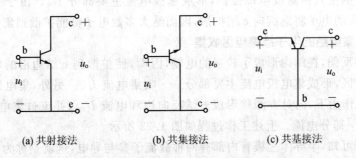

(a) 共射接法　　　　(b) 共集接法　　　　(c) 共基接法

图 1.21　三极管电路的 3 种组态

无论采用哪种接法,三极管要实现放大作用,都必须满足发射结正偏,集电结反偏。

这里要注意的是,复杂的实际应用电路共端极并不一定接地,判断方法是:基入集出为共射,射入集出为共基,基入射出为共集。

3. 载流子运动和电流的形成

三极管的 3 种接法各有特点,其中共射接法应用最为广泛。下面以 NPN 硅三极管共射电路为例分析其工作情况。图 1.22 为接有电源电压的 NPN 硅三极管共射电路示意图。图中 U_{BB} 为基极外接电源,它使 $U_{BE}>0$,保证发射结正偏压;U_{CC} 为集电极外接电源,要满足

$U_{CC} > U_{BB}$,以保证集电结反偏;R_B 和 R_C 分别为基极回路和集电极回路的串接电阻。下面分析放大状态下,管内载流子的运动情况。

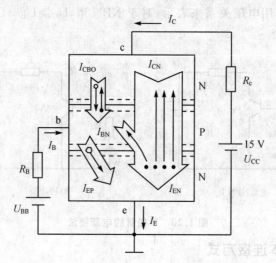

图 1.22 三极管内载流子的运动和各极电流

(1) 发射区向基区注入电子

由于 e 结正偏,在正向电压的作用下,发射区的多子(电子)不断向基区扩散,并不断地由电源得到补充,形成发射极电流主要部分——电子注入电流 I_{EN};与此同时,基区多子(空穴)也要向发射区扩散,形成空穴注入电流 I_{EP},由于其数量很小,可忽略。因此,发射极电流 $I_E \approx I_{EN}$,其方向与电子注入方向相反。

(2) 电子在基区中的扩散与复合

到达基区的电子继续向集电结方向扩散,在扩散过程中,少量电子与基区的空穴复合,基区中与电子复合的空穴由基极电源提供,形成基极电流主要部分 I_{BN}。由于基区很薄且掺杂浓度低,注入基区的电子将继续向 c 结扩散,因而绝大多数电子都能扩散到集电结边缘。

(3) 扩散到集电结的电子被集电区收集

由于集电结反偏,在结内形成了较强的电场,因而,使扩散到 c 结边沿的电子在该电场作用下漂移到集电区,形成集电极电流主要部分——收集电流 I_{CN}。另外,集电区和基区的少子在 c 结反向电压作用下,向对方漂移形成 c 结反向饱和电流 I_{CBO},并流过集电极和基极支路,构成 I_C、I_B 的另一部分电流。上述工作过程如图 1.22 所示。

由以上分析可知,半导体三极管内部有两种载流子参与导电,这就是称为双极型三极管的原因。

4. 三极管中的电流分配关系和直流电流放大系数

由以上分析可知,晶体管 3 个电极上的电流与内部载流子传输形成的电流之间有如下关系:

$$\left. \begin{array}{l} I_E \approx I_{EN} = I_{BN} + I_{CN} \\ I_B = I_{BN} - I_{CBO} \\ I_C = I_{CN} + I_{CBO} \end{array} \right\} \quad (1-2)$$

式(1-2)表明,在 e 结正偏、c 结反偏的条件下,晶体管 3 个电极上的电流不是孤立的,它们能够反映非平衡少子在基区扩散与复合的比例关系。这一比例关系主要由基区宽度、掺杂浓度等因素决定,管子做好后就基本确定了。为了反映扩散到集电区的电流 I_{CN} 与基区复合电流 I_{BN} 之间的比例关系,定义共发射极直流电流放大系数 $\overline{\beta}$ 为

$$\overline{\beta} = \frac{\overline{I_{CN}}}{\overline{I_{BN}}} = \frac{I_C - I_{CBO}}{I_B + I_{CBO}} \tag{1-3}$$

其含义是,基区每复合一个电子,则有 $\overline{\beta}$ 个电子扩散到集电区去。$\overline{\beta}$ 值一般在 10～200 之间。$\overline{\beta}$ 太小,管子的放大能力就差,而 $\overline{\beta}$ 过大则管子不够稳定。

确定了 $\overline{\beta}$ 值之后,由式(1-2)和式(1-3)可得

$$I_C = \overline{\beta} I_B + (1+\overline{\beta}) I_{CBO} = \overline{\beta} I_B + I_{CEO}$$
$$I_E = I_{BN} + I_{CN} = (1+\overline{\beta}) I_B + I_{CEO}$$
$$I_B = I_E - I_C$$

其中,$I_{CEO} = (1+\overline{\beta}) I_{CBO}$,称为集电极-发射极穿透电流。因 I_{CBO} 很小,在忽略其影响时,则有

$$\left.\begin{array}{l} I_C \approx \overline{\beta} I_B \\ I_E \approx (1+\overline{\beta}) I_B \end{array}\right\} \tag{1-4}$$

式(1-4)是今后电路分析中常用的关系式。为了反映扩散到集电区的电流 I_{CN} 与射极注入电流 I_{EN} 的比例关系,定义共基极直流电流放大系数为

$$\overline{\alpha} = \frac{I_{CN}}{I_{EN}} = \frac{I_C - I_{CBO}}{I_E} \tag{1-5}$$

显然,$\overline{\alpha} < 1$,一般约为 0.97～0.99。

由式(1-2)～式(1-5),不难求得:

$$\left.\begin{array}{l} I_C = \overline{\alpha} I_E + I_{CBO} \approx \overline{\alpha} I_E \\ I_B = (1-\overline{\alpha}) I_E - I_{CBO} \approx (1-\overline{\alpha}) I_E \\ I_E = I_C + I_B \end{array}\right\} \tag{1-6}$$

由于 $\overline{\beta}$ 和 $\overline{\alpha}$ 都是反映晶体管基区扩散与复合的比例关系,只是选取的参考量不同,所以两者之间必有内在联系。由 $\overline{\beta}$ 和 $\overline{\alpha}$ 的定义可得

$$\left.\begin{array}{l} \overline{\beta} = \dfrac{I_{CN}}{I_{BN}} = \dfrac{I_{CN}}{I_E - I_{CN}} = \dfrac{\overline{\alpha} I_E}{I_E - \alpha I_E} = \dfrac{\overline{\alpha}}{1-\alpha} \\[2mm] \overline{\alpha} = \dfrac{I_{CN}}{I_{EN}} = \dfrac{I_{CN}}{I_{BN} + I_{CN}} = \dfrac{\overline{\beta} I_{BN}}{I_{BN} + \overline{\beta} I_{BN}} = \dfrac{\overline{\beta}}{1+\overline{\beta}} \end{array}\right\} \tag{1-7}$$

5. 晶体管的交流电流放大系数和放大作用

(1) 三极管的交流电流放大系数

根据工作状态的不同,三极管的电流放大系数可分为直流电流放大系数和交流电流放大系数。前面所讨论的电路中,三极管工作在直流状态,因而是直流电流放大系数。

但是,三极管常常工作在有信号输入的情况下,这时体现了一种电流变化量的控制关系。放大系数的大小反映了三极管放大能力的强弱。

通常把集电极电流变化量与基极电流变化量之比值,叫做共发射极交流电流放大系数,用 β 表示,即

$$\beta = \frac{\Delta I_C}{\Delta I_B}\bigg|_{U_{CE}=常数} \qquad (1-8)$$

其大小体现了共射接法时,三极管的放大能力。

同样道理,把集电极电流变化量与射极电流变化量之比值,叫做共基极交流电流放大系数,用 α 表示,即

$$\alpha = \frac{\Delta I_C}{\Delta I_E}\bigg|_{U_{CE}=常数} \qquad (1-9)$$

其大小体现了共基接法时,三极管的放大能力。

显然,直流状态和交流状态下的两种系数含义不同,数目也不相等。只是在放大状态,并忽略 I_{CEO} 的情况下,两者基本相等。交流电流放大系数 β 和 α 的关系等同于直流系数关系。一般计算中,常常认为相等,不再区分,通用 β 和 α 表示。

(2) 三极管的放大作用

图 1.23 是三极管共射极放大电路。改变 U_{BB} 用以改变 I_B 的大小,同时记录 I_B,I_C 和 I_E 的值。实验测试数据如表 1.1 所示。

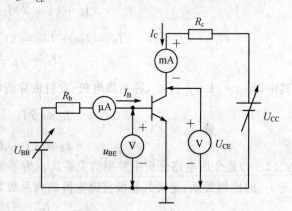

图 1.23　三极管共射极放大电路

从表中数据可以看出,直流和交流电流放大系数近似相等。并且有 $I_B < I_C < I_E$,$I_C \approx I_E$。基极电流有微小的变化时,集电极电流将发生大幅度变化。这就是三极管的电流放大作用。

表 1.1　实验测试数据

I_B/mA	−0.02	0.03	0.04	0.05	0.06	0.07	0.08
I_C/mA	1.20	1.8	2.4	3.0	3.6	4.2	4.8
I_E/mA	1.22	1.83	2.44	3.05	3.66	4.27	4.88

选择合适的 R_B 和 R_C,保证三极管工作在放大状态。若在 U_{BB} 上叠加一微小的正弦电压 Δu_i,则正向发射结电压会引起相应的变化,集电极会产生一个较大的电流变化量 Δi_C,必将在负载上产生较大的电压变化,从而使电压也得到放大。

1.4.3　半导体三极管的伏安特性曲线

三极管的特性曲线是指各极电压与电流之间的关系曲线,它是三极管内部载流子运动的外部表现。从使用角度来看,外部特性显得更为重要。因为三极管的共射接法应用最广,故以 NPN 硅管共射接法为例来分析三极管的特性曲线。

因为三极管有两个回路,所以晶体管特性曲线包括输入和输出两组特性曲线。这两组曲

线可以在晶体管特性图示仪的屏幕上直接显示出来,也可以用图 1.23 测试电路逐点测出。

1. 共发射极输入特性曲线

共射输入特性曲线是以 u_{CE} 为参变量时,i_B 与 u_{BE} 间的关系曲线,用函数关系表示为:

$$i_B = f(u_{BE})\mid_{u_{CE}=常数} \tag{1-10}$$

典型的硅 NPN 型三极管共发射极输入特性曲线如图 1.24 所示。

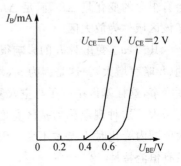

图 1.24 共发射极输入特性曲线

从图 1.24 可以看出,输入特性具有以下特点:

① 当 $U_{CE}=0$ 时,三极管的输入回路相当于两个 PN 结并联。三极管的输入特性曲线是两个正向二极管的伏安特性。

② 当 $u_{CE}>0$ 时,随着 u_{CE} 的增加,曲线右移。这是因为 u_{CE} 的增加使集电结变宽,减少了基区的有效宽度,不利于自由电子和空穴复合,故在同样的 U_{BE} 时,I_B 的值要减小,曲线则相应右移。

③ 当 $U_{CE}>1$ V 时,在一定的 U_{BE} 条件之下,集电结的反向偏压足以将注入到基区的电子全部拉到集电极,只要 U_{BE} 不变,U_{CE} 再继续增大,I_B 也变化不大,因此 $U_{CE}>1$ V 以后,不同 U_{CE} 的值的各条输入特性曲线几乎重叠在一起。所以常用 $U_{CE}>1$ V 的某条输入特性曲线来代表输入特性曲线。在实际应用中,三极管的 U_{CE} 一般大于 1 V,因而 $U_{CE}>1$ V 时的曲线更具有实际意义。

由三极管的输入特性曲线可以看出,三极管的输入特性曲线是非线性的,输入电压小于某一开启值时,三极管不导通,基极电流约为零,这个开启电压又叫阈值电压。对于硅管,其阈值电压约为 0.5 V,锗管为 0.1~0.2 V。当管子正常工作时,发射结压降变化不大,对于硅管为 0.6~0.8 V,对于锗管为 0.2~0.3 V。

2. 共发射输出特性曲线

三极管共射输出特性曲线是以 i_B 为参变量时,i_C 与 u_{CE} 之间的关系曲线,用函数关系表示为

$$i_C = f(u_{CE})\mid_{i_B=常数} \tag{1-11}$$

典型的硅 NPN 型三极管共发射极输出特性曲线如图 1.25 所示。固定一个 I_B 值,可得到一条输出特性曲线,改变 I_B 值,可得到一族输出特性曲线。

由图 1.25 可见,输出特性可以划分为 3 个区域,即截止区、放大区和饱和区,分别对应于 3 种工作状态。现分别讨论如下:

① 截止区 $I_B \leq 0$ 的区域,称为截止区。对于 NPN 型硅三极管,此时 $u_{BE} < U_{(ON)}$(0.5 V),$I_C \approx I_{CEO} \approx 0$,由于穿透电流 I_{CEO} 很小,输出特性曲线是一条几乎与横轴重合的直线。实际应用常使 $u_{BE} \leq 0$,此时,发射结和集电结均处于反偏状态,三极管处于可

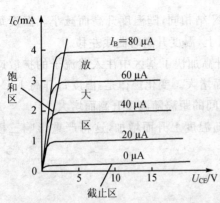

图 1.25 共发射极输出特性曲线

靠截止状态。

② 放大区 发射结正向偏置(要大于导通电压),集电结反向偏置的工作区域为放大区。由图 1.25 可以看出,在放大区有以下两个特点:

其一,基极电流 I_B 对集电极电流 I_C 有很强的控制作用,即 I_B 有很小的变化量 ΔI_B 时,I_C 就会有很大的变化量 ΔI_C,满足 $\Delta I_C \approx \beta \Delta I_B$。由于工作在这一区域的三极管具有放大作用,因而把该区域称为放大区。

其二,u_{CE} 变化对 I_C 的影响很小。在特性曲线上表现为,I_B 一定而 u_{CE} 增大时,曲线略有上翘(I_C 略有增大)。这是因为 u_{CE} 增大,三极管 c 结反向电压增大,使 c 结展宽,所以有效基区宽度变窄,这样基区中电子与空穴复合的机会减少,即 I_B 要减小。而要保持 I_B 不变,所以 I_C 将略有增大。这种现象称为基区宽度调制效应,或简称基调效应。由于基调效应很微弱,u_{CE} 在很大范围内变化时 I_C 基本不变。因此,当 I_B 一定时,输出特性曲线几乎与横轴平行,集电极电流具有恒流特性。

③ 饱和区 发射结和集电结均处于正偏的区域为饱和区。对于 NPN 型三极管,此时 $U_{CE} \leqslant U_{BE}$,集电结收集电子的能力下降,I_C 不再随 I_B 变化成比例增大,三极管失去了电流控制作用。I_C 与外电路有关,随 U_{CE} 的增加而迅速上升,通常把 $u_{CE} = u_{BE}$(即 c 结零偏)的情况称为临界饱和,对应点的轨迹为临界饱和线,$u_{CE} < u_{BE}$ 称为过饱和。在特性曲线上表现为靠近纵坐标的区域。三极管饱和时,集射极间的电压称为饱和压降,用 U_{CES} 表示,国标用 $U_{CE(sat)}$ 表示。一般很小,小功率硅管 $U_{CES} \leqslant 0.3\text{ V}$。

在放大电路中,三极管一般工作在放大区;在脉冲和数字电路中,一般工作在饱和区和截止区。

3. 三极管的温度特性

三极管是一种对温度十分敏感的元件,由它构成的电路性能往往受温度影响。理论上,三极管的所有参数都与温度有关。实际中,着重考虑温度对 u_{BE},I_{CBO} 和 β 这 3 个参数的影响。

① 温度对 I_{CBO} 的影响。I_{CBO} 由少数载流子形成的,其随温度变化的规律与 PN 结相同。当温度上升时,少数载流子增加,故 I_{CBO} 也上升。其变化规律是,温度每上升 10 ℃,I_{CBO} 约上升 1 倍。I_{CEO} 随温度变化规律大致与 I_{CBO} 相同,比 I_{CBO} 变化更快。在输出特性曲线上,温度上升,曲线上移。

② 温度对 u_{BE} 的影响。u_{BE} 随温度变化的规律与 PN 结相同,随温度升高而减小。温度每升高 1 ℃,u_{BE} 减小 2~2.5 mV;表现在输入特性曲线图上,温度升高时曲线左移。

③ 温度对 β 的影响。β 随温度升高而增大。温度升高加快了基区中注入载流子的扩散速度,增加了集电极收集电流的比例,因此 β 随温度升高而增大。变化规律是:温度每升高 1 ℃,β 值增大 0.5%~1%。表现在输出特性曲线图上,曲线间的距离随温度升高而增大。

综上所述,温度对 u_{BE},I_{CBO} 和 β 的影响,均将使 i_C 随温度上升而增加,这将严重影响三极管的工作状态,正常工作时,必须采取措施进行抑制。

1.4.4 半导体三极管的主要参数

三极管的参数是表征管子性能和安全运用范围的物理量,是正确使用和合理选择三极管的依据。三极管的参数较多,这里只介绍主要的几个。

1. 电流放大系数

根据工作状态和电路接法的不同，电流放大系数可分为共发射极直流电流放大系数和共发射极交流电流放大系数，共基极直流电流放大系数和共基极交流电流放大系数 4 种，如前面 1.3.3 小节所述。直流和交流系数含义不同，数据也略有不同。由于 I_{CBO} 和 I_{CEO} 都很小，所以在以后的计算中，不再加以区分。

电流放大系数描述了三极管的控制能力，实际应用中，应选择 β 值合适的三极管，因为 β 值太大，管子性能不稳定，太小放大作用较差。

应当指出，三极管具有分散性，同型号三极管 β 值也有差异。β 值与测量条件有关。一般来说，在 i_C 很大或很小时，β 值较小。只有在 i_C 不大、不小的中间值范围内，β 值才比较大，且基本不随 i_C 而变化。因此，在查手册时应注意 β 值的测试条件，尤其是大功率管更应强调这一点。实际应用中最好测量。

2. 极间反向电流

(1) 集电极-基极间的反向电流 I_{CBO}

I_{CBO} 指发射极开路时，集电极-基极间的反向电流，称为集电极反向饱和电流。温度升高时，I_{CBO} 急剧增大，温度每升高 10 ℃，I_{CBO} 增大一倍。

(2) 集电极-发射极间的反向电流 I_{CEO}

I_{CEO} 指基极开路时，集电极-发射极间的反向电流，称为集电极穿透电流，$I_{CEO}=(1+\beta I_{CBO})$。它受温度影响较 I_{CEO} 更重，它反映了三极管的稳定性，其值越小，受温度影响也越小，三极管的工作就越稳定。

实际应用中，应选择 I_{CEO} 小，且受温度影响小的三极管。硅管的极间反向电流比锗管小得多。这是硅管应用广泛的重要原因。

3. 结电容和最高工作频率

三极管内有两个 PN 结，其结电容包括发射结电容 C_e（或 $C_{b'e}$）和集电结电容 C_c（或 $C_{b'e}$）。与二极管一样结电容包括扩散电容和势垒电容。结电容影响晶体管的频率特性，决定了最高工作频率。

4. 晶体管的极限参数

三极管的极限参数是指在使用时不得超过的极限值，以此保证三极管的安全工作。

(1) 击穿电压

$U_{(BR)CBO}$ 指发射极开路时，集电极-基极间的反向击穿电压。通常 $U_{(BR)CBO}$ 为几十伏，高反压管可达数百伏；$U_{(BR)CEO}$ 指基极开路时，集电极-发射极间的反向击穿电压。$U_{(BR)CEO}<U_{(BR)CBO}$；$U_{(BR)EBO}$ 指集电极开路时，发射极-基极间的反向击穿电压。普通晶体管的该电压值比较小，只有几伏。

(2) 集电极最大允许电流 I_{CM}

β 与 i_C 的大小有关，随着 i_C 的增大，β 值会减小。I_{CM} 一般指 β 下降到正常值的 2/3 时所对应的集电极电流。当 $i_C>I_{CM}$ 时，虽然管子不致于损坏，但 β 值已经明显减小。因此，晶体管线性运用时，i_C 不应超过 I_{CM}。

(3) 集电极最大允许耗散功率 P_{CM}

晶体管功率损耗 $P_C=U_{CE}I_C$，晶体管工作在放大状态时，U_{CE} 的大部分降在集电结上，c 结承受着较高的反向电压,同时流过较大的电流,因此集电结温度将随管耗增加而升高,结温过高时,管子的性能下降,过热会使管子损坏。为了保证三极管可靠工作,必须对结温加以限制,最高结温对应的 P_C,称为集电极最大允许耗散功率 P_{CM},实际应用功耗必须小于 P_{CM}。P_{CM} 的大小与管芯的材料、体积、环境温度及散热条件等因素有关。根据 3 个极限参数 I_{CM},P_{CM} 和 $U_{(BR)CEO}$ 可以确定三极管的安全工作区,如图 1.26 所示。三极管工作时必须保证工作在安全区内,并留有一定的余量。

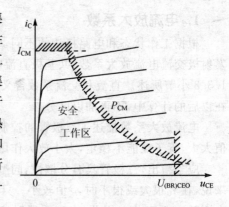

图 1.26 三极管的安全工作区

1.4.5 半导体三极管的应用

半导体三极管有 3 个工作区域,既可以作为开关管使用,又可以作为放大管使用。在信号的运算、放大、处理以及波形产生等领域都有着广泛的用途,具体应用后面会详细介绍。

实际应用中,应根据实际要求合理选择三极管的型号和参数,由于三极管的参数具有很强的分散性,对三极管进行检测十分重要。

一般可以根据型号标准识别三极管的引脚和结构,掌握用万用表检测三极管的方法也是必须的。利用万用表的电阻档,先判定基极,然后根据基极对另外两极的电阻大小确定是 NPN 还是 PNP;利用万用表的电阻档,再附加一个电阻(可以用手指电阻),确定集电极和发射极;测试发射结的电压可以区分硅管和锗管。

实际应用中,三极管的替换也是经常的。替换三极管要遵循以下原则:

① 更换时,尽量更换相同型号的三极管。

② 无相同型号更换时,新换三极管的极限参数应等于或大于原三极管的极限参数,如参数 I_{CM},P_{CM},$U_{(BR)CEO}$ 等。

③ 高性能的三极管可代替低性能的三极管。如穿透电流 I_{CEO} 小的三极管可代换 I_{CEO} 大的,电流放大系数 β 高的可代替 β 低的。

【例 1.1】 三极管共射极电路和三极管输出特性曲线如图 1.27(a)和(b)所示。试问:

① 三极管的 β 值是多少?

② u_i 分别为 0.3 V,1.5 V 和 3.6 V 时,三极管处于什么工作状态,u_o 是多少?

③ 画出开关状态下的 u_o 波形。

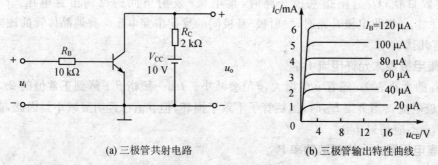

(a) 三极管共射电路　　　　　　　(b) 三极管输出特性曲线

图 1.27 例 1.1 的电路和特性曲线

解: ① 三极管输出特性曲线比较理想,在放大区任取一点,例如 $I_B=60\ \mu A$, $u_{CE}=8\ V$,可以得到 $I_C=3\ mA$,因此,$\beta=3\ mA/60\ \mu A=50$。

② 当 $u_i=0.3\ V$ 时,$u_{BE}<0.5\ V$,所以三极管处于截止状态。此时,$I_B=0$, $I_C=0$, $u_o=u_{CC}=10\ V$。

当 $u_i=1.5\ V$ 时,$u_{BE}>0.5\ V$,三极管处于放大或饱和状态。假设三极管已经饱和,则 $i_B=(u_i-U_{BES})/R_b=0.08\ mA$,$I_{BS}=(U_{CC}-U_{CES})/\beta R_c=0.097\ mA$,$i_B<I_{BS}$,则假设饱和不成立。所以三极管工作在放大状态。$U_o=U_{CC}-i_c R_c=U_{CC}-\beta i_B R_c=2\ V$。

当 $u_i=3.6\ V$ 时,$U_{BE}>0.5\ V$,三极管处于放大或饱和状态。假设三极管已经饱和,则 $i_B=(u_i-U_{BES})/R_b=0.29\ mA$,$I_{BS}=(U_{CC}-U_{CES})/\beta R_c=0.097\ mA$,$i_B>I_{BS}$,假设饱和成立。输出电压 $u_o=U_{CES}=0.3\ V$。

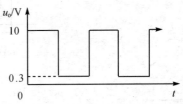

图 1.28 例 1.1 的波形图

③ 根据上述分析和输入波形可画出开关状态下的输出波形如图 1.28 所示。

思考题

1. 三极管结构上有什么特点?发射极和集电极能否互换使用?
2. 三极管 3 个工作区域各有什么特点?如何区分 3 个工作区域?
3. 简述三极管的温度特性。

1.5 光电三极管和光电耦合器

1. 光电三极管

光电三极管也称光敏三极管,它是在光电二极管的基础上发展起来的光电器件,它与光电二极管一样,能把输入的光信号变成电信号输出,并且能把光产生的电信号进行放大,因而其灵敏度比光电二极管高得多。为了对光有良好的响应,要求基区面积比发射区面积大得多,以扩大光照面积,提高光敏感性。其原理电路相当于基极和集电极间接入光电二极管的三极管,外形只引出集电极和发射极两个电极,管子光窗口即为基极。其等效电路和图形符号如图 1.29 所示。

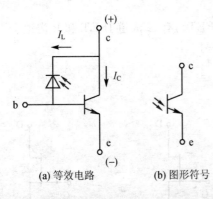

图 1.29 光电三极管的等效电路与图形符号

2. 光电耦合器

光电耦合器是将发光二极管和光敏元件(光敏电阻、光电二极管、光电三极管、光电晶闸管、光电池等)封装在一起而形成的二端口器件,其电路符号如图 1.30 所示。它的工作原理是以光信号作为媒体将输入的电信号传送给外加负载,实现了电—光—电的传递与转换。光电耦合器件内的发光器件和受光器件之间没有电的联系,在电子系统中,可以起到很好的隔离作用。光电耦合器主要用在高压开关、信号隔离器、电平匹配等电路中,起信号的传输和隔离作用。

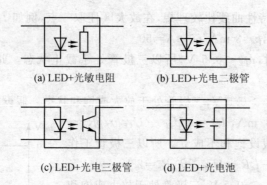

(a) LED+光敏电阻　　(b) LED+光电二极管

(c) LED+光电三极管　　(d) LED+光电池

图 1.30　光电耦合器电路符号

1.6　半导体场效应管

场效应管(简称FET)是利用输入电压产生的电场效应来控制输出电流的,所以又称之为电压控制型器件。它工作时只有一种载流子(多数载流子)参与导电,故也叫单极型半导体三极管。它具有很高的输入电阻,能满足高内阻信号源对放大电路的要求,是较理想的前置输入级器件。它还具有热稳定性好、功耗低、噪声低、制造工艺简单、便于集成等优点,因而得到了广泛的应用。

根据结构不同,场效应管可以分为结型场效应管(JFET)和绝缘栅型场效应管(IGFET或MOS)两大类。根据场效应管制造工艺和材料的不同,又可分为N型沟道场效应管和P型沟道场效应管。

1.6.1　结型场效应管

1. 结型场效应管的结构

结型场效应管(Junction Field Effect Transistor,JFET),有N沟道JFET和P沟道JFET之分。图1.31给出了JFET的结构示意图及其表示符号。

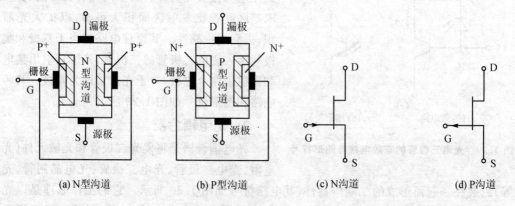

(a) N型沟道　　(b) P型沟道　　(c) N沟道　　(d) P沟道

图 1.31　结型场效应管的结构示意图及其电路符号

N沟道JFET是在一根N型半导体棒两侧通过高浓度扩散制造两个重掺杂P++型区,形成两个PN结,将两个P++区接在一起引出一个电极,称为栅极(gate),在两个PN结之间的 N 型半导体构成导电沟道。在 N 型半导体的两端各制造一个欧姆接触电极,这两个电极间加上一定电压,便在沟道中形成电场,在此电场作用下,形成由多数载流子(自由电子)产生的漂移电流。通常将电子发源端称为源极(source),接收端称为漏极(drain)。同样方法可以制作 P 沟道结型场效应管。注意电路符号中的箭头方向是区分 N 沟道 JFET 和 P 沟道 JFET 的标志。在 JFET 中,源极和漏极是可以互换的,结型场效应管为对称性双向器件。

2. 结型场效应管的工作原理

两种结型场效应管的结构虽然不同,但工作原理完全相同。现以 N 沟道结型场效应管为例讨论外加电场对场效应管电流的控制作用。为了使输入阻抗大(不允许出现栅流 i_G),也为了使栅源电压对沟道宽度及漏极电流有效地进行控制,PN 结一定要反偏,所以在 N 沟道 JFET 中,u_{GS} 必须为负值,外加栅源电压应为 $u_{GS} \leqslant 0$,漏源正向电压应为 $U_{DS} > 0$。

(1) U_{GS} 对导电沟道的影响

当 $U_{DS} = 0$ 时改变 U_{GS},N 沟道结型场效应管的工作情况如图 1.32 所示。$U_{GS} = 0$ 时,场效应管两侧的 PN 结均处于零偏置,形成两个耗尽层,如图 1.32(a)所示。此时耗尽层最薄,导电沟道最宽,沟道电阻最小。

当 $|U_{GS}|$ 值增大时,栅源之间反偏电压增大,PN 结的耗尽层增宽,如图 1.32(b)所示。导致导电沟道变窄,沟道电阻增大。

当 $|U_{GS}|$ 值增大到使两侧耗尽层相遇时,导电沟道全部夹断,如图 1.32(c)所示,沟道电阻很大。对应的栅源电压 U_{GS} 称为场效应管的夹断电压,用 $U_{GS(off)}$ 或 U_P 来表示(负值)。

可见改变 U_{GS} 时,可以改变沟道电阻值的大小。由于 $U_{DS} = 0$,此时 $I_D = 0$,且沟道均匀,如图 1.32 所示。如果在漏极和源极之间加上电压 $U_{DS} > 0$,则会产生漏极电流 $I_D = U_{DS}/R$。改变 U_{GS} 则可改变 I_D,U_{GS} 越负,I_D 越小,当 $|U_{GS}| \geqslant |U_P|$ 时,$I_D = 0$。体现了电压 U_{GS} 对电流 I_D 的控制作用。

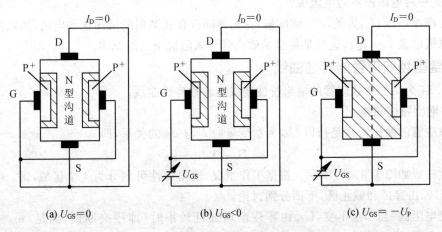

(a) $U_{GS} = 0$ (b) $U_{GS} < 0$ (c) $U_{GS} = -U_P$

图 1.32 $U_{DS} = 0$ 时,U_{GS} 对导电沟道的影响

(2) U_{DS} 对导电沟道的影响

$U_{DS} > 0$ 后,有电流 I_D 流过导电沟道,将沿着沟道产生电压降,使沟道各点电位不再相等,沟道不再均匀。靠近源极端 S 处,PN 结的反偏电压最小,耗尽层最窄,沟道最宽;靠近漏极端 D 处,PN 结的反偏电压最大,耗尽层最宽,沟道最窄。导电沟道呈锲形,如图 1.33 所示。

当 U_{GS} 为固定值($U_P<U_{GS}<0$)时,沟道电流 I_D 随 U_{DS} 的变化而变化。一方面,随着 U_{DS} 的增加,漏极和源极间的电场强度加大,有利于漏极电流的增加;另一方面,随着 U_{DS} 的增加,PN结的反偏电压加大,耗尽层变宽,沟道电阻越来越大,将阻碍漏极电流的增加。

当 U_{DS} 增加到 $U_{GS}-U_{DS}=U_P$ 时,耗尽层在漏极 D 处相遇,称为预夹断。预夹断前,U_{DS} 较小,沟道仍较宽,I_D 随 U_{DS} 的增大而增加。预夹断后,随着 U_{DS} 的上升,导电沟道夹断长度增加,沟道电阻加大,同时,夹断处场强也增大,二者作用大体平衡,故 I_D 基本上不随 U_{DS} 变化,漏极电流趋于饱和。

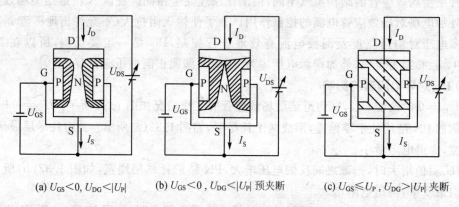

(a) $U_{GS}<0$, $U_{DG}<|U_P|$ (b) $U_{GS}<0$, $U_{DG}<|U_P|$ 预夹断   (c) $U_{GS}\leq U_P$, $U_{DG}>|U_P|$ 夹断

图 1.33 U_{DS} 对导电沟道和 I_D 的影响

当 U_{DS} 增加到一定数值时,反向偏置的 PN 结将被击穿,I_D 会突然加大,不同的 U_{GS} 所对应的击穿电压不同,U_{GS} 越负,击穿电压 U_{DS} 越小。

综合以上分析可知,改变栅源电压 U_{GS} 和漏源电压 U_{DS} 的大小,能引起管内耗尽层宽度的变化,从而控制了漏极电流 I_D 的大小。场效应管和普通三极管一样,可以看作是受控的电流源,但它是一种电压控制的电流源。

因为栅源电压 U_{GS} 为负,PN 结反偏,在栅源间仅存在微弱的反向饱和电流,所以栅极电流 $I_G\approx 0$,源极电流 $I_S=I_D$。这就是结型场效应管输入阻抗很大的原因。

3. 结型场效应管的特性曲线

图 1.34 为结型场效应管的输出特性曲线和转移特性曲线。

(1) 输出特性曲线

场效应管的输出特性是指以 U_{GS} 为参变量时 i_D 与 u_{DS} 的关系,即

$$i_D = f(u_{DS})|_{U_{GS}=常数} \tag{1-12}$$

输出特性曲线如图 1.34(b)所示。根据工作情况,输出特性可划分为 4 个区域,即:可变电阻区、恒流区、击穿区和截止区,下面分别讨论。

可变电阻区:当 U_{GS} 不变,U_{DS} 由零逐渐增加且较小时(即预夹断前,满足 $|u_{DS}-u_{GS}|<|U_{GSoff}|$),$I_D$ 随 U_{DS} 的增加而上升很快,场效应管漏源之间可视为一个受 U_{GS} 控制的可变电阻 R_{DS},这个电阻在 U_{DS} 较小时,主要由 U_{GS} 决定,所以此时沟道电阻值近似不变。而对于不同的栅源电压 U_{GS},则有不同的电阻值 R_{DS},故称为可变电阻区。又叫非饱和区。

与双极型晶体管不同,在 JFET 中,栅源电压 u_{GS} 对 i_D 上升的斜率影响较大,随着 $|U_{GS}|$ 增大,曲线斜率变小,说明 JFET 的输出电阻变大,如图 1.34(b)所示。由于可变电阻区电阻较小,因而在此区工作相当于开关闭合。

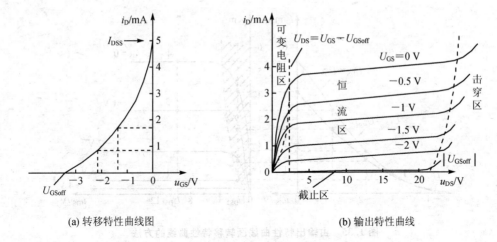

(a) 转移特性曲线图　　　　　　　(b) 输出特性曲线

图 1.34　结型场效应管的转移特性曲线和输出特性曲线

恒流区：图 1.34(b)中间部分是恒流区，在此区域，I_D 随 U_{DS} 的增加变化很小，而是随着 U_{GS} 的增大而增大，输出特性曲线近似平行于 U_{DS} 轴。I_D 受 U_{GS} 的控制，表现出场效应管电压控制电流的作用。$u_{GS}=0$ 时的 i_D 值最大，此电流称为饱和漏极电流，用 I_{DSS} 表示，因此，又叫饱和区。场效应管组成的放大电路就工作在这个区域。恒流区相当于双极型晶体管的放大区。可变电阻区和恒流区的分界线满足 $|u_{GS}-u_{DS}|=|U_{GSoff}|$。

截止区：当 $|U_{GS}|>|U_{GSoff}|$ 时，沟道被全部夹断，$i_D \approx 0$，故此区为截止区。若利用 JFET 作为开关，则工作在截止区，相当于开关断开。

击穿区：随着 u_{DS} 增大，靠近漏区的 PN 结反偏电压 $u_{GD}(u_{GD}=u_{GS}-u_{DS})$ 也随之增大。当 u_{DS} 增大到一定数值时，反偏 PN 结将被击穿，I_D 突然增大，如图 1.34(b)所示，称为击穿区。在这个区域，场效应管不能正常工作，甚至损坏。

(2) 转移特性曲线

所谓场效应管的转移特性是指在漏源电压 u_{DS} 一定时，漏极电流 i_D 与栅源电压 u_{GS} 之间的关系，描述了 u_{GS} 对 i_D 的控制作用，即

$$i_D = f(u_{GS})|_{U_{DS}=常数} \tag{1-13}$$

N 沟道结型场效应管转移特性曲线如图 1.34(a)所示。理论分析和实测结果表明，i_D 与 u_{GS} 符合平方律关系，即

$$i_D = I_{DSS}\left(1-\frac{u_{GS}}{U_{GSoff}}\right)^2 \quad (U_{GSoff}<U_{GS}<0) \tag{1-14}$$

式中，U_{GSoff} 为夹断电压；I_{DSS} 为饱和漏极电流。

根据式(1-14)，只要给出 I_{DSS} 和 U_{GS}，就可以估算出转移特性曲线中其他各点的值。转移特性曲线可以从输出特性曲线上用作图法作出。作图方法如图 1.35 所示。不同的 U_{DS} 所对应的转移特性曲线不同，恒流区内转移特性曲线基本重合。

P 沟道结型场效应管的工作原理与 N 沟道结型场效应管相同，特性曲线相似，只不过 P 沟道管子的夹断电压为正值。关于这一点，读者可以自己去分析。

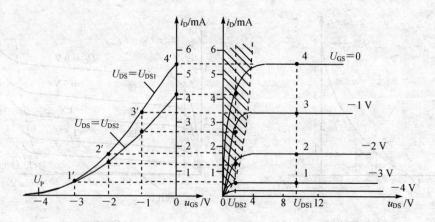

图 1.35 由输出特性曲线画转移特性曲线的方法

1.6.2 绝缘场效应管

结型场效应管中,由于 PN 结反偏时,总有一定的反向电流存在,而且受温度的影响,因此,限制了结型场效应管输入电阻的进一步提高,栅源间的输入电阻一般为 $10^6 \sim 10^9 \Omega$。而绝缘栅型场效应管的栅极与漏极、源极及沟道之间是绝缘的,输入电阻可高达 $10^9 \Omega$ 以上。由于这种场效应管是由金属(metal)、氧化物(oxide)和半导体(semiconductor)组成的,故称 MOS 管。MOS 管根据导电沟道不同可分为 N 沟道和 P 沟道两类,其中每一类按照工作方式不同又可以分为增强型和耗尽型两种。所谓耗尽型就是 $U_{GS}=0$ 时,存在导电沟道;所谓增强型就是 $U_{GS}=0$ 时,不存在导电沟道。

1. 绝缘栅场效应管的 4 种结构和电路符号

图 1.36(a)是 N 沟道增强型 MOS 管的结构示意图。以一块掺杂浓度较低的 P 型硅片做衬底,在衬底上通过扩散工艺形成两个高掺杂的 N^+ 型区,并引出两个极作为源极 S 和漏极 D;在 P 型硅表面制作一层很薄的二氧化硅(SiO_2)绝缘层,在二氧化硅表面再喷上一层金属铝,引出栅极 G,就形成了 N 沟道增强型 MOS 管。

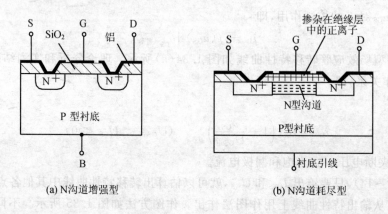

(a) N 沟道增强型　　　　　　　　　(b) N 沟道耗尽型

图 1.36　N 沟道增强型和 N 沟道耗尽型 MOS 管的管子结构

N 沟道耗尽型 MOS 管的管子结构与 N 沟道增强型 MOS 管基本相同,只是制造时,在二氧化硅绝缘层中掺入了大量的正离子,这些正离子的存在,使得 $U_{GS}=0$ 时,就有垂直电场进入半导体,并吸引自由电子到半导体的表层而形成 N 型导电沟道。N 沟道耗尽型 MOS 管的结构如图 1.36(b)所示。

P 沟道 MOS 管与 N 沟道 MOS 管相对应,也分为增强型和耗尽型两种。P 沟道增强型 MOS 管与 N 沟道增强型 MOS 管相比,区别在于,它以 N 型硅片为衬底,源漏极对应的是 P 型区;P 沟道耗尽型 MOS 管的管子结构与 P 沟道增强型 MOS 管基本相同,只是制造时,在二氧化硅绝缘层中掺入了大量的负离子,这些负离子的存在,使得 $U_{GS}=0$ 时,就有垂直电场进入半导体,并吸引正电荷到半导体的表层而形成 P 型导电沟道。

以上场效应管栅极、源极以及栅极、漏极之间都是绝缘的,所以称之为绝缘栅场效应管。由于电子迁移速度大于空穴迁移速度,NMOS 管较 PMOS 管速度快,耗尽型管子特别是耗尽型 PMOS 管,相比于增强型管子较难制作,因此增强型管子较常用,特殊场合也使用耗尽型 NMOS 管。

4 种管子电路符号如图 1.37 所示,箭头方向是区分 NMOS 管和 PMOS 管的标志,连续线为耗尽型 MOS 管,间断线为增强型 MOS 管。

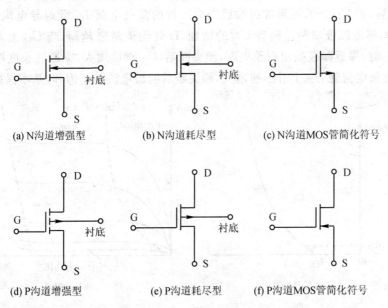

图 1.37　4 种管子电路符号和简化符号

2. N 沟道增强型 MOS 管的工作原理

图 1.38 是 N 沟道增强型 MOS 管的工作原理示意图。工作时栅源之间加正向电源电压 U_{GS},漏源之间加正向电源电压 U_{DS},并且源极与衬底连接,衬底是电路中最低的电位点,以保证源极和漏极处 PN 结反偏。

当 $U_{GS}=0$ 时,漏极与源极之间没有原始的导电沟道,漏极电流 $I_D=0$。这是因为当 $U_{GS}=0$ 时,漏极和衬底以及源极和衬底之间形成了两个反向串联的 PN 结,无论 U_{DS} 加正向电压还是反向电压,漏极与源极之间总有一个 PN 结反向偏置的缘故。

当 $U_{GS}>0$ 时,栅极与衬底之间产生了一个垂直于半导体表面、由栅极 G 指向衬底的电场。这个电场的作用是排斥 P 型衬底中的空穴而吸引电子到表面层,当 U_{GS} 增大到一定程度时,绝缘体和 P 型衬底的交界面附近积累了较多的电子,形成了 N 型薄层,称为 N 型反型层。

反型层使漏极与源极之间成为一条由电子构成的导电沟道，当加上漏源电压 U_{DS} 之后，就会有电流 I_D 流过沟道。通常将刚刚出现漏极电流 I_D 时所对应的栅源电压称为开启电压，用 U_T 表示，国标用 $U_{GS(th)}$ 表示。当 $U_{GS} > U_{GS(th)}$ 时，U_{GS} 增大、电场增强、沟道变宽、沟道电阻减小，I_D 增大；U_{GS} 减小，沟道变窄，沟道电阻增大，I_D 减小。所以改变 U_{GS} 的大小，就可以控制沟道电阻的大小，从而达到控制电流 I_D 的大小，随着 U_{GS} 的增强，导电性能也跟着增强，故称之为增强型。

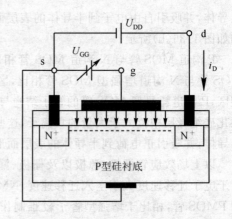

图 1.38　N 沟道增强型 MOS 管工作原理

必须强调，这种管子当 $U_{GS} < U_{GS(th)}$ 时，反型层（导电沟道）消失，$I_D = 0$。只有当 $U_{GS} \geqslant U_{GS(th)}$ 时，才能形成导电沟道，并有电流 I_D 流过。

$U_{GS} > U_T$ 后，若 $U_{DS} > 0$，则形成由漏极指向源极的漏极电流 I_D，此时导电沟道并不均匀，靠近源极端厚，靠近源极端薄。随着 U_{DS} 的增加，D 处沟道越来越薄，当 U_{DS} 上升到使 $U_{GD} = U_{GS} - U_{DS} = U_T$ 时，靠近漏极处出现预夹断，预夹断后 U_{DS} 继续增大，夹断区长度增加。预夹断前 U_{DS} 较小，漏极电流随 U_{DS} 上升迅速增大，预夹断后漏极电流趋于饱和，基本保持不变。

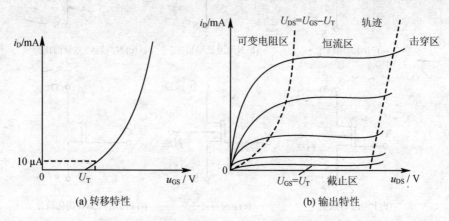

(a) 转移特性　　　(b) 输出特性

图 1.39　N 沟道增强型 MOS 场效应管的特性曲线

3. N 沟道增强型 MOS 管的特性曲线

(1) 输出特性曲线

N 沟道增强型 MOS 管的输出特性曲线如图 1.39(b) 所示，与结型场效应管一样，曲线可分为可变电阻区、恒流区、夹断区和击穿区。

靠近纵坐标处，$U_{GS} > U_T$，U_{DS} 较小，MOS 管可以看成一个受栅极源极之间电压控制的可变电阻，因此称为可变电阻区，又叫非饱和区。

与横坐标近似平行的区域处，$U_{GS} > U_T$，U_{DS} 较大，管子出现夹断，漏极电流基本与 U_{DS} 无关，只受 U_{GS} 控制。U_{GS} 固定，漏极电流基本不变，因此称为恒流区，又称为饱和区，相当于三极管的放大区。两区交界线满足 $U_{GD} = U_{GS} - U_{DS} = U_T$。

当 U_{DS} 过大，PN 结出现反向击穿，I_D 迅速增大，称为击穿区。$U_{GS} < U_T$ 时，无导电沟道，I_D

约为 0，即曲线 $U_{GS}=U_T$ 以下的区域，称为截止区。

MOS 管作为放大元件时，一般工作在恒流区，作为开关元件时，一般工作在截止区和可变电阻区。

(2) 转移特性曲线

N 沟道增强型 MOS 管的转移特性曲线如图 1.39(a)所示，它与输出特性曲线有严格的对应关系，可以用作图法从输出特性曲线求出。管子工作在恒流区时，I_D 受 U_{DS} 影响很小，所以，不同的 U_{DS} 所对应的转移特性曲线基本重合在一起。

$U_{GS}>U_T$，I_D 可用近似公式表示为

$$I_D = I_{D0}(U_{GS}/U_T - 1)^2 \tag{1-15}$$

式中，I_{D0} 是 $U_{GS}=2U_T$ 时对应的 I_D 值。

由图 1.39(a)所示的转移特性曲线可见，当 $U_{GS}<U_{GS(th)}$ 时，导电沟道没有形成，$I_D=0$。当 $U_{GS}\geqslant U_{GS(th)}$ 时，开始形成导电沟道，并随着 U_{GS} 的增大，导电沟道变宽，沟道电阻变小，电流 I_D 增大。

4. N 沟道耗尽型 MOS 管的工作原理和特性曲线

N 沟道耗尽型 MOS 管与增强型 MOS 管结构基本相同，工作原理和特性曲线相似。特性曲线如图 1.40 所示。区别有以下两点：

① 由于制造时，在二氧化硅绝缘层中掺入了大量的正离子，这些正离子的存在，使得 $U_{GS}=0$ 时，已形成 N 型导电沟道。如果在漏极和源极之间外加电压 $u_{DS}>0$，即产生漏极电流 i_D。

② 改变 U_{GS} 就可以改变沟道的宽窄，从而控制漏极电流 i_D。如果 $U_{GS}>0$，指向衬底的电场加强，沟道变宽，漏极电流 i_D 将会增大；反之，若 $U_{GS}<0$，则栅压产生的电场与正离子产生的自建电场方向相反，总电场减弱，沟道变窄，沟道电阻变大，i_D 减小。当 U_{GS} 继续变负，等于某一阈值电压时，沟道将全部消失，$i_D=0$，管子进入截止状态，此时对应的 u_{GS} 值，称为夹断电压，表示为 U_P，国标为 $U_{GS(OFF)}$。

综上所述，N 沟道耗尽型 MOS 管可以在正、负栅源电压下工作，并且栅极电流基本为零，这是耗尽型 MOS 管的重要特点。

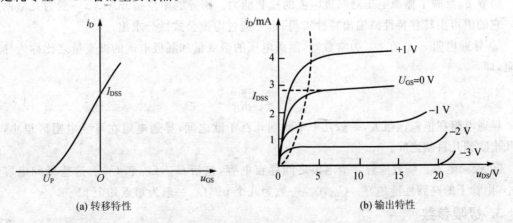

(a) 转移特性　　　　　　　　　　(b) 输出特性

图 1.40　N 沟道耗尽型 MOS 管的特性曲线

5. P 沟道增强型和耗尽型 MOS 管

P 沟道增强型和 N 沟道增强型相比工作原理和特性曲线相似，它要求 U_{DS} 和 U_{GS} 的电压

极性与 N 沟道增强型相反,其开启电压是负值;P 沟道耗尽型 MOS 管和 N 沟道耗尽型相比工作原理和特性曲线相似,它要求 U_{DS} 和 U_{GS} 的电压极性与 N 沟道耗尽型相反,U_{GS} 正负皆可,其对应夹断电压为正值。选择合适的参考方向,可以自行画出 P 沟道 MOS 管的特性曲线。

P 沟道 MOS 管源极与衬底连接时,衬底应是电路中最高的电位点,以保证源极和漏极处 PN 结反偏。

1.6.3 场效应管参数

1. 直流参数

① 饱和漏极电流 I_{DSS}。I_{DSS} 是耗尽型 MOS 管和结型场效应管的一个重要参数,它的定义是当栅源之间的电压 U_{GS} 等于零,恒流区对应的漏极电流。实际测试,一般让漏、源之间电压 U_{DS} 为一合适值,例如 10 V。对于结型场效应管来说,I_{DSS} 是它能输出的最大电流。

② 夹断电压 U_P。U_P 也是耗尽型 MOS 管和结型场效应管的重要参数,其定义为当 U_{DS} 一定时,使 I_D 减小到某一个微小电流(如 1 μA,50 μA)时所需的 U_{GS} 值。N 沟道管子是负值,P 沟道管子是正值。

③ 开启电压 U_T。U_T 是增强型场效应管的重要参数,它的定义是当 U_{DS} 一定时,漏极电流 I_D 达到某一微小数值(例如 10 μA)时所需加的 U_{GS} 值。N 沟道管子是正值,P 沟道管子是负值。

④ 直流输入电阻 R_{GS}。R_{GS} 是栅、源之间所加电压与产生的栅极电流之比。由于栅极几乎不索取电流,因此输入电阻很高。结型为 10^6 Ω 以上,MOS 管可达 10^{10} Ω 以上。

2. 交流参数

① 低频跨导 g_m。在 U_{DS} 为常数时,漏极电流的微变量和引起这个变化量的栅源电压微变量之比称为跨导,即

$$g_m = \frac{di_D}{du_{GS}} \tag{1-16}$$

跨导 g_m 反映了栅源电压对漏极电流的控制能力。跨导的单位是 mA/V,一般为几毫西门子。它的值可由转移特性或输出特性求得,也可通过电流公式微分求出。

② 导通电阻 r_{on}。在 U_{GS} 为常数时,漏源电压的微变量和漏极电流的微变量之比称为导通电阻,即

$$r_{on} = \frac{du_{DS}}{di_D} \tag{1-17}$$

导通电阻在恒流区很大,一般几十千欧到几百千欧之间,导通电阻在可变电阻区很小,一般几十欧到几百欧之间。

③ 极间电容。场效应管 3 个电极之间存在电容,包括 C_{GS},C_{GD} 和 C_{DS}。这些极间电容值越小,则管子的高频性能越好。C_{GS},C_{GD} 一般为几个 pF,C_{DS} 一般为零点几个 pF。

3. 极限参数

① 漏极最大允许耗散功率 P_{DM}。$P_{DM} = I_D U_{DS}$,这部分功率将转化为热能,使管子的温度升高。显然,P_{DM} 决定于场效应管允许的最高温升。

② 漏、源间击穿电压 U_{DS}。在场效应管输出特性曲线上,当漏极电流 I_D 急剧上升产生雪

崩击穿时的 U_{DS} 值。工作时外加在漏、源之间的电压不得超过此值。

③ 栅源间击穿电压 U_{GS}。结型场效应管正常工作时，栅、源之间的 PN 结处于反向偏置状态，若 U_{GS} 过高，PN 结将被击穿。对于 MOS 场效应管，由于栅极与沟道之间有一层很薄的二氧化硅绝缘层，当 U_{GS} 过高时，可能将 SiO_2 绝缘层击穿，使栅极与衬底发生短路。这种击穿不同于 PN 结击穿，而和电容器击穿的情况类似，属于破坏性击穿，栅、源间发生击穿，MOS 管立即被损坏。

除了上述参数外，场效应管还有噪声系数、高频特性等其他参数，请参考有关电路手册。

1.6.4 场效应管的特点及应用

1. 场效应管的特点

场效应管具有如下特点：

① 场效应管是一种电压控制器件，即通过 U_{GS} 来控制 I_D。

② 场效应管输入端几乎没有电流，所以其直流输入电阻和交流输入电阻都非常高。

③ 由于场效应管是利用多数载流子导电的，因此，与双极性三极管相比，具有噪声小、受辐射的影响小、热稳定性较好而且存在零温度系数工作点等特性。

④ 由于场效应管的结构对称，有时漏极和源极可以互换使用，而各项指标基本上不受影响，因此应用时比较方便、灵活。结型场效应管漏极和源极可以互换使用，但栅源电压不能接反；衬底单独引出的 MOS 管漏极和源极可以互换使用，NMOS 管衬底连电路最低电位，PMOS 管衬底连电路最高电位。MOS 管在使用时，常把衬底和源极连在一起，这时漏极、源极不能互换。

⑤ 场效应管的制造工艺简单，有利于大规模集成。

⑥ 由于 MOS 场效应管的输入电阻可高达 10^{15} Ω，因此，由外界静电感应所产生的电荷不易泄漏，而栅极上的 SiO_2 绝缘层又很薄，这将在栅极上产生很高的电场强度，易引起绝缘层击穿而损坏管子。应在栅极加有二极管或稳压管保护电路。

⑦ 场效应管的跨导较小，当组成放大电路时，在相同的负载电阻下，电压放大倍数比双极型三极管低。

基于上述特点，在使用和保存场效应管时，应注意以下 5 点：

① 结型管可以开路保存，MOS 管应将各极短路保存。

② MOS 管使用时，应在栅极加有二极管或稳压管保护电路。

③ MOS 管需要焊接时，更要慎重，以免损坏 MOS 管。

④ 使用场效应管时各极必须加正确的工作电压。

⑤ 在使用场效应管时，要注意漏源电压、漏源电流及耗散功率等，不要超过规定的最大允许值。

2. 场效应管的应用

MOS 管与结型管相比开关特性更好。结型场效应管的主要用途是在模拟电路中用做放大元件，既可作为分立元件使用，也可制作成集成电路。场效应管在应用时，可用万用表判别其引脚和性能的优劣。

相比于结型场效应管，MOS 器件有着更广泛的用途，发展十分迅速。目前在分立元件方面，MOS 管已进入大功率应用，国产 VMOS 管系列产品，其电压可高达上千伏，电流可高达数十安培。在模拟集成电路和数字集成电路中，都有很多实际产品。特别值得提出的是，MOS 器件在大规模和超大规模集成电路中，更是得到了飞速的发展，有关这方面的内容，在本书后续章节中要进行讨论。

思考题

1. MOS 管结构上有什么特点？漏极和源极能否互换使用？
2. 增强型 NMOS 管 3 个工作区域各有什么特点？如何区分 3 个工作区域？
3. 简述 MOS 管的温度特性好于双极型三极管的原因。

本章小结

通过在纯净半导体中掺入特殊微量杂质，可以生成 P 型和 N 型两种杂质半导体，从而可以组成 PN 结。半导体二极管由 PN 结组成，具有单向导电特性，利用二极管可以进行整流、检波、限幅。在数字电路中，二极管主要作为开关使用。特殊二级管例如硅稳压二极管、发光二极管等各有其特殊作用。

半导体三极管一般由两个 PN 结组成，是一种电流控制元件。三极管的输出特性有 3 个工作区域：截止区、放大区和饱和区。作为开关元件一般工作在截止区和饱和区，作为放大元件应工作在放大区。

场效应管是电压控制性器件，只有一种载流子参与导电，是单极型晶体管。场效应管包括结型和 MOS 两大类，它们的特性曲线都有 3 个工作区域即：夹断区（截止区）、恒流区和可变电阻区。作为开关元件一般工作在截止区和可变电阻区，作为放大元件应工作在恒流区。

习 题

题 1.1 二极管电路和二极管伏安特性曲线分别如图 1.41(a) 和 (b) 所示，其中，$R_L = 500\ \Omega$，试问：

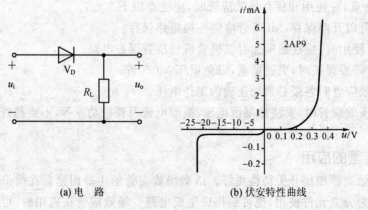

(a) 电 路　　　　　　　　(b) 伏安特性曲线

图 1.41　题 1.1 图

(1) $U_I=1$ V 时,$i_D=$? 二极管两端电压 $U_D=$?

(2) $U_I=2$ V 时,i_D 是否增加一倍? 为什么?

题 1.2 硅二极管电路和如图 1.42 所示,硅二极管的导通电压为 0.7 V,判断它是否导通,若导通流过二极管的电流是多少?

题 1.3 二极管电路如图 1.43 所示,E_1,E_2 为 5 V,二极管的导通电压为 0.7 V,输入波形为正弦波,其峰值大于 5.7 V,试定性画出输出端的电压波形。

题 1.4 二极管整流电路如图 1.44 所示,认为二极管理想,电源 U_1 为正弦波,试画出负载两端的电压波形。

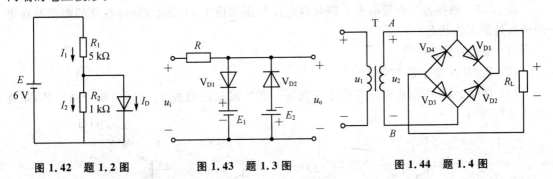

图 1.42 题 1.2 图   图 1.43 题 1.3 图   图 1.44 题 1.4 图

题 1.5 硅稳压管电路如图 1.45 所示,$R=3R_L$,$U_I=16\sin t$,硅稳压管的稳定电压为 8 V,硅稳压管正向导通电压为 0.7 V,试画出输出电压 U_O 的波形。

题 1.6 两只稳压管的稳定电压分别为 3 V 和 6 V,作二极管用正向导通电压为 0.7 V,试问用它们串联和并联可以得到几种稳压值?

题 1.7 势垒电容和扩散电容的物理意义是什么? 在正向或反向偏置条件下,应分别考虑哪一种电容效应为主? 这些电容和一般的电容相比有什么特点? 若将一般的整流二极管用作高频整流或高速开关,会出现什么问题?

题 1.8 有 2 个晶体管,一个 $\beta=200$,$I_{CEO}=200\ \mu A$;另一个 $\beta=50$,$I_{CEO}=10\ \mu A$;其余参数大致相同。你认为应选用哪个管子较稳定?

题 1.9 某型号三极管的输出特性曲线如图 1.46 所示。已知 $I_{CM}=40$ mA,$U_{(BR)CEO}\geqslant 50$ V,$P_{CM}=400$ mW。试标出曲线的放大区、截止区、饱和区、过压区、过流区和过损耗区,并估算 $U_{CE}=15$ V,$I_C=10$ mA 时三极管的共射和共基电流放大系数。

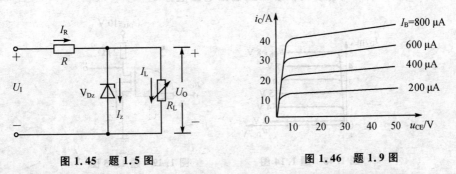

图 1.45 题 1.5 图   图 1.46 题 1.9 图

题 1.10 已知三极管均工作在放大状态,并测得 3 个引脚对地电位分别为

A 管: $U_1=10$ V,$U_2=3$ V,$U_3=3.7$ V

B管：$U_1=0$ V，$U_2=6$ V，$U_3=5.8$ V

试问两只管子的类型、材料及电极名称。

题1.11 已知某三极管的 $P_{CM}=100$ mW，$I_{CM}=200$ mA，$U_{(BR)CEO}=15$ V，试问在下列几种情况下，哪种是正常工作的？

(1) $U_{CE}=3$ V，$I_C=100$ mA

(2) $U_{CE}=2$ V，$I_C=40$ mA

(3) $U_{CE}=6$ V，$I_C=20$ mA

题1.12 如何用万用表的电阻档检测三极管的极性和结构？

题1.13 测得各三极管电极上的对地电压数据如图1.47所示，分析各管的类型及在电路中所处的工作状态。

(1) 是锗管还是硅管？

(2) 是NPN型还是PNP型？

(3) 是处于放大、截止或饱和状态中的哪一种？或是已经损坏？（指出哪个结已坏，是烧断还是短路？）

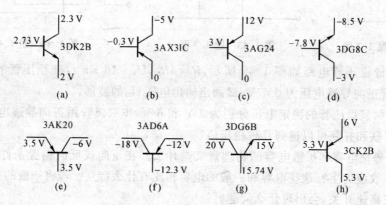

图1.47 题1.13图

题1.14 已知NMOS管的漏极特性曲线如图1.48所示，试画出其恒流区对应的转移特性。

题1.15 NMOS管电路如图1.49所示，NMOS管的漏极特性曲线同图1.48。试问输入电压为1 V，5 V和7 V时，管子的状态以及输出电压值？

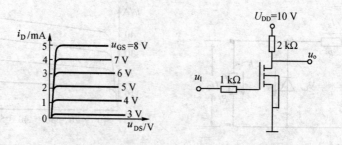

图1.48 题1.14图   图1.49 题1.15图

题1.16 绝缘栅场效应管漏极特性曲线如图1.50(a)～(d)所示。

(1) 说明图1.50(a)～(d)曲线对应何种类型的场效应管。

(2) 根据图中曲线粗略地估计:开启电压 U_T、夹断电压 U_P 和饱和漏极电流 I_{DSS} 或 I_{DO} 的数值。

题 1.17 场效应管漏极特性曲线同图 1.50(a)~(d)所示。分别画出各种管子对应的转移特性曲线 $i_D = f(u_{GS})$。

题 1.18 图 1.51 所示为场效应管的转移特性曲线。试问:

(1) I_{DSS},U_P 值为多大?

(2) 根据给定曲线,估算当 $i_D = 1.5$ mA 和 $i_D = 3.9$ mA 时,g_m 约为多少?

(3) 根据 g_m 的定义:$g_m = \dfrac{\mathrm{d}i_D}{\mathrm{d}u_{GS}}$,计算 $u_{GS} = -1$ V 和 $u_{GS} = -3$ V 时相对应的 g_m 值。

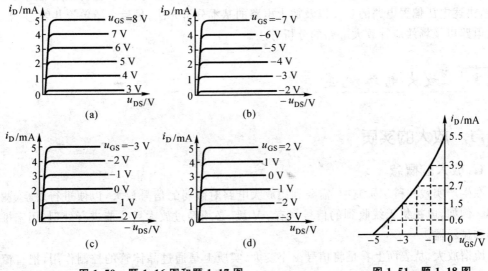

图 1.50 题 1.16 图和题 1.17 图   图 1.51 题 1.18 图

第 2 章 基本放大电路

本章首先对放大电路进行概述,然后以单管共射放大电路为基础,分析放大电路的原理和实质,讲述电压偏置电路的意义以及放大电路的基本分析方法;最后介绍单管共射、共集、共基放大电路以及场效应管放大电路的分析方法。

2.1 放大电路概述

2.1.1 放大的实质

1. 放大的概念

在生产实践和科学研究中,需要利用放大电路对微弱的信号放大,以便进行观察、测量和利用。例如,电视机天线收到的信号只有 μV 级,必须经过放大后才能进行处理,用来推动扬声器和显示器。

所谓放大,从表面上看是将信号由小变大,实质上是通过晶体管的控制作用,把直流电转换为交流电输出的过程,是能量转换的过程。放大电路(放大器)的作用就是将微弱的电信号不失真(或在许可范围内)地加以放大。所谓失真就是输入信号经过放大器输出后,发生了波形畸变。

2. 放大电路的基本组成和分类

放大电路一般由放大器件、输入信号源、输出负载、直流电源和相应的偏置电路等部分组成。其中,放大器件是放大电路的核心,放大器件可以是双极型三极管、场效应管,也可以是多个管子或集成器件,人们习惯把只有一个放大器件(三极管或场效应管)的放大电路称作基本放大电路;输入信号源为放大电路提供电压输入信号或电流输入信号,其来源不同,例如,将声音变换为电信号的话筒,将图像变换为电信号的摄像管等;输出负载就是执行器件,在输出信号的作用下完成各种具体的功能,例如,扬声器发出声音;直流电源和相应的偏置电路用来为放大器件(例如晶体三极管)提供静态工作点,以保证放大器件工作在线性放大区,直流电源同时还是整个电路和输出信号的能量来源。

为了达到一定的输出功率,放大器往往由多级基本放大电路组成。放大电路一般可分为电压放大和功率放大两种,电压放大器的作用主要是把信号电压加以放大;功率放大器除了要求输出一定的电压外,还要求输出较大的电流以驱动执行部件。

根据放大信号的不同,放大电路又可分为交流放大器、直流放大器和脉冲放大器等。由于双极型三极管和场效应管有 3 个电极,小信号三极管或场效应管基本放大电路,有 3 种不同的连接方式(或称3种组态)。三极管基本放大电路有共(发)射极接法、共集电极接法和共基极接法,这3种接法分别以发射极、集电极、基极作为输入回路和输出回路的公共端,构成不同的放大电路,其中共(发)射极接法最为常用;场效应管基本放大电路有共源极接法、共漏极接法和共栅极接法,这3种接法分别以源极、漏极、栅极作为输入回路和输出回路的公共端,构成不同的放大电路,其中共源极接法最为常用。

2.1.2 放大电路的分析方法和放大电路的主要性能指标

1. 放大电路的分析方法

放大电路中既有直流信号又有交流信号,而电路中往往存在电感、电容等电抗性器件,直流信号和交流信号流经的路径是不一样的。直流信号通过的路径称为直流通路,交流信号通过的路径称为交流通路。在分析放大电路时,为了简便起见,往往把直流分量和交流分量分开处理,这就需要分别画出它们的直流通路和交流通路。

在画直流通路和交流通路时,应遵循下列原则:

① 对直流通路,电感可视为短路,电容可视为开路。

② 对交流通路,若直流电压源内阻很小,则其上交流压降很小,可把它看成短路;电容、电感器件视具体情况而定,若交流压降很小,可把它看成短路。

放大电路分析包括两个方面的内容:根据直流通路分析直流工作情况(静态),根据交流通路分析交流工作情况(动态)。静态分析就是确定静态工作点,动态分析就是计算放大电路在有信号输入时的放大倍数、输入阻抗和输出阻抗等。常用的分析方法有两种:图解法和微变等效电路法。图解法就是依据放大器件的特性曲线和电路的控制曲线,用作图的方法确定静态工作点和放大倍数等;微变等效电路法就是在很小的变化范围内,把放大器件等效为线性器件,然后根据线性电路确定有信号输入时的放大倍数、输入阻抗和输出阻抗等。微变等效电路法适应于小信号放大器。

2. 放大电路的主要性能指标

分析放大器的性能时,必须了解放大器有哪些性能指标。由于放大电路中既有直流成分又有交流成分,因而晶体管的各极电流、电压都有瞬时值,包含直流分量和交流分量。为了规范表示,下面以基极电流为例,介绍各种符号的含义。

i_B(小写字母,大写下标)——基极电流的瞬时值;

I_B(大写字母,大写下标)——基极直流电流;

i_b(小写字母,小写下标)——基极交流电流的瞬时值;

I_b(大写字母,小写下标)——基极交流电流的有效值;

I_{bm}(大写字母,小写下标)——基极交流电流的峰值或振幅。

其他电流、电压、功率等参量与此相同。

放大器有一个输入端口,一个输出端口,所以从整体上看,可以把它当作一个有源二端口网络,各种小信号放大器都可以用图2.1所示的组成框图表示。图中u_s代表输入信号电压源的等效电动势,r_s代表内阻。u_i和i_i分别为放大器输入信号电压和电流的交流值,R_L为负载电阻,u_o和i_o分别为放大器输出信号电压和电流的交流值。衡量放大器性能的指标很多,现介绍输入电阻、输出电阻、放大倍数、频率失真和非线性失真等基本指标。

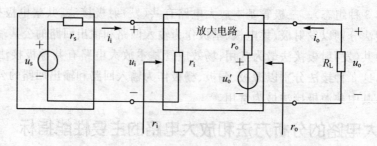

图 2.1 放大电路的等效方框图

(1) 输入电阻和输出电阻

1) 输入电阻 r_i

在不考虑电抗性器件的情况下,从输入端来看,放大电路可以用一个等效交流电阻 r_i 来表示。r_i 称为放大器的输入电阻,它定义为放大器输入端信号电压对电流的比值,即

$$r_i = \frac{U_i}{I_i} \tag{2-1}$$

对于输入信号源,r_i 是负载,一般用恒压源时,总是希望输入电阻越大越好,因为可以减小输入电流,减小信号源内阻的压降,增加输出电压的幅值。

2) 输出电阻 r_o

对于输出负载 R_L,可把放大器当作它的信号源。在不考虑电抗性器件的情况下,放大器可以等效为一个电压源和一个电阻串联或者一个电流源和一个电阻并联,该电阻就是输出端的等效电阻,称为放大器的输出电阻,如图 2.1 中的 r_o。

r_o 是在放大器中的独立电压源短路或独立电流源开路、保留受控源的情况下,从 R_L 两端向放大器看进去所呈现的电阻。因此假如在放大器输出端外加信号电压 U_o,计算出由 U_o 产生的电流 I_o,则

$$r_o = \frac{U_o}{I_o}\bigg|_{U_s=0 \text{ 或 } I_s=0} \tag{2-2}$$

若空载时测试得到输出电压 U'_o,接上已知时负载 R_L 测量得到输出电压 U_o,则有 $U_o = U'_o R_L/(r_o + R_L)$ 可求得

$$r_o = (U'_o/U_o - 1)R_L \tag{2-3}$$

当用恒压源时,放大器的输出电阻越小越好,就如同希望电池的内阻越小越好一样,因为可以增加输出电压的稳定性,改善负荷性能。

注意:以上公式中所用的电压和电流值均为交流有效值,若考虑电抗性器件,输入电阻和输出电阻将是阻抗。

(2) 放大倍数

放大倍数又称为增益,用来衡量放大器放大信号的能力。规定放大器输出量与输入量的比值为放大器的放大倍数,有电压增益、电流增益和功率增益等。

1) 电压放大倍数

电压增益用 A_u 表示,定义为放大器输出信号电压有效值与输入信号电压有效值的比值,即

$$A_u = \frac{U_o}{U_i} \qquad (2-4)$$

而 U_o 与信号源开路电压 U_s 之比称为考虑信号源内阻时的电压放大倍数,记作 A_{us},即

$$A_{us} = \frac{U_o}{U_s} \qquad (2-5)$$

根据输入回路可得

$$U_i = U_s \frac{r_i}{r_s + r_i}$$

因此二者关系为

$$A_{us} = A_u \frac{r_i}{r_s + r_i} \qquad (2-6)$$

2) 电流放大倍数

电流放大倍数是指输出电流 I_o 有效值与输入电流 I_i 有效值之比,记为 A_i,即

$$A_i = \frac{I_o}{I_i} \qquad (2-7)$$

3) 功率放大倍数

功率放大倍数表示放大器放大信号功率的能力,定义为输出功率 P_o 与输入功率 P_i 之比,记为 A_p,即 $A_p = P_o/P_i$。可以证明

$$A_p = \frac{P_o}{P_i} = \left|\frac{U_o I_o}{U_i I_i}\right| = |A_u A_i| \qquad (2-8)$$

在实际工程上,放大倍数常常用 dB(分贝)来表示,称为增益,定义如下:

$$\left.\begin{array}{l} A_u = 20\lg\left|\dfrac{U_o}{U_i}\right| \\[2mm] A_i = 20\lg\left|\dfrac{I_o}{I_i}\right| \\[2mm] A_p = 10\lg\left|\dfrac{P_o}{P_i}\right| \end{array}\right\} \qquad (2-9)$$

必须注意,以上指标只有在正弦波时才有意义,这点同样适用于其他指标。

3. 最大输出幅度

最大输出幅度表示放大器能提供给负载的最大输出电压或最大输出电流,用 U_{omax} 和 I_{omax} 表示。注意,只有输出波形在畸变的许可范围内最大输出幅度才有意义。

4. 非线性失真

晶体管的非线性伏安特性曲线决定了输出波形不可避免的要发生失真,称为非线性失真。当对应于某一特定频率的正弦波电压输入时,输出波形将发生畸变,含有一定数量的谐波。谐波总量与基波成份之比,称为非线性失真系数,它是衡量放大器非线性失真大小的重要指标。

5. 频率失真和通频带

因放大电路中有电容元件,晶体管极间也存在电容,有的放大电路还存在电感器件,因此对于不同频率的输入信号,放大器具有不同的放大能力。在工程上,一个实际输入信号包含许多频率分量,放大器不能对所有频率分量进行等增益放大,那么合成的输出信号波形就与输入

信号不同。这种波形失真称为放大器的频率失真。频率失真是一种线性失真。

放大倍数随信号频率而变化,相应的增益是频率的复函数,通常将幅值随 ω 变化的特性称为放大器的幅频特性,其相应的曲线称为幅频特性曲线;相角随 ω 变化的特性称为放大器的相频特性,其相应的曲线称为相频特性曲线。

一般来说,频率太高或太低放大倍数都要下降,只是在某一频率段才较高,且基本保持不变。设定此时放大倍数为 $|A_{um}|$,当放大倍数下降为 $|A_{um}|/\sqrt{2}$ 时,所对应的频率分别称为上限频率 f_H 和下限频率 f_L。上下限频率之间的频率范围称为放大器的通频带,用 f_{bw} 表示,$f_{bw} = f_H - f_L$,电压放大倍数 $|A_u(jf)|$ 与频率的关系可用图 2.2 所示的曲线表示。

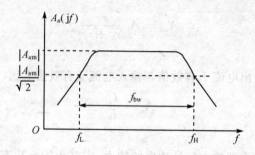

图 2.2 电压放大倍数 $|A_u(jf)|$

通频带是一个十分重要的指标,要把这种失真限制在允许值范围内,则放大器频率响应曲线中平坦部分的带宽应大于输入信号的频率宽度。有关描述频率失真的一些具体内容,将在第 4 章中详细说明。

6. 最大输出功率 P_{omax} 和效率 η

放大器的最大输出功率是指它能向负载提供的最大交流功率,用 P_{omax} 表示。放大器的输出功率是通过晶体管的控制作用,把直流电转换为交流电输出的,通常规定放大器输出的最大功率与所消耗的直流电源功率 P_E 之比为放大器的效率 η,即

$$\eta = P_{omax}/P_E \tag{2-10}$$

如何提高功率放大器的效率,将在以后的功率放大器中进行详细讨论。

以上只是对放大器的常用技术指标作一些简单讨论,除上述指标外,还有其他一些技术指标,例如噪声系数、信噪比、抗干扰能力、防震性能、质量和体积等。

2.2 三极管放大电路的基本组成和工作原理

2.2.1 单管共射放大电路的基本组成

基本放大电路通常是指由一个晶体管构成的单级放大电路。根据输入、输出回路公共端所接的电极不同,实际有共射极、共集电极和共基极 3 种基本(组态)放大器。下面以最常用的共射电路为例来说明放大器的一般组成原理。

1. 基本组成及元器件作用

共射极放大电路如图 2.3 所示。电路中各元件的作用如下:

① U_{CC} 为直流电源(集电极电源),其作用是为整个电路提供能源,保证三极管的发射结正向偏置,集电结反向偏置。

② R_b 为基极偏置电阻,其作用是为基极提供合适的偏置电流。

③ R_c 为集电极负载电阻,其作用是将集电极电流的变化转换成电压的变化。

④ 晶体管 V 具有放大作用,是放大器的核心。不同的管子,具有不同的放大性能,并且有不同接法,但都必须保证管子工作在放大状态,产生放大作用的外部条件是,发射结为正向偏置,集电结为反向偏置。图 2.3 中,基极偏置电阻 R_b、集电极负载电阻 R_c、直流电源 U_{CC}、晶体管 V 构成固定偏流电路将晶体管偏置在放大状态。

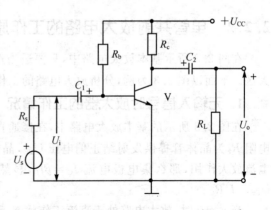

图 2.3 共射极放大电路

⑤ 图 2.3 中用内阻为 R_s 的正弦电压源 U_s 为放大器提供输入电压 U_i。输入信号通过电容 C_1 加到基极输入端,放大后的信号经电容 C_2 由集电极输出给负载 R_L。电容 C_1,C_2 称为隔直电容或耦合电容,其作用是隔直流通交流,即在保证信号正常流通的情况下,使交直流相互隔离互不影响。按这种方式连接的放大器,通常称为阻容耦合放大器。

⑥ 符号"⊥"为接地符号,是电路中的零参考电位,本电路输入回路、输出回路都以射极为共同端,因此是共射极放大电路。

2. 单管共射放大电路的直流通路和交流通路

放大电路的定量分析主要包含两个部分:一是直流工作点分析,又称为静态分析,即在没有信号输入时,估算晶体管的各极直流电流和极间直流电压;二是交流性能分析,又称动态分析,即在有输入信号作用下,确定晶体管在工作点处各极电流和极间电压的变化量,进而计算放大器的各项交流指标。主要求出电压放大倍数、输入电阻和输出电阻 3 项性能指标。

所谓直流通路,是指当输入信号 $u_i=0$ 时,在直流电源 U_{CC} 的作用下,直流电流所流过的路径。在画直流通路时,电路中的电容开路,电感短路。图 2.3 所对应的直流通路如图 2.4(a)所示。

所谓交流通路,是指在信号源 u_i 的作用下,只有交流电流所流过的路径。画交流通路时,图 2.3 放大电路中的耦合电容容抗很小,近似看为短路;由于直流电源 U_{CC} 的内阻很小,对交流变化量几乎不起作用,故可看作短路。图 2.3 电路的交流通路可画成如图 2.4(b)所示。

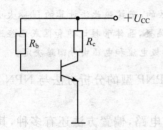

(a) 直流通路　　　　　　　　　　(b) 交流通路

图 2.4 基本共射极电路的交、直流通路

2.2.2 单管共射放大电路的工作原理

在图 2.3 所示基本放大电路中,只要适当选取 R_b,R_c 和 U_{CC} 的值,三极管就能够工作在放大区。下面以图 2.3 为例,分析放大电路的工作原理。

1. 无输入信号时放大器的工作情况

在图 2.3 所示的基本放大电路中,在接通直流电源 U_{CC} 后,当 $u_i=0$ 时,U_{CC} 通过基极偏流电阻 R_b 为晶体管提供发射结正偏电压 U_{BE},晶体管基极就有正向偏流 I_B 流过,由于晶体管的电流放大作用,那么集电极电流 $I_C = \beta I_B$,显然,晶体管集电极-发射极间的管压降为 $U_{CE} = U_{CC} - I_C R_C$。

当 $u_i=0$ 时,放大电路处于直流工作状态,称为静态。这时的发射结正偏电压 U_{BE}、基极电流 I_B、集电极电流 I_C 和集电极发射极电压 U_{CE} 用 U_{BEQ},I_{BQ},I_{CQ},U_{CEQ} 表示。这些电压和电流值都是在无信号输入时的数值,所以叫静态电压和静态电流。它们在三极管特性曲线上所确定的点就称为静态工作点,习惯上用 Q 表示。静态分析的目的是通过直流通路分析放大电路中的静态工作点。

图 2.3 所示放大电路所对应的直流通路如图 2.4(a)所示,利用图 2.4(a)可以近似估算其静态工作点。

首先由图 2.4(a)基极回路求出静态时基极电流 I_{BQ},公式如下

$$I_{BQ} = \frac{U_{CC} - U_{BE}}{R_b} \tag{2-11}$$

U_{BE} 与二极管正向导通电压近似相等,三极管导通时,U_{BE} 变化很小,可以近似认为是常数,对于小功率晶体管一般有

$$U_{BE} = 0.6 \sim 0.8 \text{ V},取 0.7 \text{ V}$$
$$U_{BE} = 0.1 \sim 0.3 \text{ V},取 0.2 \text{ V}$$

当 U_{CC} 远大于 U_{BE} 时,有

$$I_{BQ} \approx \frac{U_{CC}}{R_b}$$

根据三极管各极电流关系,可求出静态工作点的集电极电流 I_{CQ},即

$$I_{CQ} = \beta I_{BQ} \tag{2-12}$$

再根据集电极输出回路可求出 U_{CEQ},公式如下

$$U_{CEQ} = U_{CC} - I_{CQ} R_c \tag{2-13}$$

注意:上述求静态工作点的方法是假设晶体管工作在放大区的,若按照此法计算的 U_{CEQ} 太小,接近 0 或负值时(原因可能是 R_b 太小),说明集电结失去正常的反向电压偏置,晶体管接近饱和区或已经进入饱和区,这时 β 值将逐渐减小,或根本无放大作用,$i_C = \beta i_B$ 不再成立,集电极电流和电压由外回路决定。

以上分析的是晶体管为 NPN 型的情况,晶体管为 PNP 型的分析方法与 NPN 相同,但要注意电源和电流、电压的极性。

上述直流通路只是偏置电路的一种,称为固定偏置电路,偏置方法还有多种,其他偏置方法在以后章节会分别探讨。

2. 输入交流信号时的工作情况

当在放大器的输入端加入正弦交流信号电压 u_i 时,电路中各电极的电压、电流都是由直流

量和交流量叠加而成的,其波形如图 2.5 所示,此时的工作状态又称为动态。

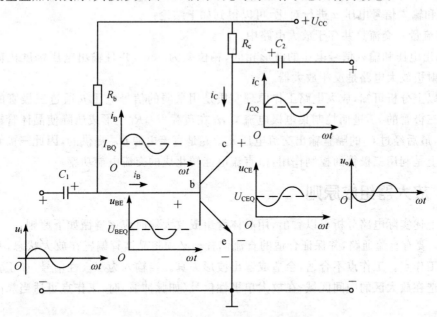

图 2.5 放大电路中各电流、电压波形

在输入回路,信号电压 u_i 将和静态正偏压 U_{BE} 相串连作用于晶体管发射结上,加在发射结上的电压瞬时值为

$$u_{BE} = U_{BEQ} + u_i$$

如果选择适当的静态电压值和静态电流值,输入信号电压的幅值又限制在一定范围之内,则在信号的整个周期内,发射结上的电压均能处于输入特性曲线的直线部分,此时基极电流的瞬时值将随 u_{BE} 变化。基极电流 i_B 由两部分组成,一个是固定不变的静态基极电流 I_B,一个是作正弦变化的交流基极电流 i_b,基极电流瞬时值为

$$i_B = I_{BQ} + i_b$$

由于晶体管的电流放大作用,集电极电流 i_C 将随基极电流 i_B 变化,同样,i_C 也由两部分组成:一部分是固定不变的静态集电极电流 I_C,另一部分是作正弦变化的交流集电极电流 i_c,其瞬时值为

$$i_C = \beta i_B = \beta(I_{BQ} + i_b) = I_{CQ} + i_c$$

显然,i_C 的变化量是 i_B 的 β 倍。

根据 KVL 定律,在输出回路中有

$$u_{CE} = U_{CC} - i_C R_c = U_{CEQ} - i_c R_c = U_{CEQ} + u_{ce}$$

显然,u_{CE} 也由两部分组成:一个是固定不变的静态管压降 U_{CE},另一个是作正弦变化的交流集电极-发射极电压 u_{ce}。

如果负载电阻 R_L 通过耦合电容 C_2 接到晶体管的集电极-发射极之间,则由于电容 C_2 的隔直作用,负载电阻 R_L 上就不会出现直流电压。但对交流信号 u_{ce},很容易通过隔直电容 C_2 加到负载电阻 R_L 上,形成输出电压 u_o。如果电容 C_2 的容量足够大,则对交流信号的容抗很小,忽略其上的压降,则负载上的输出电压只有交流成分,因此有

$$u_o = u_{ce} = -i_c R_c$$

输入端加入正弦交流信号电压 u_i 时,电路中各电极的电压、电流波形如图 2.5 所示,把输出电压 u_o 和输入信号电压 u_i 进行对比,可以得到如下结论:

① 直流量和交流量共存于放大电路中。

② 输出电压和输入信号电压的波形相同,相位差为 180°,并且输出电压幅度比输入电压大。即共射极放大电路是反相放大器。

通过以上分析可知,放大电路工作原理实质是用微弱的信号电压 u_i 通过三极管的控制作用去控制三极管的 i_B,进而控制集电极电流 i_C,i_C 在负载 R_C、R_L 上形成压降使晶体管输出电压发生变化,最后经过 C_2 的隔直输出交流电压 u_o。i_C 是直流电源 U_{CC} 提供的,因此三极管的输出功率实际上是利用三极管的控制作用,由直流电能转化成的交流电能功率。

2.2.3 放大器组成原则

通过上述实际电路分析可以看出,用晶体管组成放大器时应该遵循如下原则:

第一,要有直流通路,并保证合适的直流偏置。必须将晶体管偏置在放大状态,并且要设置合适的工作点。工作点不合适,会造成输出波形失真。当输入为双极性信号(如正弦波)时,工作点应选在放大区的中间区域;在放大单极性信号(如脉冲波)时,工作点可适当靠向截止区或饱和区。

第二,必须设置合理的信号通路,即交流通路。当信号源以及负载与放大器相接时,一方面不能破坏已设定好的直流工作点,另一方面应尽可能减小信号通路中的损耗。

① 待放大的输入信号必须加到晶体管的基极-发射极回路,因为 u_{BE} 对 i_C 有极为灵敏的控制作用。只有将输入信号加到基极-发射极回路,使其成为控制电压 u_{BE} 的一部分,才能得到有效地放大。所以,具体连接时,若射极作为公共支路(端),则信号加到基极;反之,信号则加到射极。由于反偏的 c 结对 i_C 几乎没有控制作用,所以输入信号不能加到集电极。

② 要保证变化的输入电压能产生变化的输出电流,变化的输出电流能转换为变化的输出电压,而且放大了的信号能从电路中取出。实际中,若输入信号的频率较高(几百赫兹以上),采用阻容耦合则是较好的连接方式。

【例 2.1】 估算图 2.3 放大电路的静态工作点。设 $U_{CC}=12\ \text{V}$,$R_c=3\ \text{k}\Omega$,$R_b=280\ \text{k}\Omega$,$\beta=50$。

解:根据公式(2-11)、(2-12)和(2-13),得

$$I_{BQ} = \frac{12\ \text{V} - 0.7\ \text{V}}{280\ \text{k}\Omega} \approx 0.040\ \text{mA} = 40\ \mu\text{A}$$

$$I_{CQ} = 50 \times 0.04\ \text{mA} = 2\ \text{mA}$$

$$U_{CEQ} = 12\ \text{V} - 2\ \text{mA} \times 3\ \text{k}\Omega = 6\ \text{V}$$

【例 2.2】 判断图 2.6 所示电路是否具有电压放大作用。

解:图 2.6(a),由于 C_1 的隔直流作用,无输入直流通路。图 2.6(b),由于 C_1 的旁路作用使得输入信号电压无法加入。图 2.6(c),由于没有 R_c,只有信号电流,无电压信号输出,或者说输出信号电压无法取出。图 2.6(d)发射结没有正向偏置电压。所以图 2.6 所示电路均无电压放大作用。

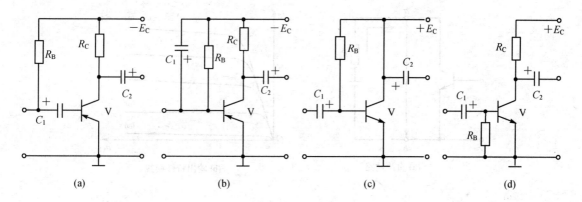

图 2.6 例 2.2 电路

思考题

1. 简述放大电路中直流电源的作用。
2. 分析放大电路时,如何画交直流通路?
3. 三极管放大电路中,能否将基极作为输出端,集电极作为输入端?
4. 简述放大电路的组成原则。

2.3 放大电路的分析方法

2.2 节定性地分析了放大电路的基本原理,并对静态工作点进行了近似估算,本节从图解法分析入手,对放大电路的静态工作点、交流参数以及非线性失真进行分析,最后介绍微变等效电路分析法。

2.3.1 图解法

所谓图解法,就是利用晶体管的特性曲线以及电路伏安曲线,通过作图来分析放大电路性能的方法。其优点是直观,物理意义清楚。

1. 直流负载线和静态工作点

将图 2.4(a)直流通路改画成图 2.7(a)。在图 2.7(a)中,由图中的 a,b 两端向左看,是三极管的非线性电路,其 i_C 与 u_{CE} 的关系由三极管的输出特性曲线确定,如图 2.7(b)所示。由图中的 a,b 两端向右看,其 i_C 与 u_{CE} 的关系由回路的电压方程:$u_{CE}=U_{CC}-i_C R_c$ 表示。u_{CE} 与 i_C 是线性关系,其所确定的直线称为直流负载线,其斜率为 $K=-1/R_c$。

当 $i_C=0$ 时,$u_{CE}=U_{CC}$,在图 2.7 中定出 M 点;当 $u_{CE}=0$ 时,$i_C=U_{CC}/R_c$,在图 2.7 中定出 N 点;连接 MN,则可确定直流负载线。

直流负载线和输出特性曲线的交点就是静态工作点,只要确定 i_B,静态工作点就可以唯一地确定。静态时 $i_B=I_{BQ}$,求 I_{BQ} 也可以通过输入曲线和输入回路曲线用图解法,但由于输入曲线不太稳定,因此一般采用近估算法计算 I_{BQ}。

由以上分析可得出用图解法求 Q 点的步骤:

① 在输出特性曲线所在坐标中,作出直流负载线 $u_{CE}=U_{CC}-i_C R_c$。

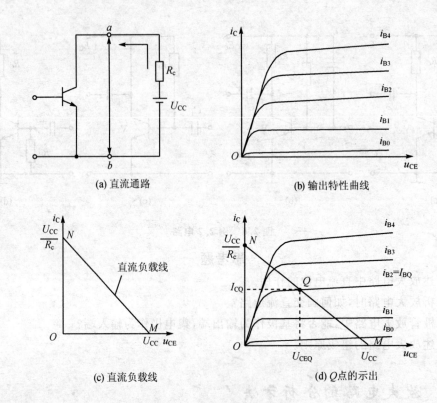

(a) 直流通路 (b) 输出特性曲线

(c) 直流负载线 (d) Q点的示出

图 2.7 静态工作点的图解法

② 由基极回路求出 I_{BQ}。

③ 找出 $i_B = I_{BQ}$ 这一条输出特性曲线,其与直流负载线的交点即为 Q 点。读出 Q 点坐标的电流、电压值即为所求。

【例 2.3】 如图 2.8(a)所示电路,已知 $R_b = 280 \text{ k}\Omega, R_c = 3 \text{k}\Omega, U_{CC} = 12 \text{ V}$,三极管的输出特性曲线如图 2.8(b)所示,试用图解法确定静态工作点。

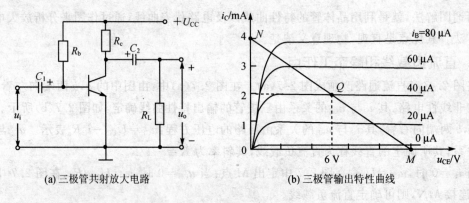

(a) 三极管共射放大电路 (b) 三极管输出特性曲线

图 2.8 例 2.3 电路图

解:首先写出直流负载方程,并作出直流负载线:

$$u_{CE} = U_{CC} - i_C R_c$$

$i_C = 0, u_{CE} = U_{CC} = 12 \text{ V}$;得 M 点;$u_{CE} = 0, i_C = \dfrac{U_{CC}}{R_c} = \dfrac{12}{3} \text{ mA} = 4 \text{ mA}$,得 N 点;

连接这两点,即得直流负载线。然后,由基极输入回路计算 I_{BQ},可得

$$I_{BQ} = \frac{U_{CC} - U_{BE}}{R_b} = \left(\frac{12 - 0.7}{280 \times 10^3}\right) \text{ mA} \approx 0.04 \text{ mA} = 40 \text{ μA}$$

直流负载线与 $i_B = I_{BQ} = 40$ μA 这一条特性曲线的交点,即为 Q 点,从图 2.8(b)上查出 $I_{BQ} = 40$ μA,$I_{CQ} = 2$ mA,$U_{CEQ} = 6$ V,与例 2.1 结果一致。

2. 交流负载线和动态分析

交流图解分析是在输入信号作用下,通过作图来确定放大管各极电流和极间电压的变化量。图 2.3 中,因为 U_{CC} 保持恒定,对交流信号压降为零,所以从输入端看,R_b 与发射结并联,从集电极看 R_c 和 R_L 并联,因此放大电路的交流通路可画成如图 2.4(b)所示的电路,因为电容 C_2 的隔直流作用,所以 R_L 对直流无影响,此时的交流负载电阻

$$R'_L = R_L \mathbin{/\mkern-6mu/} R_c = \frac{R_c R_L}{R_c + R_L}$$

交流负载线由交流通路决定,具有如下两个特点:

① 交流负载线必通过静态工作点,因为当输入信号 u_i 的瞬时值为零时,如忽略电容 C_1 和 C_2 的影响,则电路状态和静态时相同。

② 另一特点是交流负载线的斜率由 R'_L 表示,其斜率为 $K' = -1/R'_L$,由于 $R'_L < R_c$,显然,交流负载线较直流负载线陡。

交流负载线与直流负载线都过 Q 点,过 Q 点,作一条斜率为 $K' = -1/R'_L$ 的直线,就是交流负载线。交流负载线的画法一般是先画出直流负载线,确定静态工作点,然后过任一点(M 或 N)作斜率为 $-1/R'_L$ 的辅助直线,最后过 Q 点作一条平行与辅助线的直线即是交流负载线。交流负载线也可以通过求出在 u_{CE} 坐标的截距,即

$$U'_{CC} = U_{CEQ} + I_{CQ} R'_L$$

再与 Q 点相连即可得到交流负载线。下面举例说明交流负载线的画法。

【**例 2.4**】 如图 2.8(a)所示电路,已知 $R_b = 280$ kΩ,$R_c = 3$ kΩ,$U_{CC} = 12$ V,$R_L = 3$ kΩ,极管的输出特性曲线如图 2.8(b)所示,试用图解法确定交流负载线。

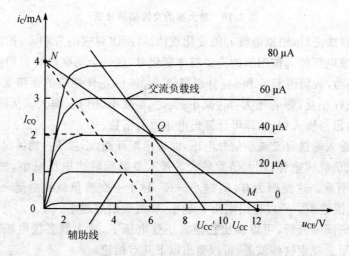

图 2.9 例 2.4 中交流负载线的画法

解:首先作出直流负载线,求出 Q 点,如例 2.3 所示。由交流通路知

$$R'_L = R_C // R_L = 1.5 \text{ k}\Omega$$

作一条斜率为 $-1/1.5$ 的辅助线直线(图中过 N 点,$\Delta U = 6$ V,$\Delta I = 4$ mA,连接该两点即为交流负载线的辅助线),过 Q 点作辅助线的平行线,即为交流负载线。

交流负载线在 u_{CE} 坐标的截距,为

$$U'_{CC} = U_{CEQ} + I_C R'_L = (6 + 2 \times 1.5) \text{ V} = 9 \text{ V}$$

U'_{CC} 与 Q 点相连即可得到交流负载线,可以看出两种画法结果一致。

当输入交流电压 u_i 后,通过交流负载线可以求出电压放大倍数。由放大电路可知,输入电压 u_i 连同 U_{BEQ} 一起直接加在发射结上,因此,瞬时工作点将围绕 Q 点沿输入特性曲线上下移动,从而产生 i_B 的变化,如图 2.10(a)所示。

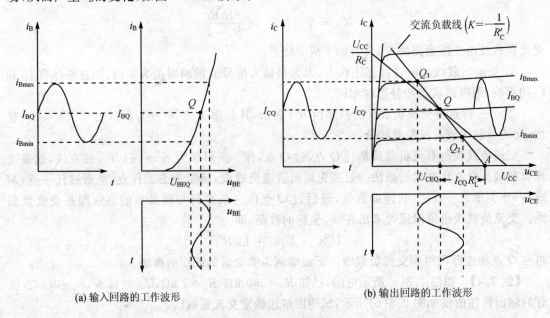

(a) 输入回路的工作波形　　　　　　　(b) 输出回路的工作波形

图 2.10　放大器的交流图解分析

画出交流负载线之后,根据电流 i_B 的变化规律,可画出对应的 i_C 和 u_{CE} 的波形。在图 2.10(b)中,当输入正弦电压使 i_B 按图示的正弦规律变化时,在一个周期内 Q 点沿交流负载线在 Q_1 到 Q_2 之间上下移动,从而引起 i_C 和 u_{CE} 分别围绕 I_{CQ} 和 U_{CEQ} 作相应的正弦变化。由图可以看出,两者的变化正好相反,即 i_C 增大,u_{CE} 减小;反之,i_C 减小,则 u_{CE} 增大。从图 2.10 可以读出波形的幅值,将输出与输入相比,即可计算出电压放大倍数。

放大电路的输入端接有交流小信号电压,而输出端开路(不接 R_L)的情况称为空载放大电路,空载时交直流负载线重合,放大倍数最大。接入负载后输出电压减小,放大倍数减小,R_L 越小这种变化越明显。这是因为有:R_L 越小→R'_L 越小→交流负载线越陡→i_C 的变化范围越小→u_{CE} 的变化范围越小。所以输出电压 u_o 越小,即放大倍数越小。

根据上述交流图解分析,可以画出在输入正弦电压下,放大管各极电流和极间电压的波形,如图 2.11 所示。观察这些波形,可以得出以下几点结论:

① 放大器输入交变电压时,晶体管各极电流的方向和极间电压的极性始终不变,只是围绕各自的静态值,按输入信号规律近似呈线性变化。

② 晶体管各极电流、电压的瞬时波形中,只有交流分量才能反映输入信号的变化,因此,需要放大器输出的是交流量。

③ 将输出与输入的波形对照,可知两者的变化规律正好相反,通常称这种波形关系为反相或倒相。

3. 非线性失真和最大输出幅度

对一个放大电路而言,要求输出波形的失真尽可能地小。但是,由于三极管的非线性和静态工作点位置的不合适,将不可避免的出现非线性失真。

三极管的非线性表现在输入特性的弯曲部分和输出特性间距的不均匀部分。如果输入信号的幅值比较大,将使 i_B,i_C 和 u_{CE} 正、负半周不对称,产生非线性失真,这种失真取决于元器件指标。如果静态值设置不当,即静态工作点位置不合适,将出现明显的非线性失真,为了将失真限制在许可的范围内,要通过合理的偏置电路设置静态工作点。静态值设置不当引起的失真有饱和失真和截止失真两类,饱和失真和截止失真都是由于晶体管工作在特性曲线的非线性区所引起的,因而叫作非线性失真。适当调整电路参数使 Q 点合适,可降低非线性失真程度。

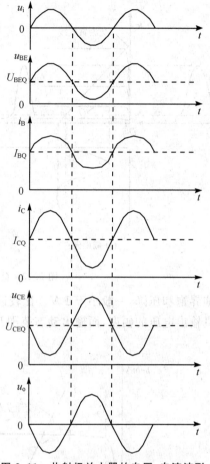

图 2.11 共射极放大器的电压、电流波形

(1) 截止失真

在图 2.12(a)中,Q 点设置过低,在输入电压负半周的部分时间内,动态工作点进入截止区,使 i_B,i_C 不能跟随输入电压变化而恒为零,从而引起 i_B,i_C 和 u_{CE} 的波形发生失真,这种失真是动态工作点进入截止区而造成,因此称作"截止失真"。由图 2.12 可知,对于 NPN 管的共射极放大器,当发生截止失真时,其输出电压波形的顶部被限幅在某一数值上,因此,又称为顶部失真。

(2) 饱和失真

在图 2.12(b)中,Q 点设置过高,则在输入电压正半周的部分时间内,动态工作点进入饱和区。此时,当 i_B 增大时,i_C 则不能随之增大,因而也将引起 i_C 和 u_{CE} 波形的失真,这种失真是由于 Q 点过高,使其动态工作进入饱和区而引起的,因而称作"饱和失真"。由图 2.12(b)可见,当发生饱和失真时,其输出电压波形的底部将被限幅在某一数值上,因此,又称为底部失真。

(3) 最大输出幅度

通过以上分析可知,由于受晶体管截止和饱和的限制,放大器的不失真输出电压有一个范围,其最大值称为放大器输出动态范围。

由图 2.13 可知,因受截止失真限制,其最大不失真输出电压的幅度为 $U_{om}=I_{CQ}R'_L$,而因饱和失真的限制,最大不失真输出电压的幅度则为 $U_{om}=U_{CEQ}-U_{CES}$。式中,U_{CES} 表示晶体管

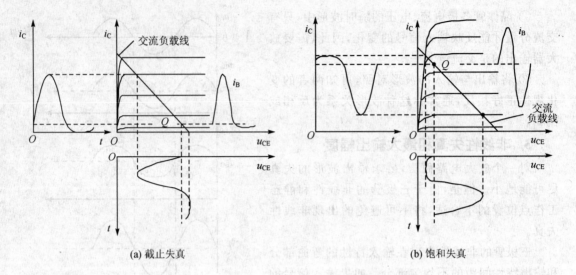

(a) 截止失真　　　　　　　　　(b) 饱和失真

图 2.12　Q 点不合适产生的非线性失真

的临界饱和压降,一般小于 1 V。比较以上二式所确定的数值,其中较小的即为放大器最大不失真输出电压的幅度,而输出动态范围 U_{opp} 则为该幅度的 2 倍,即

$$U_{opp} = 2U_{om} \tag{2-14}$$

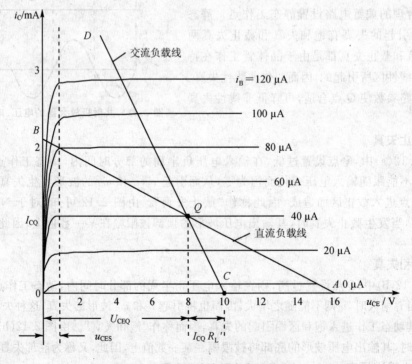

图 2.13　最大不失真输出电压的分析

显然,为了充分利用晶体管的放大区,使输出动态范围最大,直流工作点应选在交流负载线的中点处。注意,对于单极性信号,例如,脉冲信号也可以选择在接近饱和区或截止区。对一个放大电路,希望它的输出信号能正确地反映输入信号的变化,也就是要求波形失真小,否

则就失去了放大的意义。由于输出信号波形与静态工作点有密切的关系,所以静态工作点的设置要合理。所谓合理,即 Q 点的位置应使三极管各极电流、电压的变化量处于特性曲线的线性范围内。具体地说,如果输入信号幅值比较大,Q 点应选在交流负载线的中央;如果输入信号幅值比较小,从减小电源的消耗考虑,Q 点应尽量低一些。

关于图解法分析动态特性的步骤归纳如下:
① 首先作出直流负载线,求出静态工作点 Q。
② 作出交流负载线。根据要求从交流负载线可画出输出电流、电压波形,求出电压放大倍数或最大不失真输出电压值。

2.3.2 微变等效电路法

图解法分析放大电路,比较直观,便于理解,但过程烦琐,不易进行定量分析,在计算交流参数时比较困难,因此,引入微变等效电路法。微变等效电路法就是在小信号条件下,在给定的工作范围内,把晶体管等效成一个线性器件,把放大电路等效成一个线性电路来进行分析计算。

三极管各极电压和电流的变量关系,在大范围内是非线性的。但是,如果三极管工作在小信号的情况下,信号只是在工作点附近很小的范围内变化,那么,此时三极管的特性可以看成是线性的,其特性参数可认为是不变的常数。因此,可用一个线性电路来代替在小信号工作范围内的三极管,只要从这个线性电路的相应引出端看进去的电压和电流的变量关系与从三极管对应引出端看进去的一样就行。这个线性电路就称为三极管的微变等效电路。

用微变等效电路代替放大电路中的三极管,使复杂的电路计算大为简化。对不同的使用范围和不同的计算精度,可以引出不同的等效电路。下面分别介绍简化的等效电路和 h 参数等效电路。

1. 简化的三极管微变等效电路

(1) 三极管的输入回路等效

三极管的输入特性曲线是非线性的,但在小信号输入情况下,因为动态范围很小,静态工作点 Q 附近的工作区域可认为是一直线,如图 2.14(a)电路所示。在输入特性曲线上,当 u_{CE} 一定时,Δi_B 与 Δu_{BE} 成正比,忽略 Δu_{CE} 对输入特性的影响,即 Δi_B 与 Δu_{CE} 无关,动态范围只是在同一条输入特性曲线上。所以从输入端 b,e 看,在小信号情况下,三极管就是一个线性电阻,即动态输入电阻

$$r_{be} = \frac{\Delta u_{BE}}{\Delta i_B} \tag{2-15}$$

(2) 三极管的输出回路等效

由输出特性曲线可以看出,在放大区内,输出特性曲线是一组近似水平平行且间隔均匀的直线,如图 2.14(a)电路所示。当 u_{CE} 一定时,Δi_C 与 Δi_B 成正比。忽略 Δu_{CE} 对输出特性的影响,即 Δi_C 与 Δu_{CE} 无关,电流放大倍数为一恒量。即

$$\beta = \frac{\Delta i_C}{\Delta i_B} = \frac{i_c}{i_b} \tag{2-16}$$

在小信号情况下,β 是常数,因此,三极管输出端可以用一个受控电流源等效替代,即 $i_c = \beta i_b$,i_c 受 i_b 控制。

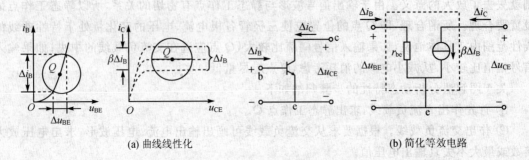

(a) 曲线线性化　　　　　　　　　　(b) 简化等效电路

图 2.14　三极管的简化微变等效电路

综上所述,非线性的三极管可近似为线性元件,它的 b 与 e 之间为一个电阻 r_{be},c 与 e 之间为一个受控电流源 βi_b,因此可画出晶体管的线性等效电路如图 2.14(b)所示。

通常称图 2.14(b)为简化的三极管等效电路,在微小信号作用下的小动态范围内以及在合适的静态工作情况下,简化的三极管电路基本能反映实际电路的工作情况,足以满足工程计算的要求,本书分析以简化电路为准。

(3) 三极管输入动态电阻 r_{be} 的计算

如图 2.15 所示为三极管的示意图,从图中可以看到,b,e 间的电阻由 3 部分构成:基区的体电阻 $r_{bb'}$、基射极之间的结电阻 $r_{b'e'}$、发射区的体电阻 $r_{e'}$。

根据 PN 结伏安关系式可得

$$i_E = I_S(e^{u/U_T} - 1)$$

式中,i_E 为 PN 结电流,I_S 为饱和电流的绝对值,u 为 PN 结外加电压,U_T 为温度的电压当量,在 $T=300$ K(室温)时,$U_T = 26$ mV。考虑到发射结正向电压约等于 0.7 V,远大于 26 mV,所以射极静态电流值

$$I_{EQ} = I_S e^{\frac{u}{26}}$$

发射结等效电阻

$$r_{e'b'} = \frac{26\ \text{mV}}{I_{EQ}}$$

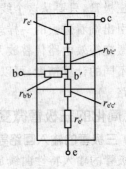

图 2.15　三极管的内部结构示意图

发射结和发射区间的总电阻 $r_e = r_{e'b'} + r_{e'}$,因为一般情况下 $r_{e'} \ll r_{e'b'}$,所以 $r_e \approx r_{e'b'} = 26/I_{EQ}$。

据 KVL 有,$\Delta u_{BE} = \Delta i_B r_{bb'} + \Delta i_E r_e$,又有

$$\Delta i_E = (1+\beta)\Delta i_B$$

所以 b,e 间的动态电阻

$$r_{be} = \frac{\Delta u_{BE}}{\Delta i_B} = r_{bb'} + (1+\beta)\frac{26\ \text{mV}}{I_{EQ}} \tag{2-17}$$

$r_{bb'}$ 的阻值对于不同类型的三极管相差是较大的,高频大功率一般为几十欧姆,低频小功率三极管一般为几百欧姆,低频小功率三极管常取 300 Ω 进行运算,则

$$r_{be} = 300 + (1+\beta)\frac{26\ \text{mV}}{I_{EQ}} \tag{2-18}$$

2. 三极管的 h 参数微变等效电路

Δu_{CE} 对输入特性和输出特性都有影响,在要求精确度较高的电路中,可以采用 h 参数微

变等效电路。

(1) h 参数特性方程及 h 参数等效电路

三极管处于共 e 极状态时,输入回路和输出回路中,电流、电压关系由以下形式表示:

输入特性
$$u_{BE} = f_1(i_B, u_{CE}) \tag{2-19}$$

输出特性
$$i_C = f_2(i_B, u_{CE}) \tag{2-20}$$

式中,i_B, i_C, u_{BE}, u_{CE} 代表各电量的总瞬时值,为直流分量和交流瞬时值之和。

将以上二式求全微分,则有

$$du_{BE} = \frac{\partial u_{BE}}{\partial i_B}\bigg|_{U_{CEQ}} di_B + \frac{\partial u_{BE}}{\partial u_{CE}}\bigg|_{I_{BQ}} du_{CE} \tag{2-21}$$

$$di_C = \frac{\partial i_C}{\partial i_B}\bigg|_{U_{CEQ}} di_B + \frac{\partial i_C}{\partial u_{CE}}\bigg|_{I_{BQ}} du_{CE} \tag{2-22}$$

定义

$$\left.\begin{aligned}\frac{\partial u_{BE}}{\partial i_B}\bigg|_{U_{CEQ}} &= h_{ie} \\ \frac{\partial u_{BE}}{\partial u_{CE}}\bigg|_{I_{BQ}} &= h_{re} \\ \frac{\partial i_C}{\partial i_B}\bigg|_{U_{CEQ}} &= h_{fe} \\ \frac{\partial i_C}{\partial u_{CE}}\bigg|_{I_{BQ}} &= h_{oe}\end{aligned}\right\} \tag{2-23}$$

式中,$h_{ie}, h_{re}, h_{fe}, h_{oe}$ 称为三极管在共射极接法下的 h 参数,将它们代入式(2-21)和式(2-22),得

$$du_{BE} = h_{ie} di_B + h_{re} du_{CE} \tag{2-24}$$

$$di_C = h_{fe} di_B + h_{oe} du_{CE} \tag{2-25}$$

假定电压、电流的变化没有超过特性曲线范围,信号电压增量可用交流分量代替,所以,式(2-24)和式(2-25)改写为

$$u_{be} = h_{ie} i_b + h_{re} u_{ce} \tag{2-26}$$

$$i_c = h_{fe} i_b + h_{oe} u_{ce} \tag{2-27}$$

式(2-26)和式(2-27)分别是晶体管共射极放大电路的输入特性方程和输出特性方程,又叫共射极 h 参数特性方程。根据这两个方程画出的等效电路叫晶体管共射极 h 参数等效电路,如图 2.16(a)所示。

(2) h 参数的意义及简化的 h 参数等效电路

从式(2.23)可以得出,h_{ie} 为共射极电路输出交流短路时的输入电阻,与输入动态电阻 r_{be} 近似相等;h_{re} 为三极管输入交流开路时的电压反馈系数,描述 u_{CE} 对 u_{BE} 的影响;h_{fe} 为三极管输出交流短路时的电流放大系数,与动态电流放大系数 β 近似相等;h_{oe} 为三极管输入交流开路时的输出电导。h 参数可以通过三极管特性曲线求出,也可以由特性曲线图示仪测出。

由于 h_{re}, h_{oe} 是 u_{CE} 变化通过基区宽度变化对 i_C 及 u_{BE} 的影响,一般这个影响很小,所以可忽略不计。如果忽略基调效应,即忽略 u_{CE} 对 i_C 的影响,则认为 $h_{re}=0, h_{oe}=0$,式(2-26)、

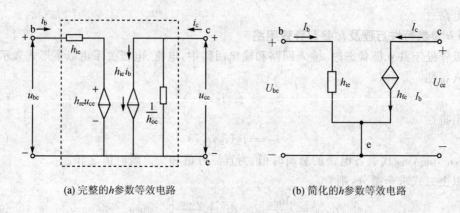

(a) 完整的 h 参数等效电路　　(b) 简化的 h 参数等效电路

图 2.16　三极管的 h 参数等效电路

(2-27)可简化为

$$u_{be} = h_{ie} i_b \tag{2-28}$$

$$i_c = h_{fe} i_b \tag{2-29}$$

图 2.16(a)电路可简化为图 2.16(b)所示的简化 h 参数等效电路，与图 2.14(b)对比可看出，图 2.14(b)就是简化的 h 参数等效电路。在以后的分析中，若无特别要求都按图 2.14(b)进行。

3. 单管共射放大电路的微变等效分析

在三极管简化微变等效电路的基础上，以图 2.17(a)单管共射放大电路为例讨论放大电路的微变等效分析方法。在交流情况下，由于直流电源内阻很小，常常忽略不计，故整个直流电源可以视为短路，电路中的耦合电容 C_1 和 C_2 在一定的频率范围内容抗很小，也可以视为短路，再将三极管简化微变等效电路替代放大电路中的三极管，就可以得到如图 2.17(b)所示的放大电路微变等效电路。

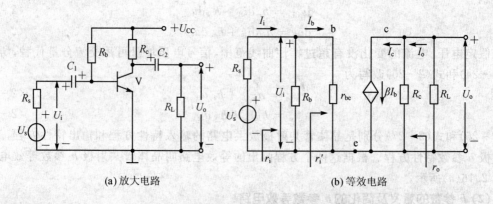

(a) 放大电路　　(b) 等效电路

图 2.17　共发射极放大电路及其微变等效电路

根据图 2.17(b)等效电路，可以求电路的输入电阻 r_i、输出电阻 r_o 和电压放大倍数 A_u 等技术指标。

(1) 输入电阻

从输入回路，可得输入电阻

$$r_i = R_b \mathbin{/\mkern-6mu/} r_{be} \tag{2-30}$$

一般情况下，$R_b \gg r_{be}$，所以，$r_i \approx r_{be}$。

(2) 输出电阻 r_o

由于当 $U_s = 0$ 时，$I_b = 0$，从而受控源 $\beta I_b = 0$，电流源作为开路，所以输出电阻为

$$r_o = R_c \qquad (2-31)$$

注意，因 r_o 常用来考虑带负载 R_L 的能力，所以，求 r_o 时不应含 R_L，应将其断开。

(3) 电流放大倍数 A_i

由等效电路图 2.17(b) 可得，电流放大倍数为

$$A_i = I_o / I_i \qquad (2-32)$$

若不考虑 R_b 在输入端的分流作用和负载 R_c、R_L 在输出端的分流作用，则 $I_i \approx I_b$，$I_o \approx I_c = \beta I_b$，电流放大倍数为 β。

(4) 电压放大倍数 A_u

根据图 2.17(b) 等效电路可知，

输入电压 $\qquad\qquad\qquad U_i = I_b r_{be}$

输出电压 $\qquad\qquad\qquad U_o = -\beta I_b R'_L$

所以，$A_u = U_o / U_i = -\beta R'_L / r_{be}$，即

$$A_u = -\beta \frac{R'_L}{r_{be}} \qquad (2-33)$$

式中，$R'_L = R_c // R_L = R_c R_L / (R_c + R_L)$，若负载开路，$R'_L = R_c$，明显看出，带载时的电压放大倍数小于空载时的电压放大倍数。式中，负号表示输出电压和输入电压反相。

(5) 源电压放大倍数 A_{us}

定义输出电压与信号源电压 U_s 的比值为源电压放大倍数，用 A_{us} 表示。从输入回路，可得

$$U_i = \frac{r_i}{R_s + r_i} U_s \qquad (2-34)$$

又有

$$A_{us} = \frac{U_o}{U_s} = \frac{U_i}{U_s} \cdot \frac{U_o}{U_i} = \frac{U_i}{U_s} A_u \qquad (2-35)$$

将式 (2-34) 代入式 (2-35)，可以得出

$$A_{us} = \frac{r_i}{R_s + r_i} A_u \qquad (2-36)$$

将式 (2-33) 代入式 (2-36)，并且认为 $r_i \approx r_{be}$，可求得

$$A_{us} = -\beta \frac{R'_L}{R_s + r_{be}} \qquad (2-37)$$

4. 提高电压放大倍数的措施

通常总希望一个电压放大电路的电压放大倍数足够大，以便获得所要求的输出电压。那么，A_u 的大小和电路元件的参数及静态工作点有何关系呢？下面，根据式 $A_u = -\beta R'_L / r_{be}$ 来进行分析。

① R_c 增加，R'_L 增加，则 A_u 增大。但是，当 R_c 增大到一定程度，使得 $R'_L \approx R_L$ 时，再增大 R_c 值对提高 A_u 就没有作用了。另外，R_c 过大，易产生饱和失真。

② 增加 β（如换管），在 I_{CQ} 不变时，A_u 有所增大，但不明显。这是因为 β 增大时 r_{be} 也随着增大的缘故，特别在 $r_{bb'}$ 较小的时，这种增大作用更是微乎其微。

③ I_{CQ} 增加，A_u 增大。由(2.18)式可知，当 I_C 增大(即 I_E 增大)，r_{be} 减小，因而 A_u 增大。在 I_C 较小时，I_C 增加，A_u 增加较明显。但 I_C 过大，易产生饱和失真，同时，将增大功耗。在输出动态范围和功耗允许的情况下，提高静态工作点是增大 A_u 的有效措施。

2.3.3 静态工作点稳定电路

合适稳定的静态工作点是保证放大电路质量的重要前提，放大电路只有设置了合适的静态工作点 Q，才能不失真地放大交流信号，因此，设置直流偏置电路非常重要。由于直流电源、电阻的波动以及三极管的温度特性都会影响静态工作点 Q，尤其，温度变化的影响更是必须考虑。这就要求直流偏置电路不仅能提供合适的静态工作点 Q，而且要对各种因素造成的不稳定，起到抑制作用。放大电路中常见的直流偏置电路主要有固定偏置式电路、带射极电阻的固定偏置式电路、分压偏置式电路以及电流源偏置电路等几种。

1. 电路参数及温度对静态工作点的影响

如图 2.4(a)所示是一种固定偏置式电路，下面以图 2.4(a)为例，分析电路参数及温度对静态工作点的影响。

(1) 电路参数对静态工作点的影响

图 2.4(a)所示的固定偏置式电路中，R_b 改变，直流负载线不变，Q 点在直流负载线上下移动，R_b 增大，Q 点下降，R_b 减小，Q 点上升，如图 2.18(a)所示；R_c 的变化，仅改变直流负载线的 N 点，即仅改变直流负载线的斜率。R_c 减小，N 点上升，直流负载线变陡，工作点沿 $i_B = I_{BQ}$ 这一条特性曲线右移。R_c 增大，N 点下降，直流负载线变平坦，工作点沿 $i_B = I_{BQ}$ 这一条特性曲线向左移，如图 2.18(b)所示；U_{CC} 的变化不仅影响 I_{BQ}，还影响直流负载线，U_{CC} 上升，I_{BQ} 增大，同时直流负载线 M 点和 N 点同时增大，直流负载线平行上移，所以工作点向右上方移动。U_{CC} 下降，I_{BQ} 下降，同时直流负载线平行下移，所以工作点向左下方移动，如图 2.18(c)所示。实际调试中，主要通过改变电阻 R_b 来改变静态工作点，而很少通过改变 U_{CC} 和 R_c 来改变工作点。

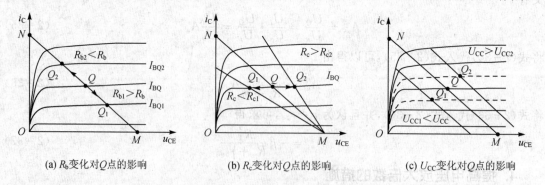

(a) R_b 变化对 Q 点的影响　　(b) R_c 变化对 Q 点的影响　　(c) U_{CC} 变化对 Q 点的影响

图 2.18　电路参数对 Q 点的影响

(2) 温度对静态工作点的影响

温度上升，反向饱和电流 I_{CBO} 增加，穿透电流 $I_{CEO} = (1+\beta)I_{CBO}$ 也增加。反映在输出特性曲线上是使其上移；温度上升，发射结电压 U_{BE} 下降，在外加电压和电阻不变的情况下，使基极电流 I_B 上升；温度上升，使三极管的电流放大倍数 β 增大，使特性曲线间距增大。所有这些变化都会造成 Q 点上升，如图 2.19 所示。

2. 具有稳定静态工作点作用的偏置电路

图 2.4(a)所示的固定偏置式电路,电路结构简单,但静态工作点不稳定。当温度变化或更换管子引起 β,I_{CBO} 改变时,由于外电路将 I_{BQ} 基本固定,所以管子参数的改变都将集中反映到 I_{CQ},U_{CEQ} 的变化上。结果会造成工作点较大的漂移,甚至使管子进入饱和或截止状态。例如当 I_{BQ} 固定时,温度升高,β 值增大,I_{CQ} 增大,U_{CEQ} 减小,使 Q 点上升,如图 2.19 所示。若将电路改进,在 I_{CQ} 上升的同时,使 I_{BQ} 下降,则可达到稳定静态工作点的目的。下面对两种具有稳定静态工作点作用的偏置电路进行介绍。

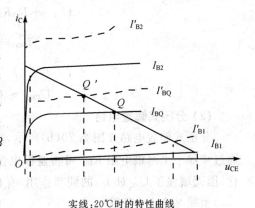

实线:20℃时的特性曲线
虚线:50℃时的特性曲线

图 2.19 温度对 Q 点的影响

(1) 带射极电阻的固定偏置式电路

在电路中引入自动调节机制,便可使工作点稳定,这种机制实质上是负反馈。实现方法是在管子的发射极串接电阻 R_e,带射极电阻的固定偏置式电路如图 2.20(a)所示,又称为电流负反馈型偏置电路。

由图 2.20(a)可知,$U_{EQ}=I_{EQ}R_e$,$U_{BEQ}=U_{BQ}-U_{EQ}$,不管何种原因,如果使 I_{CQ} 有增大趋向时,电路会产生如下自我调节过程:

$$I_{CQ}\uparrow \rightarrow I_{EQ}\uparrow \rightarrow U_{EQ}\uparrow$$
$$\downarrow$$
$$I_{CQ}\downarrow \leftarrow I_{BQ}\downarrow \leftarrow U_{BEQ}\downarrow$$

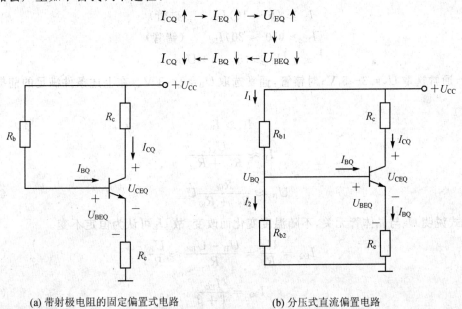

(a) 带射极电阻的固定偏置式电路　　(b) 分压式直流偏置电路

图 2.20 静态工作点稳定电路

由以上分析可以看出,I_{CQ} 的增大,通过 R_e 对 I_{CQ} 的取样和调节,造成了 I_{BQ} 的减小,阻止了 I_{CQ} 的增大,反之亦然。因而实现了工作点的稳定。显然,R_e 的阻值越大,调节作用越强,则工作点越稳定。但 R_e 过大时,U_{CEQ} 将过小,会使 Q 点靠近饱和区。因此,要二者兼顾,合理选择 R_e 的阻值。

图 2.20(a)电路,由 KVL 定律可得

$$U_{CC} = I_{BQ}R_b + I_{BQ}(1+\beta)R_e + U_{BE}$$

$$I_{BQ} = \frac{U_{CC} - U_{BE}}{R_b + (1+\beta)R_e} \tag{2-38}$$

$$I_{CQ} = \beta I_{BQ} \tag{2-39}$$

$$U_{CEQ} \approx U_{CC} - I_{CQ}(R_c + R_e) \tag{2-40}$$

(2) 分压式偏置电路

分压式偏置电路如图 2.20(b)所示,它是电流负反馈型偏置电路的改进电路。由图可知,通过增加一个基极电阻 R_{b2},可将基极电位 U_B 固定。这样由 I_{CQ} 引起的 U_E 变化就是 U_{BE} 的变化,因而增强了 U_{BE} 对 I_{CQ} 的调节作用,有利于 Q 点的进一步稳定。

由图 2.20(b)可得

$$U_{CC} = I_1 R_{b1} + I_2 R_{b2} = I_1 R_{b1} + (I_1 + I_B)R_{b2}$$

$$I_E = \frac{U_E}{R_e} = \frac{U_B - U_{BE}}{R_e}$$

所以要稳定工作点,应使 U_E 恒定,并且不受 U_{BE} 的影响,因此要求基极电位 U_B 固定,使它与 I_B 无关,且远大于 U_{BE}。为确保 U_B 固定,应满足流过 R_{b1},R_{b2} 的电流 I_1,I_2 远大于 I_{BQ},这就要求 R_{b1},R_{b2} 的取值越小越好。但是 R_{b1},R_{b2} 过小,将增大电源 U_{CC} 的损耗,因此要二者兼顾。通常选取

$$I_1 \geqslant (5 \sim 10)I_B \quad \text{(硅管)}$$

$$I_1 \geqslant (10 \sim 20)I_B \quad \text{(锗管)}$$

$$U_B \geqslant (5 \sim 10)U_{BE}$$

对硅管,通常选取 $U_B = 3 \sim 5$ V;对锗管,通常选取 $U_B = 1 \sim 3$ V。在上述条件满足的前提下,可得

$$I_1 \gg I_B$$

$$I_1 \approx \frac{U_{CC}}{R_{b1} + R_{b2}}$$

$$U_B \approx \frac{R_{b2}}{R_{b1} + R_{b2}} U_{CC} \tag{2-41}$$

此式说明 U_B 与晶体管无关,不随温度变化而改变,故 U_B 可认为是恒定不变。

$$I_{EQ} = \frac{U_E}{R_e} = \frac{U_B - U_{BE}}{R_e} \approx \frac{U_B}{R_e} \tag{2-42}$$

$$I_{BQ} = \frac{I_{EQ}}{1+\beta} \tag{2-43}$$

$$I_{CQ} = \beta I_{BQ} \approx I_{EQ} \tag{2-44}$$

$$U_{CEQ} \approx U_{CC} - I_{CQ}(R_c + R_e) \tag{2-45}$$

对图 2.20(b)所示静态工作点,可按式(2-41)~式(2-45)进行估算。

如果要精确计算,应按戴维南定理,将基极回路对直流等效,等效电路如图 2.21 所示。在图 2.21 中,由戴维南定理可知

$$R_b = R_{b1} \parallel R_{b2}, U_{BB} = U_{CC}R_{b2}/(R_{b1} + R_{b2})$$

此时,工作点可按下式计算:

基本放大电路

$$I_{BQ} = \frac{U_{BB} - U_{BE}}{R_b + (1+\beta)R_e}$$

$$I_{CQ} = \beta I_{BQ}$$

$$U_{CEQ} \approx U_{CC} - I_{CQ}(R_c + R_e)$$

对比两种求取静态工作点的方法可以看出,当 R_{b1},R_{b2} 取较小值时,则可满足 $(1+\beta)R_e$ 远大于 R_b,两种方法结果一致。

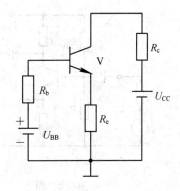

图 2.21　利用戴维南定理后的等效电路

【例 2.5】 电路如图 2.20(b)所示,已知 $\beta = 100$,$U_{CC} = 12$ V,$R_{b1} = 39$ kΩ,$R_{b2} = 25$ kΩ,$R_c = R_e = 2$ kΩ,试计算工作点 I_{CQ} 和 U_{CEQ}。

解:

$$R_b = R_{b1} // R_{b2} = 39 \text{ kΩ} // 25 \text{ kΩ} = 15 \text{ kΩ}$$

$$U_{BB} = U_{CC}R_{b2}/(R_{b1}+R_{b2}) = 12 \text{ V} \times 25 \text{ kΩ}/(39 \text{ kΩ} + 25 \text{ kΩ}) = 4.7 \text{ V}$$

$$I_{BQ} = \frac{U_{BB} - U_{BE}}{R_b + (1+\beta)R_e} = \frac{4.7 \text{ V} - 0.7 \text{ V}}{15 \text{ kΩ} + 101 \times 2 \text{ kΩ}} = 0.019 \text{ mA}$$

$$I_{CQ} = \beta I_{BQ} = 100 \times 0.019 \text{ mA} = 1.9 \text{ mA}$$

$$U_{CEQ} = U_{CC} - I_{CQ}(R_c + R_e) = [12 - 1.9 \times (2+2)] \text{ V} = 4.4 \text{ V}$$

若按估算法直接求 I_{CQ},由式(2-42)可得

$$I_{CQ} = \frac{U_{BB} - U_{BE}}{R_e} = \frac{4.7 \text{ V} - 0.7 \text{ V}}{2 \text{ kΩ}} = 2 \text{ mA}$$

显然两者误差很小。因此,在今后分析中可按估算法来求工作点。

与上述稳定 Q 点的原理相类似,实际中还可采用其他负反馈型偏置电路。除此之外,在集成电路中,还广泛采用恒流源作偏置电路,即用恒流源直接设定 I_{CQ}。有关恒定源问题将在集成运放中详细讨论。

2.3.4　三极管 3 种基本组态放大电路的分析

三极管放大电路的 3 种组态所采用偏置电路相似,上述具有稳定工作点作用的偏置电路,同样对 3 种组态同样适用。前面已经对三极管的交流等效和静点的计算进行了详细介绍,下面对三极管的 3 种基本组态放大电路进行定量分析。

1. 共射极放大电路

共射极放大电路可以采用固定偏置、反馈偏置以及分压式偏置等方式,固定偏置形式前面已经分析过,下面以分压式偏置为例对共射放大电路进行分析。电路如图 2.22(a)所示,由图 2.22(a)可画出如图 2.20(b)所示的直流通路。对静态进行估算,前面已分析,这里不再详述。由于 R_e 并接大电容 C_e,因此可看成交流短路,采用简化的三极管等效电路,可以画出图 2.22(a)的交流微变等效电路,如图 2.22(b)所示。图 2.22(b)中虚线方框部分就是被替换的晶体管交流模型。根据该等效电路,共射极放大器的交流指标分析如下。

(1) 电压放大倍数 A_u

由图 2.22(b)可知,输入交流电压可表示为

$$U_i = I_b r_{be}$$

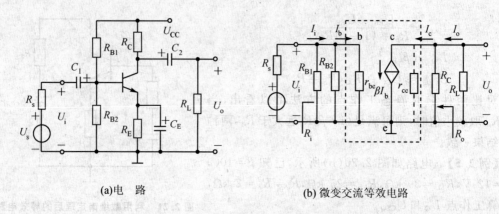

(a) 电　路　　　　　　　　　(b) 微变交流等效电路

图 2.22　共射极放大器及其交流等效电路

输出交流电压为

$$U_o = -I_c(R_C // R_L) = -\beta I_b(R_C // R_L)$$

故得电压放大倍数

$$A_u = \frac{U_o}{U_i} = -\frac{\beta(R_C // R_L)}{r_{be}} = -\frac{\beta R'_L}{r_{be}} \quad (2-46)$$

式中：

$$R'_L = R_C // R_L$$

$$r_{be} = r_{bb'} + (1+\beta)\frac{26\ \text{mV}}{I_{EQ}}$$

(2) 电流放大倍数 A_i

由图 2.22(b) 可以看出，流过 R_L 的电流 I_o 和输入电流 I_i 分别为

$$I_o = I_c\frac{R_C}{R_C+R_L} = \beta I_b\frac{R_C}{R_C+R_L} \qquad I_i = I_b\frac{R_B+r_{be}}{R_B}$$

式中 $R_B = R_{B1} // R_{B2}$，由此可得

$$A_i = \frac{I_o}{I_i} = \beta\frac{R_B}{R_B+r_{be}} \cdot \frac{R_C}{R_C+R_L} \quad (2-47)$$

若满足 $R_B \gg r_{be}$，$R_L \ll R_C$，则 $A_i \approx \beta$。

(3) 输入电阻 R_i

由图 2.22(b) 可以看出，输入电阻

$$R_i = U_i/I_i = R_B // r_{be} \quad (2-48)$$

若 $R_B \gg r_{be}$，则 $R_i \approx r_{be}$。

(4) 输出电阻 R_o

按照 R_o 的定义，在图 2.22(b) 电路的输出端加一电压 U_o，并将 U_s 短路时，因 $I_b = 0$，则受控源 $\beta I_b = 0$。这时，从输出端看进去的电阻为 R_C，因此

$$R_o = \frac{U_o}{I_o}\bigg|_{U_s=0} = R_C \quad (2-49)$$

(5) 源电压放大倍数 A_{us}

A_{us} 定义为输出电压 U_o 与信号源电压 U_s 的比值，即

$$A_{us} = A_u R_i / (R_s + R_i)$$

基本放大电路

若满足 $R_i \gg R_s$,则 $A_{us} \approx A_u$。

(6) 旁通电容 C_E 开路时的情况

若如图 2.22(a)所示电路中,旁通电容 C_E 开路,即发射极接有电阻 R_E,此时,直流通路不变,静点不变,但对交流信号而言,发射极将通过电阻 R_E 接地,其交流等效电路如图 2.23 所示。由图 2.23 可知

$$U_i = I_b r_{be} + (1+\beta) I_b R_E$$

而 U_o 仍为 $-\beta I_b R'_L$,则电压放大倍数将变为

$$A_u = \frac{U_o}{U_i} = -\frac{\beta R'_L}{r_{be} + (1+\beta) R_E} \tag{2-50}$$

与式(2-46)对比,可见放大倍数减小了。这是因为 R_E 的自动调节(负反馈)作用,使得输出随输入的变化受到抑制,从而导致 A_u 减小。当 $(1+\beta)R_E \gg r_{be}$ 时,则有

$$A_u \approx -\frac{R'_L}{R_E}$$

与此同时,从 b 极看进去的输入电阻 R'_i(不包括 R_{b1},R_{b2})变为

$$R'_i = \frac{U_i}{I_b} = r_{be} + (1+\beta) R_E$$

即射极电阻 R_E 折合到基极支路应扩大 $(1+\beta)$ 倍。因此,放大器的输入电阻为

$$R_i = R_{b1} \parallel R_{b2} \parallel R'_i \tag{2-51}$$

显然,与式(2-48)相比,输入电阻明显增大了。

对于输出电阻,尽管 I_c 更加稳定,但从输出端看进去的电阻仍为 R_c,即 $R_o = R_c$。

请读者思考一下,若考虑集电结对 I_c 的影响(集电结的影响可以等效为一个电阻 r_{ce}),上述各项指标又如何?

【例 2.6】 在图 2.22(a)电路中,若 $R_{B1} = 75\ \text{k}\Omega$,$R_{B2} = 25\ \text{k}\Omega$,$R_C = R_L = 2\ \text{k}\Omega$,$R_E = 1\ \text{k}\Omega$,$U_{CC} = 12\ \text{V}$,晶体管采用 3DG6 管,$\beta = 80$,$r_{bb'} = 100\ \Omega$,$R_s = 0.6\ \text{k}\Omega$,试求该放大器的直流工作点 I_{CQ},U_{CEQ} 及 A_u,R_i,R_o 和 A_{us} 等项指标。

解:按估算法计算 Q 点:

$$U_B = \frac{R_{B2}}{R_{B1} + R_{B2}} U_{CC} = \left(\frac{25}{75+25} \times 12\right)\ \text{V} = 3\ \text{V}$$

$$I_{CQ} \approx I_{EQ} = \frac{U_B - U_{BEQ}}{R_E} = \left(\frac{3-0.7}{1}\right)\ \text{mA} = 2.3\ \text{mA}$$

$$U_{CEQ} = U_{CC} - I_{CQ}(R_C + R_E) = [12 - 2.3 \times (2+1)]\ \text{V} = 5.1\ \text{V}$$

下面计算交流指标。

$$A_u = \frac{U_o}{U_i} = -\frac{\beta R'_L}{r_{be}}$$

$$r_{be} = r_{bb'} + \beta \frac{26}{I_{CQ}} = \left(100 + 80\frac{26}{2.3}\right)\ \Omega = 1\ \text{k}\Omega$$

$$R'_L = R_C \parallel R_L = 2\ \text{k}\Omega \parallel 2\ \text{k}\Omega = 1\ \text{k}\Omega$$

将 r_{be},R'_L 的阻值代入上式,得

$$A_u = -\frac{80 \times 1}{1} = -80$$

$$R_i = R_{B1} \parallel R_{B2} \parallel r_{be} = 75\ \text{k}\Omega \parallel 15\ \text{k}\Omega \parallel 1\ \text{k}\Omega \approx 1\ \text{k}\Omega$$

$$R_o = R_C = 2 \text{ k}\Omega$$

$$A_{us} = \frac{U_o}{U_s} = \frac{R_i}{R_s + R_i} A_u = \frac{1}{0.6+1} \times (-80) = -50$$

【例 2.7】 在上例中,将 R_E 变为两个电阻 R_{E1} 和 R_{E2} 串联,且 $R_{E1}=100\ \Omega, R_{E2}=900\ \Omega$,而旁通电容 C_E 接在 R_{E2} 两端,其他条件不变,试求此时的交流指标。

解:由于 $R_E = R_{E1} + R_{E2} = 1 \text{ k}\Omega$,所以 Q 点不变。对于交流通路,现在射极通过 R_{E1} 接地。因而,交流等效电路变为图 2.23 所示电路,只是图中 $R_E = R_{E1} = 100\ \Omega$。此时,各项指标分别为

$$A_u = \frac{U_o}{U_i} = -\frac{\beta R'_L}{r_{be} + (1+\beta)R_{E1}} = -\frac{80 \times 1}{1 + 81 \times 0.1} = -8.8$$

$$R_i = R_{B1} \parallel R_{B2} \parallel [r_{be} + (1+\beta)R_{E1}] = [75 \parallel 25 \parallel (1 + 81 \times 0.1)] \text{ k}\Omega = 6 \text{ k}\Omega$$

$$R_o = R_C = 2 \text{ k}\Omega$$

$$A_{us} = \frac{U_o}{U_s} = \frac{R_i}{R_s + R_i} A_u = \frac{6}{0.6+6} \times (-8.8) = -8$$

通过以上分析可知, R_{E1} 的接入,使得 A_u 减小了约 10 倍。但是,由于输入电阻增大,因而 A_{us} 与 A_u 的差异明显减小了。

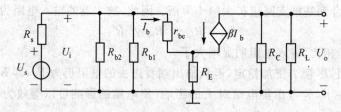

图 2.23 发射极接电阻时的交流等效电路

2. 共集电极放大电路

下面以分压式偏置为例对共集电极放大电路进行分析。共集电极放大电路如图 2.24(a) 所示。图 2.24(a) 中采用分压式稳定偏置电路使晶体管工作在放大状态。具有内阻 R_s 的信号源 U_s 从基极输入,信号从发射极输出,而集电极交流接地,作为输入、输出的公共端。由于信号从射极输出,所以该电路又称为射极输出器。

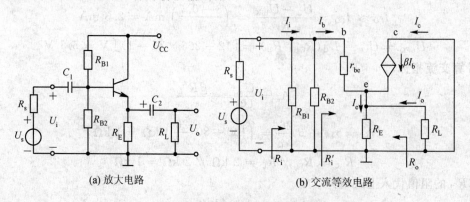

(a) 放大电路　　　　　　　　　(b) 交流等效电路

图 2.24 共集电极放大器电路及其交流微变等效电路

由图 2.24(a),用估算法,可求出静点如下:

$$U_B \approx \frac{R_{B2}}{R_{B1}+R_{B2}} U_{CC}$$

$$I_{CQ} \approx I_{EQ} = \frac{U_B - U_{BEQ}}{R_E}$$

$$I_{BQ} = I_{CQ}/\beta, U_{CEQ} = U_{CC} - I_{CQ}R_e$$

用三极管简化等效电路,替代三极管,可得到图 2.24(a)的交流等效电路如图 2.24(b)所示,根据图 2.24(b),共集电极放大器的交流指标分析如下。

(1) 电压放大倍数 A_u

由图 2.24(b),可得如下关系式

$$U_o = I_e(R_e /\!/ R_L) = (1+\beta)I_b R'_e$$

$$U_i = I_b r_{be} + U_o = I_b r_{be} + (1+\beta)I_b R'_e$$

因而

$$A_u = \frac{U_o}{U_i} = \frac{(1+\beta)R'_e}{r_{be}+(1+\beta)R'_e} \tag{2-52}$$

式中:

$$R'_e = R_e /\!/ R_L$$

式(2-52)表明,A_u 恒小于 1,一般情况下,满足 $(1+\beta)R'_e \gg r_{be}$,因而又接近于 1,且输出电压与输入电压同相。换句话说,输出电压几乎跟随输入电压变化。因此,共集电极放大器又称为射极跟随器。

(2) 电流放大倍数 A_i

在图 2.24(b)中,当忽略 R_{B1},R_{B2} 的分流作用时,则 $I_b = I_i$,而流过 R_L 的输出电流 I_o 为

$$I_o = -I_e \frac{R_E}{R_E+R_L} = -(1+\beta)I_b \frac{R_E}{R_E+R_L}$$

由此可得

$$A_i = \frac{I_o}{I_i} = -(1+\beta)\frac{R_E}{R_E+R_L} \tag{2-53}$$

(3) 输入电阻 R_i

由图 2.24(b)可知,从基极看进去的电阻 R'_i 为

$$R'_i = \frac{U_i}{I_b} = r_{be} + (1+\beta)R'_E$$

所以

$$R_i = R_{B1} /\!/ R_{B2} /\!/ R'_i \tag{2-54}$$

与共射电路相比,由于 R'_i 显著增大,因而共集电路的输入电阻大大提高了。共 c 极放大电路输入电阻高,这是共 c 极电路的特点之一。

(4) 输出电阻 R_o

在图 2.24(b)中,当输出端外加电压 U_o,而将 U_s 短路并保留内阻 R_s 时,可得图 2.25 所示电路。由图 2.25 可得

$$U_o = -I_b(r_{be}+R'_s)$$

$$R'_s = R_s /\!/ R_{B1} /\!/ R_{B2}$$

$$I'_o = -I_e = -(1+\beta)I_b$$

则由 e 极看进去的电阻 R'_o 为

$$R'_o = \frac{U_o}{I'_o} = \frac{r_{be} + R'_s}{1 + \beta}$$

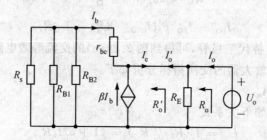

图 2.25 求共集放大电路 R_o 的等效电路

所以，输出电阻为

$$R_o = \frac{U_o}{I_b}\bigg|_{U_s=0} = R_E // R'_o = R_E // \frac{r_{be} + R'_s}{1 + \beta} \qquad (2-55)$$

请读者思考一下，若只有一个偏置电阻 R_{B1}，静态工作点如何变化？上述各项指标又如何？

综上所述，共集极放大电路是一个具有高输入电阻、低输出电阻、电压增益近似为 1 的放大电路。所以共集极放大电路可用来作输入级、输出级，也可作为缓冲级，用来隔离它前后两级之间的相互影响。

3. 共基极放大电路

图 2.26(a) 给出了共基极放大电路。图中 R_{b1}，R_{b2}，R_e 和 R_c 构成分压式稳定偏置电路，为晶体管设置合适而稳定的工作点。信号从射极输入，由集电极输出，而基极通过旁通电容 C_b 交流接地，作为输入、输出的公共端。按交流通路画出该放大器的交流等效电路如图 2.26(b) 所示。

由图 2.26(a)，用估算法，可求出静点，图 2.26(a) 中，如果忽略 I_{BQ} 对 R_{b1}，R_{b2} 分压电路中电流的分流作用，则基极静态电压 U_B 为

$$U_B = \frac{R_{b2}}{R_{b1} + R_{b2}} U_{CC}$$

流经 R_e 的电流 I_{EQ} 为

$$I_{EQ} = \frac{U_E}{R_e} = \frac{U_B - U_{BE}}{R_e}$$

$$I_{BQ} = I_{EQ}/(1+\beta), \quad U_{CEQ} = U_{CC} - I_{CQ}(R_c + R_e)$$

根据图 2.26(b)，共基极放大器的交流指标分析如下。

(1) 电压放大倍数 A_u

由图 2.26(b) 可知

$$U_i = -I_b r_{be}$$
$$U_o = -\beta I_b (R_C // R_L)$$

所以

$$A_u = \frac{U_o}{U_i} = \frac{\beta R'_L}{r_{be}} \qquad (2-56)$$

基本放大电路

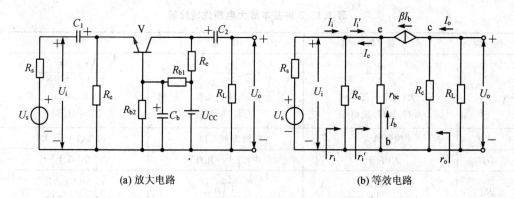

(a) 放大电路　　　　　　　　　　　(b) 等效电路

图 2.26　共基极放大电路及其微变等效电路

式中：
$$R'_L = R_c // R_L$$

(2) 电流放大倍数 A_i

在图 2.26(b)中，一般 $R_e \gg r_{be}$，输入电流 $I_i \approx -I_e$，而输出电流

$$I_o = I_c \frac{R_c}{R_c + R_L}$$

$$A_i = \frac{I_o}{I_i} = -\frac{I_c}{I_e}\frac{R_c}{R_c + R_L} = -\alpha \frac{R_c}{R_c + R_L} \tag{2-57}$$

显然，$A_i < 1$。若 $R_c \gg R_L$，则 $A_i \approx -\alpha$，即共基极放大器没有电流放大能力。但因 $A_u \gg 1$，所以仍有功率增益。

(3) 输入电阻 r_i

由图 2.26(b)可知

$$r_i = R_e // r'_i \quad r'_i = \frac{U_i}{I'_i}$$

$$U_i = -I_b r_{be} \quad I'_i = -I_e = -(1+\beta)I_b$$

$$r'_i = \frac{r_{be}}{1+\beta}$$

$$r_i = R_e // \frac{r_{be}}{1+\beta} \approx \frac{r_{be}}{1+\beta}$$

与共 e 极放大电路相比，其输入电阻减小到 $r_{be}/(1+\beta)$。

(4) 输出电阻 r_o

由图 2.26(b)可知，若 $U_s = 0$，则 $I_b = 0$，$\beta I_b = 0$，显然有 $r_o = R_c$。

综上所述，共基极放大电路是一个具有低输入电阻、同相电压放大的放大电路，频率特性好，常用在高频电路中。

4. 3 种基本放大器性能比较

以上分析了共射、共集和共基 3 种基本放大器的性能，为了便于比较，现将它们的性能特点列于表 2.1 中。

表 2.1 3 种基本放大电路性能比较

性能	共射	共基	共集
A_u	$-\dfrac{\beta R'_L}{r_{be}}$ 大（几十～几百） U_i 与 U_o 反相	$\dfrac{\beta R'_L}{r_{be}}$ 大（几十～几百） U_i 与 U_o 同相	$\dfrac{(1+\beta)R'_L}{r_{be}+(1+\beta)R'_L}$ 小（≈1） U_i 与 U_o 同相
A_i	约为 β（大）	约为 α（≤1）	约为 $(1+\beta)$（大）
G_p	大（几千）	中（几十～几百）	小（几十）
R_i	R_{be} 中（几百～几千欧）	$\dfrac{r_{be}}{1+\beta}$ 低（几～几十欧）	$r_{be}+(1+\beta)R'_L$ 大（几十千欧）
R_o	高（≈R_C）	高（≈R_C）	低 $\left(\dfrac{R'_s+r_{be}}{1+\beta}\right)$
高频特性	差	好	好
用途	单级放大或多级放大器的中间级	宽带放大、高频电路	多级放大器的输入、输出级和中间缓冲级

共射极电路既有电压增益，又有电流增益，所以应用最广，常用作各种放大器的主放大级。但作为电压或电流放大器，它的输入和输出电阻并不理想——即在电压放大时，输入电阻不够大且输出电阻又不够小；而在电流放大时，则输入电阻又不够小，且输出电阻也不够大。共集极电路有电流增益，电压同相跟随，输入电阻大、输出电阻小，常作为多级放大电路的输入级、输出级、中间缓冲级，功率放大电路中，常用作推挽输出级。共基极电路无电流放大作用，电压同相放大，输入电阻小、输出电阻大，频率特性好，常作为宽频放大和高频放大器使用。

思考题

1. 放大电路中，输出波形产生非线性失真的原因是什么？如何抑制？
2. 怎样画三极管的等效电路？为什么 c,e 间可以用受控电流源替代？三极管可以作为电流源用吗？
3. 试分析带有发射极电阻 R_e 的固定偏置电路稳定静态工作点的过程。
4. 3 种偏置电路中静态工作点的计算步骤有何不同？
5. 三极管的 3 种组态电路有何特点？

2.4 场效应管放大电路

由于场效应管具有输入电阻高的特点，它适用于作为多级放大电路的输入级，尤其对高内阻的信号源，采用场放管才能有效地放大。

根据输入、输出回路公共端选择不同，场效应管放大电路有共源、共漏和共栅 3 种组态。场效应管与晶体三极管比较，源极、漏极、栅极相当于发射极、集电极、基极，即 S→e，D→c，G→b。本节主要介绍常用的共源和共漏两种放大电路，共栅放大电路由读者自己去分析。

2.4.1 场效应管偏置电路

为保证放大器的性能,与三极管放大电路一样,场效应管放大电路同样要设置合适的静态工作点。在场效应管放大电路中,由于结型场效应管与耗尽型 MOS 场效应管 $u_{GS}=0$ 时,存在导电沟道,故可采用自偏压方式,如图 2.27(a)所示。而对于增强型 MOSFET,则一定要采用分压式偏置方式,如图 2.27(b)所示,分压式偏置方式同样适于结型场效应管与耗尽型 MOS 场效应管。

图 2.27(a)中,V 是 N 沟道结型场效应管(耗尽型 MOS 场效应管也可以),R_G 栅极电阻,将 R_S 压降加至栅极;R_D 漏极电阻,将漏极电流转换成漏极电压,其影响电压放大倍数;R_S 源极电阻,利用漏极电流在其上的压降,为栅源极提供偏压,因此,又称为自偏压电阻。图 2.27(b)中,场效应管是 N 沟道增强型,R_{G1},R_{G2} 栅极分压电阻,让栅极获得合式的工作电压,R_D,R_S 与图 2.27(a)同。

图 2.27 偏置电路对共源、共漏和共栅 3 种组态同样适用。可以用两种办法确定直流工作点,一种是图解法,另一种是估算法。

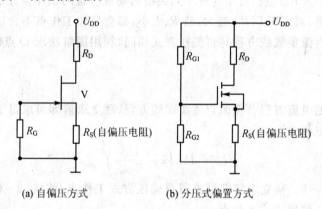

(a) 自偏压方式　　　　(b) 分压式偏置方式

图 2.27　场效应管偏置方式

1. 图解法

画出 N 沟道场效应管的转移特性如图 2.28 所示,图 2.28 中,从左至右依次是 N 沟道结型、耗尽型 MOS、增强型 MOS 场效应管的转移特性曲线。

(1) 自偏压方式

对于自偏压方式,栅源回路直流负载线方程为

$$U_{GS}=-I_D R_S \tag{2-58}$$

在转移特性坐标上画出该负载线如图 2.28(a)所示。分别求出 JFET 的工作点为 Q_1 点,耗尽型 MOSFET 的工作点为 Q_2 点,而与增强型 MOSFET 转移特性则无交点。

对于自偏压偏置方式,漏源回路直流负载线方程为

$$U_{DS}=U_{DD}-I_D(R_D+R_S) \tag{2-59}$$

在输出特性坐标上画出该负载线,则可确定直流工作点 Q,请读者自己作图分析。

(2) 分压偏置方式

对于分压偏置方式,栅源回路直流负载线方程为

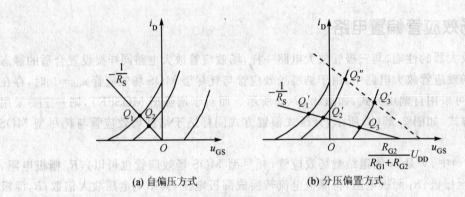

(a) 自偏压方式　　　　　　(b) 分压偏置方式

图 2.28　图解法求直流工作点

$$U_{GS} = U_G - U_S = \frac{R_{G2}}{R_{G1}+R_{G2}}U_{DD} - I_D R_S \tag{2-60}$$

画出该负载线如图 2.28(b)所示，此方程的直线不通过 u_{GS} 与 i_D 坐标系的原点，而是通过 $I_D=0, U_{GS}=U_{DD}R_{G2}/(R_{G1}+R_{G2})$ 点，对 3 种不同类型的场效应管的工作点分别为 Q_1', Q_2' 及 Q_3'。这里要特别注意的是，对 JFET，R_{G2} 过大，或 R_S 太小，都会导致工作点不合适，如图 2.28(b)虚线所示。漏源回路直流负载线方程与自偏压方式相同，利用图解法求 Q 点时的其他过程与自偏电路相同。

2. 解析法

已知场效应管的电流方程及栅源直流负载线方程，联立求解即可求得工作点。例如：耗尽型场效应管的电流方程为

$$i_D = I_{DSS}\left(1 - \frac{U_{GS}}{U_{GSoff}}\right)^2 \tag{2-61}$$

将式(2-58)与式(2-61)联立求解即可求得自偏压方式工作点，将式(2-60)与式(2-61)联立求解即可求得分压偏置方式工作点。

【**例 2.8**】　电路如图 2.27(a)所示，场效应管为 3DJG，其输出特性曲线如图 2.29 所示。已知 $R_D=2$ kΩ，$R_S=1.2$ kΩ，$U_{DD}=15$ V，试用图解法确定静态工作点。

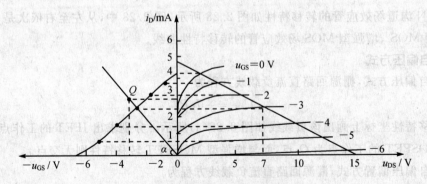

图 2.29　例 2.8 图解法确定工作点

解：写出输出回路的电压电流方程，即直流负载线方程

$$U_{DS} = U_{DD} - I_D(R_D + R_S)$$

设定两个特殊点，当 $U_{DS}=0$ V 时，$I_D=U_{DD}/(R_D+R_S)=15/(2+1.2)$ mA$=4.7$ mA，$I_D=0$ mA 时，$U_{DS}=U_{DD}-I_D(R_D+R_S)=15$ V。在输出特性图上将上述两点相连得直流负载线。

在转移特性曲线上，作出 $U_{GS}=-I_DR_S$ 的曲线，它在 u_{GS} 与 i_D 坐标系中是一条直线，找出两点即可。当 $I_D=0$ mA 时，$U_{GS}=0$ V，$I_D=3$ mA 时，$U_{GS}=3.6$ V，连接该两点，在 u_{GS} 与 i_D 坐标系中得一直线，此线与转移特性曲线的交点，即为 Q 点，对应 Q 点的值为：$I_D=2.5$ mA，$U_{GS}=-3$ V，$U_{GS}=-7$ V。

2.4.2 场效应管放大电路分析

前面对场效应管偏置电路进行了探讨，下面对共源极和共漏极场效应管放大电路进行交流分析。

1. 场效应管的低频小信号微变等效电路

场效应管在低频小信号时，可不考虑极间电容，并可以在静态工作点附近把特性曲线作为直线。因为场效应管栅源电阻 r_{gs} 很大，故栅源间看成开路，场效应管仅存关系：$i_D=f(u_{GS}, u_{DS})$，对此式进行全微分，可得

$$\mathrm{d}i_D = \left.\frac{\partial i_D}{\partial u_{GS}}\right|_{U_{DS}} \mathrm{d}u_{GS} + \left.\frac{\partial i_D}{\partial u_{DS}}\right|_{U_{GS}} \mathrm{d}u_{DS}$$

其中

$$g_m = \left.\frac{\partial i_D}{\partial u_{GS}}\right|_{U_{DS}} \qquad \frac{1}{r_{ds}} = \left.\frac{\partial i_D}{\partial u_{DS}}\right|_{U_{GS}}$$

则可得

$$\mathrm{d}i_D = g_m \mathrm{d}u_{GS} + \frac{1}{r_{ds}}\mathrm{d}u_{DS}$$

用正弦复数值表示，上式可改写为

$$\dot{I}_d = g_m \dot{U}_{gs} + \frac{1}{r_{ds}}\dot{U}_{ds} \qquad (2-62)$$

通常 r_{ds} 较大，u_{DS} 对 I_d 的影响可以忽略，则

$$\dot{I}_d \approx g_m \dot{U}_{gs} \qquad (2-63)$$

由式(2-62)和式(2-63)可画出其所对应的等效电路分别如图 2.30(a)和(b)所示。由于栅流 $i_G=0$，所以输入回路等效电路可以不画出。可见，场效应管低频小信号等效电路比晶体管的还简单。

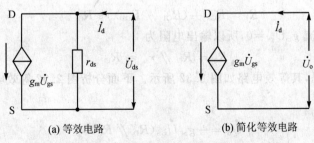

图 2.30　场效应管低频小信号等效电路

2. 共源放大电路

共源放大器电路如图 2.31(a)所示，为分压式偏置方式，为了不使分压电阻 R_{G1}，R_{G2} 对放大电路的输入电阻影响太大，通过 R_{G3} 与栅极相连，栅极电阻 R_{G3} 用来提高输入电阻。C_1，C_2 为隔直耦合电容，电容 C_S 将 R_S 交流短路，不使其影响交流参数。用图 2.30 等效电路，替代场效应管，可画出图 2.31(a)的低频小信号等效电路如图 2.31(b)所示。

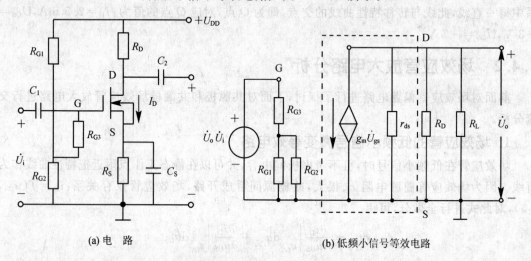

(a) 电路　　　　　　　　　　　　(b) 低频小信号等效电路

图 2.31　共源放大器电路及其低频小信号等效电路

由图 2.31(b)可知

$$\dot{U}_o = -g_m \dot{U}_{gs}(r_{ds} \mathbin{/\mkern-2mu/} R_D \mathbin{/\mkern-2mu/} R_L)$$

$$\dot{U}_{gs} = \dot{U}_i$$

所以

$$A_u = \frac{\dot{U}_o}{\dot{U}_i} = -g_m(R_D \mathbin{/\mkern-2mu/} r_{ds} \mathbin{/\mkern-2mu/} R_L)$$

一般满足 $R_D \mathbin{/\mkern-2mu/} R_L \ll r_{ds}$，所以，共源放大器的放大倍数 A_u 为

$$A_u = \frac{\dot{U}_o}{\dot{U}_i} = -g_m(R_D \mathbin{/\mkern-2mu/} r_{ds} \mathbin{/\mkern-2mu/} R_L) \approx -g_m(R_D \mathbin{/\mkern-2mu/} R_L) \quad (2-64)$$

输入电阻 R_i

$$R_i = R_{G3} + (R_{G1} \mathbin{/\mkern-2mu/} R_{G2}) \approx R_{G3}$$

当 $U_{gs} = 0$ 时，恒流 $g_m U_{gs} = 0$，所以输出电阻为

$$R_o = R_D \mathbin{/\mkern-2mu/} r_{ds} \approx R_D$$

电容 C_S 开路情况，其等效电路如图 2.32 所示。下面分析图 2.32 等效电路的交流参数。

由图 2.32 可知

$$\dot{U}_o = -g_m \dot{U}_{GS}(R_D \mathbin{/\mkern-2mu/} R_L)$$

$$\dot{U}_i = \dot{U}_{GS} + g_m \dot{U}_{GS} R_S = \dot{U}_{GS}(1 + g_m R_S)$$

基本放大电路
第 2 章

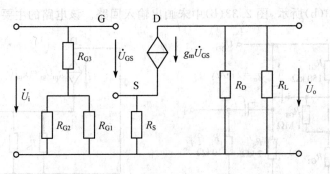

图 2.32 C_S 开路时图 2.31(a)的等效电路

电压放大倍数 A_u 为

$$\dot{A}_u = \frac{\dot{U}_o}{\dot{U}_i} = -\frac{g_m(R_D /\!/ R_L)}{1 + g_m R_S} \tag{2-65}$$

从式(2-65)可以看出,若不加 C_S,R_S 将使交流放大倍数大大衰减。

输入电阻与输出电阻为

$$R_i = \frac{\dot{U}_i}{\dot{I}_i} = R_{G3} + (R_{G1} /\!/ R_{G2}) \approx R_{G3}$$

$$R_o = R_D$$

【例 2.9】 在图 2.31 所示电路中,已知 $U_{DD}=20$ V,$R_D=10$ kΩ,$R_S=10$ kΩ,$R_{G1}=200$ kΩ,$R_{G2}=51$ kΩ,$R_{G3}=1$ MΩ,$R_L=10$ kΩ,其场效应管参数为:$I_{DSS}=0.9$ mA,$U_{GS(off)}=-4$ V,$g_m=1.5$ mA/V。试求该电路的静态参数和动态指标 A_u,r_i,r_o。

解:(1) 求静态参数,由图 2.31(a)电路可知

$$U_G = \frac{U_{DD}R_{G2}}{R_{G1}+R_{G2}} = \frac{20 \times 51}{200+51} \text{ V} \approx 4 \text{ V}$$

$$U_{GS} = U_G - I_D R_S = 4 \text{ V} - 10 I_D$$

$$I_D = I_{DSS}(1-U_{GS}/U_{GS(off)})^2 = 0.9\left(1+\frac{U_{GS}}{4}\right)^2$$

方程组联立求解得

$$I_D = 0.5 \text{ mA} \qquad U_{GS} = -1 \text{ V}$$

$$U_{DS} = U_{DD} - I_D(R_D+R_S) = [20-0.5(10+10)] \text{ V} = 10 \text{ V}$$

(2) 求动态指标

$$A_u = -g_m(R_D /\!/ R_L) = -1.5 \times \frac{10 \times 10}{10+10} = -7.5$$

$$r_i \approx R_{G3} = 1 \text{ MΩ}$$

$$r_o \approx R_D = 10 \text{ MΩ}$$

3. 共漏放大电路

共漏放大电路如图 2.33(a)所示,图 2.33(a)为分压式偏置方式,为了不使分压电阻 R_{G1},R_{G2} 对放大电路的输入电阻影响太大,通过 R_{G3} 与栅极相连,栅极电阻 R_{G3} 用来提高输入电阻,C_1,C_2 为隔直耦合电容。用图 2.30 等效电路,替代场效应管可画出图 2.33(a)的低频小信号

等效电路如图 2.33(b)所示,图 2.33(b)中未画出输入回路。该电路的主要指标求法如下。

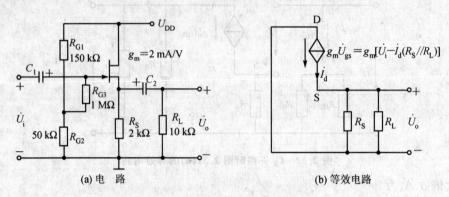

图 2.33 共漏电路及其等效电路

(1) 放大倍数 A_u

由图 2.33 可得

$$\dot{U}_o = \dot{I}_d(R_S // R_L)$$

$$\dot{I}_d = g_m \dot{U}_{gs} = g_m[\dot{U}_i - \dot{I}_d(R_S // R_L)] = g_m[\dot{U}_i - \dot{I}_d R'_L] \quad (2-66)$$

式中:$R'_L = R_S // R_L$。由式(2-66)可得

$$\dot{I}_d = \frac{g_m}{1 + g_m R'_L} \dot{U}_i$$

所以

$$\dot{A}_u = \frac{\dot{U}_o}{\dot{U}_i} = \frac{\dot{I}_d(R_S // R_L)}{\dot{U}_i} = \frac{g_m R'_L}{1 + g_m R'_L} \quad (2-67)$$

(2) 输入电阻 R_i

$$R_i = R_{G3} + (R_{G1} // R_{G2}) \approx R_{G3}$$

(3) 输出电阻 R_o

计算输出电阻 R_o 的等效电路如图 2.34 所示。首先将 R_L 开路,U_i 短路,在输出端加信号 U_o,求出 I_o,则 $R_o = U_o / I_o$。

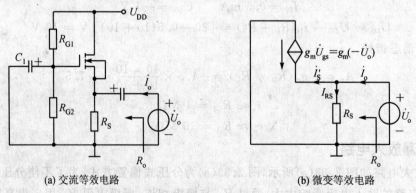

图 2.34 计算共漏电路输出电阻 R_o 的等效电路

基本放大电路

如图 2.34 知：

$$\dot{I}_o = \dot{I}_{RS} + \dot{I}'_s$$

$$\dot{I}_{RS} = \frac{\dot{U}_o}{R_S}$$

当 $U_i = 0$ 时，

$$\dot{I}'_s = -g_m \dot{U}_{gs} = -g_m(-\dot{U}_o) = g_m \dot{U}_o$$

所以输出电阻

$$R_o = \frac{\dot{U}_o}{\dot{I}_o} = \frac{\dot{U}_o}{\frac{\dot{U}_o}{R_S} + g_m \dot{U}_o} = \frac{1}{\frac{1}{R_S} + \frac{1}{\frac{1}{g_m}}} = R_S \text{ // } \frac{1}{g_m}$$

在图 2.33 共漏电路中，已知各参数如图 2.33 所示，请读者自己代入公式计算出电压放大倍数、输入电阻以及输出电阻。共栅电路与共基电路相似，留给读者自行分析。

【例 2.10】 图 2.35 源极输出器中，$R_G = 5\ M\Omega$，$R_S = 10\ k\Omega$，$R_L = 10\ k\Omega$，场效应管 $g_m = 4\ mA/V$ 计算图 2.35 的 A_u，r_i，r_o。

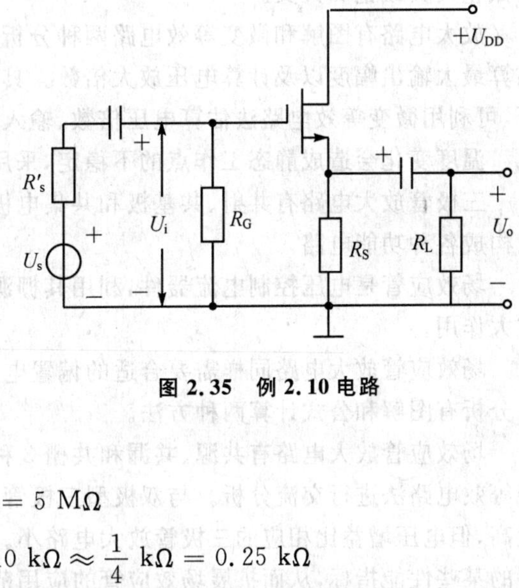

解：由于 g_m 已给出，所以可不计算直流状态。

$$A_u = \frac{g_m R'_L}{1 + g_m R'_L} = \frac{4 \times 5}{1 + 4 \times 5} = \frac{20}{21} = 0.95$$

式中 $R'_L = R_S \text{ // } R_L = 5\ k\Omega$。

$$r_i = R_G = 5\ M\Omega$$

$$r_o = \frac{1}{g_m} \text{ // } R_S = \left(\frac{1}{4}\right) \text{ // } 10\ k\Omega \approx \frac{1}{4}\ k\Omega = 0.25\ k\Omega$$

图 2.35 例 2.10 电路

2.4.3 共漏和共源放大电路的比较

场效应管共源放大电路有电压放大作用，并且是反相放大，其输出电阻较小，共源放大电路与三极管共射放大电路性能和作用相似，但其输入电阻远高于三极管，放大能力低于三极管；场效应管共漏放大电路同相电压跟随，其输出电阻最小，共漏放大电路与三极管共集放大电路性能和作用相似，但其输入电阻远高于三极管；场效应管共栅放大电路同相电压放大，其输入电阻最小，输出电阻较小，共栅放大电路与三极管共基放大电路性能和作用相似，但其放大能力低于三极管。

由于场效应管的跨导较小，当组成放大电路时，在相同的负载电阻下，电压放大倍数比双极型三极管低。但场效应管放大电路具有噪声小、受辐射的影响小、热稳定性较好、功耗低等优点，在集成电路中，得到了广泛应用。

思考题

1. 增强型 MOS 管能否使用自给栅偏压偏置电路来设置静态工作点？
2. 各种场效应管外加电压极性有什么不同？
3. 共源极和共漏极两种组态电路各有什么特点？

本章小结

三极管放大电路由三极管、偏置电源、偏置电阻和耦合电容等组成。放大电路正常工作时,具有交直流并存的特点,分析计算时,通过画直流电路和交流电路,将交直流分开。静态工作点通过直流通路分析计算,交流性能参数通过交流通路分析估算。

放大电路应设置合适的静态工作点,静态偏置电路有多种。当静态工作点不合适时,会产生截止失真或饱和失真。

放大电路有图解和微变等效电路两种分析方法。利用图解法可以分析电路的失真情况,估算最大输出幅度以及计算电压放大倍数。具有合适的静态工作点后,在输入小信号的前提下,可利用微变等效电路法估算电压倍数、输入以及输出电阻。

温度变化会造成静态工作点的不稳定,采用静态工作点稳定电路可以稳定静态工作点。

三极管放大电路有共射、共基极和共集电极 3 种接法,它们各具特点,将它们适当组合可以构成各种功能电路。

场效应管是电压控制电流器件,利用其栅源电压能够控制漏极电流大小的特点,可以实现放大作用。

场效应管放大电路同样需要合适的偏置电路,有自偏压和分压式偏置两种偏置电路,其静态分析有图解和公式计算两种方法。

场效应管放大电路有共源、共漏和共栅 3 种接法,最常用的是共源、共漏电路,一般采用微变等效电路法进行交流分析。与双极型三极管相比,场效应管放大电路的最大特点是输入电阻高,但电压增益比相应的三极管放大电路小。若将二者结合使用可大大提高和改善电子电路的某些性能指标,从而扩展场效应管的应用范围。

习 题

题 2.1 一学生用交流电压表测得某放大电路的开路输出电压为 4.8 V,接上 24 kΩ 的负载电阻后测出的电压值为 4 V。已知电压表的内阻为 120 kΩ。求该放大电路的输出电阻 R_o 和实际的开路输出电压 V_o'。

题 2.2 试分析图 2.36 所示各个电路对正弦交流信号有无放大作用,如有正常的放大作用,判断是同相放大还是反相放大。

题 2.3 共射电路如图 2.37 所示。现有下列各组参数：

(1) $U_{CC}=15$ V, $R_b=390$ kΩ, $R_c=3.1$ kΩ, $\beta=100$

(2) $U_{CC}=18$ V, $R_b=310$ kΩ, $R_c=4.7$ kΩ, $\beta=100$

(3) $U_{CC}=12$ V, $R_b=370$ kΩ, $R_c=3.9$ kΩ, $\beta=80$

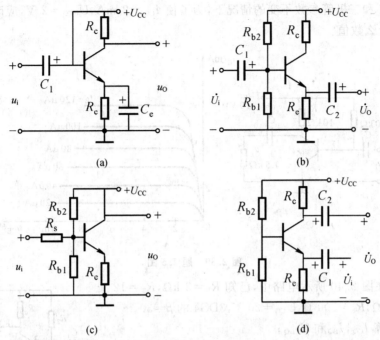

图 2.36　题 2.2 图

(4) $U_{CC}=6$ V, $R_b=210$ kΩ, $R_c=3$ kΩ, $\beta=50$

判定电路中三极管 V 的工作状态(放大、饱和、截止)。

题 2.4　图 2.38 所示电路中,设晶体管的 $\beta=50$, $U_{BE}=0.7$ V。

(1) 试估算开关 S 分别接通 A,B,C 时的 I_B, I_C, U_{CE},并说明管子处于什么工作状态。

(2) 当开关 S 置于 B 时,若用内阻为 10 kΩ 的直流电压表分别测量 U_{BE} 和 U_{CE},能否测得实际的数值？试画出测量时的等效电路,并通过图解分析说明所测得的电压与理论值相比,是偏大还是偏小？

(3) 在开关置于 A 时,为使管子工作在饱和状态(设临界饱和时的 $U_{CE}=0.7$ V), R_c 值不应小于多少？

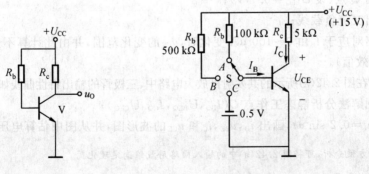

图 2.37　题 2.3 图　　　　　图 2.38　题 2.4 图

题 2.5　共射放大电路及三极管的伏安特性如图 2.39 所示。

(1) 用图解法求出电路的静态工作点,并分析这个工作点选择是否合适？

(2) 在 U_{CC} 和三极管参数不变的情况下,为了把三极管的集电极电压 U_{CEQ} 提高到 5 V 左右,可以改变哪些电路参数？如何改变？

(3) 在 U_{CC} 和三极管参数不变的情况下,为了使 $I_{CQ}=2$ mA, $U_{CEQ}=2$ V,应改变哪些电路参数,改变到什么数值?

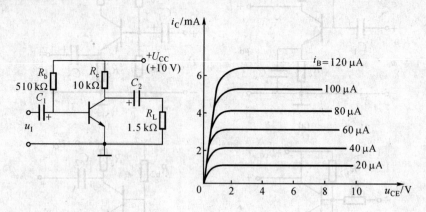

图 2.39　题 2.5 图

题 2.6　在图 2.40 所示电路中,已知 $R_1=3$ kΩ, $R_2=12$ kΩ, $R_c=1.5$ kΩ, $R_e=500$ Ω, $U_{CC}=20$ V,3DG4 的 $\beta=30$。

(1) 试计算 I_{CQ}, I_{BQ} 和 U_{CEQ};

(2) 如果换上一只 $\beta=60$ 的同类型管子,估算放大电路是否能工作在放大状态;

(3) 如果温度由 10℃升至 50℃,试说明 U_C(对地)将如何变化(增加、不变或减少)?

(4) 如果换上 PNP 型的三极管,试说明应做出哪些改动(包括电容的极性),才能保证正常工作。若 β 仍为 30,你认为各静态值将有多大的变化?

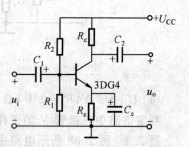

图 2.40　题 2.6 图

题 2.7　放大电路如图 2.41(a)所示。试按照给定参数,在图 2.41(b)中:

(1) 画出直流负载线;

(2) 定出 Q 点(设 $U_{BEQ}=0.7$ V);

(3) 画出交流负载线;

(4) 画出对应于 i_B 由 $0\sim100$ μA 变化时, u_{CE} 的变化范围,并由此计算不失真输出电压 U_o。(正弦电压有效值)。

题 2.8　在图 2.42(a)所示的共发射极放大电路中,三极管的输出特性曲线如图 2.42(b)所示。

(1) 用图解法分析静态工作点 $Q(I_{BQ},U_{BEQ},I_{CQ},U_{CEQ})$;

(2) 设 $u_i=0.2\sin\omega t$,画出 i_B, u_{BE}, i_C 和 u_{CE} 的波形图,并从图中估算电压放大倍数。

[提示:为方便分析,可将图 2.42(a)中的输入回路用戴维南定理化简。]

题 2.9　图 2.43 所示电路中,设各三极管均为硅管, $U_{BE}\approx0.7$ V, $\beta=50$, $U_{CES}\approx0.3$ V, I_{CEO} 可忽略不计。试估算 I_B, I_C, U_{CE}。

题 2.10　按照放大电路的组成原则,仔细审阅图 2.44,分析各种放大电路的静态偏置和动态工作条件是否符合要求。如发现问题,应指出原因,并重画正确的电路(注意输入信号源的内阻 R_S 一般很小;分析静态偏置时,应将 u_S 短接)。

基本放大电路
第2章

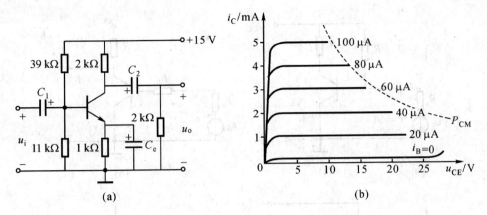

图 2.41 题 2.7 图

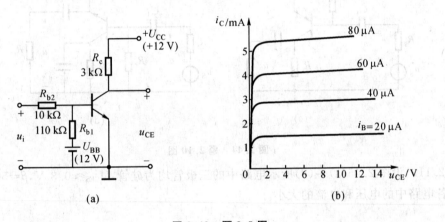

图 2.42 题 2.8 图

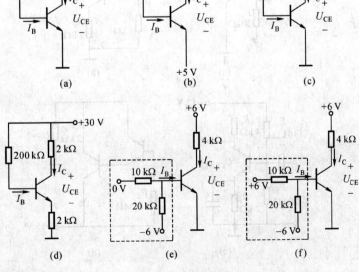

图 2.43 题 2.9 图

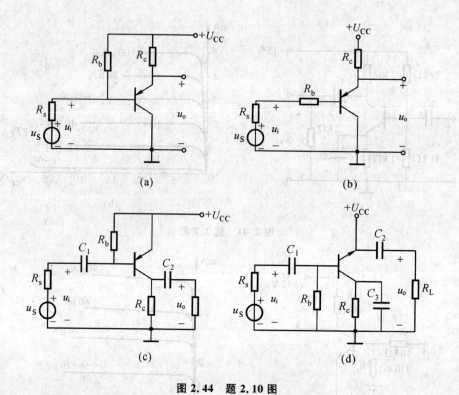

图 2.44 题 2.10 图

题 2.11 设图 2.45(a)~(d)所示电路中的三极管均为硅管,$U_{CES} \approx 0.3$ V,$\beta = 50$,试计算标注在各电路中的电压和电流的大小。

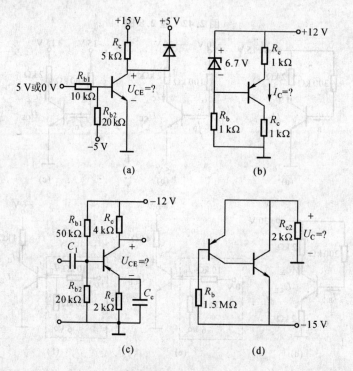

图 2.45 题 2.11 图

基本放大电路

题 2.12 图 2.46(a)~(c)所示均为基本放大电路，设各三极管的 $r_{bb'}=200\ \Omega$，$\beta=50$，$U_{BE}=0.7\ V$。

(1) 计算各电路的静态工作点；

(2) 画出交流通路；说明各种放大电路的组态。

题 2.13 一组同学做基本 CE 放大电路实验，出现了 5 种不同的接线方式，如图 2.47 所示。若从正确合理、方便实用的角度去考虑，哪一种最为可取？

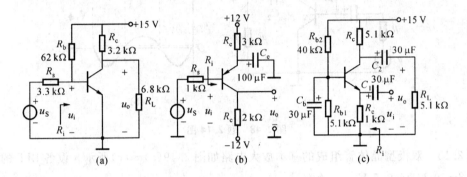

图 2.46 题 2.12 图

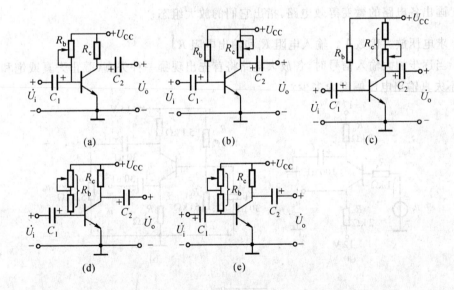

图 2.47 题 2.13 图

题 2.14 有一共射放大电路如图 2.48(a)所示。试回答下列问题：

(1) 写出该电路电压放大倍数 $\dot{A}_u$、输入电阻 R_i 和输出电阻 R_o 的表达式。

(2) 若换用 β 值较小的三极管，则静态工作点 I_{BQ}，U_{CEQ} 将如何变化？电压放大倍数 $|\dot{A}_u|$、输入电阻 R_i 和输出电阻 R_o 将如何变化？

(3) 若将静态工作点调整到交流负载线的中央，在输入电压增大的过程中，输出端出现如图 2.48(b)所示的失真波形，问该失真是由于什么原因引起的？是饱和失真还是截止失真？

(4) 若该电路在调试中输出电压波形顶部出现了"缩顶"失真，问电路产生的是饱和失真还是截止失真？应调整电路中哪个电阻，如何调整（增大或减小）？

（5）若该电路在室温下工作正常，但将它放入 60 ℃ 的恒温箱中，发现输出波形失真，且幅度增大，这时电路产生了饱和失真还是截止失真？其主要原因是什么？

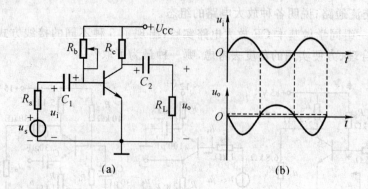

图 2.48　题 2.14 图

题 2.15　双极型晶体管组成的基本放大电路如图 2.49(a)～(c)所示。设各 BJT 的 $r_{bb'}=200\ \Omega,\beta=50,U_{BE}=0.7\ V$。

（1）计算各电路的静态工作点；

（2）画出各电路的微变等效电路，指出它们的放大组态；

（3）求电压放大倍数 $\dot A_u$、输入电阻 R_i 和输出电阻 R_o。

（4）当逐步加大输入信号时，各放大电路将首先出现哪一种失真（截止失真或饱和失真），其最大不失真输出电压幅度为多少？

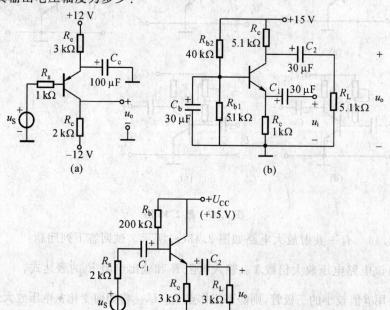

图 2.49　题 2.15 图

题 2.16 在图 2.50 所示的放大电路中,三极管的 $\beta=40$,$r_{be}=0.8$ kΩ,$U_{BE}=0.7$ V,各电容都足够大。试计算:

(1) 电路的静态工作点;

(2) 画出电路的微变等效电路;

(3) 求电路的中频源电压放大倍数 $\dot{A}_{us}=\dfrac{\dot{U}_o}{\dot{u}_s}$。

题 2.17 放大电路如图 2.51 所示,设晶体管的 $r_{bb'}=300$ Ω,$\beta=20$,$U_{BE}=0.7$ V。V_{DZ} 为理想的硅稳压二极管,其稳压值 $U_Z=6$ V。各电容都足够大,在交流通路中均可视作短路。

(1) 求电路静态工作点(I_{CQ} 和 U_{CEQ});

(2) 画出各电路的微变等效电路;

(3) 求电压放大倍数 $\dot{A}_u$ 和输入电阻 R_i;

(4) 说明电阻 R 在电路中的作用;

(5) 若 V_{DZ} 极性接反,电路能否正常放大?试计算此时的静态工作点,并定性分析 V_{DZ} 反接对 $\dot{A}_u$ 和 R_i 的影响。

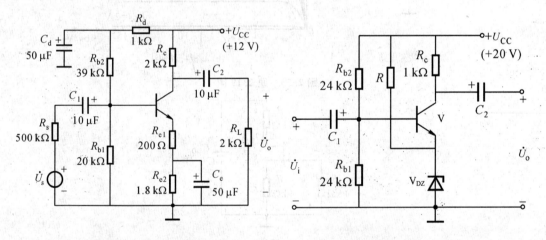

图 2.50 题 2.16 图   图 2.51 题 2.17 图

题 2.18 由 MOS 管组成的共源电路、漏极特性曲线如图 2.52(a) 和 (b) 所示,试分析当 $u_i=2$ V,4 V,8 V,10 V,12 V 时,该 MOS 管分别处于什么工作区。

题 2.19 由 N 沟道增强型 MOSFET 构成的共源电路如图 2.53(a) 所示,MOS 管漏极特性曲线如图 2.53(b) 所示,试求解该电路的静态工作点 Q(注意图中 $u_{GS}=u_{DS}$)。

题 2.20 在图 2.54 所示的电路中,设 N 沟道 JFET 的 $I_{DSS}=2$ mA,$U_P=-4$ V。试求 I_D 和 U_{DS}。

题 2.21 在图 2.55(a) 和 (b) 所示的 FET 基本放大电路中,设耗尽型 FET 的 $I_{DSS}=2$ mA,$U_P=-4$ V;增强型 FET 的 $U_T=2$ V,$I_{DO}=2$ mA。设各 FET 的 $g_m=2$ ms。

(1) 计算各电路的静态工作点;

(2) 画出各电路的交流通路、微变等效电路,并说明各放大电路的组态;

(3) 求电压放大倍数 $\dot{A}_u$、输入电阻 R_i 和输出电阻 R_o。

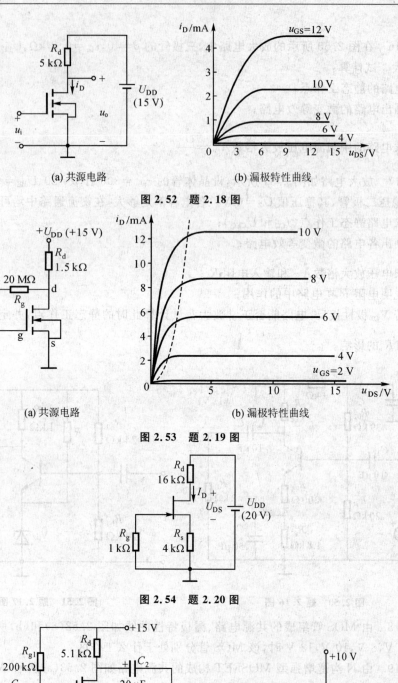

(a) 共源电路   (b) 漏极特性曲线

图 2.52 题 2.18 图

(a) 共源电路   (b) 漏极特性曲线

图 2.53 题 2.19 图

图 2.54 题 2.20 图

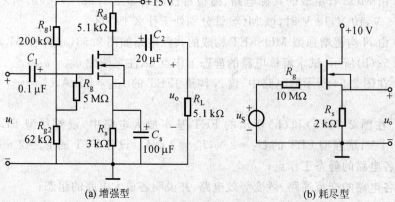

(a) 增强型   (b) 耗尽型

图 2.55 题 2.21 图

第 3 章 多级放大电路和差动放大电路

本章首先介绍多级放大电路耦合方式和特点,然后以三极管放大电路为例,分析多级放大电路的静态和动态特性,最后重点介绍差动放大电路的组成、作用、工作原理以及分析方法。

3.1 多级放大电路

在实际的电子设备中,为了得到足够大的放大倍数或者使输入电阻和输出电阻达到指标要求,一个放大电路往往由多级组成。多级放大电路通常由输入级、中间级以及输出级组成,如图3.1所示。输入级应考虑如何与信号源配合,输出级应考虑如何满足负载的要求,中间级应考虑如何保证放大倍数足够大。其中,输入级与中间级的主要作用是实现电压放大,输出级的主要作用是功率放大,以推动负载工作。根据实际要求,各级放大电路可以是共射、共基、共集组态的任意一种,但都必须满足技术指标的要求,输出级一般是大信号放大器,本节只讨论由输入级到中间级组成的多级小信号放大器。

图3.1 多级放大电路组成框图

3.1.1 多级放大电路的耦合方式

多级放大电路是由两级或两级以上的单级放大电路连接而成的。在多级放大电路中,通常把级与级之间的连接方式称为耦合方式。而级与级之间耦合时,必须满足:

① 耦合后,各级放大电路仍具有合适的静态工作点;
② 保证前级输出信号尽可能不衰减地传输到后级的输入端;
③ 耦合后,多级放大电路的性能指标必须满足实际的要求。

为了满足上述要求,一般常见的耦合方式有阻容耦合、变压器耦合及直接耦合3种形式。下面以三极管放大电路为例,分别介绍3种耦合方式。

1. 阻容耦合

阻容耦合是利用电容器作为耦合元件将前级和后级连接起来。这个电容器称为耦合电容,如图3.2(a)所示。第一级的输出信号通过电容器C_2和第二级的输入端相连接。阻容耦合放大电路具有以下特点:

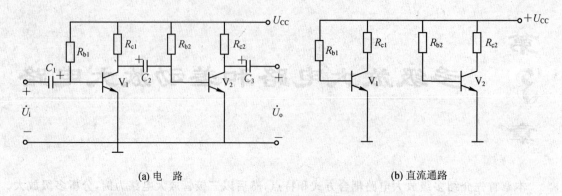

(a) 电　路　　　　　　　　　　　　　　(b) 直流通路

图 3.2　阻容耦合两级放大电路

① 优点　由于电容器隔直流而通交流，所以各级的直流工作点相互独立，互不影响，这样就给设计、调试和分析带来很大方便。而且，只要耦合电容选得足够大，则较低频率的信号也能由前级几乎不衰减地加到后级，实现逐级放大。此外，还具有体积小、质量小等优点。因此，阻容耦合在多级交流放大电路中得到了广泛应用。图 3.2(b) 是其直流通路。

② 缺点　因电容对交流信号具有一定的容抗，在信号传输过程中，会受到一定的衰减，尤其对于变化缓慢的信号容抗很大，不便于传输，对直流信号无法传输。此外，在集成电路中，制造大容量的电容很困难，所以这种耦合方式下的多级放大电路不便于集成。所以，阻容耦合只适用于分立元件组成的电路。

2. 变压器耦合

变压器耦合是利用变压器将前级的输出端与后级的输入端连接起来，这种耦合方式称为变压器耦合，如图 3.3 所示。将 V_1 的输出信号经过变压器 T_1 送到 V_2 的基极和发射极之间。V_2 的输出信号经 T_2 耦合到负载 R_L 上。R_{b11}，R_{b12} 和 R_{b21}，R_{b22} 分别为 V_1 管和 V_2 管的偏置电阻，R_{b11}，R_{b12}，R_{e1} 和 R_{b21}，R_{b22}，R_{e2} 分别为 V_1 和 V_2 确定静态工作点。C_{b2} 是 R_{b21} 和 R_{b22} 的旁路电容，用于防止信号被偏置电阻所衰减。阻容耦合放大电路具有以下特点：

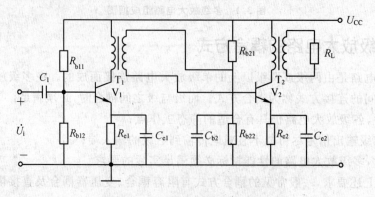

图 3.3　变压器耦合两级放大电路

① 优点　由于变压器通过磁路，把初级线圈的交流信号传到次级线圈，直流电压或电流无法通过变压器传给次级，因此各级直流通路相互独立，静态工作点互不影响。变压器在传输信号的同时还能够进行阻抗、电压和电流变换。

② 缺点　变压器耦合体积大，笨重等，不能实现集成化应用。此外，由于频率特性比较

差,一般只应用于低频功率放大和中频调谐放大电路中。

3. 直接耦合

为了避免电容对缓慢变化的信号在传输过程中带来的不良影响,也可以把级与级之间直接连接起来或者经电阻等能通过直流的元件连接起来,这种连接方式称为直接耦合。

图 3.4 是一种简单的两级直接耦合,两级之间直接用导线连接起来。直接耦合电路中没有大电容和变压器,电路简单,体积小,便于集成,低频特性好,既可以放大交流信号,也可以放大直流和变化非常缓慢的信号。由于直接耦合放大器可用来放大直流信号,所以也称为直流放大器,它在集成电路中得到广泛的应用。但是直接耦合也存在静态工作点相互牵制以及零点漂移现象两个问题,如果不加以解决,电路将无法正常工作。现讨论如下。

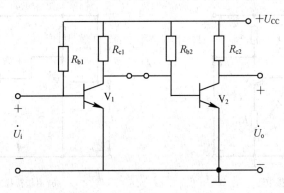

图 3.4 直接耦合放大电路

(1) 静态工作点相互牵制

由于失去隔离作用,使前、后级直流电路相通,静态工作点相互牵制、相互影响,不利于分析和设计。静态工作点相互牵制同时还会导致三极管各极电位移动,甚至进入饱和区而无法正常工作。

如图 3.4 所示,当 V_1 的静态工作点发生偏移时,这个偏移量会经过 V_2 放大,使 V_2 的静态工作点发生更大的偏移。另外,不论 V_1 管集电极电位在耦合前有多高,接入第二级后,V_1 管集电极电位将被 V_2 管的基极钳制在 0.7 V 左右(设 V_2 为硅管),致使 V_1 处于临界饱和状态;同时,V_2 基极电流由 R_{b2} 和 R_{c1} 流过的电流决定,因此 V_2 的工作点将发生变化,致使 V_2 处于饱和状态,导致整个电路无法正常工作。

(2) 零点漂移现象

由于温度变化等原因,使放大电路在输入信号为零时输出信号不为零的现象称为零点漂移。产生零点漂移的主要原因是由于温度变化而引起的,零点漂移的大小主要由温度所决定。

通过上述分析,在采用直接耦合的多级放大电路时,必须解决静态工作点相互影响和零点漂移两个问题,以保证各级各自有合适的稳定的静态工作点。零点漂移问题的解决方法将在差动式放大电路中讨论,下面探讨静态工作点相互影响引起的电平配置问题。

图 3.5 为解决直接耦合放大电路电平配置问题的 4 种实际电路实例。图 3.5(a)和(b)采用提高后级发射极电位的方法,使 V_1,V_2 脱离饱和状态,但图 3.5(a)的发射极电阻 R_{e2} 会影响第二级的交流电压放大倍数,图 3.5(b)中的稳压二极管动态电阻较小,对第二级的交流电压放大倍数影响较小,但这种电路也有局限性,越往后级稳压管的稳定电压要求越高,集电极电

位也越高,要求电源电压也越来越高,这实际上也是限制了放大器的级数;图 3.5(c)采用稳压管电平移位的方法,就是用稳压管连接两级放大电路,这样可以降低 V_2 的基极电位,而不用升高 U_{C2},从而使 V_1,V_2 脱离饱和状态,同样因为稳压二极管动态电阻较小,传输效率较高;但图 3.5(b)和(c)具有同样的问题,稳压管的电流和电压受温度影响较大,静态工作点稳定性不好,会带来附加噪声;图 3.5(d)采用 NPN,PNP 管级联的方法,利用 NPN,PNP 管偏置电压极性相反的特点(电位的互补性)来解决电平移动问题,这是一种有效的措施,图 3.5 中,V_1 为 NPN 管,V_2 为 PNP 管,利用 V_1 集电极的高电位和电源电压,使 V_2 管发射结获得正向电压偏置,只要适当选择 R_{c1} 和 R_{c2} 就可以得到合适的静态工作点。除此以外还可以利用电阻和恒流源进行电平移位,在后续的内容中会给以介绍。

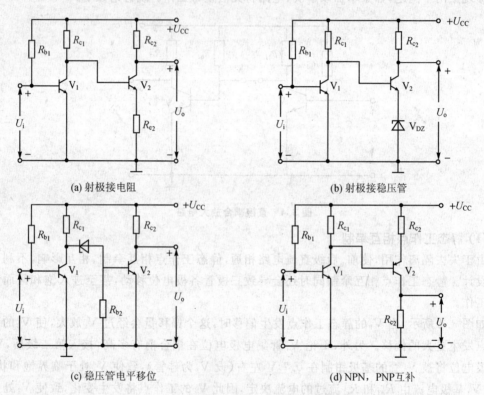

图 3.5 直接耦合电平配置方式实例

在实际应用中,对于信号的放大,一般都采用多级放大电路,以达到较高的放大倍数。对于频率较高的交流信号进行放大时,常采用阻容耦合或变压器耦合。但是,在测量、自动控制等应用中,需要放大的信号往往是变化非常缓慢的信号,甚至是直流信号。对于这样的信号,不能采用阻容耦合或变压器耦合,而只能采用直接耦合方式。实际上,近些年来发展起来的很多集成电路(如集成运算放大器),其内部电路多采用直接耦合方式,这是因为在集成电路中要制作耦合电容和电感元件相当困难。因此,随着集成电路的发展,直接耦合放大器正得到越来越广泛的应用。

4. 共电源耦合的弊端和抑制措施

在多级放大器中,各级由同一直流电源供电,由于直流电源存在交流内阻 R,R 上产生的交流压降将被耦合到放大器的输入端。这种通过直流电源内阻将信号经输出端向各级输入端的传送称为共电耦合。

如果传送到某一级输入端的电压与输入信号源在该级输入端产生的电压有相同的极性，那么该级的合成输入电压便增大，使放大器输出电压增大，而增大了的输出电压通过共电耦合加到输入端的电压也增大，使输出电压进一步增大，如此循环下去将产生振荡。这样，就破坏了放大器对信号的正常放大作用。为了消除共电耦合的影响，应加强电源滤波，在放大器各级电源供电端接入 RC 滤波元件，接入 C 后，直流电源内阻 R 上的信号电压被旁路滤除。

3.1.2 多级放大电路的分析

多级放大电路的静态分析与单管放大电路相似，同样是根据放大电路的直流通路去分析，但是，3 种耦合方式的分析方法有很大差别。阻容耦合和变压器耦合各级直流通路相互独立，静态工作点互不影响，每级静态工作点可以分别计算；直接耦合前、后级直流通路相通，静态工作点相互牵制，计算静态工作点较麻烦，一般需联立方程或通过近似法计算。具体方法后面举例说明。下面探讨多级放大电路动态性能指标的计算。

分析多级放大电路的性能指标，一般采用的方法是：通过计算每一单级指标来分析多级指标。在多级放大电路中，由于后级电路相当于前级的负载，而该负载正是后级放大器的输入电阻，所以在计算前级输出时，只要将后级的输入电阻作为其负载，则该级的输出信号就是后级的输入信号，如图 3.6 所示。

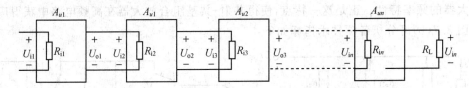

图 3.6 多级放大电路的输入、输出示意图

1. 多级放大电路的电压放大倍数

由图 3.6 可知，$U_{i2}=U_{o1}$，$U_{i3}=U_{o2}$，…，$U_{in}=U_{o(n-1)}$，因此，各级电压放大倍数分别为

$$A_{u1}=\frac{U_{o1}}{U_{i1}}, A_{u2}=\frac{U_{o2}}{U_{i2}}=\frac{U_{o2}}{U_{o1}}, A_{u3}=\frac{U_{o3}}{U_{i3}}=\frac{U_{o3}}{U_{o2}}, \cdots, A_{un}=\frac{U_{on}}{U_{in}}=\frac{U_{on}}{U_{o(n-1)}}$$

所以，一个 n 级放大器的总电压放大倍数 A_u 可表示为

$$A_u=\frac{U_{on}}{U_{i1}}=\frac{U_{on}}{U_{o(n-1)}}\cdots\frac{U_{o3}}{U_{o2}}\cdot\frac{U_{o2}}{U_{o1}}\cdot\frac{U_{o1}}{U_{i1}}=A_{un}\cdots A_{u3}A_{u2}A_{u1}$$

即多级放大电路的总电压放大倍数为各级电压放大倍数的相乘积。但要注意，在计算各级电压放大倍数时，一定要考虑级间的影响，要把后级的输入电阻作为前级的负载。

2. 多级放大电路的输入电阻和输出电阻

一般说来，多级放大电路的输入电阻就是第一级的的输入电阻 R_{i1}，而输出电阻就是最末级的输出电阻 R_{on}。

具体计算输入电阻和输出电阻时，可直接利用已有的公式。但要注意，有的电路形式，要考虑后级对第一级输入电阻的影响和前一级对后级输出电阻的影响。在计算 R_{i1} 时应将后级的输入电阻 R_{i2} 作为其负载，在计算 R_{on} 时应将前级的输出电阻 $R_{o(n-1)}$ 作为其信号源内阻。

例如，当第一级为共集电极放大电路时，要考虑第二级的输入电阻作为前级负载时对输入电阻的影响；当最末级为共集电极放大电路时，要考虑其前级对输出电阻的影响。

3.1.3 组合式电路

3种基本组态电路的性能各有特点，根据3种组态电路的特性，将其中任意两种组态适当组合，取长补短，可以构成各具特点的组合放大电路，使其更适合实际电路的需要。组合放大电路实际上，还是一种多级电路，下面介绍几种常见的组合放大电路。

1. 共射-共基组合放大电路

共射-共基组合放大电路如图3.7(a)和(b)所示，图3.7(b)为交流通路。图中，V_1管接成共发射极组态，V_2管接成共基极组态。

由于共基极电路的电流增益接近于1，它在组合电路中的作用类似于一个电流接续器，将共发射极电路的输出电流几乎不衰减地接续到输出负载$R'_L(=R_{C2}//R_L)$上。

两级串接的组合电路中，后级的输入电阻就是前级的输出负载电阻，由于后级共基极组态的输入电阻很小，将它作为负载接在共射电路之后，致使前级共发射极组态的电压增益很小，因此，组合电路的电压增益主要由共基极组态提供。此外，这种组合电路的输入电阻取决于共发射极组态，输出电阻取决于共基极组态。

接入低输入电阻共基电路使得共射放大电路电压增益减小的同时，也大大减弱了共射放大管内部的反向传输效应。其结果，一方面提高了电路高频工作时的稳定性，另一方面明显改善了放大器的频率特性。正是这一特点，使得共射-共基组合放大器在高频电路中获得广泛应用。由图3.7(b)可分析各项技术指标如下：

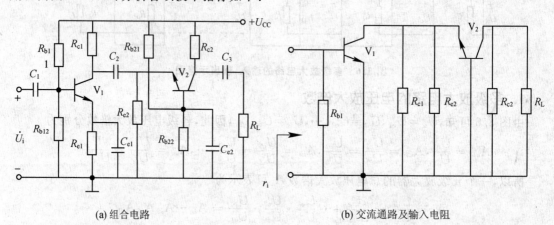

(a) 组合电路　　　　　　　　(b) 交流通路及输入电阻

图3.7 共射-共基极组合放大电路

$$R_i = R_{b11} // R_{b12} // r_{be1} \approx r_{be1}$$

$$\dot{A}_u = \dot{A}_{u1} \cdot \dot{A}_{u2}$$

$$\dot{A}_{u1} = -\beta_1 \cdot \frac{R'_{L1}}{r_{be1}}$$

$$R'_{L1} = R_{c1} // R_{e2} // \frac{r_{be2}}{(1+\beta_2)}$$

$$\dot{A}_{u2} = \beta_2 \cdot \frac{R'_{L2}}{r_{be2}}$$

$$R'_{L2} = R_{c2} // R_L$$

输出电阻
$$R_o = R_{c2}$$

2. 共集-共射组合放大电路

共集-共射极组合电路如图3.8(a)和(b)所示,图3.8(b)为交流通路。图中,V_1管接成共集电极组态,V_2管接成共发射极组态,这种组合电路又称为达林顿电路。由于共集电极电路的输入电阻大,而输出电阻小,电压增益接近于1,因此,源电压几乎全部输送到共射电路的输入端,共集-共射组合放大电路具有很高的输入电阻,它的电压增益主要由共发射极组态提供,而共集电极组态主要用来提高组合电路的输入电阻。

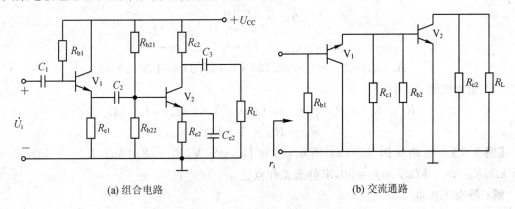

(a) 组合电路   (b) 交流通路

图3.8 共集-共射极组合电路

图3.8 输入电阻
$$R_i = R_{b1} // [r_{be1} + (1+\beta_1)R'_{L1}]$$
$$R'_{L1} = R_{e1} // R_{b2} // r_{be2}$$
$$R_{b2} = R_{b21} // R_{b22}$$

电压放大倍数
$$\dot{A}_u = \dot{A}_{u1} \cdot \dot{A}_{u2}$$

因为 $\dot{A}_{u1} \approx 1$ 所以
$$\dot{A}_u \approx \dot{A}_{u2} = -\beta_2 \cdot R'_{L2}/r_{be2}$$

式中:
$$R'_{L2} = R_{c2} // R_L$$

输出电阻
$$R_o = R_{c2}$$

除了上述两种组合式电路外,实际中还有共集-共基、共射-共集等多种形式,在以后的内容中,会陆续介绍。

【例3.1】 电路如图3.2(a)和(b)所示,已知$U_{CC}=6$ V,$R_{b1}=270$ kΩ,$R_{c1}=2$ kΩ,$R_{b2}=270$ kΩ,$R_{c2}=1.5$ kΩ,$U_{BE1}=U_{BE2}=0.6$ V,$\beta_1=\beta_2=\beta=50$,$C_1=C_2=C_3=10$ μF,求:(1)静态工作点;(2)电压放大倍数;(3)输入电阻、输出电阻。

解:(1)静态工作点
$$I_{BQ1} = (U_{CC} - U_{BE1})/R_{b1} = 0.02 \text{ mA}$$
$$I_{CQ1} = \beta_1 I_{BQ1} = 1 \text{ mA}, U_{CEQ1} = U_{CC} - I_{CQ1}R_{c1} = 4 \text{ V}, r_{be1} = (300 + 50 \times 26/1) \text{ Ω} = 1.6 \text{ kΩ}$$

$$I_{BQ2} = I_{BQ1} = 0.02 \text{ mA} \quad I_{CQ2} = I_{CQ1} = 1 \text{ mA},$$
$$U_{CEQ2} = U_{CC} - I_{CQ2} R_{c2} = 4.5 \text{ V} \quad r_{be2} = r_{be1} = 1.6 \text{ k}\Omega$$

(2) 电压放大倍数

$$\dot{A}_{u1} = -\frac{\beta R'_{L1}}{r_{be1}}$$

$$R_{i2} = R_{b2} \ // \ r_{be2} \approx 1.6 \text{ k}\Omega$$

$$R'_{L1} = R_{c1} \ // \ R_{i2} \approx 0.9 \text{ k}\Omega$$

$$A_{u1} = -\beta R'_{L1}/r_{be1} = -50 \times 0.9/1.6 = -28.13$$

$$\dot{A}_{u2} = -\frac{\beta R_{c2}}{r_{be2}}$$

$$A_{u2} = -\beta R_{c2}/r_{be2} = -50 \cdot 1.5/1.6 \approx -46.9$$

$$A_u = A_{u1} A_{u2} = (-28.13) \cdot (-46.9) \approx 1\,319.3$$

(3) 输入电阻、输出电阻

$$R_i = R_{i1} = R_{b1} \ // \ r_{be1} = (270 \ // \ 1.6) \text{ k}\Omega \approx 1.6 \text{ k}\Omega$$

$$R_o = R_{c2} = 1.5 \text{ k}\Omega$$

【例 3.2】 电路如图 3.5(a)所示,已知 $U_{CC} = 6$ V, $R_{b1} = 270$ kΩ, $R_{c1} = 2$ kΩ, $R_{c2} = 1.5$ kΩ, $R_{e2} = 3.3$ kΩ, $\beta_1 = \beta_2 = 50$,求静态工作点。

解:静态工作点

$$I_{BQ1} = (U_{CC} - U_{BE1})/R_{b1} = 0.02 \text{ mA}$$

$$I_{CQ1} = \beta_1 I_{BQ1} = 1 \text{ mA}$$

$$r_{be1} = (300 + 50 \times 26/1) \text{ k}\Omega = 1.6 \text{ k}\Omega$$

$$U_{CEQ1} = U_{CC} - (I_{CQ1} + I_{BQ2})R_{c1}$$

而 I_{BQ2} 未知,假定 $I_{BQ2} \ll I_{CQ1}$,则有

$$U_{CEQ1} \approx U_{CC} - I_{CQ1} R_{c1} = 4 \text{ V}$$

$$I_{EQ2} = (U_{B2} - U_{BE2})/R_{e2} = (U_{CEQ1} - U_{BE2})/R_{e2} = [(4-0.6)/3.3] \text{ mA} \approx 1 \text{ mA},$$

$$I_{BQ2} = I_{EQ2}/51 = 0.02 \text{ mA}$$

可以看出,此值远小于 I_{CQ1},假设成立,则

$$U_{CEQ2} = U_{CC} - I_{CQ2}(R_{c2} + R_{e2}) = [6 - 1 \times (1.5 + 3.3)] \text{ V} = 1.2 \text{ V}$$

$$I_{CQ2} \approx I_{EQ2} = 1 \text{ mA}$$

【例 3.3】 图 3.9 为三级放大电路。已知:$U_{CC} = 15$ V, $R_{b1} = 150$ kΩ, $R_{b21} = 15$ kΩ, $R_{b22} = 100$ kΩ, $R_{b31} = 22$ kΩ, $R_{b32} = 100$ kΩ, $R_{e1} = 20$ kΩ, $R_{e2} = 750$ Ω, $R'_{e2} = 100$ Ω, $R_{e3} = 1$ kΩ, $R_{c2} = 5$ kΩ, $R_{c3} = 3$ kΩ, $R_L = 1$ kΩ,三极管的电流放大倍数均为 $\beta = 50$。试求电路的静态工作点、电压放大倍数、输入电阻和输出电阻。

解:图 3.9 所示放大电路,是三级阻容耦合放大电路,第一级是射极输出器,第二、三级都是具有电流反馈的工作点稳定电路,均是阻容耦合,所以各级静态工作点均可单独计算。

第一级:

$$I_{BQ} = \frac{U_{CC} - U_{BE}}{R_{b1} + (1+\beta)R_{e1}} = \frac{14.3}{150 + 1\,020} \text{ mA} \approx 0.012 \text{ mA}$$

$$I_{CQ} = \beta I_{BQ} = 50 \times 0.012 \text{ mA} = 0.61 \text{ mA}$$

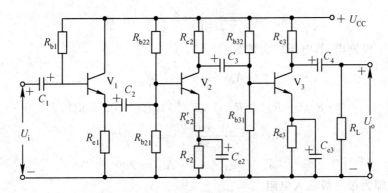

图 3.9 例 3.3 三级阻容耦合放大电路

$$U_{CEQ} \approx U_{CC} - I_{CQ}R_{e1} = (15 - 0.61 \times 20) \text{ V} = 2.8 \text{ V}$$

$$r_{be1} = r'_{bb} + (1+\beta)\frac{26 \text{ mV}}{I_{EQ1}} = \left(300 + 51 \times \frac{26}{0.61}\right) \text{ k}\Omega \approx 2.48 \text{ k}\Omega$$

第二级:

$$U_{B2} = \frac{R_{b21}}{R_{b21} + R_{b22}} U_{CC} = \left(\frac{15}{100 + 15} \times 15\right) \text{ V} \approx 1.96 \text{ V}$$

$$U_{E2} = U_B - U_{BE} = 1.26 \text{ V}$$

$$I_{EQ2} = \frac{U_E}{R_{e2} + R'_{e2}} = \frac{1.26}{0.85} \text{ mA} \approx 1.48 \text{ mA} \approx I_{CQ2}$$

$$U_{CEQ2} \approx U_{CC} - I_{CQ2}(R_{c2} + R'_{e2} + R_{e2}) = 6.3 \text{ V}$$

$$r_{be2} = r_{bb'} + (1+\beta)\frac{26 \text{ mV}}{I_{EQ2}} = \left(300 + 51 \times \frac{26}{1.48}\right) \Omega \approx 1.2 \text{ k}\Omega$$

第三级:

$$U_{B3} = \frac{R_{b31}}{R_{b31} + R_{b22}} U_{CC} = \left(\frac{22}{100 + 22} \times 15\right) \text{ V} \approx 2.7 \text{ V}$$

$$U_{E3} = U_{B3} - U_{BE} = (2.7 - 0.7) \text{ V} = 2 \text{ V}$$

$$I_{EQ3} = \frac{U_{E3}}{R_{e3}} = \frac{2}{1} \text{ mA} = 2 \text{ mA} \approx I_{CQ3}$$

$$U_{CEQ3} \approx U_{CC} - I_{CQ3}(R_{c3} + R_{e2}) = 7 \text{ V}$$

$$r_{be3} = r_{bb'} + (1+\beta)\frac{26 \text{ mV}}{I_{EQ3}} = \left(300 + 51 \times \frac{26}{2}\right) \Omega = 0.96 \text{ k}\Omega$$

电压放大倍数:

$$A_u = A_{u1} \cdot A_{u2} \cdot A_{u3}$$

第一级是射极输出,其电压放大倍数为

$$A_{u1} = \frac{(1+\beta)R'_{e1}}{r_{be1} + (1+\beta)R'_{e1}} \approx 1$$

第二级是 c 极输出,其电压放大倍数为

$$A_{u2} = \frac{-\beta R'_{c2}}{r_{be2} + (1+\beta)R'_{e2}}$$

$$R_{i3} = R_{b31} // R_{b32} // r_{be3} = 100 \text{ k}\Omega // 22 \text{ k}\Omega // 0.96 \text{ k}\Omega \approx 0.96 \text{ k}\Omega$$

$$R'_{c2} = R_{c2} // R_{i3} = (5 // 0.96) \text{ k}\Omega \approx 0.8 \text{ k}\Omega$$

$$A_{u2} = \frac{-50 \times 0.8}{1.2 + 51 \times 0.1} = -5.13$$

第三级是 c 极输出，其电压放大倍数：

$$A_{u3} = -\frac{-\beta R'_{c3}}{r_{be3}}$$

$$R'_{c3} = R_{c3} // R_L = (3 // 1) \text{ k}\Omega \approx 0.75 \text{ k}\Omega$$

$$A_{u3} = \frac{-50 \times 0.75}{0.96} = -39.06$$

$$A_u = A_{u1} \cdot A_{u2} \cdot A_{u3} \approx 200$$

输入电阻即为第一级输入电阻

$$R_i = R_{i1} = R_{b1} // R'_{i1}$$

$$r_{i2} = R_{b21} // R_{b22} // [r_{be2} + (1+\beta)R'_{e2}] = 15 \text{ k}\Omega // 100 \text{ k}\Omega // 6.3 \text{ k}\Omega \approx 4.17 \text{ k}\Omega$$

$$R'_{e1} = R_{e1} // R_{i2} = 3.45 \text{ k}\Omega$$

$$R'_{i1} = r_{be1} + (1+\beta)R'_{e1} = 178 \text{ k}\Omega$$

$$R_i = R_{i1} = R_{b1} // R'_{i1} = (150 // 178) \text{ k}\Omega \approx 81 \text{ k}\Omega$$

输出电阻即为第三级的输出电阻，所以 $R_o = R_{o3} = R_{c3} = 3 \text{ k}\Omega$。

【例 3.4】 图 3.10 为场效应管和硅三极管组成的两级放大电路，已知场效应管的参数为：$g_m = 3$ ms，三极管的 $\beta = 100$, $r_{bb'} = 100 \ \Omega$, $I_C = 1$ mA。并已知 $R_G = 10$ MΩ，$R_C = 10$ kΩ，$R_E = 1$ kΩ。试计算 A_u，R_i 和 R_o。

解：由图 3.10 可知，V_1 为共 D 接法，V_2 为共射接法。

$$A_{u1} = g_m R_{i2}/(1 + g_m R_{i2})$$

$$R_{i2} = r_{be2} + (1+\beta)R_E$$

$$r_{be2} = r_{bb'} + (1+\beta)\frac{26 \text{ mV}}{I_E} = 2.7 \text{ k}\Omega$$

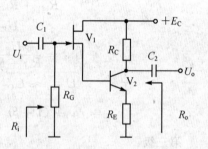

图 3.10 例 3.4 电路图

所以

$$R_{i2} = [2.7 + (1+100) \times 1] \text{ k}\Omega = 103.7 \text{ k}\Omega$$

$$A_{u1} = g_m R_{i2}/(1 + g_m R_{i2}) = 3 \times 103.7/(1 + 3 \times 103.7) \approx 0.997$$

$$A_{u2} = -\beta R_C/[r_{be2} + (1+\beta)R_E] = -100 \times 10/(2.7 + 101 \times 1) \approx -9.64$$

$$A_u = A_{u1} \cdot A_{u2} = 0.997 \times (-9.64) \approx -9.61$$

实际上 V_1 为源极跟随器，可以认为 $A_{u1} \approx 1$，而不必计算。

输入电阻：$R_i = R_G = 10$ MΩ。

输出电阻：$R_o = R_C = 5$ kΩ。

思考题

1. 多级放大电路有几种常用耦合方式？各有什么特点？
2. 分析多级放大电路时，为什么要考虑各级间的相互影响？具体应该如何考虑？

3.2 差动放大电路

由于直接耦合可以放大直流和缓慢变化的信号,且具有体积小的优点,在多级放大电路中得到了广泛应用。但直接耦合存在静态工作点相互影响和零点漂移两个特殊问题,采用差动式放大电路是解决这两个问题的最有效措施。

3.2.1 直接耦合放大电路中的特殊问题及解决措施

直接耦合放大电路中存在静态工作点相互影响和零点漂移两个特殊问题,静态工作点相互影响前面已经进行了探讨,下面重点介绍零点漂移及其抑制措施。

所谓零点漂移,就是当输入信号为零时,输出信号不为零的现象,此时在放大电路输出端出现一个变化不定的(时大时小、时快时慢)输出信号,零点漂移简称为零漂,零漂输出信号如图3.11所示。产生零漂的原因有很多,如温度变化、电源电压波动、晶体管参数变化等。其中温度变化是主要的,因此零漂也称为温漂。实质上,零点漂移是静态工作点电压偏离设定值而缓慢地上下漂动造成的。

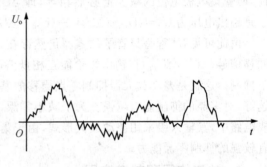

图 3.11 零点漂移

在阻容耦合放大电路中,由于电容有隔直作用,因而零漂不会造成严重影响,但是在直接耦合放大电路中,由于前级的零漂会被后级放大,因而将会严重干扰正常信号的放大和传输,级数越多,漂移越重,甚至使放大电路不能正常工作。

例如,图3.4所示直接耦合电路中,输入信号为零时(即 $\Delta U_i = 0$),输出端应有固定不变的直流电压 $U_o = U_{CE2}$。但是由于温度变化等原因,V_1、V_2 的静态工作点会随之改变,于是使输出端电压发生变化,也就是有了输出信号。特别是 V_1 工作点的变化影响最大,它会像信号一样直接耦合到 V_2,并被 V_2 放大。因此,直接耦合放大器的第一级工作点的漂移对整个放大器的影响是最严重的。显然,放大器的级数越多,零漂越严重。由于零漂的存在,将无法根据输出信号来判断是否有信号输入,也无法分析输入信号的大小。

直流放大器既需要高的电压增益又要小的零点漂移,高的电压增益可以通过增加级数、提高放大倍数的办法来解决,但同时第一级的零漂信号也被放大了。要想解决这对矛盾,仅靠增加级数的办法无法解决,必须寻求新的方法。

为了减小零点漂移,常用的主要措施有:采用高稳定度的稳压电源;采用高质量的电阻、晶体管,其中晶体管选硅管(硅管的 I_{CBO} 比锗管的小);采用温度补偿电路;采用特殊形式的负反馈电路;采用调制解调方法;采用差动式放大电路等。在上述这些措施中,采用差动放大电路是目前应用最广泛的能有效抑制零漂的方法。下面将对这种方法作重点介绍。

3.2.2 基本差动放大电路

1. 基本差动放大电路及抑制零漂的原理

差动放大电路的基本电路形式如图3.12所示。它由两个完全相同的单管放大电路组成。

由于两个三极管 V_1,V_2 的特性完全一样,外接电阻也完全对称相等,两边各元件的温度特性也都一样,因此两边电路是完全对称的。输入信号从两管的基极输入,输出信号则从两管的集电极之间输出。

静态时,输入信号为零,即 $U_{i1}=U_{i2}=0$,由于电路左右对称,则有 $I_{c1}=I_{c2}$,$I_{c1}R_c=I_{c2}R_c$ 即 $U_{c1}=U_{c2}$,故输出电压为 $U_o=U_{c1}-U_{c2}=0$。

当电源波动或温度变化时,两管集电极电位将同时发生变化。比如,温度升高会引起两管集电极电流同步增加,由此使集电极电位同步下降。考虑到电路的对称性,两管集电极电位的减少量必然相等,即 $\Delta U_{c1}=\Delta U_{c2}$,于是输出电压为 $U_o=(U_{c1}-\Delta U_{c1})-(U_{c2}-\Delta U_{c2})=0$。

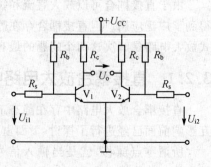

图 3.12 基本差动放大电路

由此可见,尽管每只管子的零漂仍然存在,但两管的漂移信号(ΔU_{c1},ΔU_{c2})在输出端恰能互相抵消,使得输出端不出现零点漂移,从而使零漂受到了抑制。这就是差动放大器抑制零点漂移的基本原理。显然,电路对称性越好,这种抵消效果越好,对零漂的抑制能力越强。为了减小零漂,应尽量提高电路的对称程度。在集成运放等集成电路中,其输入级采用差动放大形式,由于集成工艺上可实现很高的电路对称性,因而都具有较强的抑制零漂能力。

2. 共模信号和差模信号

差动放大电路的输入信号可以分为共模信号和差模信号两种。差动放大器两种输入方式如图 3.13 所示。

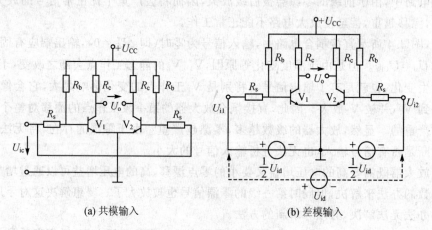

(a) 共模输入 (b) 差模输入

图 3.13 差动放大器两种输入方式

在放大电路的两输入端分别输入大小相等、极性相同的信号即 $U_{i1}=U_{i2}$ 时,这种输入方式称为共模输入,所输入的信号称为共模(输入)信号。共模输入信号常用 U_{ic} 来表示,即 $U_{ic}=U_{i1}=U_{i2}$。在共模输入时,输出电压与共模输入电压之比称为共模电压放大倍数,用 A_c 表示。

由图 3.13(a)可以看出,当差动放大器输入共模信号时,由于电路完全对称,两管的集电极电位变化相同,因而输出电压 U_{oc} 保持为零,这和静态时的输出结果完全一样。可见,在理想情况下(电路完全对称),差动放大器在输入共模信号时不产生输出电压,共模电压放大倍数为零,或者说,差动放大器对共模信号没有放大作用,而是有抑制作用。实际上,上述差动放大器对零漂的抑制作用就是抑制共模信号,因为当温度变化时,两个晶体管的电流都要变化,由于电路对称、参数相同,这相当于在两个输入端加上了大小相等、极性相同的共模信号。显然,A_c越小,对零漂的抑制作用越强。

在放大器的两输入端分别输入大小相等、极性相反的信号,即$U_{i1}=-U_{i2}$时,这种输入方式称为差模输入,所输入的信号称为差模输入信号。差模输入信号常用U_{id}来表示,即

$$U_{i1} = U_{id}/2 \qquad U_{i2} = -U_{id}/2$$

在差模输入时,输出电压与输入差模电压之比称为差模电压放大倍数,用A_d表示。

由图3.13(b)可以看出,当差动放大器输入差模信号($U_{i1}=U_{id}/2,U_{i2}=-U_{id}/2$)时,由于电路对称,其两管输出端电位$U_{c1}$和$U_{c2}$的变化也是大小相等、极性相反。若某个管集电极电位升高ΔU_c,则另一个管集电极电位必然降低ΔU_c。设两管的电压放大倍数均为A(两管对称,参数相同),则两管输出端电位变化量分别为

$$\Delta U_{c1} = \Delta U_c = AU_{i1} = AU_{id}/2 \qquad \Delta U_{c2} = -\Delta U_c = AU_{i2} = -AU_{id}/2$$

差动放大器总的输出电压为

$$U_{od} = \Delta U_{c1} - \Delta U_{c2} = 2\Delta U_c = AU_{id}$$

差模电压放大倍数为

$$A_d = \frac{U_{od}}{U_{id}} = A \tag{3-1}$$

式(3-1)表明,差动放大器的差模电压放大倍数等于组成该差动放大器的半边电路的电压放大倍数。

由单管共射放大器的电压放大倍数计算式,得

$$A_d = A = -\frac{\beta R_C}{r_{be}} \cdot \frac{R_b \,/\!/\, r_{be}}{R_s + R_b \,/\!/\, r_{be}}$$

一般$R_b \gg r_{be}$,于是有

$$A_d = A \approx -\frac{\beta R_c}{R_s + r_{be}}$$

应当说明,当两管的输出端(即集电极)间接有负载R_L时,上式应为

$$A_d = -\frac{\beta R'_L}{R_s + r_{be}} \tag{3-2}$$

其中,$R'_L = R_c \,/\!/\, (R_L/2)$。这里$R'_L \neq R_c \,/\!/\, R_L$,其原因是由于两管对称,两管集电极电位的变化等值反相,而与两集电极相连的R_L的中点电位不变,这点相当于交流地电位。因而对每个单管来说,负载电阻(输出端对地间的电阻)应是R_L的一半,即$R_L/2$。

上述放大器的输入回路经过两个管子的发射结和两个电阻R_s,故差模输入电阻为

$$r_{id} = 2(R_s + R_b \,/\!/\, r_{be}) \approx 2(R_s + r_{be}) \tag{3-3}$$

放大器的输出端经过两个R_c,故差模输出电阻为

$$r_{od} = 2(R_c \,/\!/\, r_{ce}) \approx 2R_c \tag{3-4}$$

差动放大器对共模信号无放大,对差模信号有放大,这意味着差动放大器是针对两输入端的输入信号之差来进行放大的,输入有差别,输出才变动,即为"差动"。实际上,除了共模、差模两种输入情况外,在更一般的情况下,两个输入信号电压既非共模,又非差模,而是任意大小和极性的两个信号,这种情况称为不对称输入。不对称输入信号可以视为差模信号与共模信号的合成,分析这类信号时,可先将它们分解成共模信号和差模信号,然后再去处理。其中共

模信号是两个输入信号和之平均值,差模信号是两个输入信号之差。即

$$U_{ic} = \frac{1}{2}(U_{i1} + U_{i2})$$

$$U_{id} = U_{i1} - U_{i2}$$

$$U_o = A_{ud}U_{id} + A_{uc}U_{ic}$$

3. 共模抑制比

如上所述,差动放大器的输入信号可以看成一个差模信号与一个共模信号的叠加。对于差模信号,要求放大倍数尽量地大;对于共模信号,希望放大倍数尽量地小。为了全面衡量一个差动放大器放大差模信号、抑制共模信号的能力,引入共模抑制比,用来综合表征这一性质。共模抑制比 K_{CMRR} 的定义为

$$K_{CMRR} = \left| \frac{A_{ud}}{A_{uc}} \right| \tag{3-5}$$

也常用对数形式表示

$$K_{CMR} = 20\lg \left| \frac{A_{ud}}{A_{uc}} \right| \tag{3-6}$$

这个定义表明,共模抑制比越大,差动放大器放大差模信号(有用信号)的能力越强,抑制共模信号(无用信号)的能力也越强。共模抑制比是差动放大电路的一项十分重要的技术指标,共模抑制比越大,电路受共模信号及零漂的干扰越小,电路的质量越高,一般实际应用电路中,差动放大电路的共模抑制比为 40~60 dB,高水平的可达 120 dB 以上。

3.2.3 实际差动放大器

上述基本差动放大器是利用电路两侧的对称性抑制零漂等共模信号的,但是它还存在两方面的不足。首先,单个管子本身的工作点漂移并未受到抑制。若要其以单端输出(也叫不对称输出),则其"两侧对称,互相抵消"的优点就无从体现了;另外,若每侧的漂移量都比较大,此时要使两侧在大信号范围内作到完全抵消也相当困难。针对上述不足,引入带射极公共电阻和带恒流源的两种实际差动放大器,下面分别介绍。

1. 带射极公共电阻的差动放大器

带射极公共电阻 R_e 的差动放大器,也叫长尾式差动放大器,电路如图 3.14 所示。接入公共电阻 R_e 的目的是引入共模负反馈。例如,当温度升高时,两管的 I_{C1} 和 I_{C2} 同时上升,由于有了 R_e,便有以下负反馈过程:

$$t(\text{℃}) \uparrow \rightarrow I_{C1} \uparrow \rightarrow I_E \uparrow \rightarrow U_{RE} \uparrow \rightarrow U_E \uparrow \rightarrow U_{BE1} \downarrow \rightarrow I_{B1} \downarrow \rightarrow I_{C1} \downarrow$$

$$t(\text{℃}) \uparrow \rightarrow I_{C2} \uparrow \rightarrow I_E \uparrow \rightarrow U_{RE} \uparrow \rightarrow U_E \uparrow \rightarrow U_{BE2} \downarrow \rightarrow I_{B2} \downarrow \rightarrow I_{C2} \downarrow$$

可见,这个负反馈过程与第 2 章讨论过的静态工作点稳定电路的工作原理是一样的,都是利用电流负反馈改变三极管的 U_{BE} 从而抑制电流的变化。显然, R_e 越大,则负反馈作用越强,抑制温漂的效果越好。但是,若 R_e 过大,会使其直流压降也过大,由此可能会使静态电流值下降。为了弥补这一不足,图 3.14 中在 R_e 下端引入了负电源 U_{EE},用来补偿 R_e 上的直流压降,从而保证了放大器的正常工作。

利用基尔霍夫定律可以求出直流工作情况,静态分析见例题,下面对图 3.14 所示电路作动态分析。首先将输入信号分解为共模信号 U_{ic} 和差模信号 U_{id} 两部分,再分别说明 R_e 对这两

第3章 多级放大电路和差动放大电路

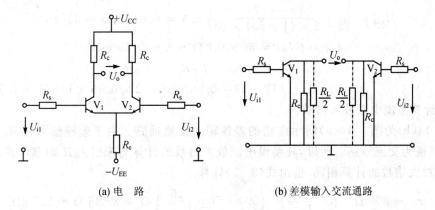

(a) 电　路　　　　　　　　(b) 差模输入交流通路

图 3.14　长尾式差动放大器

种信号放大倍数有何影响。

对于共模输入信号,由于电路对称,两管的射极电流 I_E(约等于集电极电流 I_C)变化量大小相等、极性相同(即同增同减),$\Delta I_{E1} = \Delta I_{E2} = \Delta I_E$,使流过 R_e 的总电流变化量为 $2\Delta I_E$,这个电流变化量在 R_e 上产生的电压变化量($2\Delta I_E R_e$)构成负反馈信号,可使共模放大倍数降低。可见,R_e 对共模信号具有负反馈作用,能够抑制共模信号的输出。这个抑制过程实际上就是上述抑制零漂的过程。

对于差模信号,R_e 却没有抑制作用。当输入差模信号时,两管的电流 I_E 变化量数值相等,但极性相反,一个管 I_E 增加,另一个管 I_E 减少,即 $\Delta I_{E1} = -\Delta I_{E2}$,因而流过 R_e 的总电流不变,R_e 上的电压降便不改变。这样,对差模信号而言,R_e 上没有信号压降,如同短路一般。当然,不起负反馈作用,自然不会影响差模放大倍数。

具有射极电阻 R_e 的差动放大器,既利用电路的对称性使两管的零漂在输出端互相抵消,又利用 R_e 对共模信号的负反馈作用来抑制每管自身的零漂。由于这种放大器对零漂具有双重抑制作用,所以它的零漂比未接入 R_e 的基本形式差动放大器要小得多。而且,由于每侧的漂移都减小了,信号可以从单端输出。

【例 3.5】 在图 3.14 电路中,$R_s = 5\ \text{k}\Omega, R_c = 10\ \text{k}\Omega, R_e = 10\ \text{k}\Omega, U_{CC} = U_{EE} = 12\ \text{V}$,两管电流放大倍数均为 $\beta = 50$。试计算:

(1) 静态工作点;
(2) 差模电压放大倍数;
(3) 差模输入、输出电阻;
(4) 共模输入、输出电阻。

解:(1)计算静态工作点。

静态时,无信号输入,$U_{i1} = U_{i2} = 0$。设单管的发射极电流为 I_{EQ},则 R_e 上流过电流为 $2I_{EQ}$。对单管的基极回路可列出如下关系:

$$I_{BQ}R_s + U_{BE} + 2I_{EQ}R_e = U_{EE}$$

其中,$I_{EQ} = (1+\beta)I_{BQ}$,所以

$$I_{BQ} = \frac{U_{EE} - U_{BE}}{R_s + 2(1+\beta)R_e}$$

代入数据得

$$I_{BQ} = \left(\frac{12-0.7}{5+2\times(1+50)\times 10}\right) \text{mA} = 0.011 \text{ mA} = 11 \text{ uA}$$

$$I_{CQ} = \beta I_{BQ} = 50 \times 0.011 \text{ mA} = 0.55 \text{ mA}$$

$$U_{CEQ} = U_{CC} + U_{EE} - I_{CQ}R_c - 2I_{EQ}R_e =$$
$$(12+12-0.55\times10-2\times0.55\times10) \text{ V} = 7.5 \text{ V}$$

(2) 计算差模电压放大倍数。

图 3.14(b) 为图 3.14(a) 所示电路的差模输入交流通路。由于差模信号在 R_e 上没有压降,故将其视为交流短路。所以,其差模电压放大倍数的计算与未引入 R_e 时基本差动放大器差模电压放大倍数的计算相同,也由式(3-2)计算。

$$r_{be} = 300 \text{ }\Omega + \beta\frac{26 \text{ mV}}{I_C} = \left(300+50\times\frac{26}{0.55}\right)\Omega = 2\,666 \text{ }\Omega \approx 2.7 \text{ k}\Omega$$

在未接电阻 R_L 时,

$$A_d = -\frac{50\times10}{5+2.7} = -65$$

(3) 计算差模输入输出电阻。

差模输入电阻及输出电阻的计算也与基本差放电路相同,即可分别由式(3-3)和式(3-4)计算。

差模输入电阻为: $r_{id} = 2(R_s+r_{be}) = 2\times(5+2.7) \text{ k}\Omega = 15.4 \text{ k}\Omega$

差模输出电阻为: $r_{od} \approx 2R_c = 2\times10 \text{ k}\Omega = 20 \text{ k}\Omega$

(4) 计算共模输入、输出电阻。

共模输入电阻与共模输入信号的接入方式有关,若两输入端连接在一起,共同接输入,则由等效电路可知

$$r_{ic} = \frac{U_{ic}}{I_{ic}} = \frac{I_b(R_s+r_{be})+2(1+\beta)I_bR_e}{2I_b} =$$
$$(R_s+r_{be}+2(1+\beta)R_e)/2$$

若两输入端分别接共同的输入信号,则

$$r_{ic} = \frac{U_{ic}}{I_{ic}} = \frac{I_b(R_s+r_{be})+2(1+\beta)I_bR_e}{I_b} =$$
$$R_s+r_{be}+2(1+\beta)R_e$$

代入数据可求出共模输入电阻为 1 027.7 kΩ 或 513.85 kΩ。

由于长尾电阻对共模信号的负反馈作用,共模输出电阻与差模输出电阻并不相等,考虑到 r_{ce} 很大,忽略其作用,一般认为: $r_{oc} \approx r_{od} \approx 2R_c = 2\times10 = 20 \text{ k}\Omega$。

应当说明,这里计算的差模电压放大倍数及输出电阻都是对双端输出来说的。双端输出即从两个管的集电极之间输出信号。后面还会看到单端输出的情况,即从一个管子的集电极与地之间输出信号,单端输出时的差模电压放大倍数及输出电阻不能用式(3-2)及式(3-4)计算。

2. 带恒流源的差动放大器

从上述分析中可以看到,欲提高电路的共模抑制比,射极公共电阻 R_e 越大越好。但是, R_e 增大,维持相同工作电流所需的电源电压 U_{EE} 的值会相应增大,同时, R_e 值过大时直流能耗也大,显然,使用过大的 R_e 是不合适的。

为了解决这个矛盾,先对 R_e 的作用从动态和静态两个角度作一分析。从加强对共模信号的负反馈作用考虑,只要求 R_e 的动态电阻值大,而不是要求其静态电阻值大。这是因为 R_e 的动态电阻值大时,当其流过的电流 I_{RE} 有微小变化 ΔI_{RE} 时,便会在 R_E 上产生较大的电压变化 $\Delta I_{RE} \cdot R_e$,从而产生强烈的负反馈;从减小电源电压 U_{EE} 及降低直流压降考虑,要求 R_e 的静态电阻小。普通线性电阻的静态电阻与动态电阻相同,无法达到上述要求,非线性元件具有动态电阻大、静态电阻小的特点,用来代替 R_e 就可以解决上述矛盾。

晶体三极管(或者场效应管)恒流源电路就具有这种特性。由晶体三极管的输出特性曲线可知,在放大区工作时,三极管的动态电阻 r_{ce} 比静态电阻 R_{CE} 大得多。若将三极管接成第2章所学过的工作点稳定电路,如图 3.15(a)所示,则由于存在电流负反馈(在后续章节介绍),其输出电流 I_C 基本恒定,故这种电路称为恒流源电路。需要指出,晶体管实现恒流特性是有条件的,即要保证恒流管始终工作在放大状态,否则将失去恒流作用。这一点对所有晶体管电流源都适用。

从 V_3 的集电极看进去,恒流源电路的输出电阻比三极管本身的动态电阻 r_{ce} 要大得多。

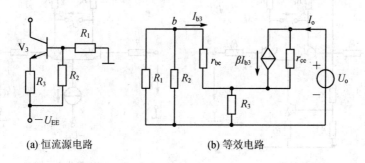

(a) 恒流源电路　　　　　　(b) 等效电路

图 3.15　三极管恒流源电路

下面分析恒流源电路的直流等效电阻和交流等效电阻。

当 U_{EE},R_1,R_2,R_3 确定后,基极电位 U_B 固定,在一定范围内 I_{C3} 基本恒定与 C 端负载无关。恒流源电路的直流等效电阻 $R_{ODC}=R_{CE}+R_3$,R_{CE} 由通过三极管的集电极电流 I_C 和管子集电极-发射极间电压 U_{CE} 决定,即 $R_{CE}=U_{CE}/I_C$,所以,直流等效电阻 $R_{ODC}=U_{CE}/I_C+R_3$。

画出电流源的微变等效电路,如图 3.15(b)所示,交流等效电阻 $r_{o3}=U_o/I_o$。由等效电路可得

$$U_o = (I_o - \beta i_{b3})r_{ce} + (I_o + I_{b3})R_3$$

$$I_{b3}(r_{be} + R_1 /\!/ R_2) + (I_o + I_{b3})R_3 = 0$$

由上式可得

$$\dot{I}_b = -\frac{R_3}{R_1 /\!/ R_2 + r_{be} + R_3}\dot{I}_o$$

$$r_{o3} = \frac{U_o}{I_o} = \frac{(I_o - \beta I_{b3})r_{ce} + (I_o + \dot{I}_{b3})R_3}{I_o} =$$

$$\left(1 + \frac{\beta R_3}{R_1 /\!/ R_2 + r_{be} + R_3}\right)r_{ce} + \left(1 - \frac{R_3}{R_1 /\!/ R_2 + r_{be} + R_3}\right)R_3 =$$

$$\left(1 + \frac{\beta R_3}{R_1 /\!/ R_2 + r_{be} + R_3}\right)r_{ce} + (R_1 /\!/ R_2 + r_{be}) /\!/ R_3 \approx$$

$$\left(1 + \frac{\beta R_3}{R_1 /\!/ R_2 + r_{be} + R_3}\right) r_{ce}$$

设 $\beta = 80, r_{ce} = 100\ \text{k}\Omega, r_{be} = 1\ \text{k}\Omega, R_1 = R_2 = 6\ \text{k}\Omega, R_3 = 5\ \text{k}\Omega$，则 $r_{o3} \approx 4.5\ \text{M}\Omega$。用如此大的电阻作为 R_e，可大大提高其对共模信号的抑制能力。而此时，恒流源所要求的电源电压却不高，即

$$U_{EE} = U_{BE2} + U_{CE3} + I_{E3}R_3 + I_{B1}R_s$$

对应的静态电流为

$$I_{E1} = I_{E2} \approx I_{E3}/2$$

通过上述分析可知，恒流源电路交流电阻远大于直流等效电阻，正因为恒流源电路输出电阻很大，因此用它代替图 3.14 中的 R_e 是相当理想的。图 3.16 所示即带恒流源的差动放大器。图 3.16(b) 是图 3.16(a) 的简化表示图。

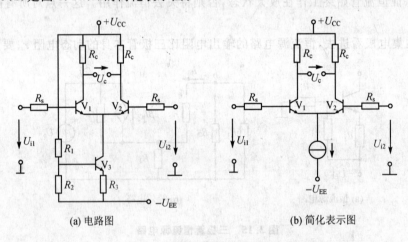

(a) 电路图　　　　　　　　　　　(b) 简化表示图

图 3.16　带恒流源的差动放大器

在图 3.16 电路中，V_3 是一个恒流源，它能维持自身集电极电流 I_{C3} 恒定。而 $I_{C3} = I_{C1} + I_{C2}$，所以 I_{C1} 与 I_{C2} 也就保持恒定，它们不能同时增加或同时减少，也就是不随共模信号的增减而变化，这就大大抑制了共模信号。这种抑制作用实质上是恒流源的大等效电阻对共模信号引入了很强的负反馈；而对于差模信号，则不受 I_{C3} 恒定的影响，因为当差模信号使一侧管的集电极电流 I_{C1} 增大时，另一侧管的集电极电流 I_{C2} 必将减少同样的值，两者互相抵消，恰与 I_{C3} 恒定相符。也就是说，恒流源的恒流性质对于差模信号是起不到负反馈作用的。

带恒流源的差动放大器的静态分析，一般从恒流源开始，首先求出电流值，然后利用基尔霍夫定律分析直流工作情况，由于恒流源组成形式众多，在此不作一一分析；动态分析与长尾电路完全相同。下面通过例题进行介绍。

【例 3.6】 图 3.16(a) 为带恒流源的差动放大器。设 $U_{CC} = U_{EE} = 12\ \text{V}, R_c = 100\ \text{k}\Omega, R_1 = 6\ \text{k}\Omega, R_2 = 2\ \text{k}\Omega, R_3 = 33\ \text{k}\Omega, R_s = 10\ \text{k}\Omega, U_{BE3} = U_D = 0.7\ \text{V}$，各管的 β 值均为 99，求静态时的 U_{C1}，差模电压放大倍数及输入输出电阻。

解：(1) 静态分析

由 R_1 与 R_2 的分压关系有

$$U_{R3} = \frac{R_2}{R_1 + R_2} \times 24\ \text{V} - 0.7\ \text{V} = \frac{2\ \text{k}\Omega}{2\ \text{k}\Omega + 6\ \text{k}\Omega} \times 24\ \text{V} - 0.7\ \text{V} = 5.3\ \text{V}$$

多级放大电路和差动放大电路
第 3 章

所以
$$I_{C3} \approx I_{E3} = U_{R3}/R_3 = 5.3 \text{ V}/33 \text{ k}\Omega \approx 0.161 \text{ mA}$$
$$I_{C1} = I_{C2} \approx I_{C3}/2 = 0.161 \text{ mA}/2 \approx 80.3 \text{ μA}$$

于是
$$U_{C1} = U_{C2} = U_{CC} - I_{C1}R_c = 12 \text{ V} - 0.0803 \text{ mA} \times 100 \text{ k}\Omega \approx 3.97 \text{ V}$$

（2）求差模电压放大倍数及输入输出电阻

根据恒流源性质知，V_3 的集电极为交流地电位。由式(3-2)得差模电压放大倍数为
$$A_{ud} = -\frac{\beta R_C}{R_s + r_{be}}$$

其中
$$r_{be} = 300 + (1+\beta)\frac{26 \text{ mV}}{I_{E1}} = 300 + (1+99)\frac{26 \text{ mV}}{0.0803 \text{ mA}} \approx 32.68 \text{ k}\Omega$$

故
$$A_{ud} = -\frac{99 \times 100}{10 + 32.68} \approx -231.96$$

差模输入电阻为
$$r_{id} = 2(R_s + r_{be}) = 2 \times (10 \text{ k}\Omega + 32.68 \text{ k}\Omega) = 2 \times (10 \text{ k}\Omega + 32.68 \text{ k}\Omega) = 85.36 \text{ k}\Omega$$

差模输出电阻为
$$r_o = 2R_C = 2 \times 100 \text{ k}\Omega = 200 \text{ k}\Omega$$

【例 3.7】 在图 3.16 电路中，已知差模增益为 48 dB，共模抑制比为 67 dB，$U_{i1} = 5$ V，$U_{i2} = 5.01$ V，试求输出电压 U_o。

解：因为 $20\lg|A_{ud}| = 48$ dB，故 $A_{ud} \approx -251$，而 $K_{CMR} = 67$ dB，故 $K_{CMRR} \approx 2\,239$，所以
$$A_{uc} = \frac{A_{ud}}{K_{CMRR}} = \frac{251}{2\,239} \approx 0.11$$
$$U_o = A_{ud}U_{id} + A_{uc}U_{ic} = \left[-251 \times (5 - 5.01) + 0.11 \times \left(\frac{5+5.01}{2}\right)\right] \text{ V} = 3.06 \text{ V}$$

3.2.4 差动放大器的几种接法

差动放大器有两个对地输入端和两个对地输出端，所以在信号源与两个输入端的连接方式及负载从输出端取出电压的方式上有双端输入，双端输出；双端输入，单端输出；单端输入、双端输出；单端输入、单端输出 4 种形式，如图 3.17 所示。

1. 双端输入、双端输出

如图 3.17(a)所示。差模电压放大倍数为
$$A_d = \frac{U_o}{U_i} = -\frac{\beta R'_L}{R_s + r_{be}}$$
$$R'_L = R_C \mathbin{/\mkern-5mu/} \frac{R_L}{2}$$

差动输入电阻 r_{id} 和输出电阻 r_{od} 为
$$r_{id} = 2(R_s + r_{be}) \qquad r_{od} \approx 2R_C$$

共模电压放大倍数为

$$A_{uc} = \frac{U_{oc}}{U_{ic}} = 0$$

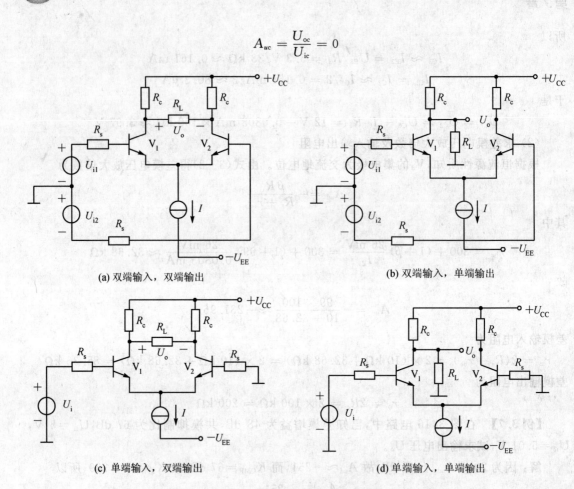

(a) 双端输入，双端输出　　　　　　　　(b) 双端输入，单端输出

(c) 单端输入，双端输出　　　　　　　　(d) 单端输入，单端输出

图 3.17　差动放大电路的 4 种接法

2. 双端输入、单端输出

这种接法如图 3.17(b) 所示。由图可见，输出信号 U_o 只从一个管子(V_1)的集电极与地之间引出，因而 U_o 只有双端输出时的一半，电压放大倍数 A_d 也只有双端输出时的一半，即差模电压放大倍数为

$$A_{ud} = -\frac{1}{2} \frac{\beta R'_L}{R_s + r_{be}}$$

$$R'_L = R_c \parallel R_L$$

如果从 V_2 管的集电极输出，仅是输出电压的相位与前者相反，差模电压放大倍数数值相同。

输入电阻不随输出方式而变，输入电阻为

$$r_{id} = 2(R_S + r_{be})$$

而输出电阻变为

$$r_{od} \approx R_c$$

单端输出时，共模电压放大倍数不再为 0，因为差动电路中的 R_e 以及恒流流源的等效电阻对共模信号都有抑制作用。用微变等效电路可以计算得出共模电压放大倍数为

$$A_{uc} = -\frac{\beta R'_L}{r_{be} + R_s + (1+\beta)2R_e}$$

由此得出共模抑制比

$$K_{CMRR} = \left|\frac{A_{ud}}{A_{uc}}\right| = \frac{R_s + r_{be} + (1+\beta)2R_e}{2(R_s + r_{be})} \approx \frac{\beta R_e}{R_s + r_{be}}$$

上面式中的 R_e 为差动电路的长尾电阻,若是恒流源式,应为恒流源的等效电阻。

3. 单端输入、双端输出

这种接法如图 3.17(c)所示。信号只从一只管子(这里是 V_1)的基极与地之间输入,而另一只管子的基极接地。表面看来,似乎两管不是工作在差动状态。但是,若将发射极公共电阻 R_e 换成恒流源,那么,I_{c1} 的任何增加都将等于 I_{c2} 的减少,也就是说,输出端电压的变化情况将和差动输入(即双端输入)时一样。此时,V_1,V_2 的发射极电位 U_e 将随着输入电压 U_i 而变,变化量为 $U_i/2$,于是,V_1 管的 $U_{be1}=U_i-U_i/2=U_i/2$,V_2 管的 $U_{be2}=0-U_i/2=-U_i/2$,故还是属于差动输入。

即使 R_e 不是由恒流源代替,只要 R_e 足够大,上述结论仍然成立。这样,单端输入就与双端输入的情况基本一样。差模电压放大倍数,输入、输出电阻的计算也与双端输入、双端输出相同。实际上,V_2 的输入信号是原输入信号 U_i 通过发射极电阻 R_e 耦合过来的,R_e 在这里起到了把 U_i 的一半传递给 V_2 的作用。

单端输入、双端输出的接法可把单端输入信号转换成双端输出信号,作为下一级的差动输入,以便更好地利用差动放大的特点。这种接法还常用于负载是两端悬浮(任何一端都不能接地)且要求输出正、负对称性好的情况。例如,电子示波器就是将单端信号放大后,双端输出送到示波管的偏转板上的。

4. 单端输入、单端输出

这种接法如图 3.17(d)所示,它的 A_d,r_i,r_o 的计算与双端输入、单端输出的情况相同。这种接法与第 2 章所讲的单管基本放大电路不同,其主要优点是抑制零漂的能力比单管基本放大电路强,而且通过改变输入或输出端的位置,可以得到同相或反相输出。输入、输出在同一侧(如图 3.17(d)中那样均在 V_1 一侧)的为反相放大输出,若由 V_1 基极输入而由 V_2 集电极输出,则变为同相输出。

综上所述,差动放大电路的差模电压放大倍数、差模输入电阻及输出电阻的大小与其输入方式无关,而只取决于它的输出方式;其相位关系既与输入方式有关,又与输出方式有关;从抑制零点漂移和共模干扰的角度看双端输出优于单端输出。在实际应用中,可以根据要求任意选择输入输出方式。

3.2.5 差动放大器的调零

理想对称的差动放大器,当输入信号为零时,双端输出电压应为零。但是在实际电路中,由于两晶体管参数和电阻值不可能做到完全对称,因而使得输出不为零。通常把这种零输入时输出电压不为零的现象,称为差动放大器的失调。由于差动放大器存在失调,因而实际电路中应设法进行补偿。具体的办法是在电路中加入调零措施。一种方法是在集成电路的制造过程中,采用电阻版图激光处理技术,调整集电极电阻,使零输入时零输出。这种方法效果好,但成本高。另一种方法是在外电路中加调零电位器,通过实地调整,作到零输入时零输出。

差动放大器虽然可以通过调零措施,在某一时刻补偿失调,作到零输入时零输出,但是失调会随温度的改变而发生变化。对这种随机的变化,任何调零措施还作不到理想跟踪调整。因此,差动放大器仍有零点的温度漂移(简称温漂)现象。

图 3.18 示出了两种常用的调零电路,分别称为射极调零和集电极调零电路。为了弥补电路不对称造成的失调,往往在差放电路中引入调零电路,以电路形式上的不平衡来抵消元件参数的不对称。调零电路分为射极调零和集电极调零,如图 3.18 所示。图 3.18 中电位器 R_P 为调零电位器,调节 R_P 的滑动端位置,可使输出为零。图 3.18(a)为射极调零,若输入为零时输出 U_o 为正,则可将 R_P 的滑动端向左移动,使 $I_{c1} \uparrow$,$I_{c2} \downarrow$,便使 U_o 趋于零;图 3.18(b)为集电极调零,若输入为零时输出 U_o 为正,则应将电位器中点向右移动,以增加 V_1 的集电极负载电阻,降低其集电极电位,使 U_o 降为零。

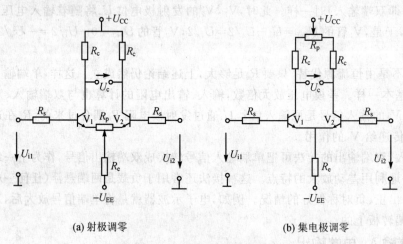

(a) 射极调零　　　　　　　　　　(b) 集电极调零

图 3.18　具有调零功能的差动放大器

具有调零功能的差动放大器分析,与无调零电位器电路相似,在分析时,一定要考虑到调零电阻对电路参数的影响。下面通过例题进行介绍。

【例 3.8】 图 3.19(a)为带恒流源及调零电位器的差动放大器,二极管 V_D 的作用是温度补偿,它使恒流源 I_{C3} 基本不受温度变化的影响。设 $U_{CC}=U_{EE}=12\ \text{V}$,$R_c=100\ \text{k}\Omega$,$R_P=200\ \Omega$,$R_1=6.8\ \text{k}\Omega$,$R_2=2.2\ \text{k}\Omega$,$R_3=33\ \text{k}\Omega$,$R_s=10\ \text{k}\Omega$,$U_{BE3}=U_D=0.7\ \text{V}$,各管的 β 值均为72,求静态时的 U_{C1},差模电压放大倍数及输入输出电阻。

解:(1)静态分析

由 R_1 与 R_2 的分压关系有

$$U_{R3} = \left[\frac{2.2}{2.2+6.8} \times (24-0.7)\right] \text{V} \approx 5.7 \text{ V}$$

所以

$$I_{C3} \approx I_{E3} = \frac{U_{R3}}{R_3} = \frac{5.7}{33} \text{ mA} \approx 0.173 \text{ mA}$$

$$I_{C1} = I_{C2} \approx \frac{I_{C3}}{2} = \frac{173}{2} \mu\text{A} = 86.5 \mu\text{A}$$

于是

$$U_{C1} = U_{C2} = U_{CC} - I_{C1}R_c = (12-0.086\ 5 \times 100) \text{ V} = 3.35 \text{ V}$$

(2)求差模电压放大倍数及输入输出电阻

第3章　多级放大电路和差动放大电路

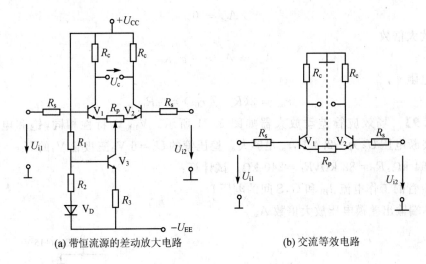

(a) 带恒流源的差动放大电路　　　(b) 交流等效电路

图 3.19　例 3.8 的电路图

图 3.19(b)为图 3.19(a)的差模交流通路，图中 R_P 中点（V_3 的集电极）为交流地电位。根据式(3-2)并考虑到电位器 R_P 对放大倍数的影响，差模电压放大倍数为

$$A_d = -\frac{\beta R_C}{R_s + r_{be1} + (1+\beta)R_P/2}$$

其中

$$r_{be} = \left[300 + (1+72)\frac{26}{0.086\,5}\right]\Omega \approx 22\text{ k}\Omega$$

故

$$A_d = -\frac{72 \times 100}{10 + 22 + 73 \times 0.1} \approx -183$$

差模输入电阻为

$$r_{id} = 2\left[R_S + r_{be1} + \frac{(1+\beta)R_P}{2}\right] = [2 \times (10 + 22 + 73 \times 0.1)]\text{ k}\Omega = 78.6\text{ k}\Omega$$

输出电阻为

$$r_o = 2R_c = 2 \times 100\text{ k}\Omega = 200\text{ k}\Omega$$

3.2.6　场效应晶体管差动放大电路

为了提高差动放大器的输入电阻，常用场效应晶体管来构成差动放大器。用结型场效应管作输入级时，其输入电阻可高达 10^{10} Ω；用 MOS 场效应管作输入级时，其输入电阻可高达 10^{15} Ω，其输入偏置电流仅为几个纳安。场效应晶体管差动放大电路工艺上做到匹配较难，会导致输入失调电压增大。

场效应管差动放大电路的构成与分析方法与三极管基本相似，也有长尾式和电流源式，其输入输出方式也有 4 种。场效应管差动放大电路的参数指标也可以由单管推出，这里不再重复，下面仅举例说明。图 3.20 为双端输入、双端输出结型场效应管差动放大电路。它与双极型晶体管差动放大电路的工作原理是一样的。在电路对称、双端输出的情况下，不难求得共模电压放大倍数

差模电压放大倍数

$$A_{uc} = 0$$

差模输入电阻

$$A_{ud} = A_u = -g_m R_D$$

$$r_{od} = 2(R_D \mathbin{/\mkern-6mu/} r_{DS}) \approx 2R_D$$

【例 3.9】 场效应管差动放大器如图 3.21 所示。V_1,V_2 特性相同,饱和电流 I_{DSS} 为 1.2 mA,夹断电压 U_P 为 -2.4 V,r_{ds} 足够大。稳压管的 $U_z = 6$ V,三极管 V_3 的 $U_{BE} = 0.6$ V,电路中 $R_E = 54$ kΩ,$R_D = 82$ kΩ,$R_L = 240$ kΩ。试计算:

(1) V_1 管的工作电流 I_{D1} 和 G,S 间的电压 U_{GS1}。
(2) 单端输出差模电压放大倍数 A_{ud}。

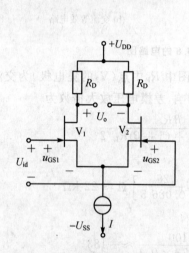

图 3.20 结型场效应管差动放大器　　图 3.21 例 3.9 电路

解:(1) 计算 I_{D1} 和 U_{GS1}

$$I_{E3} = \frac{U_Z - U_{BE}}{R_E} = \frac{6 - 0.6}{54} \text{ mA} = 0.1 \text{ mA}$$

因为 V_1,V_2 的特性相同,所以

$$I_{D1} = I_{D2} = \frac{I_{C3}}{2} \approx \frac{I_{E3}}{2} = 0.05 \text{ mA}$$

由场效应管转移特性

$$I_D = I_{DSS}\left(1 - \frac{u_{GS}}{U_P}\right)$$

可以得出

$$U_{GS1} = U_P\left(1 - \sqrt{\frac{I_{D3}}{I_{DSS}}}\right) = \left[-2.4 \times \left(1 - \sqrt{\frac{0.05}{1.2}}\right)\right] \text{ V} = -1.91 \text{ V}$$

(2) 计算 $A_{ud单}$

由单端输出差模电压放大倍数的计算公式有:

$$A_{ud单} = \frac{1}{2}g_m(r_{ds} \mathbin{/\mkern-6mu/} R_D \mathbin{/\mkern-6mu/} R_L)$$

第 3 章 多级放大电路和差动放大电路

$$g_m = -\frac{2I_{DSS}}{U_P}\left(1-\frac{U_{GS}}{U_P}\right) = \left[-\frac{2\times 1.2}{-2.4}\times\left(1-\frac{-1.91}{-2.4}\right)\right]\text{ms} = 0.2\text{ ms}$$

$$A_{ud\text{单}} = \frac{1}{2}\times 0.2\times(82 /\!/ 240) = 611$$

3.2.7 差动放大电路的传输特性

传输特性是描述差动放大电路输出信号电压（或电流）随差模输入电压（或电流）变化的规律。研究差动放大电路的传输特性可以帮助我们认识差模输入信号的线性工作范围和大信号输入时的输出特性。通过分析，可以得到差动放大电路的传输特性曲线。如图 3.22 所示为某一差动放大电路的传输特性曲线。

由传输特性可以看出：

① 当差模输入电压 $U_{id}=0$ 时，差动放大器处于平衡状态，即无信号输入。

② 只有中间一段差模输出电压与差模输入电压呈线性关系，传输特性曲线的斜率就是差动放大电路的差模电压放大倍数。这一范围就是差动放大器小信号线性工作区域。

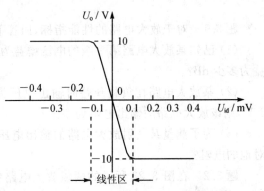

图 3.22 差动放大器的传输特性

③ 当信号幅值过大，输出就会产生失真。若再加大输入电压，则进入非线性区，输出电压趋于恒定，其数值由电源电压决定。这表明差动放大器在大信号输入时，具有良好的限幅特性。差放型限幅器就是根据这一原理实现的。

思考题

1. 简述长尾式差动放大电路和恒流源式差动放大电路抑制零点漂移的原理。
2. 单端输入差动放大电路中，信号从一端输入，而另一输入端接地，输入端接地的三极管对输入信号是否仍有放大作用？为什么？
3. 差动放大电路有哪几种接法？怎样计算它们的差模电压放大倍数？

☞ 本章小结

多级放大电路的常用耦合方式有 3 种，即：阻容耦合、变压器耦合和直接耦合。3 种耦合方式各具特点，阻容耦合、变压器耦合适合放大中频交流信号，但无法集成，其中，变压器耦合还具有阻抗变换作用；直接耦合既能放大交流信号，又能放大直流信号，利于集成，但存在零点漂移问题。

阻容耦合、变压器耦合的静态分析，可以各自独立进行，直接耦合的静态分析要考虑各级之间的相互影响。

多级放大电路的电压放大倍数等于各级电压放大倍数的乘积，输入电阻为第一级的输入电阻，输出电阻为末级的输出电阻。估算以上参数要考虑各级之间的相互影响。

集成电路中，多采用直接耦合。为了抑制零点漂移，输入级一般都采用差动放大电路。差动放大电路利用其电路的对称性使零输入时得到零输出。常用的差动电路有长尾式和恒流源式,对共模信号有很强的抑制作用,对差模信号有很好的放大作用。

根据输入、输出方式的不同组合,有 4 种电路形式,影响电路指标的连接方式主要取决于是单端输出方式还是双端输出方式。

☞ 习 题

题 3.1 对于放大电路的性能指标,回答下列问题:

(1) 已知某放大电路第一级的电压增益为 40 dB,第二级的电压增益为 20 dB,总的电压增益为多少 dB?

(2) 某放大电路在负载开路时输出电压为 4 V,接入 3 kΩ 的负载电阻后输出电压降为 3 V,则该放大电路的输出电阻为多少?

(3) 为了测量某共射放大电路的输出电压,是否可以用万用表的电阻档直接去测输出端对地的电阻?

题 3.2 在图 3.23 所示的两级放大电路中,若已知 V_1 管的 β_1,r_{be1} 和 V_2 管的 β_2,r_{be2},且电容 C_1,C_2,C_e 在交流通路中均可忽略。

(1) 分别指出 V_1,V_2 组成的放大电路的组态;

(2) 画出整个放大电路简化的微变等效电路(注意标出电压、电流的参考方向);

(3) 求出该电路在中频区的电压放大倍数 $\dot{A}_u = \dfrac{\dot{U}_o}{\dot{U}_i}$、输入电阻 R_i 和输出电阻 R_o 的表达式。

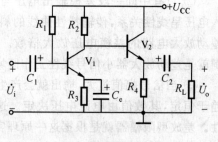

图 3.23 题 3.2 图

题 3.3 两级阻容耦合放大电路如图 3.24 所示,已知 V_1 为 N 沟道耗尽型绝缘栅场效应管,$g_m = 2$ ms,V_2 为双极型晶体管,$\beta = 50$,$r_{be} = 1$ kΩ,忽略 r_{ce},试求:

(1) 第二级电路的静态工作点 I_{CQ2} 和 U_{CEQ2};

(2) 画出整个放大电路简化的微变等效电路;

(3) 该电路在中频段的电压放大倍数 $\dot{A}_u$;

(4) 整个放大电路的输入电阻 $R_i = ?$,输出电阻 $R_o = ?$

(5) 当加大输入信号时,该放大电路是先出现饱和失真还是先出现截止失真?其最大不失真输出电压幅度为多少?

题 3.4 放大电路如图 3.25 所示。

(1) 指出 V_1,V_2 管各起什么作用,它们分别属于何种放大电路组态?

(2) 若 V_1,V_2 管参数已知,试写出 V_1,V_2 管的静态电流 I_{CQ}、静态电压 U_{CEQ} 的表达式(设各管的基极电流忽略不计,$U_{BE} = 0.7$ V);

(3) 写出该放大电路的中频电压放大倍数 $\dot{A}_u$、输入电阻 R_i 和输出电阻 R_o 的近似表达式

第3章 多级放大电路和差动放大电路

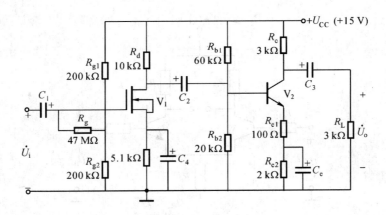

图 3.24 题 3.3 图

（设稳压管的 $r_z \approx 0$）。

题 3.5 在图 3.26 所示的差分放大电路中，已知晶体管的 $\beta = 80$，$r_{be} = 2 \text{ k}\Omega$。

(1) 求输入电阻 R_i 和输出电阻 R_o；

(2) 求差模电压放大倍数 $\dot{A}_{ud}$。

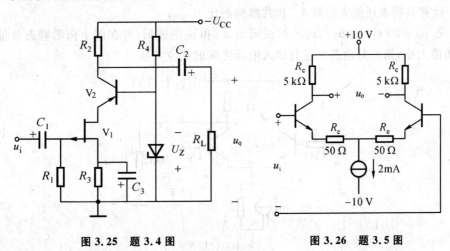

图 3.25 题 3.4 图　　　图 3.26 题 3.5 图

题 3.6 在图 3.27 所示的长尾式差动放大电路中，设两三极管特性对称，$\beta_1 = \beta_2 = 100$，$U_{BE} = 0.7 \text{ V}$，且 $r_{bb'} = 200 \text{ }\Omega$，$R_{s1}$，$R_{s2}$，$R_{b1}$，$R_{b2}$，$R_{c1}$，$R_{c2}$，$R_e$ 均为 $10 \text{ k}\Omega$。

(1) 计算 V_1，V_2 管的静态电流 I_{CQ} 和静态电压 U_{CEQ}，若将 R_{c1} 短路，其他参数不变，则 V_1，V_2 管的静态电流和电压如何变化？

(2) 计算差模输入电阻 R_{id}、双端输出时的差模电压放大倍数 $\dot{A}_d$、从单端（c_2）输出时的差模电压放大倍数 $\dot{A}_{d2}$；

(3) 当两输入端加入共模信号时，求共模电压放大倍数 $\dot{A}_{c2}$ 和共模抑制比 K_{CMR}；

(4) 当 $u_{i1} = 105 \text{ mV}$，$u_{i2} = 95 \text{ mV}$ 时，问 u_{C2} 相对于静态值变化了多少？e 点电位 u_E 变化了多少？

题 3.7 差分放大电路如图 3.28 所示，设各晶体管的 $\beta = 100$，$U_{BE} = 0.7 \text{ V}$，且 $r_{be1} = r_{be2} =$

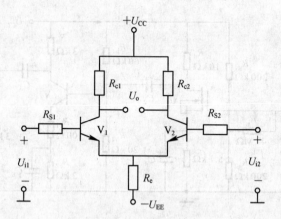

图 3.27 题 3.6 图

$3\ \text{k}\Omega$,电流源 $I_Q=2\ \text{mA}, R=1\ \text{M}\Omega$,差分放大电路从 c_2 端输出。

(1) 计算静态工作点(I_{C1Q}, U_{C2Q} 和 U_{EQ});

(2) 计算差模电压放大倍数 $\dot{A}_{d2}$,差模输入电阻 R_{id} 和输出电阻 R_o;

(3) 计算共模电压放大倍数 $\dot{A}_{c2}$ 和共模抑制比 K_{CMR};

(4) 若 $u_{i1}=20\sin\omega t\ \text{mV}, u_{i2}=0$,试画出 u_{C2} 和 u_E 的波形,并在图上标明静态分量和动态分量的幅值大小,指出其动态分量与输入电压之间的相位关系。

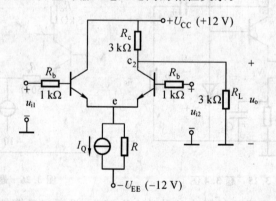

图 3.28 题 3.7 图

题 3.8 采用射极恒流源的差分放大电路如图 3.29 所示。设差放管 V_1, V_2 特性对称,$\beta_1=\beta_2=50, r_{bb'}=300\ \Omega$,$V_3$ 管 $\beta_3=50, r_{ce3}=100\ \text{k}\Omega$,电位器 R_w 的滑动端置于中心位置,其余元件参数如图中所示。

(1) 求静态电流 $I_{CQ1}, I_{CQ2}, I_{CQ3}$ 和静态电压 U_{OQ};

(2) 计算差模电压放大倍数 $\dot{A}_{d2}$,输入电阻 R_{id} 和输出电阻 R_o;

(3) 计算共模电压放大倍数 $\dot{A}_{c2}$ 和共模抑制比 K_{CMR};

(4) 若 $u_{i1}=0.02\sin\omega t, u_{i2}=0$,画出 u_o 的波形,并标明静态分量和动态分量的幅值大小,指出其动态分量与输入电压之间的相位关系。

题 3.9 在图 3.30 所示电路中,设各晶体管均为硅管,$\beta=100, r_{bb'}=200\ \Omega$。

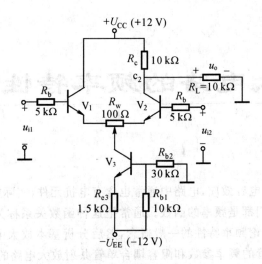

图 3.29 题 3.8 图

(1) 为使电路在静态时输出直流电位 $U_{OQ}=0$,R_{c2} 应选多大？

(2) 求电路的差模电压放大倍数 $\dot{A}_{ud}$；

(3) 若负电源(-12 V)端改接公共地,分析各管工作状态及 U_o 的静态值。

题 3.10 FET 组成的差分放大电路如图 3.31 所示。已知 JFET 的 $g_m=2$ ms,$r_{ds}=20$ kΩ。

(1) 求双端输出时的差模电压放大倍数 $\dot{A}_{ud}$；

(2) 求单端输出时的差模电压放大倍数 $\dot{A}_{ud1}$、共模电压放大倍数 $\dot{A}_{uc1}$ 和共模抑制比 K_{CMR}；

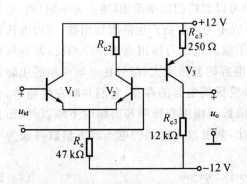

图 3.30 题 3.9 图

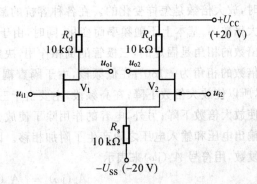

图 3.31 题 3.10 图

第4章 放大电路的频率特性

半导体器件本身具有电容效应,电路中通常也含有电抗元件,实际放大电路各项指标必然与交流信号频率有关,它们都是频率的函数。通常把这种函数关系称为放大电路的频率响应或频率特性。本章首先讨论频率特性的一般概念,然后分析基本放大电路和多级放大电路的频率特性,重点分析三极管的频率参数和阻容耦合单管共射放大电路的频率特性。

4.1 频率响应的一般概念及其分析方法

前面讨论分析电路时,都把电路看成纯电阻性的,放大倍数与信号频率无关。而在实际电路中,三极管具有电容效应,电路中存在电抗元件,而电抗元件的电抗大小不仅与本身值有关,而且与交流信号频率也有关。因而,放大器对不同频率的交流信号有不同的放大倍数和相位移。

4.1.1 频率响应的基本概念

首先以阻容耦合单管共射放大电路为例,定性分析一下当输入信号为不同频率的正弦电压时,放大倍数是怎样变化的。在各种容抗的影响可以忽略的频率范围(通称为中频)内,电压放大倍数 A_u 基本上不随频率而变化,同时,由于可以不考虑容抗产生的附加相移,所以电压放大倍数的相角是固定的,三极管的倒相作用,决定了输入电压与输出电压相位相反,即电压放大倍数的相角为 $-180°$;在低频段,由于隔直耦合电容的容抗变大,信号在电容两端的压降增加,所以使放大倍数下降;在高频段,主要由于三极管极间电容的存在,它们并联在电路中,也要使放大倍数下降;另外,电容的作用除了使放大倍数的幅度在低频和高频时下降以外,而且在输出电压和输入电压之间产生了附加相移。因此,共射放大电路的电压放大倍数将成为一个复数,用符号 $A_u(j\omega)$ 来表示

$$A_u(j\omega) = |A_u(j\omega)| < \varphi(j\omega) \tag{4-1}$$

其中幅度 A_u 和相位 φ 都是频率的函数,分别称为放大电路的幅频特性和相频特性,合称为频率特性。共发射极放大电路的频率特性曲线如图 4.1 所示,图 4.1(a)为幅频特性曲线,图 4.1(b)为相频特性曲线。

由图 4.1 可见,中频段频率范围较宽,且频率特性曲线是平坦的,放大倍数不随信号频率变化,中频范围内的电压倍数称为中频放大倍数,用 A_{um} 表示。把放大倍数下降到 $1/\sqrt{2}A_{um}$ 时对应的低频频率和高频频率分别称为放大电路的下限频率 f_L 和上限频率 f_H,夹在上限频率和上限频率间的频率范围称作通频带 f_{BW},即 $f_{BW} = f_H - f_L$。通频带的宽度表征了放大电路

第4章 放大电路的频率特性

对不同频率输入信号的响应能力,是放大电路的重要技术指标之一。例如,音频放大器的带宽为 20 Hz~20 kHz,因为人耳可闻的最低频率是 20 Hz,可闻的最高频率是 20 kHz。视频放大器的带宽为 6 MHz 已能满足人的视角要求。如果要放大的信号变化极快,则要求放大器有更宽的通频带。总之,要根据信号的频谱宽度,选择相应的放大器带宽。

高于 f_H 的频率范围称为高频段,低于 f_L 的频率范围称为低频段,从图 4.1(b)所示的相频特性曲线可知,对不同的频率,相位移不同,中频段为 $-180°$,低频段比中频段超前,高频段比中频段滞后。

通过以上分析可知,由于放大电路的通频带有一定限制,当输入信号含有丰富的谐波时,不同频率分量得不到同等放大,就会改变各谐波之间的振幅比例和相位关系,经过放大以后,总输出波形将产生失真。由放大器对不同频率信号的放大倍数大小不同所产生的失真叫幅频失真所示,如图 4.2(a)所示,由放大器对不同频率信号的相位移不同所产生的失真叫相频失真,如图 4.2(b)所示,这两种失真统称为频率失真。

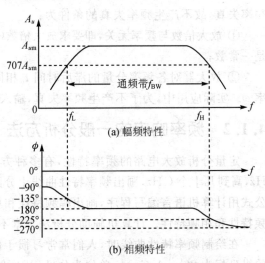

图 4.1 共射基本放大电路的频率特性

图 4.2(a)表示包含一次谐波和二次谐波的输入信号经过放大以后,由于对两个谐波的放大倍数幅值不同而引起的幅频失真;图 4.2(b)表示同样的的输入信号经过放大以后,由于两个谐波产生的相位移不同而引起的相频失真。

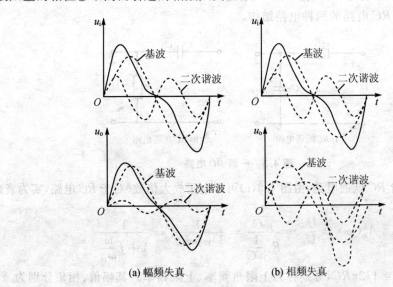

图 4.2 频率失真

频率失真是一种线性失真,线性失真和 2.3 节讨论的非线性失真同样会使输出信号产生畸变,但两者有着本质的不同。首先产生原因不同,线性失真由电路中的线性电抗元件对不同频率信号的响应不同引起,非线性失真由电路中的非线性元件引起(如晶体管或场效应管的特性曲线的非线性等);其次,失真结果不同,线性失真只会使各频率分量信号的比例关系和时间关系发生变化,或滤掉某些频率分量的信号,但决不产生输入信号中所没有的新的频率分量信号。

若放大器对所有不同频率分量信号的放大倍数相同,延迟时间也相同,那么就不可能产生频率失真,故不产生频率失真的条件为:

① 放大倍数与频率无关,即要求放大倍数(常为电压放大倍数 $A_u(j\omega)$ 的幅频特性 $|A_u(j\omega)|$)是一常数;

② 放大器对各频率分量的滞后时间 t_d 相同,即要求放大器的相频特性 $\varphi(\omega)$ 正比于角频率 ω。实际应用中,为了不产生频率失真,输入信号的频率范围应该在通频带范围内。

4.1.2 频率响应的一般分析方法

定量分析放大电路的频率特性,有多种方法。由于输入信号的频率范围很宽,低到几个 Hz,高到几十个 GHz,画出频率特性曲线十分困难,通常可以利用计算机辅助分析,根据电路公式用计算机语言编写程序,画出幅频特性和相频特性,也可以采用渐近线波德图法,画出幅频特性和相频特性。计算机辅助分析法本章不作讨论,下面重点介绍渐近线波德图方法。

在绘制频率特性曲线时,人们常常习惯于使用对数坐标,即横坐标用 $\lg f$ 表示,幅频特性的纵坐标为 $20\lg|A_u(j\omega)|$,单位为分贝(dB);但相频特性的纵坐标仍为 φ,不取对数。这样得到的频率特性,称为对数频率特性或波德图(Bode 译音)。采用对数坐标的主要优点是可以在较小的坐标范围内表示宽广范围的频率变化情况,使高频段和低频段的特性都表示得很清楚。而且当放大倍数的表示式为多项相乘时,在对数坐标上可以转换为多项相加,这对于分析多级放大电路非常方便。

放大电路一般可等效为一阶或多阶 RC 电路,下面以一阶电路为例分析 RC 电路的频率特性,图 4.3 为一阶 RC 电路的两种电路结构。

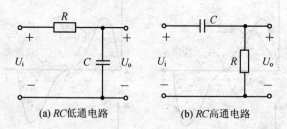

(a) RC 低通电路 (b) RC 高通电路

图 4.3 一阶 RC 电路

图 4.3(a)为一阶 RC 低通电路,由图 4.3(a)可得电压放大倍数(对于 RC 电路,实为衰减):

$$A_u(j\omega) = \frac{U_o}{U_i} = \frac{\dfrac{1}{j\omega C}}{R + \dfrac{1}{j\omega C}} = \frac{1}{1+j\omega RC} = \frac{1}{1+j\dfrac{\omega}{\omega_H}} \quad (4-2)$$

其中,$\omega_H = 1/RC$,$f_H = 1/2\pi RC$,分别称为上限角频率、上限频率。其幅值、相角分别为

$$|\dot{A}_u| = \frac{1}{\sqrt{1+\left(\dfrac{f}{f_H}\right)^2}} \quad (4-3)$$

第4章 放大电路的频率特性

$$\varphi = -\arctan\frac{f}{f_H} \tag{4-4}$$

根据式(4-3)和式(4-4),通常可以编写程序,由计算机得出如图4.4(a)和(b)所示的幅频特性和相频特性。工程上一般采用渐近线波德图的近似画法,现介绍如下。

1. 幅频特性渐近线波德图

将式(4-3)取对数可得

$$G_u = 20\lg|\dot{A}_u| = -20\lg\sqrt{1+\left(\frac{f}{f_H}\right)^2} \tag{4-5}$$

由式(4-5)可以看出,当 $f \ll f_H$ 时,$G_u \approx -20\lg 1 = 0$ dB,所以横轴可作为其渐近线;当 $f \gg f_H$ 时,$G_u \approx -20\lg(f/f_H)$ dB,其渐近线也是一条直线,该直线通过横轴上 $f = f_H$ 的点,其斜率为 -20 dB/10倍频程,即当频率每增加10倍时,纵坐标就减小20 dB。因此,式(4.5)的图形可以用以上两条渐近线构成的折线来近似,如图4.4(c)所示,这种折线近似带来的最大误差为3 dB,出现在 $f = f_H$ 处,请读者自己思考证明。

2. 相频特性渐近线波德图

根据式(4-4)可知,当 $f \ll f_H$ 时,$\varphi \approx 0°$;当 $f = f_H$ 时,$\varphi = -45°$;当 $f \gg f_H$ 时,$\varphi \approx -90°$。为了作图方便,可以用以下三段直线构成的折线来近似相频特性曲线,即 $f \leq 0.1f_H$ 时,$\varphi \approx 0°$;$f \geq 10f_H$ 时,$\varphi \approx -90°$;$0.1f_H \leq f \leq 10f_H$ 时,是一条斜率为 $-45°/10$ 倍频程直线,如图4.4(d)所示,这种折线近似带来的最大误差为 $\pm 5.71°$,分别出现在 $f = 0.1f_H$ 和 $10f_H$ 处,读者可以自己思考证明。

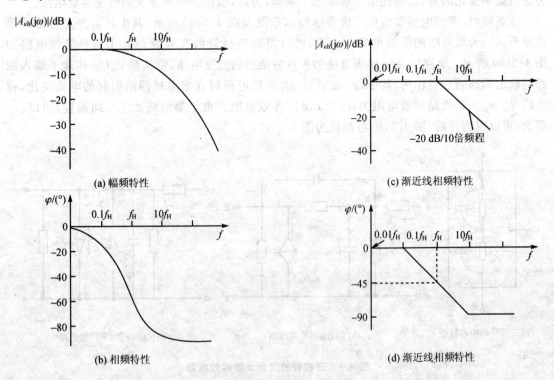

图 4.4 *RC* 低通电路的波德图

图 4.3(b)为一阶 RC 高通电路,仿照上述分析方法可以求出下限频率,画出频率特性曲线,在此不再赘述。

思考题

1. 简述频率失真产生的原因。
2. 频率失真和非线性失真有何异同?
3. 用波德图描述频率特性有何优点?

4.2 晶体三极管的高频等效电路及频率参数

晶体三极管内部存在极间电容,包括势垒电容和扩散电容。在放大电路中,因为三极管发射结正向偏置,基区存贮了许多非平衡载流子,所以扩散电容成分较大,记为 $C_{b'e}$;而集电结为反向偏置,势垒电容起主要作用,记为 $C_{b'c}$。在频率较低的区域,这些电容呈现的阻抗很大,其作用可忽略不记,三极管的参数可近似为与频率无关的常数。但在高频区,这些电容呈现的阻抗减小,其对电流的分流作用不可忽略,三极管的参数与频率有关,可以用复数表示,同时,三极管的高频等效电路也是包含电容的回路。

4.2.1 晶体三极管的高频等效电路

第 2 章中,曾经讨论过三极管的 h 参数等效电路。当考虑管子的电容效应后,这些 h 参数将是随频率变化的复数,因此给分析带来了麻烦,为此,引出另一种形式的微变等效电路。

在高频时,考虑电容效应的三极管结构示意图如图 4.5(a)所示,其中,$C_{b'e}$ 为发射结的等效电容,$C_{b'c}$ 为集电结的等效电容。由此,可以得到三极管的高频混合 π 小信号等效电路如图 4.5(b)所示。电路中,$U_{b'e}$ 代表直接加在发射结上的交变电压,恒流源 $g_m U_{b'e}$ 体现了输入回路对输出回路的控制作用,其中,g_m 表示 $U_{b'e}$ 为单位电压时在集电极回路引起的电流变化,称为跨导。r_{bc} 为集电结等效电阻为,r_{ce} 为 c,e 间等效电阻。由于集电结处于反向偏置,所以,r_{bc} 很大,可以视为开路,图 4.5(b)可简化为图 4.5(c)。

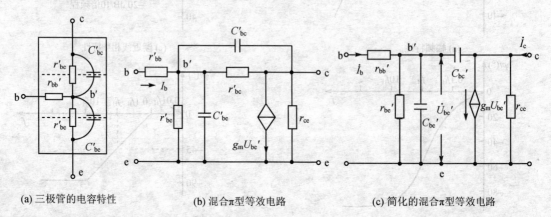

(a) 三极管的电容特性   (b) 混合π型等效电路   (c) 简化的混合π型等效电路

图 4.5 三极管的混合 π 型等效电路

当低频时,可以不考虑电容 $C_{b'e}$,$C_{b'c}$ 的作用,同时,由于 r_{ce} 通常比外接集电极负载大很多,实际中常忽略，则图 4.5(c)就可以成为大家所熟悉的简化微变等效电路，如图 4.6(a)所示。图4.6(a)与图 4.6(b)进行对比，就可以得出混合π参数和h参数之间的关系。

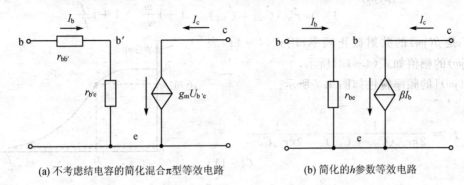

(a) 不考虑结电容的简化混合π型等效电路　　(b) 简化的h参数等效电路

图 4.6　混合π型参数和h参数之间的关系

由图 4.6 可得

$$r_{be} = r_{bb'} + 26(1+\beta)/I_E = r_{bb'} + r_{b'e}$$

所以

$$r_{b'e} = r_{be} - r_{bb'} = 26(1+\beta)/I_E \approx 26\beta/I_C \tag{4-6}$$

由图 4.6 可得

$$g_m U_{b'e} = g_m I_b r_{b'e} = \beta I_b$$

所以

$$g_m = \beta/r_{b'e} = \beta/(26\beta/I_C) = I_C/26 \tag{4-7}$$

上式中β值为中低频时的值，此时，未考虑电容作用，一般视作常数，后面频率参数中，此值用β_0表示。式(4-6)和式(4-7)表明$r_{b'e}$，g_m等参数和工作点的电流有关，I_C越大，则$r_{b'e}$越小，而g_m越大。对于一般的小功率三极管，$r_{bb'}$约为几十到几百欧姆，$r_{b'e}$约为 1 kΩ 左右，g_m约为几十毫安/伏。$C_{b'e}$的数值可从手册上查到，$C_{b'c}$的数值在一般的手册上未标明，但可以查到三极管特征频率f_T，然后根据近似公式求出。混合π型等效电路适用于大约$f_T/3$以下的频率范围。下面利用混合π型等效电路分析晶体管的高频参数。

4.2.2　晶体管的高频参数

在高频时，必须考虑三极管的电容效应，此时，三极管的参数将与频率有关，是频率的函数，可以用复数表示。共射电流放大系数可以表示为$\beta(j\omega)$，共基电流放大系数可以表示为$\alpha(j\omega)$。

1. 共射电流放大系数 $\beta(j\omega)$ 及其共射截止频率 f_β

图 4.5(c)中，由于电容$C_{b'e}$，$C_{b'c}$的影响，β值将是频率的函数。一般$C_{b'e} \gg C_{b'c}$，$C_{b'c}$很小，$C_{b'c}$上的电流更小，可以忽略$C_{b'c}$对输入、输出的影响，根据β的定义可得

$$\beta(j\omega) = \left.\frac{\dot{I}_c}{\dot{I}_b}\right|_{c,e交流短路} \approx \frac{g_m \dot{U}_{b'e}}{\dot{I}_b} \tag{4-8}$$

$$\dot{U}_{b'e} = \dot{I}_b \left[\dot{r}_{b'e} // \frac{1}{j\omega(\dot{C}_{b'e} + \dot{C}_{b'c})}\right] = \dot{I}_b \frac{\dot{r}_{b'e}}{1 + j\omega \dot{r}_{b'e}(\dot{C}_{b'e} + \dot{C}_{b'c})} \tag{4-9}$$

又有 $g_m = \beta_0/r_{b'e}$,所以

$$\beta(j\omega) = \frac{\beta_0}{1+j\omega \dot{r}_{b'e}(\dot{C}_{b'e}+\dot{C}_{b'c})} = \frac{\beta_0}{1+j\dfrac{\omega}{\omega_\beta}} = \frac{\beta_0}{1+j\dfrac{f}{f_\beta}} \qquad (4-10)$$

其中,f_β 是 $\beta(j\omega)$ 的共射截止频率,用式(4-11)表示。$\beta(j\omega)$ 的幅值如式(4-12)所示,

$|\beta(j\omega)|$ 的频率特性如图 4.7 所示。

$$f_\beta = \frac{1}{2\pi r_{b'e}(C_{b'e}+C_{b'c})} \approx \frac{1}{2\pi r_{b'e}C_{b'e}} \qquad (4-11)$$

$$|\beta(j\omega)| = \frac{\beta_0}{\sqrt{1+\left(\dfrac{f}{f_\beta}\right)^2}} \qquad (4-12)$$

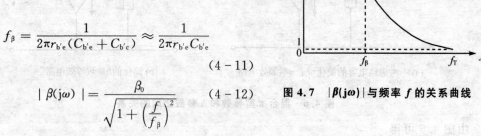

图 4.7　$|\beta(j\omega)|$ 与频率 f 的关系曲线

式(4-12)中,β_0 为中低频放大倍数,f_β 为共射截止频率,$f=f_\beta$ 时,$|\beta(j\omega)|=\beta_0/\sqrt{2}$。所谓截止频率,并不意味着此时三极管已经完全失去放大作用,而只是表示此时 $|\beta(j\omega)|$ 已下降到中低频时的 70% 左右。显然,f_β 并非是晶体管具有电流放大作用的最高极限频率。

2. 特征频率 f_T

一般定义 $|\beta(j\omega)|$ 下降到 1 所对应的频率为三极管的特征频率 f_T,如图 4.7 所示。将 $f=f_T$ 和 $|\beta(j\omega)|=1$ 代入式(4-12),则得

$$|\beta(jf_T)| = \frac{\beta_0}{\sqrt{1+\left(\dfrac{f_T}{f_\beta}\right)^2}} = 1$$

由于通常满足 $f_T/f_\beta \gg 1$,所以上式可简化为

$$f_T \approx \beta_0 f_\beta \gg f_\beta \qquad (4-13)$$

由式(4-11)、式(4-13)和 $g_m=\beta_0/r_{b'e}$ 可以得出

$$f_T \approx \beta_0 f_\beta = \frac{\beta_0}{2\pi r_{b'e}C_{b'e}} = \frac{g_m}{2\pi C_{b'e}} \qquad (4-14)$$

式(4-13)表示了 f_T 与 f_β 的关系,当 $f>f_T$ 时,电流放大系数将小于 1,表示三极管已经失去放大作用,所以 f_T 表征三极管具有电流放大作用的频率极限。当工作频率高于 $f_T/3$ 时,由于三极管分布特性的影响,混合 π 参数的误差很大,混合 π 电路不再适用。一般可以从手册上查到 f_T 或 f_β 的值,可以通过式(4-14)计算 $C_{b'e}$。

3. 共基电流放大系数 $\alpha(j\omega)$ 及共基截止频率 f_α

利用 α 与 β 的关系,不难得到 f_α。在中低频时,$\alpha_0=\beta_0/(1+\beta_0)$ 为实数,在高频情况下,α,β 均为复数,存在以下关系

$$\alpha(j\omega) = \frac{\beta(j\omega)}{1+\beta(j\omega)} \qquad (4-15)$$

显然,考虑三极管的电容效应后,α 也是频率的函数,所以可表示为

$$\alpha(j\omega) = \frac{\alpha_0}{1+j\dfrac{\omega}{\omega_\alpha}} = \frac{\alpha_0}{1+j\dfrac{f}{f_\alpha}} \qquad (4-16)$$

第4章 放大电路的频率特性

当 $f=f_\alpha$ 时,$\alpha(j\omega)$ 的幅值下降为中低频时 α_0 的 0.707,f_α 定义为共基截止频率。

现在来研究一下 f_α 和 f_β,f_T 之间有什么关系。将式(4-10)代入式(4-15),可得到

$$\alpha(j\omega) = \cfrac{\cfrac{\beta_0}{1+j\cfrac{\omega}{\omega_\beta}}}{1+\cfrac{\beta_0}{1+j\cfrac{\omega}{\omega_\beta}}} = \cfrac{\cfrac{\beta_0}{1+\beta_0}}{1+j\cfrac{\omega}{(1+\beta_0)\omega_\beta}} \tag{4-17}$$

比较式(4-16)和式(4-17),可知

$$\left.\begin{array}{l}\omega_\alpha = (1+\beta_0)\omega_\beta \\ f_\alpha = (1+\beta_0)f_\beta\end{array}\right\} \tag{4-18}$$

由于一般情况下,$\beta_0 \gg 1$,所以上式可简化为

$$f_\alpha = (1+\beta_0)f_\beta \approx \beta_0 f_\beta \approx f_T \gg f_\beta \tag{4-19}$$

式(4-19)表示了三极管各个频率参数之间的关系,上述各个频率参数定量地描述了三极管的放大能力随着频率的升高而逐渐下降的情况。

4.2.3 混合 π 型等效电路的单向化和密勒效应

图 4.5(c)所示的混合 π 型等效电路中,电容 $C_{b'c}$ 跨接在 b' 和 c 之间,将输入回路和输出回路联系起来,互相不独立,将使电路的分析过程变得十分麻烦。为此,根据密勒定理可以用两个电容代替 $C_{b'c}$,等效过程如图 4.8 所示。

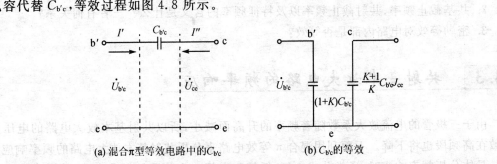

(a) 混合 π 型等效电路中的 $C_{b'c}$　　　(b) $C_{b'c}$ 的等效

图 4.8　$C_{b'c}$ 的等效过程

在图 4.8(a)中,从 b' 和 e 端向右看,流入 $C_{b'c}$ 的电流为

$$I' = \cfrac{\dot{U}_{b'e} - \dot{U}_{ce}}{\cfrac{1}{j\omega C_{b'c}}} = \cfrac{\dot{U}_{b'e}\left(1-\cfrac{\dot{U}_{ce}}{\dot{U}_{b'e}}\right)}{\cfrac{1}{j\omega C_{b'c}}}$$

令

$$\cfrac{\dot{U}_{ce}}{\dot{U}_{b'e}} = -K$$

则 I' 可改写为

$$I' = \frac{\dot{U}_{b'e}(1+K)}{\dfrac{1}{j\omega C_{b'c}}} = \frac{\dot{U}_{b'e}}{\dfrac{1}{j\omega(1+K)C_{b'c}}} \qquad (4-20)$$

式(4-20)表明,从 b',e 端看进去,跨接在 b',c 之间的电容 $C_{b'c}$ 的作用,和一个并联接在 b',e 两端,而电容值为 $(1+K)C_{b'c}$ 的电容等效,这就是所谓的密勒效应。

根据同样的道理,从 c,e 端向左看,流入 $C_{b'c}$ 的电流为

$$I'' = \frac{\dot{U}_{ce} - \dot{U}_{b'e}}{\dfrac{1}{j\omega C_{b'c}}} = \frac{\dot{U}_{ce}\left(1+\dfrac{1}{K}\right)}{\dfrac{1}{j\omega C_{b'c}}} = \frac{\dot{U}_{ce}}{\dfrac{1}{j\omega\left(\dfrac{1+K}{K}\right)C_{b'c}}} \qquad (4-21)$$

式(4-21)表明,从 c,e 端看进去,电容 $C_{b'c}$ 的作用和一个并联接在 c,e 两端,而电容值为 $C_{b'c}(1+K)/K$ 的电容等效。

总之,跨接在 b',c 之间的电容 $C_{b'c}$ 可以用两个电容与之等效,它们分别并联在 b',e 和 c,e 两端,各自的电容值为 $(1+K)C_{b'c}$ 和 $C_{b'c}(1+K)/K$,如图 4.8(b)所示。图 4.8(b)为单向化等效电路,在这个电路中,输入回路和输出回路在电路上不再发生联系,这就为分析放大电路的频率响应带来了很大方便。

思考题

1. 简述三极管共基和共射电流系数随频率升高而下降的原因。
2. 共基截止频率、共射截止频率以及特征频率的含义是什么?三者有何关系?
3. 密勒等效对电路内部是否等效?

4.3 共射基本放大电路的频率响应

由于三极管的电流放大系数随着频率的升高而减小,所以共射基本放大电路的电压放大倍数在高频段也将下降。下面利用混合 π 等效电路来分析共射基本放大电路的频率响应。

具体分析频率响应时,通常分成中频、低频和高频 3 个频段加以考虑,以便对电路进行不同的简化,求得 3 个不同频段的频率响应,然后再进行综合。不同频段对电容的一般处理原则是:

① 中频段 全部电容均不考虑,耦合电容视为短路,三极管极间电容视为开路。
② 低频段 耦合电容的容抗不能忽略,而三极管极间电容视为开路。
③ 高频段 耦合电容视为短路,而三极管极间电容的容抗不能忽略。

这样做的优点是,可使分析过程简单明了,且有助于从物理概念上来理解各个参数对频率特性的不同影响。

图 4.9(a)所示为一阻容耦合共射基本放大电路,图 4.9(b)为利用密勒定理单向化后的混合 π 型等效电路。图 4.9(b)中,未考虑 r_{bc},r_{ce},也没有画出 C_2 和 R_L,这是因为 r_{bc},r_{ce} 很大,可以近似为开路,可以将 C_2 和 R_L 看成下一级的输入耦合电容和输入电阻,所以,图 4.9(b)中没有将它们包括在内,这样等效会为分析放大电路的频率响应带来很大方便。图 4.9(b)中,$C'_\pi = C_{b'e} + (1+K)C_{b'c}$,下面分别讨论中频、低频和高频 3 个频段的频率特性。

第4章 放大电路的频率特性

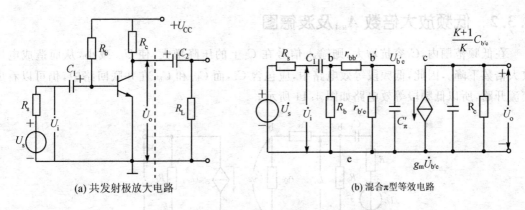

(a) 共发射极放大电路　　　　　　(b) 混合π型等效电路

图 4.9　共 e 极放大电路及其混合 π 型等效电路

4.3.1　中频放大倍数 A_{usm}

在中频范围内，由于 C_1 的容抗远小于串联回路中的其它阻值，可以看成交流短路，$C_{b'e}$ 和 $C_{b'c}$ 的容抗又远大于并联回路中的其他阻值，可以看成交流开路，因此，图 4.9(b) 在中频时，可以简化为图 4.10。在图 4.9(b) 中设

$$r_i = R_b \mathbin{/\mkern-6mu/} (r_{bb'} + r_{b'e}) \qquad p = \frac{r_{b'e}}{r_{bb'} + r_{b'e}}$$

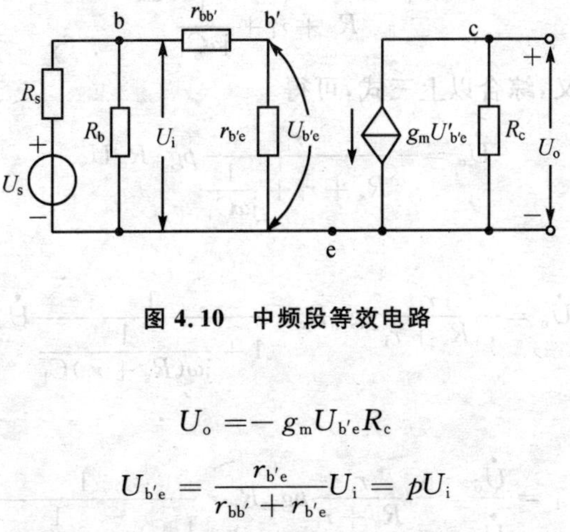

图 4.10　中频段等效电路

由图 4.10 可得

$$U_o = -g_m U_{b'e} R_c$$

$$U_{b'e} = \frac{r_{b'e}}{r_{bb'} + r_{b'e}} U_i = p U_i$$

$$U_i = \frac{r_i}{R_s + r_i} U_s$$

所以

$$\dot{U}_o = \frac{-r_i}{R_s + r_i} \cdot \frac{r_{b'e}}{r_{bb'} + r_{b'e}} g_m R_c \dot{U}_s = -\frac{r_i}{R_s + r_i} p g_m R_c \dot{U}_s$$

$$A_{usm} = \frac{\dot{U}_o}{\dot{U}_s} = -\frac{r_i}{R_s + r_i} p g_m R_c \tag{4-22}$$

只要将 $g_m = \beta/r_{b'e}$ 和 $p = \dfrac{r_{b'e}}{r_{b'b} + r_{b'e}}$ 代入，即可证明式(4-22)和低频 h 参数等效电路的分析结果一致，请读者自己证明。

4.3.2 低频放大倍数 $\dot{A}_{usl}$ 及波德图

在低频范围内,C_1 容抗增大,则输入信号在 C_1 上的压降增大,使 $U_{b'e}$ 减小,从而造成电压放大倍数下降。因此,低频段等效电路中,应包含 C_1,而 $C_{b'e}$ 和 $C_{b'c}$ 在并联回路中,仍可以看成交流开路,所以低频段等效电路如图 4.11 所示。

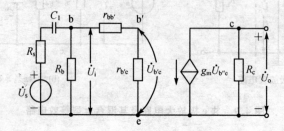

图 4.11 低频段等效电路

由图 4.11 可得

$$\dot{U}_o = -g_m \dot{U}_{b'e} R_c$$

$$\dot{U}_{b'e} = \frac{r_{b'e}}{r_{bb'} + r_{b'e}} \dot{U}_i = p \dot{U}_i$$

$$\dot{U}_i = \frac{r_i}{R_s + r_i + \dfrac{1}{j\omega C_1}} \dot{U}_s$$

式中 p, r_i 同中频段的定义,综合以上三式,可得

$$\dot{U}_o = -\frac{r_i}{R_s + r_i + \dfrac{1}{j\omega C_1}} p g_m R_c \dot{U}_s \qquad (4-23)$$

变换式(4-23),可得

$$\dot{U}_o = -\frac{r_i}{R_s + r_i} p g_m R_c \cdot \frac{1}{1 + \dfrac{1}{j\omega(R_s + r_i)C_1}} \dot{U}_s \qquad (4-24)$$

所以

$$\dot{A}_{usl} = \frac{\dot{U}_o}{\dot{U}_s} = -\frac{r_i}{R_s + r_i} p g_m R_c \cdot \frac{1}{1 + \dfrac{1}{j\omega(R_s + r_i)C_1}} \qquad (4-25)$$

将式(4-22)代入式(4-25),并令

$$\tau_1 = (R_s + r_i)C_1$$

$$f_1 = \frac{1}{2\pi\tau_1} = \frac{1}{2\pi(R_s + r_i)C_1} \qquad (4-26)$$

则

$$\dot{A}_{usl} = A_{usm} \frac{1}{1 + \dfrac{1}{j\omega\tau_1}} = A_{usm} \frac{1}{1 - j\dfrac{f_1}{f}} \qquad (4-27)$$

f_1 为下限频率,由式(4-27)可以看出,下限频率 f_1 主要由电容 C_1 所在回路的时间常数 τ_1 决

第4章 放大电路的频率特性

定。C_1 和 (R_s+r_i) 的乘积越大，则 f_1 越小，即放大电路的低频特性越好。

将式(4-27)分别用模和相角来表示：

$$|\dot{A}_{us1}| = \frac{|A_{usm}|}{\sqrt{1+\left(\frac{f_1}{f}\right)^2}} \tag{4-28}$$

$$\varphi = -180° + \arctan\frac{f_1}{f} \tag{4-29}$$

现在来分析低频段的对数幅频特性，将式(4-28)取对数，可得

$$G_u = 20\lg|\dot{A}_{us1}| = 20\lg|A_{usm}| - 20\lg\sqrt{1+\left(\frac{f_1}{f}\right)^2} \tag{4-30}$$

先看式(4-30)中的第二项，当 $f \gg f_1$ 时，$-20\lg\sqrt{1+\left(\frac{f_1}{f}\right)^2} \approx 0$，所以它将以横坐标作为渐近线；当 $f \ll f_1$ 时，$-20\lg\sqrt{1+\left(\frac{f_1}{f}\right)^2} \approx -20\lg\frac{f_1}{f} = 20\lg\frac{f}{f_1}$，其渐近线也是一条直线，该直线通过横轴上 $f=f_1$ 的一点，斜率为 20 dB/10 倍频程，即当频率每增加 10 倍时，纵坐标就增加 20 dB。因此，式(4-30)第二项的图形可以用以上两条渐近线构成的折线来近似。再将此折线向上平移 $20\lg|A_{usm}|$ 的距离，就可得到式(4-30)所表示的低频段对数幅频特性，如图 4.12(a)所示。这种折线近似带来的最大误差为 3 dB，出现在 $f=f_1$ 处。

再来分析低频段的相频特性，根据式(4-29)可知，当 $f \gg f_1$ 时，$\arctan\frac{f_1}{f}$ 趋于 0，则 $\varphi \approx -180°$；当 $f \ll f_1$ 时，$\arctan\frac{f_1}{f}$ 趋于 90°，$\varphi \approx -90°$；当 $f=f_1$ 时，$\arctan\frac{f_1}{f}=45°$，$\varphi = -135°$。

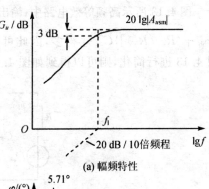

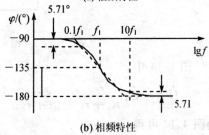

图 4.12 低频段对数频率特性

为了作图方便，一般用 3 段折线来近似表示低频段的相频特性曲线：当 $f \geqslant 10f_1$ 时，$\varphi = -180°$；$f \leqslant 0.1f_1$ 时，$\varphi = -90°$；$0.1f_1 < f < 10f_1$ 时，斜率为 $-45°/10$ 倍频程的直线，如图 4.12(b)所示。可以证明，这种折线近似的最大误差为 ±5.71°，分别产生在 $0.1f_1$ 和 $10f_1$ 处。

4.3.3 高频电压放大倍数 A_{ush} 及波德图

在高频段，由于容抗变小，则 C_1 上的压降可以忽略不记，但此时并联支路中的电容的影响变得突出，必须予以考虑，因此高频等效电路如图 4.13 所示。

忽略 $C_{b'c}$ 对电流源的影响，由等效电路可求得

$$\dot{U}_{ce} \approx -g_m \dot{U}_{b'e} R_c$$

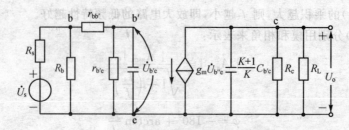

图 4.13 高频等效电路

$$-K = \frac{\dot{U}_{ce}}{\dot{U}_{b'e}} = \frac{-g_m U_{b'e} R_c}{U_{b'e}} = -g_m R_c$$

$$C'_\pi = C_{b'e} + (1+g_m R_c)C_{b'c}$$

图 4.13 所示高频等效电路中,输出回路时间常数 $\frac{K+1}{K}C_{b'c}R_c$ 要比输入回路时间常数 $\{r_{b'e} // [r_{bb'} + (R_s // R_b)]\}C'_\pi$ 小得多,因此可以将前者对高频特性的影响忽略。利用戴维南定理对图 4.13 进行简化,则可以得到如图 4.14 所示的简化高频等效电路。

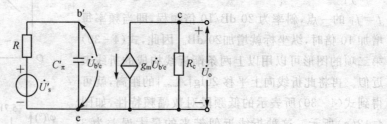

图 4.14 简化高频等效电路

图 4.14 中,

$$\dot{U}'_s = \dot{U}_s \frac{r_i}{R_s + r_i} \cdot \frac{r_{b'e}}{r_{bb'} + r_{b'e}} = \frac{r_i}{R_s + r_i} p \dot{U}_s \qquad R = r_{b'e} // [r_{bb'} + (R_s // R_b)]$$

由图 4.14 可得

$$\dot{U}_{b'e} = \frac{\dfrac{1}{j\omega C'_\pi}}{R + \dfrac{1}{j\omega C'_\pi}} U'_s = \frac{1}{1+j\omega R C'_\pi} U'_s = \frac{1}{1+j\omega R C'_\pi} \cdot \frac{r_i}{R_s + R_i} p \dot{U}_s$$

$$\dot{U}_o = -g_m \dot{U}_{b'e} R_c = -g_m R_c \cdot \frac{1}{1+j\omega R C'_\pi} \cdot \frac{r_i}{R_s + r_i} p \dot{U}_s$$

所以

$$\dot{A}_{ush} = \frac{\dot{U}_o}{\dot{U}_s} = A_{usm} \frac{1}{1+j\omega R C'_\pi}$$

令 $\tau_H = R C'_\pi$,则上限频率为

$$f_H = \frac{1}{2\pi\tau_H} = \frac{1}{2\pi R C'_\pi} \qquad (4-31)$$

放大电路的频率特性
第 4 章

$$\dot{A}_{usH} = A_{usm} \frac{1}{1+j\omega\tau_H} = A_{usm} \frac{1}{1+j\dfrac{f}{f_H}} \quad (4-32)$$

由式(4-31)可知,上限频率 f_H 主要由高频等效电路的时间常数决定,C'_π 和 R 的乘积越小,则 f_H 越大,即放大电路的高频特性越好。

式(4-32)用模和相角表示如下

$$|\dot{A}_{usH}| = \frac{|A_{usm}|}{\sqrt{1+\left(\dfrac{f}{f_H}\right)^2}} \quad (4-33)$$

$$\varphi = -180° - \arctan\frac{f}{f_H} \quad (4-34)$$

高频段对数幅频特性为

$$G_u = 20\lg|\dot{A}_{usH}| = 20\lg|A_{usm}| - 20\lg\sqrt{1+\left(\dfrac{f}{f_H}\right)^2} \quad (4-35)$$

根据式(4-35)和式(4-34),利用与低频特性同样的方法,可以画出高频段折线化的对数幅频特性和相频特性,如图 4.15 所示。

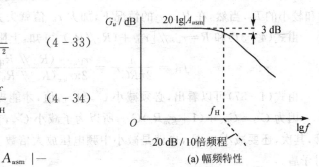
(a) 幅频特性

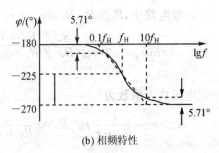
(b) 相频特性

图 4.15 高频段对数频率特性

4.3.4 完整的频率特性曲线

将以上在中频、低频和高频时分别求出的放大倍数综合起来,就可以得到共射基本放大电路在全部频率范围内放大倍数的表达式

$$\dot{A}_{us} = \frac{A_{usm}}{\left(1+j\dfrac{f_1}{f}\right)\left(1+j\dfrac{f}{f_H}\right)} \quad (4-36)$$

将中频、低频和高频时分别画出的频率特性曲线综合起来,就可得到基本放大电路完整的频率特性曲线,如图 4.16 所示。

电路的幅频和相频特性曲线

综合以上分析可得到共射极基本放大电路折线化对数频率特性的作图步骤,现归纳如下:

① 根据式(4-22),(4-26)和式(4-31)求出中频电压放大倍数 A_{usm} 和下限频率 f_L、上限频率 f_H。

② 在幅频特性的横坐标上找到对应于 f_L 和 f_H 的两个点,在 f_L 和 f_H 之间的中频区作一条 $G_u = 20\lg|A_{usm}|$ 的水平直线;从 $f=f_L$ 点开始,在低频区作一条斜率为 20 dB/10 倍频程的直线折向左下方;从 $f=f_H$ 点开始,在高频区作一条斜率为 -20 dB/10 倍频程的直线折向右上方。以上 3 段直线构成的折线即是放大电路的幅频特性。

③ 在相频特性上,$10f_L \sim 0.1f_H$ 的中频区,$\varphi = -180°$;$f \leqslant 0.1f_L$ 时,$\varphi = -90°$;$f \geqslant 10f_H$ 时,$\varphi = -270°$;在 $0.1f_L \sim 10f_L$ 以及 $0.1f_H \sim 10f_H$ 区域,相频特性分别为两条斜率为 -45°/10 倍频程的直线。以上 5 段直线构成的折线即是放大电路的相频特性。

为了得到较宽的通频带，必须尽量降低 f_L 和提高 f_H。由上面分析可知 $f_L = \dfrac{1}{2\pi\tau_L} = \dfrac{1}{2\pi(R_s + r_i)C_1}$，其中 R_s 为信号源内阻，一般不允许随意选择，所以为了降低 f_L，必须加大 C_1 和 r_i。在 r_i 中，$r_{b'e}$ 占主导地位，而 $r_{b'e} = 26(1+\beta)/I_E$，所以，为了得到较大的 $r_{b'e}$ 值，应选取较大的 β 和较小的 I_E，当然，在 $R_s \gg r_i$ 的情况下，加大 $r_{b'e}$ 值就失去了实际意义。

由式(4-31)和 $R = r_{b'e} // [r_{bb'} + (R_s // R_b)]$ 可知，上限频率为

$$f_H = \frac{1}{2\pi R C'_\pi} = \frac{r_{b'e} + (R_s // R_b + r_{bb'})}{2\pi r_{b'e}(R_s // R_b + r_{bb'})} \cdot \frac{1}{C'_\pi} \tag{4-37}$$

由式(4-37)可以看出，必须减小 C'_π 和 $r_{b'e}$ 值，才能提高 f_H。

因为 $C'_\pi = C_{b'e} + (1 + g_m R_c)C_{b'c}$，所以为了减小 C'_π，首先必须选用 $C_{b'e}$、$C_{b'c}$ 值较小的高频管，其次，还要减小 $g_m R_c$，也就是减小中频电压放大倍数。可见，提高 f_H 和提高放大倍数是一对矛盾。

一般电路中，$R_b \gg R_s$，$R_b \gg r_{bb'} + r_{b'e}$，式(4-37)可以近似为

$$f_H = \frac{1}{2\pi R C'_\pi} = \frac{r_{b'e} + (R_s // R_b + r_{bb})}{2\pi r_{b'e}(R_s // R_b + r_{bb'})} \cdot \frac{1}{C'_\pi} \approx \frac{r_{b'e} + R_s + r_{bb'}}{2\pi r_{b'e}(R_s + r_{bb'})} \cdot \frac{1}{C_{b'e} + (1 + g_m R_c C_{b'c})} \tag{4-38}$$

中频电压放大倍数为

$$A_{usm} = -\frac{r_i}{R_s + r_i} p g_m R_c \approx \frac{r_{bb'} + r_{b'e}}{R_s + r_{bb'} + r_{b'e}} \frac{r_{b'e}}{r_{bb'} + r_{b'e}} g_m R_c = -\frac{r_{b'e}}{R_s + r_{bb'} + r_{b'e}} g_m R_c \tag{4-39}$$

一般常用中频电压放大倍数与通频带的乘积来表示放大电路性能的优劣，并且把这个乘积称为增益带宽积。

综合式(4-38)和(4-39)可得

$$|A_{usm} \cdot f_H| \approx \frac{1}{2\pi(R_s + r_{bb'})} \cdot \frac{g_m R_c}{C_{b'e} + (1 + g_m R_c)C_{b'c}}$$

假设 $(1 + g_m R_c)C_{b'c} \gg C_{b'e}$ 满足，则对于单级放大电路可以近似的得到增益带宽积为

$$|A_{usm} \cdot f_H| \approx \frac{1}{2\pi(R_s + r_{bb'})C_{b'c}} \tag{4-40}$$

由于实际电路中，$(1 + g_m R_c)C_{b'c} \gg C_{b'e}$ 不一定能够满足，式(4-40)是很不严格的，但它可以定性地表述一个大概趋势：这就是当管子选定以后（即 $r_{bb'}$、$C_{b'c}$ 值已经确定），放大倍数与通频带的乘积就基本上一定了。也就是说放大倍数提高多少倍，通频带基本上变窄多少倍。

因此，要想得到一个通频带既宽、放大倍数又高的放大电路，首要的就是必须选用 $r_{bb'}$、$C_{b'c}$ 值都小的高频管。

4.3.5 其他电容对频率特性的影响

前面的频率特性分析中，为了简化分析过程，忽略了低频等效电路中，耦合电容 C_2 对低频特性的影响，忽略了高频等效电路中，输出回路等效电容对高频特性的影响；另外，在工作点稳定电路中，为了减弱发射极电阻 R_e 对放大倍数的影响，R_e 端一般并接大电容 C_e，C_e 上也会有压降，当 C_e 不够大或频率过低时，必须考虑其对低频特性的影响。下面对 C_e 等电容对频率特性

放大电路的频率特性
第4章

的影响进行简单分析。

1. C_2，C_e对低频特性的影响

(1) C_2对低频特性的影响

若考虑C_2和R_L，很容易推出，中频放大倍数A_{usm}

$$A_{usm} = -\frac{r_i}{R_s + r_i} p g_m R'_L \qquad (R'_L = R_c // R_L)$$

C_2对低频响应影响的的等效回路如图4.17所示，其中r_o为等效电阻，约等于R_c（图4.17中未画出为$-g_m U_{b'e} R_c$的电压源），容易推出只考虑C_2时的下限频率为

$$f_{1c2} = \frac{1}{2\pi(r_o + R_L)C_2} \approx \frac{1}{2\pi(R_c + R_L)C_2} \qquad (4-41)$$

(2) C_e对低频特性的影响

一般C_e较大，在频率不是太低时，C_e上的压降一般远小于信号电压，此时，可以认为发射极被C_e对地短路，C_e对放大倍数及频率特性的影响可以不考虑；但是，当信号频率下降得很低时，C_e上的压降已经不能忽略，此时，必须考虑R_e，C_e对放大倍数及频率特性的影响。图4.18为射极接R_e，C_e的共射极放大电路，可以证明不考虑耦合电容C_1，C_2的影响，由发射极旁路电容C_e决定的下限频率近似为

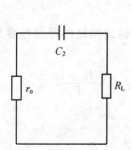

图4.17 C_2对下限频率影响的等效电路

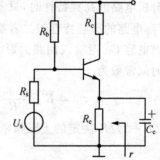

图4.18 C_e对频率特性的影响

$$f_{1e} = \frac{1}{2\pi r C_e}$$

其中,r 为 C_e 端看进去的等效电阻,由图 4.18 容易得出

$$r = R_e \mathbin{/\mkern-6mu/} \frac{r_{be} + R'_b}{1+\beta}$$

其中,$R'_b = R_s \mathbin{/\mkern-6mu/} R_b$,所以

$$f_{1e} = \frac{1}{2\pi C_e \left(R_e \mathbin{/\mkern-6mu/} \dfrac{r_{be}+R'_b}{1+\beta}\right)} \tag{4-42}$$

通过以上分析可知,C_1,C_2 及 C_e 对低频特性都有影响,总的下限频率与这 3 个下限频率都有关系,计算较复杂,一般可用下面近似公式估算:

$$f_1 \approx \sqrt{f_{11}^2 + f_{12}^2 + \cdots + f_{1n}^2} \tag{4-43}$$

式(4-43)很不精确,但它说明一个问题,就是下限频率比单独考虑任一电容回路的下限频率都高。即当有一个电容时间常数远低于其他时间常数时,可以忽略其他电容对下限频率的影响,放大电路的下限频率可以认为由这个最高下限频率所决定。

2. $C_{b'c}(K+1)/K$ 对高频特性的影响

前面在分析电路的高频特性时,只考虑了 $C_{b'c}$ 对输入回路的影响,没有考虑 $C_{b'c}$ 对输出回路的影响,实际电路的高频特性与二者都有关系。

若不考虑电容 $C_{b'c}$ 对输入回路的影响,$C_{b'c}$ 等效到输出回路的等效电容为 $C_{b'c}(K+1)/K$,输出回路的时间常数为

$$\tau_H = R'_L \frac{K+1}{K} C_{b'c} = (R_L \mathbin{/\mkern-6mu/} R_c) \frac{K+1}{K} C_{b'c} \tag{4-44}$$

所以,由 $C_{b'c}(K+1)/K$ 决定的上限频率近似为

$$f_H = \frac{1}{2\pi \tau_H} \tag{4-45}$$

综合考虑 $C_{b'c}$ 对输入回路和输出回路频率特性的影响,则总的上限频率可以用下面近似公式估算:

$$\frac{1}{f_H} \approx \sqrt{\frac{1}{f_{H1}^2} + \frac{1}{f_{H2}^2}} \tag{4-46}$$

式(4-46)很不精确,但它说明总的上限频率比单独考虑任一电容回路的上限频率都低。即当有一个电容时间常数远高于其他时间常数时,可以忽略其他电容对上限频率的影响,放大电路的上限频率可以认为由这个最低上限频率所决定。

除此以外,电路上还有一些其他电容,例如输出端的分布电容,这些电容对高频段影响较为明显,在此不做讨论。

通过以上对频率特性的分析,可以得出以下几点结论:

① C_1,C_e,C_2 越大,下限频率越低,低频失真越小,附加相移也将会减小,一般射极旁路电容 C_e 的取值往往比 C_1 大得多;

② 工作点越低,输入阻抗越大,对改善低频响应有好处。

③ R_C,R_L 越大,对低频响应也有好处。

为了加强对放大电路频率特性的认识和掌握,下面举例说明。

放大电路的频率特性

【例 4-1】 共 e 极放大电路如图 4.19 所示,设三极管的 $\beta=100, r_{be}=6\ \text{k}\Omega, r_{bb'}=100\ \Omega$, $f_T=100\ \text{MHz}, C_{b'c}=4\ \text{pF}, R_L=3.9\ \text{k}\Omega$。

(1) 估算中频电压放大倍数 A_{usm};
(2) 估算下限频率 f_L;
(3) 估算上限频率 f_H。

解: (1) 估算 A_{usm}

$$A_{usm} = -\frac{r_i}{R_s+r_i} p g_m R'_L$$

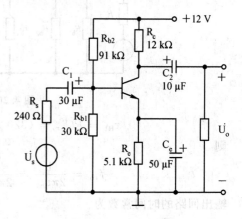

图 4.19 例 4.1 电路图

其中

$$r_i = r_{be} // R_b // R_{b_2} = (6 // 30 // 91)\ \text{k}\Omega = 4.7\ \text{k}\Omega$$

$$p = \frac{r_{b'e}}{r_{bb'}+r_{b'e}} = \frac{6-0.1}{6} = 0.98$$

$$g_m = \frac{\beta}{r_{b'e}} = \frac{100}{5.9\ \text{k}\Omega} = 16.9\ \text{mA/V}$$

$$R'_L = R_c // R_L = (12 // 3.9)\ \text{k}\Omega = 2.9\ \text{k}\Omega$$

所以

$$A_{usm} = -\frac{4.7}{0.24+4.7} \times 0.98 \times 16.9 \times 2.9 = -45.7$$

(2) 估算下限频率 f_L

电路中有两个隔直电容 C_1 和 C_2 以及一个旁路电容 C_e,先分别计算出它们各自相应的下限频率。

$$f_{Lc1} = \frac{1}{2\pi(R_s+r_i)C_1} = \frac{1}{2\pi(0.24+4.7)\times 10^3 \times 30 \times 10^{-6}}\ \text{Hz} = 1.07\ \text{Hz}$$

$$f_{Lc2} = \frac{1}{2\pi(R_c+r_L)C_2} = \frac{1}{2\pi(12+3.9)\times 10^3 \times 10 \times 10^{-6}}\ \text{Hz} = 1.0\ \text{Hz}$$

$$f_{Lce} = \frac{1}{2\pi\left(R_e // \frac{R'_s+r_{be}}{1+\beta}\right)C_e} = \frac{1}{2\pi \times 50 \times 10^{-6}\left[5.1 // \frac{6+(0.24 // 30 // 91)}{101}\times 10^3\right]}\ \text{Hz} \approx 52\ \text{Hz}$$

由于

$$f_{Lce} \gg f_{Lc1}、f_{Lc2}$$

所以

$$f_L \approx f_{Lce} = 52\ \text{Hz}$$

(3) 估算上限频率 f_H

高频等效电路如图 4.20 所示。

根据给定参数可算出

$$C_{b'e} \approx \frac{g_m}{2\pi f_T} = \frac{16.9 \times 10^{-3}}{2\pi \times 100 \times 10^6}\ \text{pF} = (26.9 \times 10^{-12})\ \text{pF} = 26.9\ \text{pF}$$

$$C'_\pi = C_{b'e} + (1+g_m R'_L)C_{b'c} = [26.9 \times 10^{-12} + (1+16.9 \times 2.9)\times 4 \times 10^{-12}]\ \text{pF} = 226.9\ \text{pF}$$

$$R = r_{b'e} // [r_{bb'}+(R_s // R_{b1} // R_{b2})] = 5.9\ \text{k}\Omega // [0.1+(0.24 // 30 // 91)]\ \text{k}\Omega = 0.32\ \text{k}\Omega$$

输入回路的时间常数为

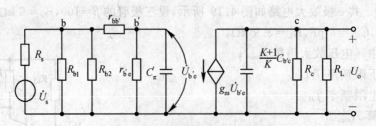

图 4.20 例 4.1 高频等效电路

$$\tau_{H1} = RC'_\pi = (320 \times 226.9 \times 10^{-12}) \text{ s} = 72.6 \times 10^{-9} \text{ s}$$

则

$$f_{H1} = \frac{1}{2\pi\tau_{H1}} = \frac{1}{2\pi \times 72.6 \times 10^{-9}} \text{ Hz} = 2.19 \text{ MHz}$$

输出回路的时间常数为

$$\tau_{H2} = R'_L \frac{K+1}{K} C_{b'c} = \left(2.9 \times 10^3 \times \frac{16.9 \times 2.9 + 1}{16.9 \times 2.9} \times 4 \times 10^{-12}\right) \text{ s} = 11.8 \times 10^{-9} \text{ s}$$

则

$$f_{H2} = \frac{1}{2\pi\tau_{H2}} = \frac{1}{2\pi \times 11.8 \times 10^{-9}} \text{ Hz} = 13.5 \text{ MHz}$$

总的上限频率可由下式近似估算：

$$\frac{1}{f_H} \approx \sqrt{\frac{1}{f_{H1}^2} + \frac{1}{f_{H2}^2}} = \sqrt{\frac{1}{2.19^2} + \frac{1}{13.5^2}} \text{ s} = 0.509 \times 10^{-6} \text{ s}$$

$$f_H = \frac{1}{0.509 \times 10^{-6}} \text{ Hz} = 1.97 \text{ MHz}$$

【例 4.2】 已知某一单级阻容耦合放大电路，其中频相移为 0，中频电压放大倍数为 23.75 dB，下限频率 $f_L = 42.9$ Hz，上限频率 $f_H = 1.61$ MHz，试用渐近线法画出波德图。

解：根据渐近线波德图作图步骤，可以画出折线化波德图，如图 4.21 所示。

三极管放大电路有共射、共基和共集 3 种基本组态，前面所探讨的是三极管共射放大电路的频率特性。对于共基和共集放大电路的频率特性，可以仿照共射放大电路画出考虑三极管内部电容以及耦合电容、旁路电容的等效电路，然后比照上述分析步骤对频率特性进行分析。通过分析，可以知道共集和共基放大电路的高频特性均好于共射放大电路；同样，场效应管放大电路的频率特性分析与三极管放大电路的分析相似，分析频率特性时，只须画出考虑场效应管内部电容以及耦合电容、旁路电容的等效电路，然后按上述步骤分析频率特性即可；差动放大电路的频率特性，与单管放大电路没有什么本质上的区别。由于上述各种放大电路频率特性的分析方法十分相似，限于篇幅，在此不予赘述。

思考题

1. 放大电路中的低频特性主要取决于哪些元器件？
2. 放大电路中的高频特性主要取决于哪些元器件？
3. 如何才能既提高放大倍数，又兼顾放大电路的通频带？

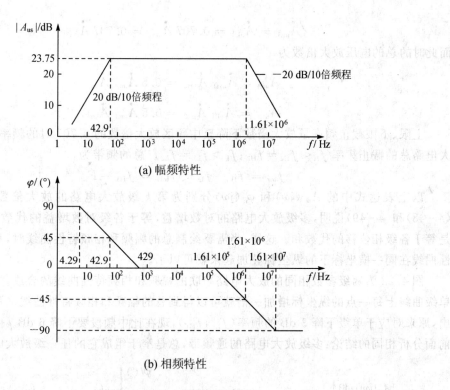

(a) 幅频特性

(b) 相频特性

图 4.21　例 4.2 渐近线波德图

4.4 多级放大电路的频率特性

4.4.1 多级放大电路的幅频特性和相频特性

多级放大电路由多个单级放大电路级联而成,多级放大电路的总增益是各级放大倍数的乘积,即

$$A_u(j\omega) = A_{u1}(j\omega) A_{u2}(j\omega) \cdots A_{un}(j\omega) = \prod_{k=1}^{n} A_{uk}(j\omega) \qquad (4-47)$$

将(4-47)式取绝对值后再求对数,即可求的多级放大电路的幅频特性

$$20\lg|A_u(j\omega)| = 20\lg|A_{u1}(j\omega)| + 20\lg|A_{u2}(j\omega)| + \cdots + 20\lg|A_{un}(j\omega)| = \sum_{k=1}^{n} 20\lg|A_{uk}(j\omega)| \qquad (4-48)$$

多级放大电路总的相位移为

$$\varphi(j\omega) = \varphi_1(j\omega) + \varphi_2(j\omega) + \cdots + \varphi_n(j\omega) = \sum_{k=1}^{n} \varphi_k(j\omega) \qquad (4-49)$$

例如,一个由两级参数完全相同的单级放大电路串接起来的两级放大电路,其下限和上限频率分别为 f_L, f_H,两单级放大电路的下限、上限频率分别为 f_{L1}, f_{H1} 以及 f_{L2}, f_{H2}。则在单级放大电路上、下限频率处,即,$f = f_{L1} = f_{L2}$,$f = f_{H1} = f_{H2}$ 处,各级的电压放大倍数均下降到中频区放大倍数的 0.707 倍,即

$$\dot{A}_{uH1} = \dot{A}_{uH2} = 0.707 \dot{A}_{um1} = 0.707 \dot{A}_{um2}$$

$$\dot{A}_{uL1} = \dot{A}_{uL2} = 0.707\dot{A}_{um1} = 0.707\dot{A}_{um2}$$

而此时的总的电压放大倍数为

$$\dot{A}_{uH} = \dot{A}_{uH1}\dot{A}_{uH2} = 0.5\dot{A}_{um1}\dot{A}_{um2}$$

$$\dot{A}_{uL1} = \dot{A}_{uL1}\dot{A}_{uL2} = 0.5\dot{A}_{um1}\dot{A}_{um2}$$

上限、下限截止频率是放大倍数下降至中频区放大倍数的 0.707 时的频率。所以，两级放大电路总的截止频率 $f_H < f_{H1} = f_{H2}$；$f_L > f_{L1} = f_{L2}$。总的频带为

$$f_{bw} = f_H - f_L < f_{bw1} = f_{H1} - F_{L1}$$

以上表达式中的 $A_{uk}(j\omega)$ 和 $\varphi_k(j\omega)$ 分别为第 k 级放大电路的放大倍数和相位移。式(4-48)和(4-49)说明，多级放大电路的对数增益，等于各级对数增益的代数和；而相位移也是等于各级相位移的代数和。这样，当需要绘制总的幅频和相频特性曲线时，只要把各级的特性曲线在同一横坐标下的纵坐标叠加起来就可以了。

图 4.22 为两级参数相同的放大电路串联的幅频和相频特性曲线的合成。作图时，只要把单级曲线上每一点的纵坐标增加一倍就可以得到总的幅频和相频特性曲线。从曲线上可以看出，原来对应于单级下降 3 dB 的频率（f_{L1}，f_{H1}），现在比中频段要下降 6 dB。由此可以得出与前面分析相同的结论：多级放大电路的通频带，总是窄于组成它的任一级放大电路的通频带。

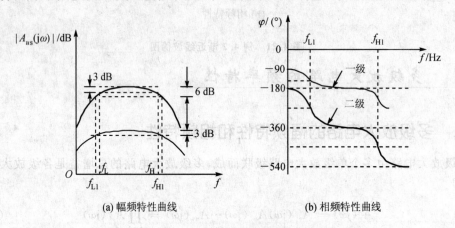

(a) 幅频特性曲线　　　　(b) 相频特性曲线

图 4.22　两级放大电路幅频和相频特性曲线的合成

4.4.2　多级放大电路的上限频率和下限频率

下面具体讨论多级放大电路的上、下限频率与组成它的各单级放大电路上、下限频率之间的关系。

1. 上限频率

设某单级放大电路的高频增益表达式为

$$A_{uHk}(j\omega) = \frac{A_{umk}}{1 + j\dfrac{\omega}{\omega_k}}$$

则可以得到下式

第4章 放大电路的频率特性

$$A_{uH}(j\omega) = \frac{A_{um1}}{1+j\dfrac{\omega}{\omega_{H1}}} \times \frac{A_{um2}}{1+j\dfrac{\omega}{\omega_{H2}}} \times \cdots \times \frac{A_{umn}}{1+j\dfrac{\omega}{\omega_{Hn}}}$$

$$|A_{uH}(j\omega)| = \frac{|A_{um}|}{\sqrt{\left[1+\left(\dfrac{\omega}{\omega_{H1}}\right)^2\right]\left[1+\left(\dfrac{\omega}{\omega_{H2}}\right)^2\right]\cdots\left[1+\left(\dfrac{\omega}{\omega_{Hn}}\right)^2\right]}} \tag{4-50}$$

$$\Delta\varphi_n(j\omega) = -\arctan\left(\frac{\omega}{\omega_{H1}}\right) - \arctan\left(\frac{\omega}{\omega_{H2}}\right)\cdots\arctan\left(\frac{\omega}{\omega_{Hn}}\right) \tag{4-51}$$

式中，A_{um} 为多级放大电路总的中频增益，A_{um1}，A_{um2}，$\cdots A_{umn}$ 为各单级放大电路的中频增益，$|A_{um}| = |A_{um1}\|A_{um2}|\cdots|A_{umn}|$。当 $\omega = \omega_H$ 时，可以得到

$$|A_u(j\omega_H)| = \frac{|A_{um}|}{\sqrt{2}}$$

$$\left[1+\left(\frac{\omega_H}{\omega_{H1}}\right)^2\right] \cdot \left[1+\left(\frac{\omega_H}{\omega_{H2}}\right)^2\right] \cdots \left[1+\left(\frac{\omega_H}{\omega_{Hn}}\right)^2\right] = 2$$

$$\frac{1}{\omega_H} \approx \sqrt{\frac{1}{\omega_{H1}^2} + \frac{1}{\omega_{H2}^2} + \cdots + \frac{1}{\omega_{Hn}^2}}$$

$$\omega_H \approx \frac{1}{\sqrt{\dfrac{1}{\omega_{H1}^2} + \dfrac{1}{\omega_{H2}^2} + \cdots + \dfrac{1}{\omega_{Hn}^2}}}$$

$$f_H \approx \frac{1}{\sqrt{\dfrac{1}{f_{H1}^2} + \dfrac{1}{f_{H2}^2} + \cdots + \dfrac{1}{f_{Hn}^2}}} \tag{4-52}$$

由式(4-52)可以估算多级放大电路的上限频率，一般级数越多，误差越小，为了得到更精确的结果，可以在该式前面加上修正系数 1.1，修正公式为

$$f_H \approx \frac{1}{1.1\sqrt{\dfrac{1}{f_{H1}^2} + \dfrac{1}{f_{H2}^2} + \cdots + \dfrac{1}{f_{Hn}^2}}} \tag{4-53}$$

由式(4-53)可以算出，具有同样上限频率的两级放大电路，其总的上限频率是单级上限频率的 0.64 倍。

2. 多级放大电路的下限频率

设某单级放大电路的低频增益为

$$A_{uk}(j\omega) = \frac{A_{umk}}{1 - j\dfrac{\omega_{Lk}}{\omega}}$$

则可以得到下式

$$A_u(j\omega) = \frac{A_{um1}}{1-j\dfrac{\omega_{L1}}{\omega}} \times \frac{A_{um2}}{1-j\dfrac{\omega_{L2}}{\omega}} \times \cdots \times \frac{A_{umn}}{1-j\dfrac{\omega_{Ln}}{\omega}}$$

$$|A_u(j\omega)| = \frac{A_{um1}A_{um2}\cdots A_{umn}}{\sqrt{\left[1+\left(\dfrac{\omega_{L1}}{\omega}\right)^2\right]\left[1+\left(\dfrac{\omega_{L2}}{\omega}\right)^2\right]\cdots\left[1+\left(\dfrac{\omega_{Ln}}{\omega}\right)^2\right]}} \tag{4-54}$$

$$\Delta\varphi(j\omega) = \arctan\frac{\omega_{L1}}{\omega} + \arctan\frac{\omega_{L2}}{\omega} + \cdots \arctan\frac{\omega_{Ln}}{\omega} \tag{4-55}$$

当 $\omega=\omega_L$ 时,可以得到

$$|A_u(j\omega_L)| = \frac{|A_{um}|}{\sqrt{2}}$$

$$\left[1+\left(\frac{\omega_{L1}}{\omega_L}\right)^2\right]\left[1+\left(\frac{\omega_{L2}}{\omega_L}\right)^2\right]\cdots\left[1+\left(\frac{\omega_{Ln}}{\omega_L}\right)^2\right] = 2$$

解上式得多级放大器的下限角频率、下限频率近似式为

$$\omega_L \approx \sqrt{\omega_{L1}^2 + \omega_{L1}^2 + \cdots + \omega_{Ln}^2}$$

$$f_L \approx \sqrt{f_{L1}^2 + f_{L1}^2 + \cdots + f_{Ln}^2} \qquad (4-56)$$

同计算上限频率一样,为了得到更精确的结果,也可以在式(4-56)前面乘以修正系数 1.1,其修正公式为

$$f_L \approx 1.1\sqrt{f_{L1}^2 + f_{L2}^2 + \cdots + f_{Ln}^2} \qquad (4-57)$$

由式(4-57)的修正公式可以算出,具有同样下限频率的两级放大电路,其总的下限频率是单级下限频率的 1.56 倍。

【例 4.3】 有一个由三级同样的放大电路组成的多级放大电路,为保证能总的上限频率为 0.5 MHz,下限频率为 100 Hz,问每级单独的上限频率和下限频率应为多少?

解:(1) 计算单级上限频率 f_{H1}

根据式(4-53),对于三级相同的放大电路,总的上限频率 f_H 和单级上限频率 f_{H1} 之间存在以下关系

$$f_H \approx \frac{1}{1.1\sqrt{3\times\frac{1}{f_{H1}^2}}}$$

所以

$$f_{H1} = 1.1\sqrt{3}f_H = (1.9\times 0.5)\text{ MHz} \approx 1\text{ MHz}$$

(2) 计算单级下限频率 f_{L1}

根据式(4-57)的修正公式,对于三级相同的放大电路,总的下限频率 f_L 和单级下限频率 f_{L1} 之间存在以下关系

$$f_L \approx 1.1\sqrt{3\times f_{L1}^2}$$

则

$$f_{L1} = \frac{f_L}{1.1\sqrt{3}} = \frac{100}{1.9}\text{ Hz} \approx 50\text{ Hz}$$

通过上述分析可知,具有同样参数的三级放大电路,它的上限频率约为单级的 1/2 倍,它的下限频率约为单级的 2 倍。

实际的多级放大电路中,很少有各级参数完全相同的情况,况且,为了提高电路的稳定性,还有意使各级参数尽可能分散。当各级时间常数相差悬殊时,可取起主要作用的那一级作为估算的依据。例如,若其中某一级的上限频率 f_{Hk} 比其他各级小很多时,则可以近似认为总的上限频率 $f_H \approx f_{Hk}$;同理,若其中某一级的下限频率 f_{Lk} 比其他各级大很多时,则可以近似认为总的下限频率 $f_L \approx f_{Lk}$。

思考题

1. 多级放大电路的通频带为何低于组成它的任何一级电路的通频带?

2. 如何画多级放大电路的波德图？

3. 一多级放大电路由四级完全相同的单级放大电路组成，单级上、下限频率分别为 f_H，f_L，试求多级放大电路的上、下限频率。

本章小结

放大电路对不同频率的信号具有不同的放大能力，用频率响应来表示这种特性。描述频率响应的 3 个指标是中频电压增益、上限频率和下限频率，它们都是放大电路的质量指标。分析中常采用折线波德图法来表示放大电路的频率响应。多级放大电路的波德图由单级叠加而得出。

由频率特性曲线可以看出，阻容耦合基本放大电路在低频区和高频区，电压放大倍数随频率变化而下降，而在中频区，电压放大倍数几乎不受频率变化的影响。

阻容耦合基本放大电路在低频区，电压增益下降的主要原因是由于电路中存在耦合电容和旁路电容。下限频率 f_L 与耦合电容（或旁路电容）所在 RC 高通电路的时间常数成反比。在高频区，电压增益下降的主要原因是由于三极管存在极间电容和分布电容。上限频率 f_H 与结电容（或分布电容）所在 RC 低通电路的时间常数成反比。

习 题

题 4.1 定性说明基本放大电路的电压增益为什么在高频和低频时下降？

题 4.2 在图 4.23 所示的电路中，设电容 $C=1\ \mu F$，$R_b=100\ k\Omega$，$R_c=2\ k\Omega$，$r_{be}=1.1\ k\Omega$，$r_{bb'}=100\ \Omega$，$C_{b'c}=4\ pF$，$C_{b'e}=100\ pF$，$\beta=100$，$R_s=0$。

(1) 画出微变等效电路；

(2) 求电路的中频电压放大倍数以及上、下限频率；

(3) 当信号源频率下降到下限频率 f_L 时，电压放大倍数为多少？输出电压与信号源电压的相位差为多少？

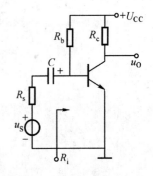

图 4.23 题 4.2 图

题 4.3 在两极放大电路中，已知第一级的电压增益为 40 dB，$f_{L1}=10\ Hz$，$f_{H1}=20\ kHz$；第二级的电压增益为 20 dB，$f_{L2}=100\ Hz$，$f_{H2}=150\ kHz$。问总的电压增益为多少 dB？总的上、下限频率约为多少？

题 4.4 某基本放大电路的 $A_{usm}=-10^3$，$f_L=10\ Hz$，$f_H=1\ MHz$。画出它的波德图。

题 4.5 某放大电路电压放大倍数高频段的频率特性表达式为

$$\dot{A}_u = \frac{-100}{(1+jf/100\ kHz)(1+jf/1\ MHz)}$$

画出其波德图，求其上限截止频率 f_H 的近似值。

题 4.6 某放大电路电压放大倍数的频率特性表达式为

$$\dot{A}_u = \frac{-100(\mathrm{j}f/10\ \mathrm{Hz})}{(1+\mathrm{j}f/10\ \mathrm{Hz})(1+\mathrm{j}f/50\ \mathrm{kHz})}$$

画出其波德图,求其下限截止频率 f_L 和上限截止频率 f_H。

题 4.7 已知某反相放大电路电压放大倍数的对数幅频特性曲线如图 4.24 所示:
(1) 写出该放大电路电压放大倍数的频率特性表达式;
(2) 中频电压放大倍数和上、下限频率各为多少?
(3) 写出该放大电路电压放大倍数的相频特性表达式,画出对数相频特性曲线。

题 4.8 图 4.25 所示放大电路中,已知三极管的 $\beta=100$,$r_\mathrm{be}=2.7\ \mathrm{k\Omega}$,$r_{\mathrm{bb}'}=100\ \Omega$,特征频率 $f_\mathrm{T}=100\ \mathrm{MHz}$,$C_{\mathrm{b'c}}=6\ \mathrm{pF}$,$R_1=10\ \mathrm{k\Omega}$,$R_2=30\ \mathrm{k\Omega}$,$R_\mathrm{c}=5.1\ \mathrm{k\Omega}$,$R_\mathrm{e}=1.8\ \mathrm{k\Omega}$,$R_\mathrm{s}=0$。设电容 $C_1=10\ \mu\mathrm{F}$,C_e 足够大,计算中频电压放大倍数以及上、下限频率,并画出波德图。

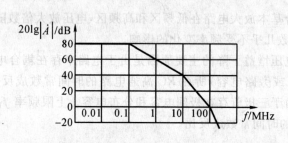

图 4.24 题 4.7 图

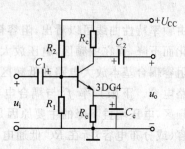

图 4.25 题 4.8 图

第5章 集成运算放大器

集成运放是一种高放大倍数、高输入电阻、低输出电阻的直接耦合放大电路。本章首先对集成运放的特点、组成以及集成运放的主要单元电路之一电流源电路进行介绍；然后介绍几种典型的集成运放产品以及集成运放的性能指标；最后讨论集成运放的选择和使用以及其在应用中的注意事项。

5.1 集成运放概述

采用半导体制造工艺，将大量的晶体管、电阻、电容等电路元件及其电路连线全部集中制造在同一半导体硅片上，形成具有特定电路功能的单元电路，统称为集成电路（Integrated Circuit,IC）。集成电路具有成本低、体积小、重量轻、耗电省、可靠性高等一系列优点，随着半导体工艺的进步，集成电路规模的不断扩大，使得器件、电路与系统之间已难以区分。因此有时又将集成电路称作集成器件。

5.1.1 集成电路的特点和类型

集成电路是元、器件和电路的混合体，无论在设计思想或电路形式方面与分立元件电路都不相同。与分立元件电路相比，集成电路有以下特点：

① 所有元件都是在同一硅片上采用相同的工艺流程制造，因而各元件参数具有同向偏差，性能比较一致。集成电路这一特有的优点，特别适于制造对称性要求很高的电路，例如差动放大器。实际上集成电路的输入级几乎都无例外地采用差动电路，以便充分利用电路对称性，使输出的零漂得到较好的抑制。

② 由于电阻元件是由硅半导体的体电阻构成的，高阻值电阻在硅片上占用面积很大，难以制造，而制作晶体管在硅片上所占面积较小。例如，一个 5 kΩ 电阻所占用硅片的面积约为一个三极管所占面积的 3 倍。所以，常采用三极管恒流源代替所需要的高值电阻，做成所谓的有源电阻。

③ 集成电路工艺不宜制造几十皮法以上的电容，更难以制造电感元件。为此，若电路确实需要大电容或电感，只能靠外接来解决。由于直接耦合可以减少或避免使用大电容及电感，所以集成电路中基本上都采用这种耦合方式。

④ 集成电路中需用的二极管常用三极管的发射结来代替，只要将三极管的集电极与基极短接即可。这样做的原因主要是这样制作的"二极管"的正向压降的温度系数与同类型三极管的 U_{BE} 的温度系数非常接近，提高了温度补偿性能。

⑤ 集成电路中往往既要制作 NPN 管,又要制作 PNP 管。在单片集成电路中,PNP 管大多做成横向的,横向 PNP 管是采用标准工艺,在制作 NPN 管过程中同时制作出来的一种 PNP 管。横向 PNP 管的 β 值较小($\leqslant 10$),其与 NPN 管的匹配性不太接近。在分析时,横向 PNP 管的 $\beta+1$ 和 β 值差别比较大。横向 PNP 管的制作工艺请参阅有关资料。

⑥ 集成电路中各个元器件都不是独立存在的个体,而是"共住"在一块硅片上的集体,尽管采用了 PN 结隔离、介质隔离等隔离措施,也很难绝对地避免它们相互间的影响,并由此派生出许多寄生的元件。因此,在设计集成电路时,应采取措施尽可能削弱这些寄生元件的影响。

由此可见,集成电路在设计上与分立元件电路有很大差别,这在分析集成电路的结构和功能时应当予以注意。

集成电路类型繁多,根据集成规模可分为小、中、大和超大规模等类型;根据电路功能可分为数字集成电路和模拟集成电路;根据元器件类型可分为单极型和双极型集成电路。根据应用情况不同更是类型繁多,其中模拟集成电路主要包括集成运算放大器、集成功率放大器、集成高频放大器、集成中频放大器、集成滤波器、集成比较器、集成乘法器、集成稳压器和集成锁相环等。

集成电路的常见封装形式有 4 种,即双列直插式、扁平式、圆壳式和贴片式。贴片式是近年来迅速发展的一种新工艺,应用已日趋广泛。

图 5.1 是半导体集成电路的常见几种封装形式。图 5.1(a)为金属圆壳式封装,采用金属圆筒外壳,类似于一个多引脚的普通晶体管,但引线较多,有 8,12,14 根引出线等;图 5.1(b) 是扁平式塑料封装,用于要求尺寸微小的场合,一般有 14,18,24 根引出线。图 5.1(c)是双列直插式封装,它的用途最广。其外壳多用陶瓷或塑料,通常设计成 2.5 mm 的引线间距,以便与印刷电路板上的标准件插孔配合。对于集成功率放大器和集成稳压电源等,还带有金属散热片及安装孔。封装引线有 14,18,24 根等。图 5.1(d)为超大规模集成电路的一种封装形式,外壳多为塑料,四面都有引出线。

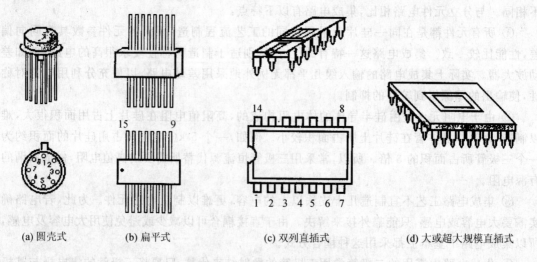

(a) 圆壳式　　(b) 扁平式　　(c) 双列直插式　　(d) 大或超大规模直插式

图 5.1　半导体集成电路外形图

5.1.2 集成运放的组成及其表示符号

集成运算放大器是集成电路中的一种重要形式,简称集成运放。集成运放实际上就是一个高增益的多级直接耦合放大器,由于它最初主要用作各种数学运算(例如加、减、乘、除、微积分等),故至今仍保留这个名字。随着电子技术的飞速发展,集成运放的各项性能不断提高,目前,它的应用领域已大大超出了数学运算的范畴。使用集成运放,只需另加少数几个外部元件,就可以方便地实现很多电路功能。在控制、测量、仪表等许多领域中,都发挥着重要作用,可以说,集成运放已经成为模拟电子技术领域中的核心器件之一。本章主要探讨集成运放,其他类型集成电路在后续章节再做探讨。

1. 集成运放的基本组成

集成运算放大器是利用集成工艺,将所有的元件集成制作在同一块硅片上,然后再封装在管壳内。集成运放内部实际上是一个高增益的直接耦合放大器,集成运放型号繁多,性能各异,内部电路各不相同,但其内部电路的基本结构却大致相同。集成运放的内部电路一般可分为输入级、中间级、输出级及偏置电路等 4 个部分,其内部组成原理框图如图 5.2(a)所示。

(1) 输入级

输入级是是决定整个集成运放性能的最关键一级,不仅要求其零漂小,还要求其输入电阻高,输入电压范围大,并有较高的增益等。为了能减小零点漂移和抑制共模干扰信号,输入级毫无例外地都采用具有恒流源的差动放大电路,也称差动输入级。这部分已经在第 3 章讲过。

(2) 中间级

中间级的主要作用是提供足够大的电压放大倍数,因而也称电压放大级。不仅要求中间级本身具有较高的电压增益,同时为了减小对前级的影响,还应具有较高的输入电阻,为了给输出级提供足够的输出电流,还应具有低输出电阻,并能够根据需要实现单双端输出转换以及实现电位移动等任务。中间级一般采用有源负载的共射放大电路,一些电路还采用复合管。

(3) 输出级

输出级的主要作用是输出足够的电压和电流以满足负载的需要,同时还需要有较低的输出电阻和较高的输入电阻,以起到将放大级和负载隔离的作用。为了提高输出电路的带负载能力,输出级电路多采用由负载能力较强的射极输出器演变来的互补对称推挽电路,它常附加有过载保护电路,同时还必须考虑失真问题。输出级为功率放大电路,这部分内容将在功率放大电路章节中讲述。

(4) 偏置电路

偏置电路的作用是为各放大级提供合适且稳定的的静态工作电流,决定各级静态工作点,有时偏置电路还作为放大器的有源负载。在集成电路中,偏置电路一般由各种恒流源电路组成。

此外,还有一些辅助电路,如过载保护电路、调零电路以及频率补偿电路等。

2. 集成运放的表示符号与封装形式

集成运放内部电路随型号的不同而不同,但可以用同一电路符号来表示集成运放。集成运算放大器的输入级由差动放大电路组成,因此一般具有两个输入端、一个输出端:一个是同相输入端,用"+"表示;另一个是反相输入端,用"-"表示;输出端用"+"表示。若将反相输入端接地,信号由同相输入端输入,则输出信号和输入信号的相位相同;若将同相输入端接地,信号从反相输入端输入,则输出信号和输入信号相位相反。集成运放的引脚除输入、输出端外,还有用于连接电源电压和外加校正环节等的引出端,例如正负电源、相位补偿、调零端等。集成运放的代表符号如图 5.2(b) 和 (c) 所示,图中"▷"表示信号的传输方向,"∞"表示具有极高的增益,同相输入电压、反相输入电压以及输出电压分别用"u_+""u_-""u_o"表示。图 5.2(b) 是目前常用的规定符号,但要提请读者注意的是很多资料以及工程技术人员都习惯直接用图 5.2(c) 所示符号表示集成运算放大器。

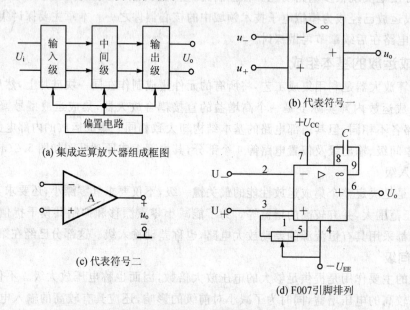

图 5.2 集成运放的组成及其表示符号

常见集成运放的封装主要有金属圆壳式、扁平式和双列直插式(DIP 式)等,引脚数有 8 脚、9 脚、14 脚等类型。其引脚排列顺序的首号,一般有色点、凹槽、管键及封装时压出的其他标记等。例如,常见的圆壳型集成运放的外形如图 5.1(a) 所示,典型运放 F007 的引脚排列如图 5.2(d) 所示。从成本说,塑料外壳的 DIP 式最便宜,陶瓷外壳 DIP 式和扁平式最贵;从体积上说,扁平式最小;从可靠性来说,陶瓷 DIP 式和扁平式最好,塑料 DIP 式最差。

5.1.3 集成运算放大器的分类

自 1964 年第一块集成运算放大器 μA702(我国为 F001)问世以来,经过数十年的发展,集成运放已成为一种类别与品种系列繁多的模拟集成电路了。随着集成工艺和材料技术的进步,通用型产品技术指标进一步得到完善,适应特殊需要的各种专用型集成运放不断涌现。为了能在实际应用中正确地选择使用,必须了解集成运放的分类。集成运算放大器一般有 4 种分类方法。

1. 按其用途分类

集成运算放大器按其用途分为通用型及专用型两大类。通用型集成运算放大器的参数指标比较均衡全面,适应于一般工程应用。通用型种类多、产量大、价格便宜,作为一般应用的首选通用型。专用型集成运算放大器是为满足特殊要求而设计的,其参数中往往有一项或某几项非常突出,已经出现了多种专用型集成运算放大器,现将几种有代表性的简述如下。

(1) 高速集成运算放大器

有较高的工作速度,工艺上一般采用高速 NPN 管,并适当加大工作电流,散热设计是必须考虑的重要环节。特别是电流模技术的引入,更是使运放的速度得到了极大提高。

(2) 低功耗或微功耗型集成运算放大器

生物科学、空间技术需要低电压、低电流的集成运放。一般运放的静态功耗约在 50 mW 以上,而低功耗集成运放的工作电流为 μA 级,功耗为 mW 或 μW 级,一般均小于 5 mW。CMOS 运放的功耗更小。

(3) 高精度集成运算放大器

高精度集成运算放大器的特点是高增益、高共模抑制比、低偏流、低温漂、低噪音等。适应于精确度要求高的领域,例如测控领域。

(4) 宽带集成运算放大器

宽带集成运算放大器的特点是频带足够宽,一般增益带宽大于 10 MHz,适应于通信领域。

(5) 高电压集成运算放大器

一些实际场合需要集成运放输出较高的电压,高电压集成运放就是为此设计的,正常输出电压大于±15 V。要输出高的电压,电源电压应随之提高,其电源电压一般可加到±20 V 以上,提高器件的耐压值是集成工艺必须做到的。

(6) 功率型集成运算放大器

功率型集成运算放大器输出功率大、输出电流大,普通运放的输出电流大约为 10～20 mA,而功率型集成运放的输出电流则高于 50 mA,甚至可达数安培。设计工艺上必须解决散热和过载保护。

另外,还有高输入阻抗(输入电阻高,输入电流小)、电流模型(采用电流模技术)、跨导型(电压输入,电流输出)、程控型(通过引脚可改变功能和指标)等多种。随着集成技术的进步,新的产品还在涌现。

2. 按其供电电源分类

集成运算放大器按其供电电源分类,可分为双电源和单电源集成运算放大器两类。

(1) 双电源集成运算放大器

正负对称的双电源供电,以保证运放的优良性能。绝大部分运放在设计中都采取这种供电方式。

(2) 单电源集成运算放大器

这类集成运放采用特殊设计,在单电源下能实现零输入、零输出。交流放大时,失真较小。

3. 按其器件类型分类

集成运算放大器按其制作工艺分类,可分为双极型、单极型、双极－单极兼容型 3 类。

(1) 双极型集成运算放大器

内部由双极型器件集成,一般速度优于单极型,功耗劣于单极型。

(2) 单极型集成运算放大器

内部由单极型器件集成,一般速度低于双极型,功耗极低是单极型突出优点。

(3) 双极—单极兼容型集成运算放大器

双极和单极两种集成工艺优化组合,取长补短,运算放大器性能更加优良,但工艺较复杂。

4. 按运放数目分类

按单片封装内所包含的运放数目来分,集成运放可分为单运放、双运放、三运放和四运放4类。

思考题

1. 集成运放的封装主要有几种?各有什么特点?
2. 集成运放由哪几部分组成?对各组成部分有什么要求?
3. 集成运放符号框内符号的含义是什么?

5.2 电流源电路

在集成电路中,广泛使用不同的电流源为各种放大电路提供稳定的偏置电流或作为有源负载。电流源更是集成运放必不可少的组成部分,下面讨论几种常见的电流源。

5.2.1 镜像电流源电路

在第3章图3.15所示单管电流源中,要用3个电阻,不仅不便于集成,而且温度特性较差。为此,用一个完全相同的晶体管 V_1,将集电极和基极短接在一起来代替图3.15中的电阻 R_1 和 R_2,便得到图5.3所示的镜像电流源电路。

由图5.3可知,参考电流 I_r 为

$$I_r = \frac{U_{CC} - U_{BE1}}{R_r} \approx \frac{U_{CC}}{R_r} \tag{5-1}$$

则可在 V_2 的集电极端得到相应的 I_{C2},作为提供给其他放大级的偏置电流。

由于两管的 e 结连在一起,所以 $U_{BE1} = U_{BE2}$,并且 V_1,V_2 是做在同一硅片上的两个相邻晶体管,工艺、结构和参数都比较一致,因此可以认为

$$I_{B1} = I_{B2} = I_B \quad \beta_1 = \beta_2 = \beta \quad I_{C1} = I_{C2} = I_C$$

由图5.3可知

$$I_{C2} = I_{C1} = I_r - 2I_{B2} = I_r - 2\frac{I_{C2}}{\beta}$$

因此可得

$$I_{C2} = \frac{\beta I_r}{\beta + 2} = I_r \frac{1}{\frac{2}{\beta} + 1} \tag{5-2}$$

如果 $\beta \gg 2$,上式可简化为

$$I_{c2} \approx I_r = \frac{U_{CC} - U_{BE}}{R_r} \approx \frac{U_{CC}}{R_r} \tag{5-3}$$

可见,只要 I_r 一定,I_{C2} 就恒定,改变 I_r,I_{C2} 也跟着改变。两者的关系好比物与镜中的物像一样,故称为镜像电流源。

将上述原理推广,可得多路镜像电流源。如图5.4所示为三路电流源,图中 V_1,V_2,V_3,

V_4做在同一硅片上,工艺、结构和参数一致,电流系数均为β,V_5管是为了提高各路电流的精度而设置的。在没有V_5管时,$I_{C1}=I_r-4I_B$,很容易推出

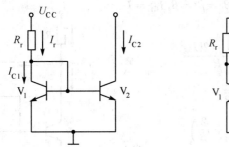

图 5.3　镜像电流源　　　　　　图 5.4　多路镜像电流源

$$I_{C2}=I_{C3}=I_{C4}=\frac{\beta}{\beta+4}I_r$$

加了V_5管后,$I_{C1}=I_r-4I_B/(1+\beta_5)$,可以推出

$$I_{C2}=I_{C3}=I_{C4}=\frac{\beta(1+\beta_5)}{\beta(1+\beta_5)+4}I_r$$

对比两式可以看出,$\beta(1+\beta_5)\gg 4$更容易满足,所以V_5管的加入使各路电流更接近I_r,并且受β的温度影响也小。

在集成电路中,多路镜像电流源是由多集电极晶体管实现的,图5.5(a)电路就是一个例子。它利用一个三集电极横向PNP管组成双路电流源,其等价电路如图5.5(b)所示。横向PNP管β较小,$\beta\gg 1$不容易满足。

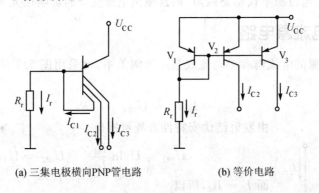

(a) 三集电极横向PNP管电路　　　　(b) 等价电路

图 5.5　多集电极晶体管镜像电流源

镜像电流源这种电路的优点是结构简单,并具有一定的温度补偿作用,但有以下不足:
① 受电源变化的影响较大。很难适应电源电压大幅度改动下的运行情况;
② 要得到μA级的电流,需要很大的电阻,往往超出集成工艺可实现的范围;
③ 输出电阻是恒流源的一项重要指标,由于管子的c、e间有一定的电导$1/r_{ce}$,当U_{CE}变化时,I_C也将随之变化,因此恒流特性尚不完善。

5.2.2　威尔逊电流源电路

镜像电流源中,输出电流与基准电流之间仅仅是近似相等,特别是β值不够大时,二者之

间误差更大。为了提高传输精度以及进一步提高电路的输出电阻,可采用图 5.6 所示的威尔逊电流源。它是在图 5.3 的基础上增加一个放大管 V_3 组成的。

在图 5.6 中,若三管特性相同,则 $\beta_1=\beta_2=\beta_3=\beta$,$I_{C1}=I_{C2}=I_C$,由图 5.6 可知

$$I_r = \frac{U_{CC}-U_{BE3}-U_{BE2}}{R_r} = \frac{U_{CC}-2U_{BE}}{R_r}$$

$$I_{C1} = I_r - I_{B3} = I_r - \frac{I_{C3}}{\beta}$$

$$I_{E3} = I_{C2} + \frac{I_{C1}}{\beta} + \frac{I_{C2}}{\beta} = I_C\left(1+\frac{2}{\beta}\right)$$

而且,$I_{C3}=\frac{\beta}{1+\beta}I_{E3}$ 综合上式可解得

$$I_{C3} = \left(1-\frac{2}{\beta^2+2\beta+2}\right)I_r \qquad (5-4)$$

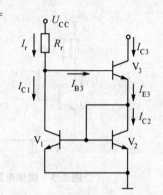

图 5.6 威尔逊电流源

当 $\beta=20$ 时,威尔逊电流源的输出电流 $I_o=I_{C3}$ 与参考电流 I_r 之间的相对误差是 0.45%;而图 5.3 的输出电流 $I_o=I_{C3}$ 与参考电流 I_r 之间的相对误差是 9.1%,可见,威尔逊电流源的传输精度有了明显提高。

此外,威尔逊电流源还能自动稳定输出电流。假设由于温度或负载等因素变化而使输出电流 I_{C3} 增大时,则 I_{E3} 及镜像电流 I_{C1},I_{C2} 随之增大,而 $I_r=I_{C1}+I_{B3}$ 不变,因此 I_{B3} 减小,则 I_{C3} 也随之减小,结果维持了 I_{C3} 的基本恒定。这种稳定电流的作用称为电流负反馈,能够进一步提高恒流源的输出电阻。利用威尔逊电流源的交流微变等效电路,可以证明其有较大的动态内阻。可见,威尔逊电流源不仅动态内阻,而且输出电流受 β 的影响也大大减小。

5.2.3 比例电流源电路

如果希望电流源的电流与参考电流成某一比例关系,可采用图 5.7 所示的比例电流源电路。由图 5.7 可知

$$U_{BE1} + I_{E1}R_1 = U_{BE2} + I_{E2}R_2 \qquad (5-5)$$

由发射结伏安特性方程可推出

$$U_{BE1} = U_T \ln\frac{I_{E1}}{I_{S1}} \qquad U_{BE2} = U_T \ln\frac{I_{E2}}{I_{S2}}$$

而 $I_{S1}=I_{S2}$,所以

$$U_{BE1} - U_{BE2} = U_T \ln\frac{I_{E1}}{I_{E2}} \qquad (5-6)$$

当两管的射极电流相差 10 倍以内时:

$$|U_{BE1}-U_{BE2}| = \left|U_T\ln\frac{I_{E1}}{I_{E2}}\right| \leqslant U_T\ln 10 \approx 60 \text{ mV}$$

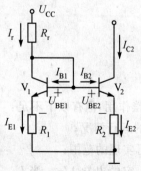

图 5.7 比例电流源

即室温下,两管的 U_{BE} 相差不到 60 mV,十分微小,小于此时两管 U_{BE} 电压(>600 mV)的 10%。因此,可近似认为 $U_{BE1} \approx U_{BE2}$。这样,式(5-5)就可简化为

$$I_{E1}R_1 \approx I_{E2}R_2$$

若 $\beta \gg 1$,则 $I_{C1} \approx I_{E1} \approx I_r$,$I_{E2} \approx I_{C2}$,由此得出

集成运算放大器

$$I_{C2} \approx \frac{R_1}{R_2} I_r \tag{5-7}$$

参考电流 I_r 应按下式计算:

$$I_r = \frac{U_{CC} - U_{BE1}}{R_r + R_1} \approx \frac{U_{CC}}{R_r + R_1} \tag{5-8}$$

可见,I_{C2} 与 I_r 成比例关系,其比值由 R_1 和 R_2 确定。

比例电源接入了射极电阻,其作用与分压式偏置电路的射极电阻一样,也具有一定程度的自动稳定输出电流的功能,同样它具有很大的动态内阻。

5.2.4 微电流源电路

在集成电路中,有时需要微安级的小电流。如果采用镜像电流源,R_r 势必过大。这时可将图 5.7 电路中的 R_1 去掉,只保留 R_2,即 $R_1 = 0$,便得到图 5.8 所示的微电流电流源电路。此时,$U_{BE1} > U_{BE2}$,即 I_{C1} 比较大,由于 R_2 的作用,将使 $I_{C1} > I_{C2}$,也就是说 R_r 不过大,也能满足 I_{C2} 比较小的要求。

由式(5-5)和式(5-6)可知,在 $R_1 = 0$ 时:

$$I_{E2} = \frac{1}{R_2}(U_{BE1} - U_{BE2}) = \frac{U_T}{R_2} \ln \frac{I_{E1}}{I_{E2}}$$

当 $\beta \gg 1$ 时,$I_{E1} \approx I_{C1} \approx I_r$,$I_{C2} \approx I_{E2}$,由此可得

$$I_{C2} \approx \frac{U_T}{R_2} \ln \frac{I_{C1}}{I_{C2}}$$

$$R_2 = \frac{U_T}{I_{C2}} \ln \frac{I_r}{I_{C2}} \approx \frac{U_T}{I_{C2}} \ln \frac{I_{C1}}{I_{C2}} \tag{5-9}$$

由图 5.8 知,参考电流 I_r 应按下式计算:

$$I_r = \frac{U_{CC} - U_{BE1}}{R_r} \approx \frac{U_{CC}}{R_r} \tag{5-10}$$

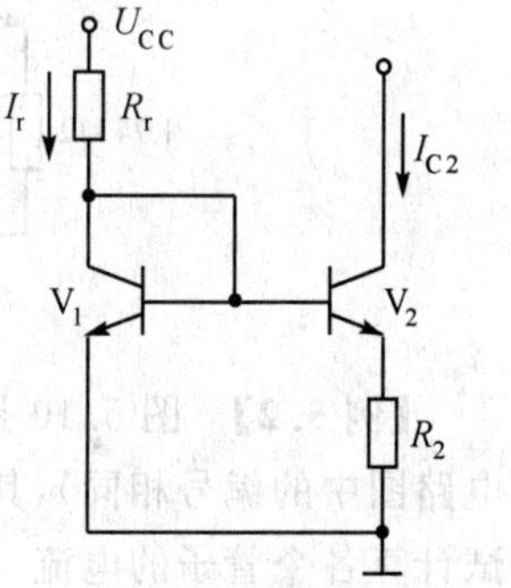

图 5.8 微电流源

式(5-9)表明,当 I_r 和所需要的小电流一定时,可计算出所需的电阻 R_2。若已知 I_{C1} 和 R_2 欲求 I_{C2},则需要解超越方程。

【例 5.1】 在图 5.8 电路中,$U_{CC} = 15$ V,$I_r = 1$ mA,$I_{C2} = 10$ μA,常温下,$U_T = 26$ mV,请确定 R_2 及 R_r 的值。

解:由公式(5-9)得

$$R_2 = \left(\frac{26 \times 10^{-3}}{10 \times 10^{-6}} \ln \frac{1\,000}{10}\right) \Omega \approx 12 \text{ k}\Omega$$

由公式(5-10)得

$$R_r \approx \frac{U_{CC}}{I_r} = \frac{15}{1 \times 10^{-3}} \Omega = 15 \text{ k}\Omega$$

由此可见,要得到 10 μA 的电流,在 $U_{CC} = 15$ V 时,采用微电流电流源电路,所需的总电阻不超过 27 kΩ。如果采用镜像电流源,则电阻 R_r 要大到 1.5 MΩ。

与镜像电流源相比,微电流电流源具有以下特点:

① U_{CC} 变化,虽然 I_r 和 I_{C1} 作同样的变化,但 R_2 的作用使 I_{C2} 的变化小得多,因此提高了恒流源对电源变化的稳定性;

② I_{C2} 与 U_{BE1},U_{BE2} 的差值成比例,当温度变化时,由于两管的温度特性一致,从而提高了

恒流源对温度变化的稳定性；

③ R_2 的作用是电流负反馈，提高了微电流电流源的输出电阻（远高于 V_2 的 r_{ce}），使之更接近理想的恒流源。

5.2.5 多路偏置电路

前面所讲的只是一种或一路偏置电流的获得问题，通过同样的措施，也可以供给多路偏置电流，集成电路中多采用同一参考电流得到多种偏置电流的方案。例如在图 5.9 中，参考电流为 $I_R=706~\mu A$，通过 V_2 建立参考电压，V_1 与 V_2、V_3 与 V_2 构成两路微电流源，V_4 与 V_2 构成镜像电流源，根据镜像电流源和微电流源的电流分配原则，可以得出 $I_{C1}=42~\mu A$，$I_{C3}=47~\mu A$，$I_{C4}=688~\mu A$。设各管的 $\beta=80$，读者可自行推理验算。

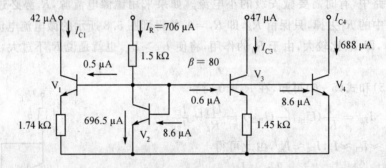

图 5.9　多路电流源

【例 5.2】 图 5.10 是集成运放 F007 中的一部分电流源电路（各元器件的编号均与 F007 电路图中的编号相同），其中 V_{12} 和 V_{13} 是横向 PNP 管，$\beta_{12}=\beta_{13}=2$，V_{10} 和 V_{11} 是 NPN 型管，试计算各个管子的电流。

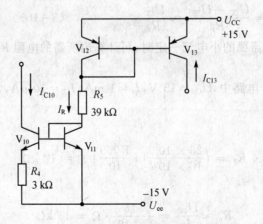

图 5.10　F007 中的电流源电路

解：由图 5.10 可知流过电阻 R_5 的电流就是参考电流 I_R，即

$$I_R = \frac{U_{CC}+U_{EE}-U_{BE12}-U_{BE11}}{R_5} = \frac{28.6}{39}~\text{mA} \approx 0.73~\text{mA}$$

V_{10}，V_{11} 构成微电流源，根据式（5-9）得

$$U_T \ln \frac{I_R}{I_{C10}} \approx I_{C10} R_4$$

代入数据可得

$$3I_{C10} = 26 \ln \frac{730}{I_{C10}}$$

上式中，I_{C10} 的单位为 μA，利用作图法或试探法，可求得 $I_{C10} \approx 28 \mu A$。

V_{12} 和 V_{13} 组成镜像电流源，由于 β 较小，则利用式(5-2)得

$$I_{C13} = \frac{\beta_{13}}{\beta_{13}+2} I_R = \left(\frac{2}{2+2} \times 0.73\right) \text{ mA} = 0.365 \text{ mA} = I_{C12}$$

前面探讨的都是双极型电流源，用场效应管代替双极型三极管，同样可以构成上述各种形式的恒流源电路。基准电流和供给电流关系取决于场效应管的几何尺寸，例如 MOS 场效应管的沟道长宽比例就对电流比例关系起决定性作用。这方面不做详细探讨，有兴趣的读者可参阅有关资料。

5.2.6 电流源作为有源负载

以有源电路取代电阻作放大电路的负载，称为有源负载。把直流电阻小、交流电阻大的电流源作为集电极电阻或射极电阻构成基本放大电路时，可提高电路的电压增益及动态输出范围。集成运放要有极高的电压增益，为了减少级数，就必须提高单级放大电路的电压增益。因此，在集成运放中，放大电路多以电流源作有源负载。

典型的有源负载共射放大电路如图 5.11(a)所示。图中，V_1 是共射接法的放大管，V_2，V_3 管构成镜像电流源作 V_1 管的集电极负载。由于该电流源的动态内阻为 r_{ce3}，所以此时 V_1 管的电压增益只需将共射增益表达式中的 R_C 用 r_{ce3} 取代即可，该级放大器可获得极高的电压增益，一般高达 10^3 级，甚至更高。

图 5.11(b)是采用有源负载的差动放大电路，图中 V_1，V_2 是差动对管，V_3，V_4 管构成镜像电流源作有源负载。

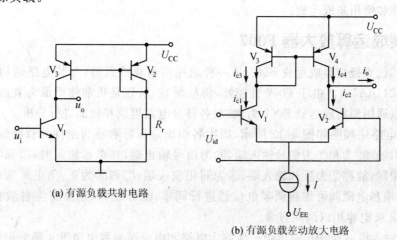

(a) 有源负载共射电路

(b) 有源负载差动放大电路

图 5.11 有源负载放大电路

用镜像电流源作差放的有源负载还使电路具有一种特殊的功能即单端化功能。所谓单端化，就是让单端输出的差放具有与双端输出相同的效果，即其差模电压增益是普通单端输出的

两倍;其抑制共模信号的能力也相当于双端输出的效果。

在图 5.11(b)中,V_1,V_2 两管组成共射接法的差动放大电路,V_3,V_4 管组成镜像电流源作差放的有源负载,设两边管参数一致,集成电路中易满足。

当输入信号 u_i 为零时,有 $I_{C1}=I_{C2}=I/2$。若 V_3,V_4 管的 $\beta \gg 1$,则 $I_{C3} \approx I_{C1}$,$I_{C4} \approx I_{C3}$,而 $I_{C1} \approx I_{C2}$,所以,$I_{C4} \approx I_{C2}$,则静态时输出电流 $I_O = I_{C4} - I_{C2} \approx 0$。

当输入共模信号时,V_1,V_2 两管的电流变化量大小与方向均相同,V_4 的电流增量也与 V_1(即 V_3)电流变化量相同,所以进入负载的信号电流为零,也就是说与双端输出一样,共模信号几乎被完全抑制掉了。

当输入差模信号 u_{id} 时,则在 u_{id} 作用下,V_1,V_2 两管电流变化量大小相等而方向相反,由于 V_4 是 V_3 管的镜像,所以在 V_3 的电流(即 V_1 的电流)产生一个增量时,V_4 的电流也会产生相同的增量,如图 5.11(b)所示。

由图 5.11(b)可知,$\Delta i_{c1} = -\Delta i_{c2}$,$\Delta i_{c3} = \Delta i_{c4}$,$\Delta i_{c1} = \Delta i_{c3}$,所以

$$\Delta i_o = \Delta i_{c4} - \Delta i_{c2} \approx \Delta i_{c1} + \Delta i_{c1} = 2\Delta i_{c1}$$

上式表明,输出电流为两边单管电流变化量的两倍,换句话说,该电路的差模电压增益与双端输出近似相同。

思考题

1. 镜像电流源有什么特点?
2. 微电流源有什么特点?
3. 何为有源负载?有什么优点?

5.3 典型集成运算放大器

通过前面分析可以知道,集成运放内部电路是十分复杂的,再加上集成运放种类繁多,不可能一一介绍。这里仅介绍 F007 和 CC14573 两种集成运放的电路组成和工作原理,以供读者更好地掌握和使用集成运放。

5.3.1 集成运算放大器 F007

国产第二代双极型集成运放 F007 是一种通用型运算放大器,与其电路结构和功能相似的型号有 5G24,μA741。由于 F007 性能好,价格便宜,所以是目前使用最为普遍的集成运放之一。下面以通用型集成运放 F007 为例,对各部分电路组成和功能进行分析。

F007 的电路原理图如图 5.12 所示,图中各引出端所标数字为组件的管脚编号。电路共有 9 个对外引线端:②和③为信号输入端,⑥为信号输出端,在单端输入时,②和⑥相位相反,③和⑥相位相同,故称②为反相输入端,③为同相输入端;⑦和④为正、负电源端;①和⑤为调零端,在此两端和电源间可加接调零电位器进行调零;⑧和⑨为(消除寄生自激振荡的)补偿端,可连接 PF 级电容用以消除自激。

F007 由输入级、中间级、输出级三级放大电路和电流源偏置电路等 4 部分组成,下面分别进行介绍。

1. 电流源偏置电路

偏置电路由图 5.12 中的 $V_8 \sim V_{13}$ 管和 R_4,R_5 等组成,如图 5.13 所示。V_8,V_9 以及 V_{12} 和

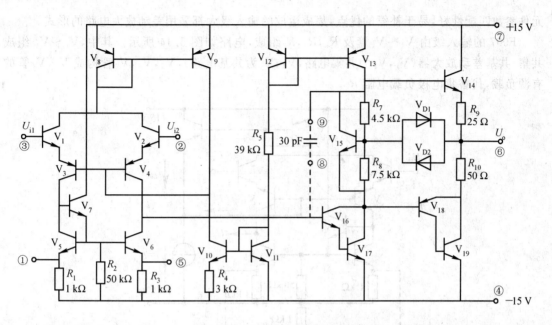

图 5.12 F007 的电路原理图

V_{13} 管构成镜像电流源，V_{10} 和 V_{11} 管构成微电流源。其基准电流 I_R 从 U_{CC} 出发，经 V_{12}，R_5 和 V_{11} 管流向 U_{EE}，由图 5.12 可知

$$I_R = \frac{U_{CC} + U_{EE} - U_{BE12} - U_{BE11}}{R_5}$$

由上式可以看出，I_R 是一个基本恒定的基准电流，由 I_R 便可求得其他支路的偏置电流。

V_{10}，V_{11} 管组成微电流源，I_{C10} 比 I_{C11} 小得多，但更稳定，二者的关系由式(5-9)决定。

V_{10} 中的镜像电流 I_{C10} 为 V_9 提供集电极电流，同时为 V_3，V_4 提供基流 I_{34}，即 $I_{C10} = I_{C9} + I_{34}$。

由横向 PNP 管 V_8，V_9 组成的镜像电流源产生 I_{C8}，为输入级的 V_1，V_2 提供集电极静态电流；横向 PNP 管 V_{12} 和 V_{13} 组成的镜像电流源产生 I_{C13}，向中间级的 V_{16}，V_{17} 提供静态电流。

还应指出，V_8 和 V_9 不仅是镜像电流源，而且还与微电流源 V_{10} 组成共模负反馈环节，以稳定 I_{C3}，I_{C4}（同样稳定 I_{C1}，I_{C2}）。

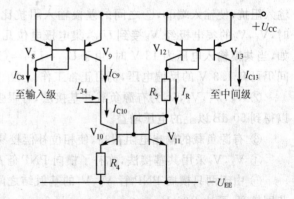

图 5.13 F007 的偏置电路

例如，当温度升高使 I_{C1}，I_{C2} 增加时，I_{C3}、I_{C4} 会同样增加，也会引起 I_{C8} 增加，I_{C9} 便也随之增加。由于 $I_{C10} = I_{C9} + I_{34}$，且 I_{C10} 恒定，而结果导致 I_{34} 减少，进而使 I_{C3}，I_{C4} 减少，I_{C1}，I_{C2} 减少，从而保证了 V_1，V_2，V_3，V_4 静态工作点的稳定，提高了输入级的共模抑制比。

2. 输入级

输入级是决定集成运放性能的关键一级。很多性能指标，如输入电阻、输入电压（包括差模电压、共模电压）范围、共模抑制比等，主要由输入级的性能来决定。为了发挥集成电路内部元件参数匹配性好,易于补偿的优点,集成运放的输入级大都采用差动放大电路的形式。

F007 的输入级由 $V_1 \sim V_7$ 管及 R_1, R_2, R_3 组成,电路如图 5.14 所示。其中,$V_1 \sim V_4$ 组成共集-共基差动放大器(V_1, V_2 为共集电路,V_3, V_4 为共基电路),V_5, V_6, V_7 管构成 V_3, V_4 管的有源负载,代替集电极负载电阻 R_c。

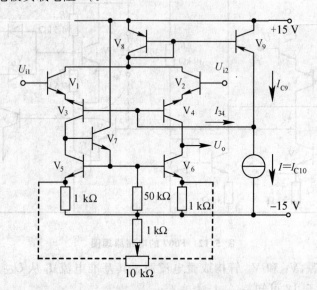

图 5.14 F007 的输入级

差模信号由 V_1, V_2 的基极(②,③端)输入,经放大后由 V_4, V_6 的集电极以单端形式输出到中间级 V_{16} 的基极。这种输入电路有以下优点:

① 由 V_1, V_2 组成的共集电路输入电阻已经很高,它们的发射极又串有 V_3, V_4 共基电路的输入阻抗,使输入端②,③之间的差模输入阻抗比一般差动电路提高一倍,可高达 1 MΩ;同时,V_1, V_2 的集电极经 V_8 接到 U_{CC},集电极电位几乎高达 U_{CC},共模输入电压得到了提高。例如,当共模输入电压为 13 V 时,由 $U_{C1} = U_{C2} = (15 - 0.7)$ V $= 14.3$ V,所以 V_1, V_2 的集基之间仍可有 1.3 V 的反偏电压,仍可正常工作。

② V_3, V_4, V_5, V_6 为有源负载共基接法,有很强的电压放大作用,在 V_4 的集电极输出端可以得到 50 dB 以上的电压增益。

③ 有源负载的输出电阻很高,使相位补偿较易,只需外接一个 30 PF 的电容即可。

④ V_3, V_4 采用共基接法,弥补了横向 PNP 管高频特性差的缺点,改善了频率响应。

⑤ 由于两只横向 PNP 管 V_3, V_4 的基射结之间的反向击穿电压较高,因而差模输入电压范围较宽,可达 +30 V。

⑥ V_7 的作用除了向 V_5, V_6 提供偏流外,还将 V_3, V_5 集电极电压的变化传递到 V_6 的基极,使 V_6 的集电极电压变化量提高一倍,从而使单端输出的电压接近于双端输出的电压。同时,接入 V_7 还使 V_3, V_4 的有源负载比较对称,从而可以提高共模抑制比。

3. 中间级

图 5.15 是 F007 的中间级电路原理图。它的输入来自图 5.14 输入级中,V_4, V_6 的集电极输出,它的输出端则分别接到输出级的两个互补对称管的基极。

F007 的中间级是带有源负载的复合管共射极放大电路。复合管由 V_{16}, V_{17} 组成,可以提高电路的输入电阻,从而减小对输入级的影响,同时复合管的 β 也增大很多。由于复合管集电极负载为恒流源 V_{13} 构成的有源负载,而 V_{13} 的动态电阻很大,加之复合放大管的 β 也大,因此中间级的放大倍数很高,一般大于 60 dB。此外,在 V_{16} 的基极与 V_{13} 的集电极之间还加接了一只约 30 pF 的补偿电容,用以消除自激,此电容已在集成电路中制作。关于复合管的有关内容将在功率电路中探讨。

4. 输出级和过载保护

图 5.16 所示为 F007 的输出级电路。信号从中间级的 V_{13},V_{16}(V_{17})的集电极加至互补对称电路两管基极,放大后从⑥端输出。F007 的输出级由 V_{14},V_{18},V_{19},V_{15},R_7,R_8 及 V_{D1},V_{D2},R_{10} 共同组成。其中 V_{14},V_{18},V_{19} 构成互补对称式或准互补对称式功率放大电路;V_{15},R_7,R_8 组成 U_{BE} 扩大电路;V_{D1},V_{D2},R_9,R_{10} 构成过载保护电路。U_{BE} 扩大电路调整末级工作电流比较灵活,可以抑制交越失真,关于互补对称电路及 U_{BE} 扩大电路的详细内容,将在功率电路中探讨。过载保护电路是为防止功放管电流过大造成损坏而设置的。正常工作时,V_{D1},V_{D2} 不通。当 V_{14} 导通(V_{18},V_{19} 截止)且导通电流过大时,会引起 U_{R9} 增大而使 V_{D1} 导通,V_{D1} 对 I_{B14} 分流,从而限制 V_{14} 的输出电流。同样,当 V_{18},V_{19} 导通(V_{14} 截止)且导通电流过大时,会引起 U_{R10} 增大而使 V_{D2} 导通,V_{D2} 对 I_{B18} 分流,从而限制了复合管 V_{18},V_{19} 的输出电流。这就是过载保护功能。

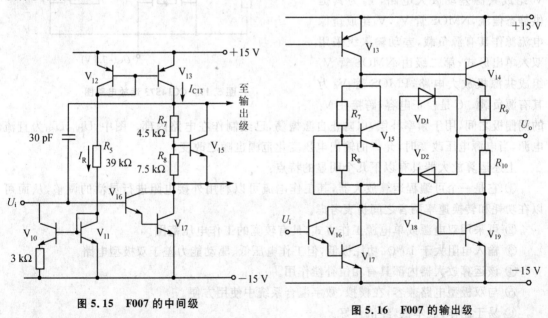

图 5.15　F007 的中间级　　　　　　图 5.16　F007 的输出级

5.3.2　CMOS 集成运放 CC14573

与双极性器件相比,MOS 器件低频噪声较大,并且跨导较小、工艺匹配性较差,导致增益低,失调电压较高。因此,模拟集成电路生产及应用中,双极型工艺长期占主导地位。但随着集成工艺的突破,MOS 的上述缺点已得到改进和解决,而且 MOS 有输入阻抗高、功耗低、抗干扰能力强、利于集成、价格低等独特优点。目前已生产出种类繁多的集成运放,其性能已不差于双极性,甚至超过双极型。MOS 集成运放有 PMOS,NMOS 和 CMOS 这 3 种工艺,

PMOS 已经被淘汰,目前产品主要有 NMOS 和 CMOS 两种。CMOS 集成运放采用 N 沟道和 P 沟道互补的 MOS 管制作而成,与双极型三极管组成的运放相比,具有输入电阻高、温度特性好、电路简单集成度高、线性度好、电源适用范围宽等优点,目前得到了广泛应用,是 MOS 的发展方向。下面介绍典型通用型 CMOS 集成运放 CC14573。

CC14573 是 P 沟道和 N 沟道增强型 MOS 场效应管以单片结构组成的低功耗运算放大器。它包含有 4 个相同的运放单元,4 个运放按相同工艺流程做在一块芯片上,因而具有良好的匹配及温度一致特性,为多运放应用的场合提供了方便。

图 5.17 所示是 CMOS14573 运放中一个运放单元的原理电路图,所有 MOS 管全是增强型,其中 V_1,V_2,V_5,V_6,V_8 为 PMOS,V_3,V_4,V_7 为 NMOS。

由图 5.17 可见,整个电路由两级放大电路组成。其中 V_5 与 V_6、V_8 构成两路电流源,基准电流通过恒流管 V_5 与外接偏置电阻 R 形成,变化 R 可以设置工作电流。第一级由 PMOS 管 V_1、V_2 组成共源差动放大电路,V_6 为其提供静态偏流,NMOS 管 V_3、V_4 组成镜像电流源作其有源负载,差动输入级采用双入单出形式;第二级由 NMOS 管 V_7 组成共源极放大电路,PMOS 管 V_8 为其有源负载。C 是校正电容,跨接在 V_7

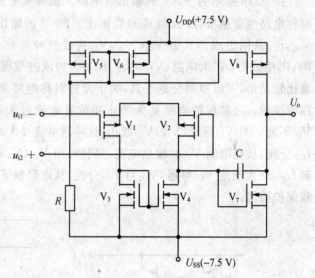

图 5.17 CC14573 运放电路图

的漏栅极之间,用于频率补偿,以防止自激振荡,已经制作在电路内部。图中,U_{DD},U_{SS} 为直流电源,当电源电压改变时,允许的输出电压变化范围也随之改变。

上述运算放大器具有以下几个明显的特点:

① 它是一个可编程运算放大器,其工作电流可以利用外接电阻进行灵活的调整,从而可以在功耗和转换速率两者之间折衷考虑。

② 可采用双电源或单电源工作方式,具有较宽的工作电压范围。

③ 输入电阻大于 $10^9\Omega$、功耗极低,但工作电压低、驱动能力差于双极型电路。

④ 该运算放大器内部具有相位补偿作用。

⑤ 与双极型电路兼容,在模拟、数字混合系统中使用方便。

⑥ 易于制作,成本低,经济性好。

CMOS14573 的几个重要参数如下:双电源工作时的电源电压范围为 $\pm 1.5 \sim \pm 7.5$ V,单电源工作时的电源电压范围为 $3 \sim 15$ V;共模输入电压范围为 $0 \sim (U_{DD}-2)$ V,失调电压典型值为 10 mV,输入阻抗为 $10^{10}\Omega$,开环增益达 90 dB,转换速率为 2.5 V/μs。

5.3.3 其他集成运放简介

1. BiCMOS 集成运放

MOS 管的输入电阻高、双极型三极管的跨导大。如果将上述两类器件结合起来,以 MOS

管作运放的差动输入级,双极型三极管作运放的电压放大级,制作在同一芯片上,则可以获得高性能的运放,使之既有极高的输入电阻和极小的输入偏置电流、失调电流,又有较高的电压增益。实现双极型器件与 CMOS 器件相容的工艺称为 BiCMOS 工艺。以这种工艺制成的运放,已形成了系列产品。它们具有电压增益高,输入偏置电流及失调电流小,输入电阻大、工作速度快以及输出电流大等优点。例如,CF3130 就是这类产品,CF3130 系列分为 CF3130、CF3130A、CF3130B 三个档次,其内部电路相同,部分技术指标略有差别。

2. 跨导型集成运放

前面讨论的集成运放,其输入信号、输出信号均是电压,用电压增益来表征其放大能力,这种运放常称为电压运算放大器 VOA(Voltage Operational Amplifier)。跨导运放是一个电压控制的电流放大器。它与常规电压运放的最主要区别是输出阻抗不同,常规电压运放的输出阻抗很低,一般情况下,可视为恒压源,而跨导型运放 OTA(Operational Transconductance Amplifier)的输出阻抗很高,一般情况下可视为恒流源。因此,它代表的增益指标用跨导而不用电压增益表示。

OTA 的输入电阻和输出电阻越大越好,理想 OTA 的输出呈现恒流特性。OTA 的跨导一般由由偏置电路提供的偏置电流决定,OTA 具有较高的转换速率和增益可控的突出优点。利用 OTA 很容易实现电压放大,只要在它的输出端接上负载,即可将输出电流转换为输出电压,而不必引入外部负反馈,其电压增益、输入和输出电阻均与 OTA 的跨导有关。这点在应用中远比 VOA 方便,后面运放运用中,读者会知道 VOA 构成电压放大一般要加外部负反馈环节。基于上述特点,OTA 在放大、调制、滤波、采样-保持、电压比较、乘法运算等方面获得了广泛应用。OTA 的典型产品有 LM3080 等,具体电路和参数这里不做探讨。

3. 电流模集成运放

电流模集成运放是采用电流模技术与互补双极工艺相结合制作的超高速集成运放。所谓互补双极 CB(Complementary Bipolar)工艺,简单说就是制造具有极高特征频率的 NPN,PNP 对管的工艺,特征频率 f_T 一般高于 3 GHz,使得集成电路在精度和速度方面大为改善。

传统电路都是以电压作为输入、输出和信息传输的参量,称之为"电压模"或"电压型"电路。由于极间电容和分布电容的客观存在,此类电路的工作速度不可能很高,工作电压及功耗也不可能很低。

所谓"电流模"电路是以电流作为输入、输出以及信息传输的主要参数的,电路中除晶体管的结电压 u_{BE} 有微小变化外,无别的电压参量,因此其工作速度很高(SR≥2 000 V/μs),而电源电压很低(可低至 3.3 V 或 1.5 V)。"电流模"电路在技术上解决了传统"电压模"电路增益带宽积近似为常数的问题,具有频带宽;动态范围大、非线性失真小;温度稳定性好、抗干扰和噪声能力强等优点。

实际上,单极性和双极型器件都是电流输出型器件,在对其组成的电路分析时,采用电流模的处理方法更简单方便,接近实际情况。"电流模"电路与"电压模"电路的主要区别在于输入与输出阻抗的高低上,例如,优良电压放大电路具有极大输入阻抗、极小输出阻抗的特点,便于电压信号的传输;优良电流放大电路具有极小输入阻抗、极大输出阻抗的特点,便于电流信号的传输。

与"电压模"电路类似,各种线性和非线性"电流模"电路也都是由基本电流模电路组成的,常用的基本电路主要有跨导线性电路、电流镜、电流传输器、开关电流电路以及其他基本支撑电路。电流模技术本书不做详细探讨,有兴趣的读者可参阅相关资料。电流模技术与互补双极工艺(CB工艺)相结合,已成为当今宽带高速模拟集成电路设计的支柱技术。

思考题

1. F007有哪几部分组成,各部分有什么特点?
2. CMOS14573有哪几部分组成,各部分有什么特点?
3. BiCMOS集成运放有何优点?

5.4 集成运放的主要技术指标及其选择

集成运放的特性参数是衡量集成运放性能优劣的依据,为了正确地选择和使用运放,必须了解各项性能参数的含义。

5.4.1 集成运放的主要技术指标

运放的的技术指标有很多,实用中可通过器件手册直接查到各种型号运放的技术指标。不同运放的各项技术指标往往各有侧重,并且同一型号的组件在性能上也存在一定的分散性,因而使用前常需要进行测试和筛选。集成运放的手册上给出了多达30种以上的技术指标,它们大体上可分为6类:输入失调参数、温度参数、开环差模参数、开环共模参数、大信号特性参数、电源特性参数。现将集成运放的主要技术指标介绍如下。

1. 输入失调参数

(1) 输入失调电压 U_{IO}

实际的集成运放难以做到差动输入级完全对称,当输入电压为零时,输出电压并不为零。规定在室温(25℃)及标准电源电压下,为了使输出电压为零,需在集成运放两输入端额外附加的补偿电压(去掉外接调零电位器)称为输入失调电压 U_{IO}。它的大小反映了电路的不对称程度和调零的难易。U_{IO} 越小越好,一般约为 0.5～5 mV,高性能运放的 U_{IO} 小于 1 mV。

(2) 输入偏置电流 I_B

I_B 是指运放在静态时,流经两个输入端的电流平均值。一般是输入差放管的基极或栅极偏置电流,用 $I_{IB}=(I_{B1}+I_{B2})/2$ 表示。该值越小,信号源内阻变化时所引起的输出电压变化越小,因此,I_{IB} 越小越好,一般为 1 nA～100 μA,F007 的 $I_{IB}=200$ nA。

(3) 输入失调电流 I_{IO}

理想运放的两个输入端电流应该完全相等。实际上,当运放输出电压为零时,两个输入端的偏置电流并不相等,这两个电流之差的绝对值称为输入失调电流 I_{IO},即 $I_{IO}=|I_{B1}-I_{B2}|$。I_{IO} 是运放内部元件参数不一致等原因造成的。I_{IO} 越小越好,一般 1 nA～10μA。F007 的 I_{IO} 为 50～100 nA。

2. 温度参数

(1) 输入失调电压温漂 dU_{IO}/dT 和输入失调电流温漂 dI_{IO}/dT

在规定的工作温度范围内,输入失调电压 U_{IO} 随温度的平均变化率称为输入失调电压温漂,以 dU_{IO}/dT 表示;在规定的工作温度范围内,I_{IO} 随温度的平均变化率称为输入失调电流温漂,以 dI_{IO}/dT 表示。它们可以用来衡量集成运放的温漂特性。

通过调零的办法可以补偿 U_{IO},I_{IB},I_{IO} 的影响,使直流输出电压调至零伏,但却很难补偿其温度漂移。低温漂型集成运放 dU_{IO}/dT 可做到 $0.9~\mu V/℃$ 以下,dI_{IO}/dT 可做到 $0.009~\mu A/℃$ 以下。F007 的 $dU_{IO}/dT=20\sim30~\mu V/℃$,$dI_{IO}/dT=1~nA/℃$。

(2) 工作温度范围

能保证运放在额定的参数范围内工作的温度称为它的工作温度范围。军用级器件的工作温度范围是 $-55\sim+125℃$,工用级器件的工作温度范围是 $25\sim+85℃$,民用级器件的工作温度范围是 $0\sim+70℃$。例如,LM124/LM224/LM324 是相同品种的运放,它们的差别仅仅是工作温度范围依次为军用级、工用级及民用级。

3. 开环差模参数

(1) 开环差模电压增益 A_{ud}(或 A_{od})

在标称电源电压和额定负载下,集成运放在开环时(无外加反馈时)输出电压与输入差模信号电压之比称开环差模电压放大倍数 A_{ud}。A_{ud} 是频率的函数,但通常给出直流开环增益。它是决定运放运算精度的重要因素,常用分贝(dB)表示,目前最高值可达 140 dB 以上。

(2) 开环带宽 $BW(f_H)$ 及单位增益带宽 $BW_G(f_c)$

A_{ud} 是频率的函数,随着输入信号频率上升,A_{ud} 将下降,当 A_{ud} 下降到中频时的 0.707 倍时为上限截止频率 f_H,此时所对应的频率范围称为开环带宽 BW。用分贝表示正好下降了 3 dB,又常称为 -3 dB 带宽;当输入信号频率继续增大时,A_{od} 继续下降,当 $A_{ud}=1$ 时,与此对应的频率 f_c 称为单位增益带宽。F007 的 $f_c=1$ MHz。

(3) 最大差模输入电压 U_{Idmax}

U_{Idmax} 是运放同相端和反相端之间所能承受的最大电压值。输入差模电压超过 U_{Idmax} 时,运放性能将显著恶化,甚至可能使输入级的管子反向击穿。不同运放此参数差别很大,有的小于 ±0.5 V,有的大到 ±40 V,如 F007 的 U_{Idmax} 为 ±30 V。

(4) 差模输入电阻 r_{id}

r_{id} 是集成运放在开环时,差模输入电压变化量与由它引起的输入电流的变化量之比,即从输入端看进去的动态电阻。r_{id} 越大,对信号源的影响及所引起的动态误差越小,一般集成运放 r_{id} 为几百千欧至几兆欧,以场效应管为输入级的可达 10^4 MΩ。F007 的 $r_{id}=2$ MΩ。

(5) 差模输出电阻 r_{od}

r_{od} 是集成运放开环时,从输出端向里看进去的等效电阻。r_{od} 的大小反映了集成运放在小信号输出时的负载能力。其值越小,说明运放的带负载能力越强。集成运放的实际值一般为 100 Ω$\sim$1 kΩ 左右。

4. 开环共模参数

(1) 共模电压增益 A_{uc}

共模电压增益是运放对输入共模信号的电压放大倍数。理想运放的输入级匹配,因此,共模电压增益为零,但实际运放不可能匹配,共模电压增益不可能为零。

(2) 共模抑制比 K_{CMRR}

K_{CMRR} 是差模电压放大倍数与共模电压放大倍数之比,即 $K_{CMRR}=20\lg|A_{ud}/A_{uc}|$,其含义与差动放大器中所定义的 K_{CMRR} 相同,K_{CMRR} 越大越好,高质量的运放 K_{CMRR} 可达 160 dB。

(3) 最大共模输入电压 U_{Icmax}

U_{Icmax} 是在线性工作范围内集成运放所能承受的最大共模输入电压。超过此值，集成运放的共模抑制比、差模放大倍数等会显著下降。F007 的 U_{Icmax} 值为 ±13 V。

5. 大信号特性参数

(1) 最大输出电压 U_{omax} 或 U_{oP-P}

最大输出电压是指运放在标称电源电压下，其输出端所能提供的最大不失真峰值电压。其值与电源值之差一般小于 2 V。

(2) 最大输出电流 I_{omax}

最大输出电流是指运放在标称电源电压和最大输出电压下，运放所能提供的正向和负向峰值电流。

(3) 转换速率 S_R

S_R 也叫压摆率，它是运放输出电压的最大可能变化率，定义为

$$S_R = \left| \frac{du_o}{dt} \right|_{max}$$

即，只有当输入信号变化斜率的绝对值小于 S_R 时，运放的输出才有可能按线性规律变化。它反映运放输出对高速变化的输入信号的响应情况，S_R 越大，表明运放的高频性能越好。不同运放的 S_R 相差很大，通用型集成运放 S_R 一般在几个 V/μs 以下，高速运放的 S_R 通常在数十个 V/μs 以上，超高速运放的 S_R 可达 3 000 V/μs～10 000 V/μs。

6. 电源特性参数

(1) 供电电压范围（$+U_{CC}$，$-U_{EE}$，或 $+U_{DD}$，$-U_{SS}$）

加到运放上最小和最大允许的安全工作电源电压，称为运放的供电电压范围。采用双电源的运放，其正负电源电压通常对称，多数运放可在较宽的电源电压内工作，有的可能低到 ±1 V 以下，有的则可高到 ±40 V。

(2) 功耗 P_D

运放在规定的温度范围安全工作时，允许耗散的功率称为功耗。功耗与运放的设计及封装形式有关，一般来说，陶瓷封装允许的功耗最大，金属封装次之，塑料封装的功耗最小。通用型运放的静态功耗一般在 60～180 mW。

(3) 电源电压抑制比 K_{SVR}

衡量电源电压波动对输出电压影响的程度，通常定义为折合到输入端的失调电压变化与电源电压变化的比值，即 $K_{SVR} = dU_{IO}/d(U_{CC}+U_{EE})$。$K_{SVR}$ 的典型值一般为 1 μV/V 量级。

以上介绍了集成运放的主要性能指标，通用型集成运放的性能指标比较均衡，专用型集成运放部分指标特别优良，但其他指标并不都是十分理想。随着技术的改进，近些年来，各种专用型集成运放也不断问世，如高阻型（输入电阻高）、高压型（输出电压高）、大功率型（输出功率高达十几瓦）、低功耗型（静态功耗低，如 1～2 V，10～100 μA）、低漂移型（温漂小）、高速型（过渡时间短、转换率高）等。通用型集成运放种类多、价格便宜，容易购买；专用型集成运放则可满足一些特殊要求。表 5.1 列出了几种常见型号集成运放的参数，仅供读者参考。

随着集成工艺和电路技术的发展，集成运放正在向超高精度、超高速度、超宽频带及多功能方向发展，各种高性能集成运放不断出现，有关具体器件的详细资料，须参看生产厂家提供的产品说明。

5 章

表 5.1 部分集成运放参数表

品种类型 参数名称	符号及单位	通用型 F007 (μA714)	通用型 F324 (四运放)	高速 F715 (μA715)	宽带 F1520 (MC1520)	高精度 OP-177	高阻 F081 (TL081)	高压 BG315	低功耗 F3078 (CA3078)	MOS型 5G14573	MOS型 5G7650D
输入失调电压	V_{IO} / mV	2	2	2	5	0.004	6	10	0.7	10	5×10^{-3}
输入失调电流	I_{IO} / nA	100	5	70	2	0.3	0.1	200	0.5	0.1	
U_{OS}的温漂	dU_{IO}/dT / (μV/°C)	20			30	0.03	10	-10	6		0.05
I_{OS}的温漂	dI_{IO}/dT / (nA/°C)	1	45	400	0.8	1.5×10^{-3}	1	0.5	0.07		
输入偏置电流	I_{IB} / nA	200	100	90	64	0.5	106	500	7		120
开环差模电压增益	A / dB	100	70	92	90	142	86	110	100	80	120
共模抑制比	K_{CMR} / dB	80	70	1000	2(单端)	140	10^9	100	115	76	
差模输入电阻	R_{id} / kΩ	1000	1			4×10^4		500	870	10^7	10^9
输入差模电压范围	U_{dm} / V	±30		±15	±8		±30	52	±6	12	
输入共模电压范围	U_{cm} / V	±12		±12	±3	0.6	±12	52	±5.5	12	
最大输入电压	U_{opp} / V	±12	1	±13	±3			1	±5.3	2	
-3 dB带宽	BW / Hz	10		165	10	0.3	3	2	2×10^3	30	
单位增益带宽	BW_G / MHz	1		100 (A=-1)	120		42				
静态功耗	P_c / mW	100					13		0.24	2.5	
转换速率	S_R / (V/μs)	0.5	±1.5~±15 (可单电源工作)		±8	±15	±15	±60	1.5	±7.5	±4.8
电源电压	U_+ / U_- / V	±9~±18		±15					±6		±5

5.4.2 集成运算放大器的选择

通过前面介绍,我们知道集成运放有很多种型号,它们指标差异很大,在实际应用中究竟选择哪种型号,是必须考虑的问题。

总的来说,应根据系统对电路的要求来确定集成运放的类型。根据集成运放的分类及国内外常用集成运放的型号,查阅集成运放的性能和参数,综合对比,选择合适的集成运放。

首先考虑尽量采用通用型集成运放,因为它们容易买到,价格较低,只有在通用型集成运放不能满足要求时,才去选择专用型的集成运放。选择集成运放时应着重考虑以下几方面因素。

(1) 信号源的性质

信号源是电压源还是电流源,源阻抗大小,输入信号幅度及其变化范围,信号频率范围等。例如,当信号源源阻抗很大时,失调电流和基极电流指标就比失调电压的指标更为重要。

(2) 负载的性质

是纯电阻负载还是电抗负载,负载阻抗的大小,需要集成运放输出的电压和电流的大小等直接影响着对运放的要求。

(3) 对精度的要求

对集成运放精度要求恰当,过低则不能满足要求,过高则增加成本。

(4) 环境条件

集成运放的指标都是在一定温度环境和特定条件下测试得到的,当环境条件变坏时,各项指标将显著下降。因此,选择集成运放时,必须考虑到工作温度范围,工作电压范围,功耗与体积限制及噪声源的影响等因素。例如,在温度变化较大的环境中,就需选择温漂小的集成运放,如果工作时经常有冲击电流或冲击电压,就应该选择具有过载保护的,并且在容量方面留有余地,这样才能保证系统可靠。

其次必须说明,并不是高档的运放所有指标都好,因为有些指标是相互矛盾的,例如,高速和低功耗。如果耐心挑选,完全可以从低档型号中,挑选出具有某一两项高档参数的集成运放型号。总之,必须从实际需要出发,进行选择,既要保证系统可靠,性能优良,又要具有经济性。

思考题

1. A_{ud},r_{id},K_{CMRR},K_{SVR} 的物理含义是什么?
2. 在实际应用中,集成运放的极限参数能否超过所规定的值?为什么?
3. 如何选择所需要的集成运放?

5.5 集成运算放大器的使用常识

在实际应用中,应根据用途和电路要求正确选择运放的型号,另外,还必须注意以下几个方面的问题。

1. 对集成运放的测试

由于集成运放参数具有分散性,在使用前必须进行测试。根据集成运放内部的电路结构,可以用万用表粗略测量出各引脚之间有无短路或开路现象,判断其内部有无损坏。测试时必

集成运算放大器

第5章

须注意,不可用大电流挡(如 $R\times 1\Omega$ 挡)测量,以免电流过大而烧坏 PN 结;也不可用高电压挡(如 $R\times 10\text{ k}\Omega$ 挡)测量,以免电压过高损坏组件。例如,测试 F007(5G24),可测量②、③脚之间电阻,判断输入端之间有否短路;测量①、⑤脚之间电阻,其应约等于 R_1 与 R_3 之和;测量④、⑧脚之间电阻应为两管发射结电阻与电阻 R_6 之和。集成运放各项具体指标的测试方法,不做详细讨论。

2. 集成运放的输出调零

由于失调电压、失调电流的影响,运放在输入为零时,输出不等于零。为了提高集成运放的精度,消除因失调电压和失调电流引起的误差,需要对集成运放进行调零。

实际的调零方法有两种,一种是静态调零法,即将两个输入端接地,调节调零电位器使输出为零。一种是动态调零法,即加入信号前将示波器的扫描线调到荧光屏的中心位置,加入信号后扫描线的位置发生偏离,调节集成运放的调零电路,使波形回到对称于荧光屏中心的位置,零点即已调好。

集成运放的调零电路有两类:一类是内调零,集成运放设有外接调零电路的引线端,按说明书连接即可。例如常用的 μA741(F007),①、⑤脚就是调零端子,其中电位器 R_P 可选择 10 kΩ 的精密线绕电位器,将两输入端的电阻接地,调整电位器,使输出电压为零即可调零,如图 5.18 所示。

另一类是外调零,即有些集成运放没有外接调零电路的引线端,特别是双运放、四运放一般没有专门调零端。对这样的运放,可采用辅助调零的办法加以解决。常用的辅助调零电路如图 5.19 所示。辅助调零实质上是在输入端额外引入一个与失调作用相反

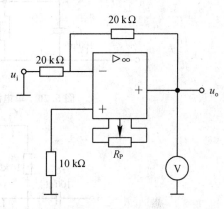

图 5.18　F007 或 μA741 的调零电路

的直流补偿电压,以此来抵消失调电压的影响,达到调零的目的。以图 5.19(a)为例,辅助直流电位经电位器 R_P、电阻 R_1 引到了反相输入端,调节电位器触点,便可改变加至反相端的辅助直流电位,从而使得当输入信号为零时,输出电压 u_o 亦为零。

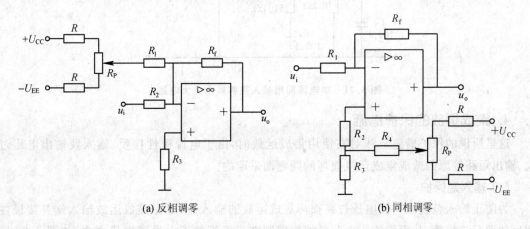

(a) 反相调零　　　　　　　　　　　　　(b) 同相调零

图 5.19　辅助调零

3. 单电源供电时的偏置问题

双电源集成运放单电源供电时,该集成运放内部各点对地的电位都将相应提高,因而输入为零时,输出不再为零,这是通过调零电路无法解决的。为了使双电源集成运放在单电源供电下能正常工作,必须将输入端的电位提升,如图5.20和图5.21所示,其中图5.20适用于反相输入交流放大,图5.21适用于同相输入交流放大。

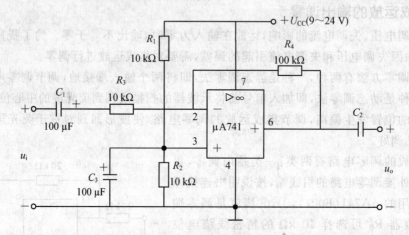

图 5.20 单电源反相输入阻容耦合放大电路

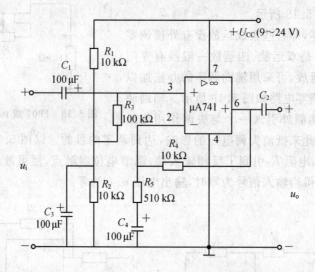

图 5.21 单电源同相输入阻容耦合放大电路

4. 集成运放的保护措施

这里所说的保护措施是针对在使用集成运放时,由于电源极性接反、输入及输出电压过大、输出短路等原因造成集成运放损坏的问题而采取的。

(1) 输入端保护

为防止输入差模或共模电压过高损坏集成运放的输入级,可在集成运放输入端并接极性相反的两只二极管,从而将输入电压的幅度限制在二极管的正向导通电压之内,如图5.22所示。不过,二极管本身的温度漂移会使放大器输出的漂移变大,应引起注意。

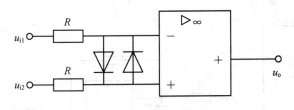

图 5.22　输入端保护

(2) 输出端保护

为了防止输出电压过大(输出级可能击穿),可利用稳压管来保护,如图 5.23 所示,将两个稳压管反向串联,就可将输出电压限制在稳压管的稳压值 U_Z 的范围内。输出正常时,双向稳压管未击穿,其相当于开路,对电路没有影响。当输出端电压大于双向稳压管稳压值时,稳压管被击穿,反馈支路阻值大大减小,负反馈加深,从而将输出电压限制在双向稳压管的稳压范围内。

(3) 电源保护

为了防止正负电源接反,可在正、负电源回路中顺接二极管保护。若电源接反,二极管反向截止,电源断路,集成运放上无电压,如图 5.24 所示。

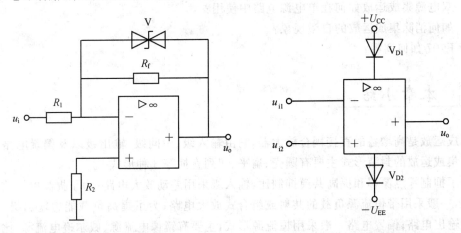

图 5.23　输出端保护　　　　　　　图 5.24　电源保护

5. 相位补偿

运放在工作时容易产生自激振荡,要消除自激,通常是破坏自激形成的相位条件,这就是相位补偿。为此,目前大多数集成运放内电路已设置了消振的补偿网络,有些运放引出有消振端子,用于外接 RC 消振网络。此外,在实际使用时,还可按图 5.25,在电源端、反馈支路及输入端联接电容或阻容支路,来消除自激。其中,图 5.25(a)是电源端补偿,图 5.25(b)中所接的 RC 用于输入端补偿,图 5.25(c)是输入分布电容和反馈电阻过大($>1~M\Omega$)引起自激的补偿方法,常用于高速集成运放。产生自激振荡的原理将在本书第 6 章 6.6 节进行介绍。

6. 集成运放性能的扩展

实际应用中,当所选择运放不能满足实际要求时,既可以选择性能更好的集成运放,也可以增加一些单元电路,来扩展运放功能。例如,可以在运放的输入端外接一个 MOS 差动输入电路,就可以极大地提高输入电阻;可以在运放的输出端外接一个互补功率输出电路,就可以

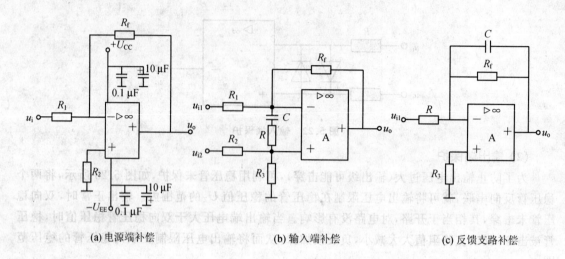

(a) 电源端补偿　　　　　　　(b) 输入端补偿　　　　　　　(c) 反馈支路补偿

图 5.25　相位补偿

极大地提高带负载能力。

思考题

1. 双电源集成运放如何在单电源电路中使用？
2. 如何消除集成运放的自激现象？
3. F007 如何调零？

本章小结

集成运放是高增益的直接耦合放大器,它由输入级、中间级、输出级以及偏置电路 4 部分组成。集成运放的封装形式主要有圆壳、扁平、双列直插等 3 种形式。

为了抑制零点漂移和提高共模抑制比,输入级采用差动放大电路;为了提高电压放大倍数中间级,一般采用带恒流源负载的共射或组合式放大电路;为了提高负载能力输出级,一般采用互补输出电路;偏置电路一般采用恒流源形式,主要有镜像电流源、威尔逊电流源、比例电流源以及微电流源等,它们各具特点。

集成运放的类型繁多,参数各异,实际应用中,应根据实际要求合理选择集成运放型号,既要保证可靠,又要保证经济性。

在实际应用中,还要对集成运放进行测试,还要考虑集成运放的保护、调零和功能扩展等问题。

习　题

题 5.1　与分立元件放大电路相比,集成运放有何特点？

题 5.2　双极型集成运放和单极性集成运放相比各有什么优缺点？

题 5.3　某集成运放的一个偏置电路如图 5.26 所示,设 V_1,V_2 管的参数完全相同。问：
(1) V_1,V_2 和 R 组成什么电路？

(2) I_{C2} 与 I_{REF} 有什么关系？写出 I_{C2} 的表达式。

(3) V_2 和 V_3 构成何种电路？

题 5.4 判断下列说法是否正确：

(1) 由于集成运放是直接耦合放大电路，因此只能放大直流信号，不能放大交流信号。

(2) 实际运放只能放大差模信号，不能放大共模信号。

(3) 实际运放在开环时，输出很难调整至零电位，只有在闭环时才能调整至零电位。

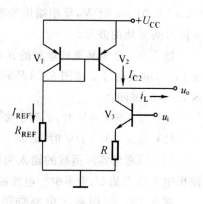

图 5.26 题 5.3 图

题 5.5 甲乙丙 3 个集成运放，甲的开环放大倍数为 1 000 倍，当温度从 20 ℃升到 25 ℃时，输出电压漂移了 10 mV；乙的开环放大倍数为 50 倍，当温度从 20 ℃升到 40 ℃时，输出电压漂移了 10 mV；丙的开环放大倍数为 20 倍，当温度从 20 ℃升到 40 ℃时，输出电压漂移了 2 mV，您认为哪一个运放的温漂参数小一些？

题 5.6 已知 F007 的开环增益 $A_{ud}=100$ dB，共模抑制比 $K_{CMRR}=80$ dB，最大输出电压 $U_{opp}=\pm 12$ V。假设当两个输入端的电位都是零时，其输出电压等于零。运放两个输入端的对地电位如下所示，试分别估算开环时的输出电压。

(1) $U_+ = 0.05$ mV，$U_- = 0.08$ mV；

(2) $U_+ = 0.01$ mV，$U_- = 0.06$ mV；

(3) $U_+ = 5$ mV，$U_- = 1$ mV；

(4) $U_+ = 10$ mV，$U_- = 20$ mV。

题 5.7 已知某集成运放的开环增益 $A_{ud}=100$ dB，$r_{id}=2$ MΩ，最大输出电压 $U_{opp}=\pm 12$ V。不考虑共模输出，为了保证工作在线性范围内，试估算：

(1) U_+ 和 U_- 的电位差最大允许值是多少？

(2) 流进运放输入端的最大允许值是多少？

题 5.8 已知某集成运放开环电压放大倍数 $A_{ud}=5 000$，最大电压幅度 $U_{om}=\pm 10$ V，电路及电压传输特性曲线如图 5.27(a) 和 (b) 所示。图 5.27(a) 中，设同相端上的输入电压 $u_i=$

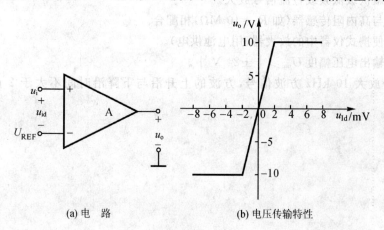

(a) 电 路　　　　　　　(b) 电压传输特性

图 5.27 题 5.8 图

$(0.5+0.01\sin\omega t)$ V，反相端接参考电压 $U_{REF}=0.5$ V，试画出差动模输入电压 u_{id} 和输出电压 u_o 随时间变化的波形。

题 5.9　已知某集成运放的开环电压放大倍数 $A_{ud}=10^4$（即 80 dB），最大电压幅度 $U_{om}=\pm 10$ V，输入信号 u_i 按图 5.28 所示的方式接入。设运放的失调和温漂均不考虑，即当 $u_i=0$ 时，$u_o=0$，试问：

(1) 当 $u_i=1$ mV 时，u_o 等于多少伏？

(2) 当 $u_i=1.5$ mV 时，u_o 等于多少伏？

(3) 当考虑实际运放的输入失调电压 $U_{io}=2$ mV 时，问输出电压静态值 U_o 为多少？电路能否实现正常放大？

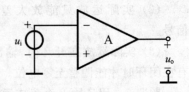

图 5.28　题 5.9 图

题 5.10　三级放大电路如图 5.29 所示，已知：$r_{be1}=r_{be2}=4$ kΩ，$r_{be3}=1.7$ kΩ，$r_{be4}=r_{be5}=0.2$ kΩ，各管的 $\beta=50$。图 5.29 中所有电容在中频段均可视作短路。试画出放大电路的交流通路，计算中频电压放大倍数 A_u，输入电阻 R_i 和输出电阻 R_o。

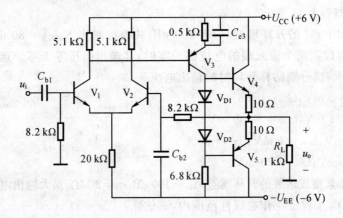

图 5.29　题 5.10 图

题 5.11　试根据下列各种要求，查资料定性选择合适的运放型号。

(1) 作一般的音频放大，工作频率 $f\leqslant 10$ kHz，增益约为 40 dB。

(2) 作为微伏级低频或直流信号放大。

(3) 用来与高内阻传感器（如 $R_s=10$ MΩ）相配合。

(4) 作为便携式仪器中的放大器（用电池供电）。

(5) 要求输出电压幅度 $U_{om}\geqslant |\pm 24\text{ V}|$。

(6) 用于放大 10 kHz 方波信号，方波的上升沿与下降沿时间不大于 2 μs，输出幅度为 ±10 V。

第6章 负反馈放大电路

放大电路中一般都引入负反馈，负反馈放大电路可以改善放大电路的各项性能指标，同时也会出现自激现象。本章首先探讨反馈电路的基本概念和负反馈的4种组态；然后介绍负反馈放大电路对各项性能指标的影响以及负反馈放大电路的近似估算；最后探讨负反馈放大电路的稳定问题。

6.1 反馈的基本概念

6.1.1 什么是反馈

在电子电路中，将放大电路输出量（电压或电流）的一部分或全部通过某些元件或网络（称为反馈网络），反向送回到输入回路，来影响原输入量（电压或电流）的过程称为反馈。反馈体现了输出信号对输入信号的反作用。这样，在反馈电路中，电路的输出不仅取决于输入，而且还取决于输出本身，因而就有可能使电路根据输出状况自动地对输出进行调节，达到改善电路性能的目的。

实际上在前面的章节中已经遇到过不少反馈。例如，在三极管 h 参数等效电路的输入回路中，电压 $h_{re}u_{ce}$ 就反映了三极管输出电压 u_{ce} 对输入电压 u_{be} 的反作用，这就是一种反馈（此反馈作用很小，可以忽略）。由于这种反馈产生在器件内部，故称为内部反馈。

通过外接电路元件产生的反馈称为外部反馈。例如，如图 6.1 所示的两种电路（第 2 章已经探讨过），就引入了外部反馈。图 6.1(a)为射极输出器，图 6.1(b)为静态工作点稳定电路，

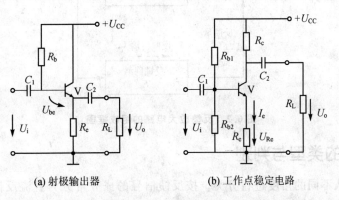

(a) 射极输出器　　　　　　　　(b) 工作点稳定电路

图 6.1　两种反馈放大电路

两个电路都通过电阻 R_e 将输出回路中信号(电压或电流)反送到输入回路,从而对输入回路产生影响,因而都存在着反馈,它们都是反馈放大器。外部反馈又可分为局部反馈(级内反馈)和级间反馈。图6.1所示的反馈存在本级内,属于级内反馈,而对于多级电路,级与级之间的跨接反馈称为级间反馈。本章针对外部反馈进行讨论。

6.1.2 反馈放大电路的组成及方框图

引入反馈的放大电路称为反馈放大电路,它由基本放大电路、反馈网络、输出取样、输入求和4部分组成一个闭合回路,称为反馈环路。反馈放大电路也称闭环放大电路,对应地,未引入反馈的放大器称为开环放大电路。在反馈放大电路中,将输出回路与输入回路相连接的中间环节称为反馈网络,一般由电阻电容元件组成,图6.1中 R_e 就是反馈网络。

为了研究各种形式反馈放大电路的共同特点,可以把负反馈放大电路抽象为图6.2所示的方框图形式。图6.2中主要包括基本放大电路和反馈网络两大部分。若没有反馈网络,仅有基本放大电路,则该电路就是一个开环放大电路。有了反馈网络,该电路则为闭环放大电路。图中箭头表示信号的传递方向。在这里是按照理想情况来考虑的,即在基本放大电路中,信号是正向传递,而在反馈网络中,信号是反向传递。换句话说,输入信号只通过基本放大电路传向输出端,而忽略输入信号经反馈网络传向输出端的直通作用(这是因为反馈网络一般由无源元件组成,没有放大作用,其正向传输作用可以忽略);反馈信号只通过反馈网络传向输入端,而忽略经基本放大电路传向输入端的内部反馈作用(这是因为内部反馈作用很小,可以忽略)。这样做可以突出主要因素,使问题的处理更加简明清晰,同时也是符合一般工程要求的。

图6.2中,x_i,x_o,x_f 和 x_{id}(也常用 x'_i 表示)分别表示放大电路的输入量、输出量、反馈量及净输入量。这些量均为一般化的信号,它们可以是电压,也可以是电流。放大器的开环放大倍数 A(或称开环增益,基本放大倍数)定义为输出量 x_o 与净输入量 x_{id} 之比,即 $A = x_o / x_{id}$;定义反馈量 x_f 与输出量 x_o 之比为反馈网络的反馈系数 F,即 $F = x_f / x_o$;称输出量 x_o 与输入量 x_i 之比为该放大器的闭环放大倍数(或称闭环增益),用 A_f 表示,即 $A_f = x_o / x_i$。注意,当输入信号为正弦波信号时,上述各量均应该用复数或相量形式表示。

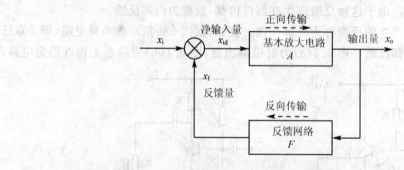

图6.2 反馈放大电路的组成框图

6.1.3 反馈的类型与判别

对反馈可以从不同的角度进行分类。按反馈信号的成分可分为直流反馈和交流反馈;按反馈的极性可分为正反馈和负反馈;按反馈信号与输出信号的关系可分为电压反馈和电流反馈;按反馈信号与输入信号的关系可分为串联反馈和并联反馈。为了使读者对反馈的概念更

第 6 章 负反馈放大电路

容易理解,现将分立元件电路中的反馈与集成电路(主要是集成运算放大器)中的反馈同时进行介绍。

1. 直流反馈与交流反馈

这是按照反馈信号的成分来划分的。放大电路中存在着直流分量和交流分量,反馈信号也是如此。若反馈的信号仅有交流成分,则称为交流反馈,仅对输入回路中的交流成分有影响;若反馈的信号仅有直流成分,则称为直流反馈,仅对输入回路中的直流成分有影响,例如,静态工作点稳定电路就是直流反馈。若反馈信号中,既有交流量,又有直流量,则反馈对电路的交流性能和直流性能都有影响。

图 6.3 中,图 6.3(a)中反馈信号的交流成分被 C_e 旁路掉,在 R_e 上产生的反馈信号只有直流成分,因此是直流反馈;图 6.3(b)中直流反馈信号被 C 隔离,仅通交流,不通直流,因而为交流反馈。若将图 6.3(a)中电容 C_e 去掉,即 R_e 不再并联旁路电容,则 R_e 两端的压降既有直流成分,又有交流成分,因而是交直流反馈。

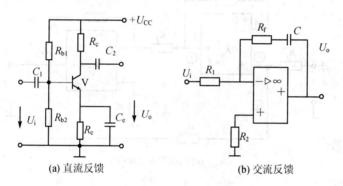

图 6.3 直流反馈和交流反馈

2. 正反馈与负反馈

这是按照反馈的极性来分的。当输入量不变时,若输出量比没有反馈时变大了,即反馈信号加强了净输入信号,这种情况称为正反馈;反之,若输出量比没有反馈时变小了,即反馈信号削弱了净输入信号,这种情况称为负反馈。正反馈多用于振荡电路和脉冲电路,而负反馈多用于改善放大电路的性能。

通常采用"瞬时极性法"来判别是正反馈还是负反馈,具体方法如下:首先假定输入信号为某一瞬时极性(一般设对地极性为正),然后再根据各级输入、输出之间的相位关系(对分立元件放大器有共射反相,共集、共基同相;对集成运放有,U_o 与 U_- 反相、与 U_+ 同相)依次推断其他有关各点受瞬时输入信号作用所呈现的瞬时极性(用+或↑表示升高,-或↓表示降低);并确定从输出回路到输入回路的反馈信号的瞬时极性;最后判断反馈信号的作用是加强了还是削弱了净输入信号。使净输入信号加强的为正反馈,若是削弱则为负反馈。下面举例说明。

现在用瞬时极性法来判别图 6.4 反馈电路的反馈极性。对于图 6.4(a),首先假定输入信号电压对地瞬时极性为正,用"⊕"表示,则同相输入端电压瞬时极性为正,输出电压瞬时极性为正(运放相位关系决定);通过反馈电路 R_1 将输出电压反送到反相端,形成反馈电压用 u_f 表示,且瞬时极性为正;由于 $u_{id} = u_i - u_f$,u_f 的正极性会使净输入量 u_{id} 减小,因此,此电路为负反馈。

对于图 6.4(b)所示电路,假定 u_i 为正,则反相端电压瞬时极性为正,输出电压瞬时极性为负;通过反馈电路 R_1 将输出电压反送到同相端,形成反馈电压用 u_f 表示,且瞬时极性为负;运放的净输入信号 $u_{id}=u_i-u_f$,u_f 的负极性会使净输入量 u_{id} 增大,因此,此电路为正反馈。

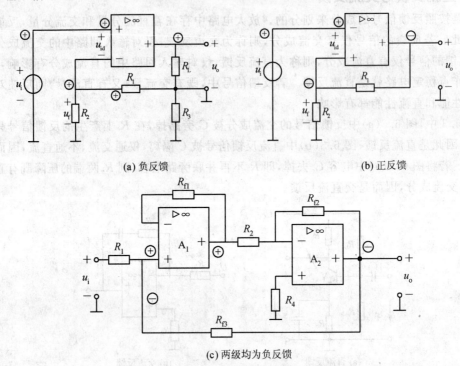

(a) 负反馈　　(b) 正反馈

(c) 两级均为负反馈

图 6.4　运放构成的反馈放大电路

同理,可以判断图 6.4(c)所示电路各反馈的极性。图 6.4(c)是两级运放构成的放大电路,每级都有自己的反馈支路,R_{f1},R_{f2} 形成本级反馈,都是负反馈;R_{f3} 跨越两级形成级间反馈,反馈极性如图 6.4(c)所示,显然,也是负反馈。

通过以上分析可以得出如下结论:运放组成的本级内反馈,若反馈到反相端,则为负反馈;若反馈到同相端,则为正反馈。但多级运放之间的反馈不能这样判断。

例如,图 6.5 所示电路的反馈极性同样可以用瞬时极性法来判别。对于图 6.5(a),当输入电压 U_i 瞬时极性为"⊕"时,输入电流 I_i 增加,由共射放大电路的输入与输出相位关系知,输出端瞬时极性为"⊖",因而使反馈电流 I_f 增加,由 $I_i=I_d+I_f$ 可知,I_f 的增加削弱了净输入电流 I_d(相当于从 I_i 中分走了一个反馈电流),所以为负反馈电路。

对于图 6.5(b)所示电路,R_e 为反馈元件。当输入电压 U_i 瞬时极性为"⊕"时,三极管的基极电流及集电极电流瞬时增加,使发射极电位瞬时为"⊕",结果使净输入信号 U_{be} 被削弱了,因而为负反馈放大器。

3. 电压反馈与电流反馈

这是按照反馈在输出端的取样方式来划分的。若反馈是对输出电压采样则称为电压反馈,若反馈是对输出电流采样,则称为电流反馈。电压反馈的反馈信号与输出电压成正比,电流反馈的反馈信号与输出电流成正比。显然,作为采样对象的输出量一旦消失,则反馈信号也必然随之消失。

第 6 章 负反馈放大电路

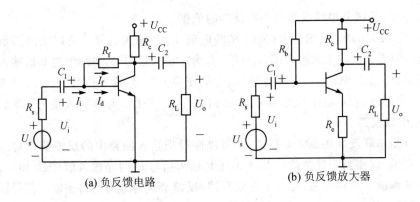

(a) 负反馈电路　　　　(b) 负反馈放大器

图 6.5　分立元件反馈放大电路

判断是电压反馈还是电流反馈的常用办法是负载电阻短路法(亦称输出短路法)。这种办法是假设将负载电阻 R_L 短路,也就是使输出电压为零。此时若原来是电压反馈,则反馈信号一定随输出电压为零而消失;若电路中仍然有反馈存在,则原来的反馈应该是电流反馈。

下面用这个方法判断图 6.6 所示电路为何种反馈。图 6.6(a)中反馈元件为 C_f。若将输出端短路,即令 $U_o=0$,则反馈信号不存在,因而是电压反馈。图 6.6(b)中,若将输出端短路,即令 $U_o=0$,反馈依然存在,因为,此时反馈信号是 R 两端电压降 U_f,它并未因 U_o 等于零而消失,因而是电流反馈。

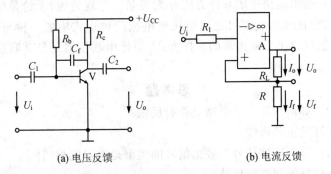

(a) 电压反馈　　　　(b) 电流反馈

图 6.6　电压反馈与电流反馈

需要指出的是,在电流反馈电路中,由于直接对电流采样不方便,因而通常总是让被采样的电流通过一个小电阻,再对这个小电阻进行采样,把电阻两端电压反馈给输入回路,故称这小电阻为采样电阻。反馈信号在形式上是电压信号,但这个电压与流过小电阻的电流(这里约等于输出电流)成正比,因而实质上反馈信号与输出电流成正比,反馈信号取自输出电流。例如,图 6.6(b)中,R 是采样电阻。由于运放同相输入端的电流很小,因而流过 R 的电流 I_f 近似等于负载 R_L 中的电流 I_o。R 两端的电压 $U_f \approx I_o R$,可见,加在同相输入端的反馈信号 U_f 与输出电流 I_o 成正比,或者说反馈信号取自输出电流,因而是电流反馈。同样可以判断出,图 6.5(a)是电压反馈,图 6.5(b)是电流反馈。

4. 串联反馈与并联反馈

串联反馈与并联反馈是按照反馈信号在输入回路中与输入信号相叠加的方式不同来分类的。反馈信号与输入信号以电压形式在输入回路串联相叠加的反馈是串联反馈;反馈信号与输入信号以电流形式在输入节点并联相叠加的反馈是并联反馈。因此,是以电压形式还是以电流形式相叠加,是区分串联反馈与并联反馈的依据。

例如,在图 6.5(a)中,反馈信号(流过 R_f 的电流 I_f)与输入信号 I_i 是以电流的形式相叠加的,是并联连接(I_f 并接在 I_i 的输入端,$I_i - I_f = I_d$ 为净输入信号,I_d 实际上是基极输入电流),因而是并联反馈;在图 6.5(b)中,反馈信号(R_e 上的压降 U_{Re})与输入信号 U_i 是以电压的形式相叠加,当然是串联连接(U_{Re} 与 U_i 串接在输入回路中,$U_i - U_{Re}$ 为净输入信号,即发射结压降 U_{be}),因而是串联反馈。

为了区分是串联反馈还是并联反馈,还可以假设把输入回路中的反馈节点对地短路。对于串联反馈来说,这相当于反馈信号 $U_f = 0$,于是输入信号 U_i 与净输入信号 U_d 相等,输入信号仍然可加至基本放大电路中去;而对于并联反馈,反馈节点对地短路将使输入信号随之也被短路,无法加至基本放大电路,以此便可判断是串联反馈还是并联反馈。

图 6.5(a)中,若将反馈节点(反馈元件 R_f 与输入回路的交叉点)对地短路,则显然输入信号无法加入运放的输入端,因而是并联反馈;图 6.5(b)中,若将反馈节点(反馈元件 R_e 在输入回路中的非"地"点,此处为三极管的 e 极)对地短路,也就是令 R_e 两端电压 U_{Re}(为反馈信号)为零,此时输入信号 U_i 仍可加至三极管的输入端(输入信号 U_i 与净输入信号 U_{be} 相等),因而是串联反馈。与上述分析结果相同。请读者自己判断图 6.4 所示反馈电路是串联,还是并联形式。

需要指出,反馈信号在放大电路输入回路中是以电压形式(串联反馈)还是以电流形式(并联反馈)出现,与其在输出回路中的采样方式并无关系。也就是说,无论是电压反馈还是电流反馈,它们的反馈信号在输入端都可能以电压或电流两种形式中的一种与输入信号去叠加。是电压还是电流反馈仅取决于输出端的采样方式,而是串联反馈还是并联反馈则仅取决于输入端的叠加方式。

思考题

1. 什么是反馈?如何判断一个电路是否有反馈?
2. 如何判断反馈的正负极性?
3. 什么是反馈信号?反馈信号与输出信号的类型是否一定相同?
4. 如何判断交流反馈和直流反馈?
5. 如何判断电压反馈和电流反馈?
6. 如何判断并联反馈和串联反馈?

6.2 负反馈放大电路的4种基本组态

上述各种类型的反馈电路中,主要讨论其中的负反馈电路。这样,将输出端采样与输入端叠加两方面综合考虑,实际的负反馈放大器可以分为如下 4 种基本类型:电压串联负反馈、电压并联负反馈、电流串联负反馈和电流并联负反馈,又称 4 种基本组态。为了对电压串联、电压并联、电流串联、电流并联 4 种基本负反馈的性能有更深的了解,下面以具体反馈电路为例,对这些类型分别进行判断和分析。

1. 电压串联负反馈

电压串联负反馈的电路图和方框图分别如图 6.7(a)和(b)所示。图 6.7(a)中,R_f,R_1 为反馈元件,它们构成的反馈网络在输出与输入之间建立起联系。从电路的输出端来分析,反馈信号由输出电压 U_o 通过 R_f、R_1 分压形成,反馈电压 U_f 是输出电压 U_o 的一部分。假设将输出短路,则 $U_o=0$,$U_f=0$,因此,这个反馈是电压反馈。

以输入端来分析,反馈信号与输入信号相串联,它们是以电压的形式在输入回路中叠加的,即 $U_d=U_i-U_f$,假设把反馈节点(运放的反相输入端)对地短路,使 $U_f=0$,输入信号仍能加入运放的同相输入端,因此,这是串联反馈。由瞬时极性法,设 U_i 瞬时为"⊕",根据运放的输入输出特性,则输出 U_o 亦为"⊕",反馈至反相输入端亦为"⊕",这样,反馈的引入使运放的净输入信号 U_d 减小,因而是负反馈。总起来讲,图 6.7(a)所示电路是一个电压串联负反馈放大电路。

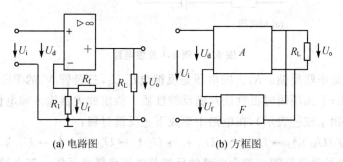

(a) 电路图　　　　　　　　(b) 方框图

图 6.7　电压串联负反馈

电压负反馈具有稳定输出电压的作用。设输入信号 U_i 不变,若负载电阻 R_L 因某种原因减小使输出电压 U_o 减少,则经 R_f、R_1 分压所得反馈信号 U_f 亦减小,结果使净输入信号 U_d 增大($U_d=U_i-U_f$),使 U_o 增大,即抑制了 U_o 的减少。这个稳压过程可表示如下:

$$R_L \downarrow U_o \downarrow U_f \downarrow U_d \uparrow \rightarrow U_o \uparrow$$

可见,引入电压负反馈后,因其他原因(这个原因不是输入电压的变化)导致输出电压变化的趋势因负反馈的自动调节作用而受到抑制,使输出电压基本稳定。

上述稳定输出电压的过程还说明,电压负反馈放大器具有恒压源的性质,而恒压源的内阻很小(理想情况下恒压源的内阻为 0)。这就是说,放大器的输出电阻因引入电压负反馈而减小了,这是电压负反馈的一重要特点。

另外,由于在输入回路中输入信号 U_i 与反馈信号 U_f 是串联叠加的,在 U_i 不变时,U_f 的引入使净输入信号 U_d 减少,则使输入电流比无反馈时减小,也就是使输入电阻增大,因此,串联负反馈使放大器的输入电阻增大,这是串联负反馈的重要特性。总之,电压串联负反馈具有输入电阻大、输出电阻小、输出电压稳定的特点。

【例 6.1】 判断如图 6.8 所示电路的反馈类型和性质。

解:要确定一个放大器中有没有反馈,就要观察有没有能把输出端和输入端连接起来的网络。图 6.8(a)为分立电路构成的负反馈电路,基本放大部分由两级共射电路构成,C_4 是隔直电容,对交流可看作短路,电阻 R_1、R_f 和电容 C_1 组成级间交流反馈网络,如图 6.8(b)所示。电容 C_5 是旁路电容,使电阻 R_8 起直流负反馈作用,用作稳定静态工作点,对交流指标无影响。

假设负载 R_L 短路,则 R_f 右端接地,则无法把输出信号反馈到输入端去,反馈作用消失,所以本电路是电压反馈。

将放大器输入端假想短路($U_i=0$),R_1 从 U_o 分到的电压仍能对放大器输入端产生作用,即

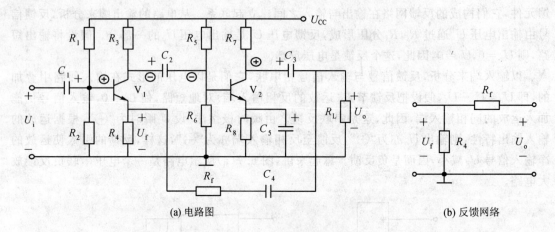

(a) 电路图　　　　　　　　　　　　(b) 反馈网络

图 6.8　例 6.1 反馈电路

反馈不消失,所以是串联反馈。R_4 上的电压是反馈电压 U_f,三极管 V_1 的 BE 结上的电压是基本放大器输入电压;下面用瞬时极性法判断反馈性质。假定放大器输入端电位瞬时上升(用↑或⊕表示,下降则用↓或⊖表示),在电路中形成下述反馈过程:

$$U_i(U_{b1})\uparrow \to U_{be}\uparrow \to U_{c1}\downarrow \to U_o\uparrow \to U_{e1}(U_f)\uparrow \to U_{be}\downarrow$$

由上述变化可见是负反馈。整个电路的反馈是电压串联负反馈。若去掉 C_5,将 C_4 右端改接到 V_2 发射极,则成为电流串联正反馈。请读者自己判断一下。

2. 电压并联负反馈

电压并联负反馈的电路图和方框图分别如图 6.9(a)和(b)所示。图 6.9(a)中,R_f 为反馈元件,它在输出与输入之间建立起反馈通道。从电路的输出端来分析,在输出端的采样对象是输出电压 U_o,若将输出短路,即设 $U_o=0$,则反馈信号消失,因而是电压反馈;从电路的输入端来分析,反馈信号与输入信号是以电流的形式相叠加的,流过 R_f 的电流 I_f 与输入电流 I_i 并联作用在输入端,$I_d=I_i-I_f$,若假设反馈节点(运放的反相端)对地短路,则使运放两输入端短路,输入信号不能进入运放电路,因而是并联反馈;为了判断反馈的极性,设输入信号 U_i 瞬时极性为"⊕",即反相输入端为"⊕",由运放的输入、输出特性知,输出信号 U_o 应为"⊖",从而使流过 R_f 的电流 I_f 增加,在 I_i 不变的条件下,因 I_f 的分流作用而使流入运放的净输入电流 I_d 减少,故为负反馈。总之,图 6.9(a)所示电路是一个电压并联负反馈放大电路。

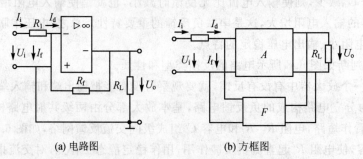

(a) 电路图　　　　　　　　　　(b) 方框图

图 6.9　电压并联负反馈

同电压串联负反馈一样,电压并联负反馈既然是电压负反馈,因而也能稳定输出电压,减小输出电阻；在输入回路中，由于输入信号 I_i 与反馈信号 I_f 是并联叠加的，相当于在输入回路中增加了一条并联支路，因而，输入电阻减小。

【例 6.2】 判断图 6.10 所示电路的反馈类型和性质。

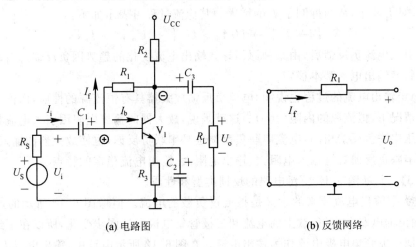

图 6.10　例 6.2 的电路

解：图 6.10(b)为反馈网络，反馈端"近似短接地"。假想输出端短路，则传输反馈信号的 R_1 右端接地，反馈作用消失，故是电压反馈；将输入端对地假想短路，经 R_1 传输过来的反馈信号被短路，反馈作用消失，故是并联反馈。反馈极性的判定如下：$U_i\uparrow \to U_b\uparrow \to I_b\uparrow \to U_c\downarrow \to I_f\uparrow \to I_b\downarrow$，故为负反馈，其中，反馈电流 $I_f \approx -U_o/R_1$。整个电路的反馈是电压并联负反馈。

3. 电流串联负反馈

电流串联负反馈的电路和方框图分别如图 6.11(a)和(b)所示。图 6.11(a)中，R 为反馈元件，在输出回路与输入回路间建立反馈关系。从电路的输出端来分析，反馈元件 R 上的电压 $U_f=RI'_o$，而 $I'_o \approx I_o$（运放的输入电流 I_- 很小，可忽略），则反馈量 U_f 与输出电流 I_o 成比例。若将负载 R_L 短路，$U_o=0$，U_f 依然存在，若将 R_L 开路（使 $I_o=0$），反馈便消失，所以，这个电路是电流反馈。

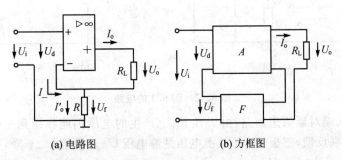

图 6.11　电流串联负反馈

从输入端来分析，反馈信号 U_f 与输入信号 U_i 是以串联方式在输入回路中叠加的，$U_d=U_i-U_f$，因而是串联反馈；设输入信号瞬时极性为"⊕"，由运放的输入、输出特性知，输出信号 U_o 应为"⊕"，反馈至反相输入端亦应为"⊕"，这样，反馈的引入使加在运放两个输入端之间的净输入信号 U_d 减小，抵消了 U_i 的增加，所以也是负反馈。总之，这个电路是电流串联负反馈放大电路。

电流负反馈具有稳定输出电流的作用。在输入电压 U_i 一定时,若因某种原因(如负载电阻变小)使输出电流 I_o 增大,则反馈信号 U_f 增大,从而使运放的净输入信号 U_d 减小,使输出电压 U_o 减小,使 I_o 减小,从而抑制了 I_o 的增大。其稳流过程可表示如下:

$$R_L \downarrow \rightarrow I_o \uparrow \rightarrow U_f \uparrow \rightarrow U_d \downarrow \rightarrow U_o \downarrow \rightarrow I_o \downarrow$$

可见,引入电流负反馈后,由某种原因导致输出电流变化的趋势因负反馈的自动调节作用而受到抑制,使输出电流基本稳定。

上述稳定输出电流的过程也说明,电流负反馈放大器具有恒流源的性质,而恒流源的内阻很大(理想情况下,恒流源的内阻为∞)。这就是说,放大器的输出电阻因引入电流负反馈而增大了;与电压串联负反馈相同,电流串联负反馈也是串联负反馈,也使放大器的输入电阻增大。总之,电流串联负反馈具有输入电阻大、输出电阻大、输出电流稳定的特点。

【例 6.3】 判断图 6.12 所示电路的反馈类型和性质。

解:放大器输出电流原来的意义是指流过负载的电流。但像图 6.12 所示的这种从三极管集电极输出的电路,由于负载上的电流和三极管集电极电流同步变化,所以在不致造成混乱的情况下,把三极管集电极电流作为输出电流。在图 6.12 所示电路中,输出电流 I_o 的变化,必然造成 R_{e1} 端电压的变化。而 R_{e1} 端电压的变化,又肯定对 V 的 be 结上的压降产生作用,即输出信号对输入端产生作用,所以存在着反馈。

图 6.12(b)为反馈网络,其中规定 I_o 的正方向为从发射极流进,从集电极流出。将负载假想短路,I_o 仍旧流动,反馈依然存在,故是电流反馈。

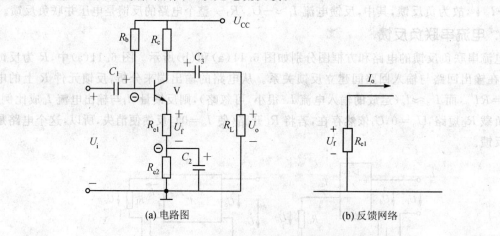

(a) 电路图　　　　　　(b) 反馈网络

图 6.12　例 6.3 的电路

将放大器输入端对地假想短路,由 I_o 在 R_{e1} 上产生的电压仍能作用到三极管 BE 结上,反馈不消失,故是串联反馈,三极管 BE 结上电压是静电压 U_{be}。假定 U_{be} 下降,则反馈过程如下:

$$U_i \downarrow \rightarrow U_{be} \downarrow \rightarrow I_b \downarrow \rightarrow U_f \downarrow \rightarrow U_{be} \uparrow$$

所以,这个电路中的反馈是负反馈。整个电路是电流串联负反馈。反馈电压 $U_f \approx -I_o R_f$。

对直流来说,R_{e1} 和 R_{e2} 的串联电阻有着与上述交流负反馈过程同样的反馈作用。这个直流反馈抑制三极管静态电流的变化,所以有稳定静态工作点的作用。一般来说,凡串接在三极管发射极的电阻都有直流电流负反馈作用,能够稳定静态工作点。

4. 电流并联负反馈

电流并联负反馈的电路图和方框图分别如图 6.13(a)和(b)所示。图 6.13(a)中 R_f 是反馈元件，由它在输出与输入回路之间构成了反馈通路。从输出回路分析，将 R_L 短路即令 $U_o=0$，反馈信号 U_f 依然存在，故为电流反馈。

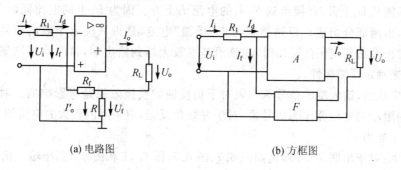

(a) 电路图 (b) 方框图

图 6.13 电流并联负反馈

从输入回路分析，若将反馈节点（运放的反相输入端）对地短路，运放的两个输入端将短路，信号无法进入运放，故为并联反馈；用瞬时极性法，设输入信号 U_i 瞬时为"⊕"，即反相输入端为"⊕"，由运放的输入、输出特性知，输出信号 U_o 应为"⊖"，从而使流过 R_f 的电流 I_f 增加，在 I_i 不变的条件下，因 I_f 的分流作用而使流入运放的净输入电流 I_d 减少，故为负反馈。因此，这个电路为电流并联负反馈。同样，电流并联负反馈具有输入电阻小、输出电阻大、输出电流稳定的特点。

【例 6.4】 判断图 6.14 所示电路的反馈类型和性质。

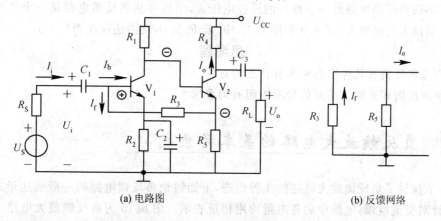

(a) 电路图 (b) 反馈网络

图 6.14 例 6.4 的电路

解： 图 6.14(b)为反馈网络，反馈端"近似短接地"，其中，I_o 的正方向是从三极管集电极向外流出，而且 $I_o \approx -I_{e2}$。假想输出端短路，但输出电流仍然流动，经 R_3 和 R_5 分流后，R_3 上的电流对放大器输入端产生作用，故是电流反馈；将输入端假想短路，R_3 左端接地，则反馈作用消失，故是并联反馈。

判断并联反馈的极性时，认为输入电流 I_i 为常数，$I_f + I_b = I_i$。三极管基极电流就是基本放大器输入电流 I_d。判断过程如下：

$$U_i \uparrow \to I_b \uparrow \to U_{c1} \downarrow \to I_{e2} \downarrow \to I_f \uparrow \to I_b \downarrow$$

上述判断过程中,当 I_{e2} 减小时,给 R_3 的分流减小,而 I_f 是反方向分流,则 I_f 增大。所以,电路是负反馈。

还可以这样分析反馈的极性:$U_i\uparrow \to U_{c1}\downarrow \to U_{e2}\downarrow \to I_f\uparrow$。这是因为,$R_3$ 右端电位下降,所以 R_3 上朝右流的电流 I_f 增大。

这里,不能从 U_i 上升,直接得到 R_3 上的电流 I_f 上升。因为 R_3 上的电流同时受输入、输出信号的作用,由两部分组成。但这里只考虑"反馈"电流,是指只决定于输出信号的电流。所以,在用瞬时极性法判定正负反馈时,应该沿基本放大器到输出端,再沿反馈网络返回输入端这样的途径来确定反馈极性。

最后还应指出,输入端的信号源内阻对于负反馈的反馈效果是有影响的。对于串联负反馈,应采用内阻小的电压源作为信号源;对于并联负反馈,应采用内阻大的电流源作为信号源,信号源内阻不能为 0。

这是因为:对于串联负反馈,例如图 6.7、图 6.8、图 6.11 和图 6.12,净输入信号 $U_d=U_i-U_f$,U_i 越稳定,反馈效果就越好,而输入信号 U_i 是由信号源 U_s(内阻 R_s)提供的,若信号源内阻为 0,则 U_i 为恒压源,这样 U_f 的增加量可全部转化为 U_d 的减少量,此时反馈效果最强;若信号源内阻较大,则 U_i 不恒定,这样,U_f 的增加量仅有一部分转化为 U_d 的减少量(另一部分则转化为 U_i 的增加量),因而反馈效果就弱了。所以,串联反馈信号源内阻越小,U_i 越稳定,反馈效果越好。因此,串联负反馈要求恒压激励,宜采用内阻小的电压源作为信号源。

同样,对于并联负反馈,例如,图 6.9、图 6.10、图 6.13 和图 6.14,反馈信号与输入信号以电流的形式叠加,净输入信号 $I_d=I_i-I_f$,由于信号源内阻越大,I_i 越恒定,反馈效果就最强,因此,并联负反馈要求恒流激励,宜采用内阻大的电流源作为信号源。

电压串联负反馈电路是一个良好的压控电压源,电压并联负反馈电路是一个良好的流控电压源。请读者自己思考,图 6.9 和图 6.13 中,若 R_1 为 0,反馈还存在否?

思考题

1. 交流负反馈有几种组态?各有什么特点?
2. 串联反馈和并联反馈对信号源内阻有何要求?

6.3 负反馈放大电路的基本关系式

上一节探讨了负反馈放大电路的 4 种组态,下面讨论负反馈电路的一般表达形式。从本节开始,针对交流反馈,电路中的各电量均用相量表示。图 6.15 为负反馈放大电路的简化框图,图中符号 ⊗ 代表输入求和,+、- 表示 $\dot{X}_i$ 与 $\dot{X}_f$ 是相减关系,代表是负反馈,即净输入信号

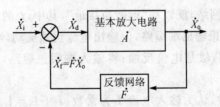

图 6.15 负反馈放大电路的简化框图

$$\dot{X}_{id} = \dot{X}_i - \dot{X}_f \tag{6-1}$$

基本放大电路的开环增益为

$$\dot{A} = \frac{\dot{X}_o}{\dot{X}_{id}} \tag{6-2}$$

反馈网络的反馈系数为

$$\dot{F} = \frac{\dot{X}_f}{\dot{X}_o} \tag{6-3}$$

负反馈放大电路的闭环放大倍数(或称闭环增益)为

$$\dot{A}_f = \frac{\dot{X}_o}{\dot{X}_i} \tag{6-4}$$

将式(6-1)、(6-2)和式(6-3)代入式(6-4)，可得出负反馈放大电路增益的一般表达式为

$$\dot{A}_f = \frac{\dot{X}_o}{\dot{X}_i} = \frac{\dot{X}_o}{\dot{X}_{id} + \dot{X}_f} = \frac{\frac{\dot{X}_o}{\dot{X}_{id}}}{1 + \frac{\dot{X}_f}{\dot{X}_{id}}} = \frac{\frac{\dot{X}_o}{\dot{X}_{id}}}{1 + \frac{\dot{F}\dot{X}_o}{\dot{X}_{id}}} = \frac{\dot{A}}{1 + \dot{A}\dot{F}} \tag{6-5}$$

式(6-5)即负反馈放大器放大倍数(即闭环放大倍数)的一般表达式，又称为基本关系式，它反映了闭环放大倍数与开环放大倍数及反馈系数之间的关系，在以后的分析中经常使用。

在式(6-5)中，$1+\dot{A}\dot{F}$是开环放大倍数与闭环放大倍数幅值之比，它反映了反馈对放大电路的影响程度，通常把$|1+\dot{A}\dot{F}|$称作反馈深度，$\dot{A}\dot{F}$称作环路增益。后面将要看到，反馈放大电路的很多性能都与反馈深度有关。一般情况下，它们都是频率的函数，其幅值和相角均与频率有关，关于式(6-5)及反馈深度，下面分几种情况进行讨论。

① 若$|1+\dot{A}\dot{F}|>1$，则$|\dot{A}_f|<|\dot{A}|$，说明引入反馈后，放大倍数减小了。这种情况为负反馈。负反馈的引入虽然减小了放大器的放大倍数，但是它却可以改善放大器其他很多性能，而这些改善一般是采用别的措施难以做到的。至于放大倍数的下降，可以通过增加放大电路的级数来弥补。

② 若$|1+\dot{A}\dot{F}|<1$，则$|\dot{A}_f|>|\dot{A}|$。反馈的引入加强了净输入信号，说明已经变成正反馈。

③ 若$|1+\dot{A}\dot{F}|=0$，则$|\dot{A}_f|\to\infty$。这就是说，即使没有输入信号，放大电路也有信号输出，这时的放大电路处于"自激"状态。除振荡电路外，自激状态一般情况下是应当避免或消除的。

④ 若$|1+\dot{A}\dot{F}|\gg1$，则$\dot{A}_f=\dfrac{\dot{A}}{1+\dot{A}\dot{F}}\approx\dfrac{1}{\dot{F}}$，此式说明，当$|1+\dot{A}\dot{F}|\gg1$时，放大器的闭环放

大倍数仅由反馈系数来决定,而与开环放大倍数几乎无关,这种情况称为"深度负反馈"。因为反馈网络一般由 R,C 等无源元件组成,它们的性能十分稳定,所以反馈系数也十分稳定。因此,深度负反馈时,放大器的闭环放大倍数比较稳定。

必须说明的是,对于不同的反馈类型,$\dot{X}_i$,$\dot{X}_{id}$,$\dot{X}_f$ 及 $\dot{X}_o$ 所代表的电量不同,可以是电压,也可以是电流,因而,4 种反馈组态的放大电路的 $\dot{A}$,$\dot{A}_f$,$\dot{F}$ 相应的具有不同的含义和量纲。

从输出回路看,分为电压反馈和电流反馈,电压反馈时,输出量用电压表示,电流反馈时,输出量用电流表示;从输入回路看,分为串联反馈和并联反馈,串联反馈时,输入量及反馈量均用电压表示,并联反馈时,输入量和反馈量则均用电流表示。现将 4 种基本反馈类型中各参量的含义归纳列表如表 6.1 所列。表中,$\dot{A}$,$\dot{A}_f$,$\dot{F}$ 的下标 u,r,g,i 分别表示电压比电压、电压比电流、电流比电压和电流比电流。其中,$\dot{A}_r$,$\dot{F}_r$,$\dot{A}_{rf}$ 的量纲与电阻的量纲相同,单位为欧姆(Ω),$\dot{A}_r$,$\dot{A}_{rf}$ 称为互阻增益;$\dot{A}_g$,$\dot{F}_g$,$\dot{A}_{gf}$ 的量纲与电导的量纲相同,单位为西门子(S),$\dot{A}_g$,$\dot{A}_{gf}$ 称为互导增益;而 $\dot{A}_u$,$\dot{F}_u$,$\dot{A}_{uf}$ 以及 $\dot{A}_i$,$\dot{F}_i$,$\dot{A}_{if}$ 则无量纲,$\dot{A}_u$,$\dot{A}_{uf}$ 称为电压增益,$\dot{A}_i$,$\dot{A}_{if}$ 称为电流增益。无论哪种类型的反馈,同一种反馈的 $\dot{X}_i$,$\dot{X}_{id}$,$\dot{X}_f$ 总是同量纲的,而乘积 $\dot{A}\dot{F}$ 总是无量纲的。

表 6.1 4 种基本反馈各参量的含义

反馈类型	输入量 $\dot{X}_i$	净输入量 $\dot{X}_d$	输出量 $\dot{X}_o$	反馈量 $\dot{X}_f$	开环放大倍数 $\dot{A}$	反馈系数 $\dot{F}$	闭环放大倍数 $\dot{A}_f$
电压串联	$\dot{U}_i$	$\dot{U}_d$	$\dot{U}_o$	$\dot{U}_f$	$\dot{A}_u$	$\dot{F}_u$	$\dot{A}_{uf}$
电压并联	$\dot{I}_i$	$\dot{I}_d$	$\dot{U}_o$	$\dot{I}_f$	$\dot{A}_r$	$\dot{F}_g$	$\dot{A}_{rf}$
电流串联	$\dot{U}_i$	$\dot{U}_d$	$\dot{I}_o$	$\dot{U}_f$	$\dot{A}_g$	$\dot{F}_r$	$\dot{A}_{gf}$
电流并联	$\dot{I}_i$	$\dot{I}_d$	$\dot{I}_o$	$\dot{I}_f$	$\dot{A}_i$	$\dot{F}_i$	$\dot{A}_{if}$

思考题

1. 写出负反馈闭环增益的一般表达式?
2. 反馈深度和环路增益的含义是什么?
3. 满足深负反馈时,闭环增益与放大电路参数关系如何?

6.4 负反馈对放大器性能的影响

负反馈虽然降低了放大电路的放大倍数,但可以改善放大电路的很多性能,如稳定输出电压或输出电流、提高增益稳定性、扩展通频带、减小失真、影响输入电阻和输出电阻等,下面分别加以讨论。

6.4.1 提高闭环放大倍数的稳定性

放大电路的放大倍数是由电路元件的参数决定的。若元件老化或更换、电源不稳、负载变化或环境温度变化,则可能引起放大器的放大倍数变化。为此,通常都要在放大电路中引入负反馈,用以提高放大倍数的稳定性。

负反馈之所以能够提高放大倍数的稳定性,是因为负反馈对相应的输出量有自动调节作用。比如,引入了电压串联负反馈,当放大倍数由于某种原因增大时,会使输出电压增大,反馈电压也随之增大,便使净输入电压减小,从而抑制了输出电压的增大,也就是稳定了放大倍数。

放大倍数的稳定性常用有、无反馈时增益的相对变化量之比来衡量。用 dA/A 和 dA_f/A_f 分别表示开环和闭环增益的相对变化量,用 A,A_f 分别表示开环和闭环增益的模,则式(6-5)可以写成

$$A_f = \frac{A}{1+FA} \tag{6-6}$$

将式(6-6)对 A 求导得

$$\frac{dA_f}{dA} = \frac{1}{(1+FA)^2} \tag{6-7}$$

$$dA_f = \frac{dA}{(1+FA)^2} \tag{6-8}$$

综合式(6-6)和式(6-8),则得到相对变化量关系

$$\frac{dA_f}{A_f} = \frac{1}{(1+FA)} \frac{dA}{A} \tag{6-9}$$

上式表明,负反馈放大器的闭环放大倍数的相对变化量 dA/A 是开环放大倍数相对变化量 dA/A 的 $1/(1+AF)$,也就是说,负反馈的引入使放大电路的放大倍数稳定性提高到了 $(1+AF)$ 倍。

例如,某负反馈放大电路的 $A=10^4$,反馈系数 $F=0.01$,则可求出其闭环放大倍数

$$A_f = \frac{A}{1+AF} = \frac{10^4}{1+10^4 \times 0.01} \approx 100$$

若因参数变化使 A 变化 $\pm 10\%$,即 A 的变化范围为 $9\,000 \sim 11\,000$,则由式(6-9)可求出 A_f 的相对变化量为

$$\frac{dA_f}{A_f} = \frac{1}{1+AF} \cdot \frac{dA}{A} = \frac{1}{1+10^4 \times 0.01} \times (\pm 10\%) \approx \pm 0.1\%$$

即 A_f 的变化范围为 $99.9 \sim 100.1$。显然,A_f 的稳定性比 A 的稳定性提高了约 100 倍(由 10%变到 0.1%)。负反馈越深,稳定性越高。

这里要提请大家注意以下几个问题:

① 负反馈只能减小由基本放大电路引起的增益变化量,对反馈网络的反馈系数变化引起的增益变化量是无法解决的。因此,设计负反馈电路时,反馈网络最好由无源器件组成,以使反馈系数稳定。

② 不同组态的反馈电路能稳定的增益含义不同。

③ 负反馈的自动调节作用不能保持输出量不变,只能使输出量趋于不变。

6.4.2 展宽通频带

由第 4 章分析知,无反馈时,放大电路在高频段和低频段增益都要下降,放大电路的幅频特性如图 6.16 所示。图中 f_H,f_L 分别为上限频率和下限频率,其通频带 $f_{BW} = f_H - f_L$ 较窄。

加入负反馈后,利用负反馈的自动调整作用,就可以使通频带展宽。具体过程就是,中频段由于放大倍数大,输出信号大,反馈信号也大,使净输入信号减少得较多,结果是中频段放大倍数比无负反馈时下降较多;而在高频和低频段,由于放大倍数小,输出信号小,而反馈系数不随频率而变,其反馈信号也小,使净输入信号减少的程度比中频段小,结果使高频和低频段放大倍数比无负反馈时下降较少。这样,从高、中、低频段总体考虑,放大倍数随频率的变化就因负反馈的引入而减小了,幅频特性变得比较平坦,相当于通频带得以展宽,如图 6.16 中所示。图中 f_{Hf},f_{Lf} 分别为闭环时的上限频率和下限频率,其通频带 $f_{BWf} = f_{Hf} - f_{Lf}$ 较宽。

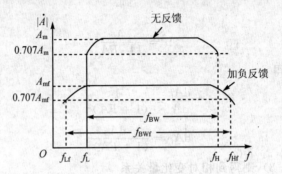

图 6.16　负反馈展宽通频带

以上是对负反馈展宽通频带的原理作了定性分析。下面以一个单级阻容耦合放大器为例,来对频带展宽进行定量分析,设反馈网络为纯电阻网络。

单级阻容耦合放大电路在高频段的放大倍数表达式为

$$A_H = \frac{A_m}{1 + j\dfrac{f}{f_H}} \tag{6-10}$$

这是未引入反馈时的表达式,式中 f_H 为无反馈时的上限频率,$\dot{A}_m$ 为无反馈时中频段的放大倍数。

引入负反馈后(设反馈系数不随频率而变),放大器在高频段的放大倍数为

$$\dot{A}_{Hf} = \frac{\dot{A}_H}{1 + \dot{A}\dot{F}} = \frac{\dfrac{\dot{A}_m}{1 + j\dfrac{f}{f_H}}}{1 + \dfrac{\dot{A}_m}{1 + j\dfrac{f}{f_H}} \cdot \dot{F}} = \frac{\dot{A}_m}{1 + \dot{A}_m\dot{F} + j\dfrac{f}{f_H}} = \frac{\dfrac{\dot{A}_m}{1 + \dot{A}_m\dot{F}}}{1 + j\dfrac{f}{(1 + \dot{A}_m\dot{F})f_H}}$$

$$\tag{6-11}$$

根据负反馈高频特性又有

$$\dot{A}_{Hf} = \frac{\dot{A}_{mf}}{1 + j\dfrac{f}{f_{Hf}}} \tag{6-12}$$

其中,$\dot{A}_{mf}$ 为中频闭环增益,比较式(6-11)和式(6-12),可以看出

第6章 负反馈放大电路

$$\dot{A}_{mf} = \frac{\dot{A}_m}{1+\dot{A}_m \dot{F}} \tag{6-13}$$

加反馈后上限频率变为

$$f_{Hf} = (1+\dot{A}_m\dot{F})f_H \tag{6-14}$$

这就说明,加反馈后,放大器的上限频率为未加反馈时的 $1+\dot{A}_m\dot{F}$ 倍。

同理,可推出引入负反馈后的下限频率为

$$f_{Lf} = \frac{f_L}{1+\dot{A}_m\dot{F}} \tag{6-15}$$

式中,f_L 为无反馈时放大电路的下限频率。这就说明加反馈后,放大电路的下限频率为未加反馈时的 $\dfrac{1}{1+\dot{A}_m\dot{F}}$ 倍。一般来说,放大电路的上限频率远大于其下限频率,因而其通频带(等于上限频率与下限频率之差)就近似等于其上限频率的数值,则加反馈后的通频带为原来的 $1+\dot{A}_m\dot{F}$ 倍,但中频闭环增益下降了同样倍数,所以增益-带宽积保持不变。

应当说明,上述结论只对单级阻容耦合放大器有效。若含有多个 RC 回路,则上述数量关系不成立。由于分析较复杂,这里不做讨论,但负反馈可以展宽通频带的趋势是成立的。

6.4.3 减小非线性失真和抑制干扰、噪声

由于放大电路中元件(如晶体管)具有非线性,因而会引起非线性失真。一个无反馈的放大电路,即使设置了合适的静态工作点,但当输入信号较大时,仍会使输出信号波形产生非线性失真。引入负反馈后,这种失真可以减小。

图 6.17 为负反馈减小非线性失真示意图。图 6.17(a)中,输入信号 x_i 为标准正弦波,经基本放大器放大后的输出信号 x_o 产生了前半周大、后半周小的非线性失真。若引入了负反馈,如图 6.17(b)所示,失真的输出波形反馈到输入端,在反馈系数不变的前提下,反馈信号 x_f 也将是前半周大、后半周小,与 x_o 的失真情况相似。

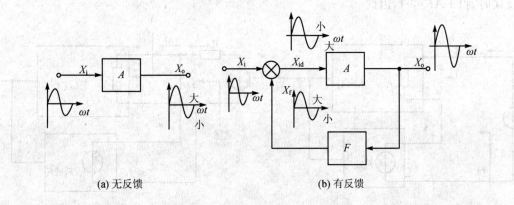

图 6.17 负反馈减小非线性失真

这样,失真了的反馈信号 x_f 与原输入信号 x_i 在输入端叠加,产生的净输入信号 $x_{id} = x_i -$

x_f就会是前半周小、后半周大的波形。这样的净输入信号经基本放大器放大后,由于净输入信号的"前半周小、后半周大"与基本放大器的"前半周大、后半周小"二者相互补偿,因而可使输出的波形前后两半周幅度趋于一致,接近原输入的标准正弦波,从而减小了非线性失真。任意信号都可以看成是由系列不同频率正弦波合成的,因此,可以抑制非线性失真。

这里应当说明,负反馈只能够减小反馈环路内的非线性所产生的非线性失真,而不能减小输入信号本身所固有的失真。而且,负反馈只是"减小"而不是"完全消除"非线性失真。

同样,当放大电路受到干扰和内部噪声的影响时,采用负反馈可以减小这种影响。干扰和噪声同非线性失真一样都减小为无反馈时的$1/(1+AF)$。必须指出,若干扰和噪声是随输入信号同时由外界引入的,负反馈则毫无办法。另外,放大电路引入负反馈后,噪声输出虽然减小了$1+AF$倍,但净输入信号也减小同样的倍数,结果输出端输出信号与噪声的比值(简称信噪比)并没有提高,因此,为了提高信噪比,必须同时提高有用信号,对信号源要求更高。

6.4.4 改变输入电阻和输出电阻

在前面的讨论中已经定性知道,负反馈可以影响放大电路的输入电阻和输出电阻,影响的情况与反馈的类型有关。下面对此作详细分析。

1. 对输入电阻的影响

负反馈对输入电阻的影响随反馈信号在输入回路中叠加方式的不同而不同,而与输出端的取样方式无直接关系,取样方式只改变AF的具体含义。因此,负反馈对输入电阻的影响时,只需画出输入端口的连接方式。如图6.18为输入端口的两种连接方式,即串联负反馈和并联负反馈。

(1) 串联负反馈使输入电阻增大

图6.18(a)是串联负反馈方框图。由图可知,开环放大器的输入电阻为$r_i = U_{id}/I_i$,反馈放大电路的输入电阻为

$$r_{if} = \frac{U_i}{I_i} = \frac{U_{id} + U_f}{I_i} = \frac{U_{id} + FAU_{id}}{I_i} = (1+FA)\frac{U_{id}}{I_i} = (1+FA)r_i \quad (6-16)$$

上式表明,引入串联负反馈后,放大器的输入电阻是未加反馈时的$(1+AF)$倍。特别是在深度负反馈时,$|1+AF| \gg 1$,因此$r_{if} \gg r_i$。

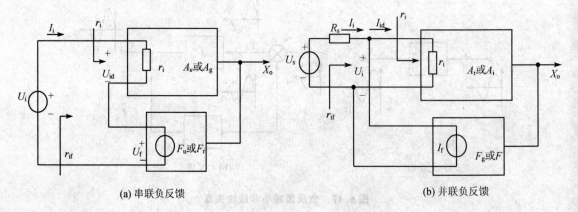

(a) 串联负反馈   (b) 并联负反馈

图 6.18 负反馈对输入电阻的影响

(2) 并联负反馈使输入电阻减小

图 6.18(b)为并联负反馈方框图。由图可知，开环放大电路的输入电阻为 $r_i = U_i/I_{id}$，反馈放大电路的输入电阻为

$$r_{if} = \frac{U_i}{I_i} = \frac{U_i}{I_{id}+I_f} = \frac{U_i}{I_{id}+FAI_{id}} = \frac{1}{1+FA} \cdot \frac{U_i}{I_{id}} = \frac{1}{1+FA} r_i \tag{6-17}$$

上式说明，引入并联负反馈后，放大器的输入电阻是未加反馈时的 $1/(1+AF)$。特别是当深度负反馈时，$|1+AF| \gg 1$，因此 $r_{if} \ll r_i$。

这里要说明两点，其一，电压反馈和电流反馈不影响输入电阻变化公式，但影响 A 及 F 的含义，应根据电路的具体反馈类型加以确定；其二，串并联反馈只对反馈环路内的输入电阻影响，例如图 6.5(b)中是串联负反馈，无反馈时的输入电阻为 $R_b \parallel r_{be}$，考虑 R_e 反馈后的输入电阻不等于 $(R_b \parallel r_{be}) \times (1+AF)$，因为 R_b 不在反馈环路内。

2. 对输出电阻的影响

负反馈对输出电阻的影响随反馈信号在输出回路中的采样方式不同而不同，而与输入端的叠加方式无直接关系，叠加方式只改变 AF 的具体含义。因此，负反馈对输出电阻的影响时，只需画出输出端口的连接方式。电压负反馈使输出电阻减小，电流负反馈使输出电阻增大。下面进行定量分析。

(1) 电压负反馈

图 6.19(a)是电压负反馈的方框图。按照输出电阻的定义，让输入信号 $X_i = 0$，负载开路，并在输出端加一个电压 U_o，则 U_o 与其所产生的输出电流 I_o 的比值就是闭环输出电阻 r_{of}。开环放大电路对它自己的输出端而言，应等效为一个电压源，该电压源的内阻即为开环放大器的输出电阻 r_o，该电压源的电压即为开环放大电路输出端上的开路电压，也就是负载开路时的输出电压。当 $X_i = 0$ 时

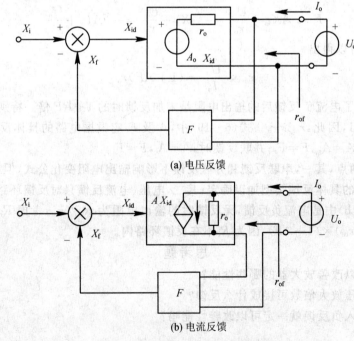

(a) 电压反馈

(b) 电流反馈

图 6.19 负反馈对输出电阻的影响

$$X_{id} = X_i - X_f = -X_f$$

开环放大电路等效电压源的电压为

$$A_o X_{id} = -X_f A_o = -U_o F A_o$$

其中，A_o 为负载开路时的开环增益，忽略反馈网络对输出的分流作用，由图 6.19(a) 电路可得

$$U_o = A_o X_{id} + I_o r_o = I_o r_o - X_f A_o = I_o r_o - U_o F A_o$$

对上式进行变换可以得出

$$r_{of} = \frac{U_o}{I_o} = \frac{r_o}{1 + A_o F} \tag{6-18}$$

此式说明，加了电压负反馈后的输出电阻是未加反馈时的 $1/(1+AF)$。特别是在深度负反馈时，$|1+AF| \gg 1$，因此，$r_{of} \ll r_o$。式(6-18)中，A 及 F 应根据电路的具体反馈类型加以确定。串联反馈时，$A = A_u$，$F = F_u$；并联反馈时，$A = A_r$，$F = F_g$。

(2) 电流负反馈

图 6.19(b) 是电流负反馈的方框图。按照输出电阻的定义，让输入信号 $X_i = 0$，负载开路，并在输出端加一个电压 U_o，则 U_o 与其所产生的输出电流 I_o 的比值就是闭环输出电阻 r_{of}。开环放大电路对它自己的输出端而言，为分析方便，等效为一个电流源，该电流源的内阻即为开环放大器的输出电阻 r_o，该电流源的电流即为开环放大器输出端的短路电流，也就是负载短路时的输出电流。此时，这个短路电流应等于开环放大器的输入信号 x_{id} 与放大倍数 A 的乘积 Ax_{id}，这里 A 为开环放大电路负载短路时的放大倍数。由于理想情况下，反馈网络只从输出端获取输出信号(这里是电流)，而对开环放大器没有负载效应，故反馈网络的输入端可视为短路，反馈网络输入端上压降可忽略。当 $X_i = 0$ 时，可以得出

$$X_{id} = X_i - X_f = -X_f$$
$$AX_{id} = -X_f A = -FAI_o$$

忽略反馈网络输入端上压降，由图 6.19(b) 电路可得

$$I_o \approx AX_{id} + \frac{U_o}{r_o} = -AX_f + \frac{U_o}{r_o} = -FAI_o + \frac{U_o}{r_o}$$

对上式进行变换可以得出

$$r_{of} = \frac{U_o}{I_o} = (1 + AF) r_o \tag{6-19}$$

此式说明，加了电流负反馈后的输出电阻是未加反馈时的 $1+AF$ 倍。特别是在深度负反馈时，$|1+AF| \gg 1$，因此，$r_{of} \gg r_o$。式(6-19)中，A 及 F 应根据电路的具体反馈类型加以确定。串联反馈时，$A = A_g$，$F = F_r$；并联反馈时，$A = A_i$，$F = F_i$。

这里要说明两点，其一，串联反馈和并联反馈不影响输出电阻变化公式，但影响 A 及 F 的含义，应根据电路的具体反馈类型加以确定；其二，电压、电流反馈只对反馈环路内的输出电阻影响，例如图 6.5(b) 中是电流负反馈，无反馈时的输出电阻为 $R_c // r_{ce}$，考虑 R_e 反馈后的输出电阻不等于 $(R_c // r_{ce}) \times (1 + AF)$，因为 R_c 不在反馈环路内。

思考题

1. 负反馈可以改善放大器的哪些性能？
2. 要稳定电压放大倍数可接成什么反馈？
3. 放大器引入负反馈就一定可以改善性能吗？

6.5 深度负反馈放大电路的估算

负反馈放大电路的分析包括定性分析和定量计算两个方面。定性分析要求读懂电路图，确定反馈网络，判断反馈的极性和类型以及对放大电路性能的改善；定量分析就是计算负反馈放大电路的主要性能指标，如闭环放大倍数以及输入、输出电阻等。负反馈放大电路的分析计算方法有很多，最常用的有等效电路法、方框图法和深度负反馈近似估算法3种。

(1) 等效电路法

这种方法不需要考虑反馈的类型和极性，直接画出交流等效电路，列出有关的电流和电压方程，用一般的电路计算方法求解出性能指标。从理论上讲，这种方法适应于任何复杂的反馈电路，但计算十分困难，一般需借助于计算机。

(2) 方框图法

根据负反馈放大器的基本关系式，只要把开环放大倍数和反馈系数求出来，就可按照基本关系式求出闭环放大倍数。方框图法的关键是如何正确分解基本放大电路和反馈网络两部分？实际的反馈电路两部分连在一起，分解时既要去掉反馈作用，又要考虑反馈网络的负载效应。方框图法立足于单向传输，虽是一种工程近似计算法，但只要电路稍微复杂，这种计算就相当麻烦。

(3) 深度负反馈近似估算法

考虑到实际放大电路多满足深度负反馈的条件，因此，经常采用近似估算法对反馈电路进行近似估算，这基本符合实际要求。对于负反馈放大电路的严格计算，本章限于篇幅，不作详细讨论，本章只探讨深度负反馈近似估算法。

利用深度负反馈的近似公式进行估算，可以使分析计算过程大为简化。当然，能够用于估算的电路必须满足深度负反馈的条件：$|1+AF| \gg 1$。在实际应用电路中，特别是随着集成运放及各种集成模拟器件日益广泛的应用，这个条件经常容易得到满足，因而，本节所讲的深度负反馈放大器的近似估算具有很高的实用价值。

对于 $1+AF \gg 1$ 的深度负反馈放大器来说，由于 $1+AF \approx AF$，所以有

$$A_f = A/(1+AF) \approx A/AF = 1/F \tag{6-20}$$

根据 A_f 和 F 的上述关系，可以先找出反馈系数 F，再算出 A_f。但是，实际中需要计算的往往是电压放大倍数。而用上述关系计算出来的 A_f，除电压串联负反馈电路的 A_f 表示电压放大倍数之外，其他组态电路的 A_f 都不是电压放大倍数。要得到电压放大倍数，还要经过换算。

下面介绍另外一种估算深度负反馈电路的电压放大倍数的方法。由负反馈方框图可知

$$A_f = X_o/X_i \tag{6-21}$$

$$F = X_f/X_o \tag{6-22}$$

由于深度负反馈条件下，满足 $A_f \approx 1/F$，将式(6-21)和式(6-22)代入式(6-20)可得

$$X_i \approx X_f \tag{6-23}$$

上式表明，在 $|1+AF| \gg 1$ 的条件下，反馈信号 X_f 和输入信号 X_i 近似相等，即净输入信号 $X_{id} \approx 0$。

当然，式(6-20)～(6-23)只是一般化的公式，对于不同类型的负反馈电路，式中各参量有着不同的具体含义。对于串联负反馈电路有 $U_{id} \approx 0$，即 $U_f \approx U_i$；对于并联负反馈电路有 $I_{id} \approx 0$，即 $I_f \approx I_i$。

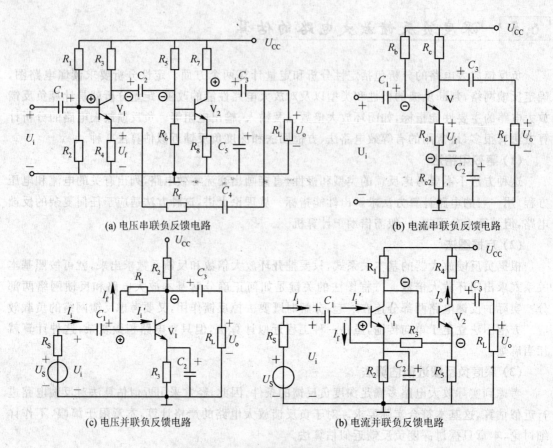

图 6.20　4 种组态的负反馈电路

利用上述概念和公式可以快速方便地估算出反馈系数以及闭环放大倍数,下面举例具体说明这种估算方法。计算中各个负反馈均满足深度负反馈的条件,并设电路工作在中频区段。

【例 6.5】　计算图 6.20 所示 4 种负反馈电路的电压放大倍数。

解：图 6.20(a)为电压串联负反馈电路,R_4、R_f 组成反馈网络；图 6.20(b)为电流串联负反馈电路,R_{e1} 组成反馈网络；图 6.20(c)为电压并联负反馈电路,R_1 组成反馈网络；图 6.20(d)为电流并联负反馈电路,R_3、R_5 组成反馈网络。下面利用深负反馈法分别进行估算。

对于图 6.20(a)：由于是串联负反馈,所以,在深负反馈条件满足的条件下,有 $U_f \approx U_i$。在图 6.20(a)中,假设反馈电流远大于 V_1 射极电流 I_{e1}（实际多级电路中可以满足）,则可以近似得出反馈电压

$$U_f \approx \frac{R_4}{R_f + R_4} U_o$$

$$U_i \approx U_f$$

所以

$$A_{uf} = \frac{U_o}{U_i} \approx \frac{U_o}{U_f} = \frac{R_f + R_4}{R_4}$$

另外,第 2 章讨论过的共集电极放大电路也是电压串联负反馈电路。由于是全反馈,$U_o \approx U_i$,$U_i \approx U_f$,所以,$A_{uf} \approx 1$。前面已经得到结论,这种电路的电压放大倍数近似为 1。

对于图 6.20(b)：由于是电流串联负反馈,所以,在深负反馈条件满足的条件下,有 $U_f \approx$

U_i。设输出电流 I_o 为三极管集电极电流,且流出为正,则有

$$U_o = I_o R'_L \qquad R'_L = R_c \parallel R_L$$

而 $U_i \approx U_f = I_{e1} R_{e1} \approx -I_o R_{e1}$,所以,闭环电压放大倍数

$$A_{uf} = \frac{U_o}{U_i} \approx \frac{U_o}{U_f} = -\frac{R'_L}{R_{e1}}$$

反馈系数 $F_r = U_f / I_o \approx -R_{e1}$。

对于图 6.20(c):由于是电压并联负反馈,所以,在深负反馈条件满足的条件下,有 $I_i \approx I_f$。并且 r_{if} 很小,在输入及反馈回路中,可以得出

$$I_i = \frac{U_S}{R_S + r_{if}} \approx \frac{U_S}{R_S} \qquad U_i \approx 0$$

$$I_f = \frac{U_i - U_o}{R_1} \approx -\frac{U_o}{R_1}$$

又因为 $I_i \approx I_f$,综合以上两式可以得出,闭环电压放大倍数

$$A_{usf} = \frac{U_o}{U_S} = -\frac{R_1 I_f}{R_S I_i} = -\frac{R_1}{R_S}$$

反馈系数

$$F_g = I_f / U_o \approx -1/R_1$$

对于图 6.20(d):由于是电流并联负反馈,所以,在深负反馈条件满足的条件下,有 $I_i \approx I_f$,并且 r_{if} 很小,$U_i \approx 0$。设输出电流 I_o 是三极管 V_2 的集电极电流,且规定流出为正。

由图 6.20(d)可以得出

$$I_f = -\frac{R_5}{R_3 + R_5} I_{e2} \approx \frac{R_5}{R_3 + R_5} I_o \qquad I_i \approx U_S / R_S \qquad I_i \approx I_f \qquad U_o = I_o R'_L$$

综合以上式子可以得出闭环电压放大倍数

$$A_{usf} \approx \frac{U_o}{U_S} = \frac{I_o R'_L}{R_S I_i} = \frac{I_o R'_L}{R_S I_f} = \frac{I_o R'_L}{R_S I_o} \frac{R_3 + R_5}{R_5} = -\frac{R_3 + R_5}{R_5} \frac{R'_L}{R_S}$$

反馈系数

$$F_i = \frac{I_f}{I_o} \approx \frac{R_5}{R_3 + R_5}$$

应当说明,上式中的 R'_L 应等于 R_L 与 R_4 的并联,其原因是,输出电流 I_o 流经 R_L 与 R_4 并联后的总负载 R'_L,只有 $I_o R'_L$ 才与 U_o 相等,而 $I_o R_L \neq U_o$。

通过以上分析和计算可以看出,在并联负反馈时,信号源内阻越大,反馈效果越好。因此,在求闭环电压放大倍数时,若还像串联负反馈那样把 U_i 看作输入信号,实际上就相当于认为信号源内阻为零。而信号源内阻为零,并联反馈效果就消失了。所以,对并联负反馈(电压并联负反馈或电流并联负反馈)都应以有内阻的信号源为基础,其闭环电压放大倍数应为源电压放大倍数,即应该是 U_o/U_S,而不是 U_o/U_i。

在上述 4 种反馈类型的计算中,除电压串联负反馈之外,其他 3 种类型的闭环放大倍数都不是闭环电压放大倍数。

深度负反馈的近似估算方法简便,计算电压放大倍数比较方便。如果不满足深度负反馈条件,这种估算的误差较大。再有,对于深度负反馈放大器的输入输出电阻,并不能像放大倍数那样简单地作近似估算。不过,在理想情况下,$|1+AF| \to \infty$,可以认为:深度串联负反馈

时，输入电阻 $r_{if} \to \infty$；深度并联负反馈时，输入电阻 $r_{if} \to 0$；深度电压负反馈时，输出电阻 $r_{of} \to 0$；深度电流负反馈时，输出电阻 $r_{of} \to \infty$。

思考题

1. 满足深负反馈时，应如何理解净输入信号为零的概念？
2. 满足深负反馈时，$X_i \approx X_f$，串联反馈和并联反馈中，X 是指电压还是电流？

6.6 负反馈放大电路的稳定问题

由前面的分析知道，引入负反馈后可以改善放大器的性能，而且反馈越深，即 F 越大，改善的程度就越好，但另一方面，反馈越深，放大器却越不易稳定。当负反馈放大器的反馈深度 $|1+AF|=0$ 时，即使不加输入信号，放大器也有信号输出，这种现象称为放大器自激。自激破坏放大器的稳定性，使电路无法正常工作，因而应设法消除或避免。本节首先分析产生自激振荡的原因以及负反馈电路稳定工作的条件，然后介绍判断及消除自激的方法。

6.6.1 产生自激振荡的原因及条件

为什么负反馈放大电路有时会产生自激？形成自激振荡的条件又是什么呢？下面进行探讨。

1. 产生自激振荡的原因

其实前面所说的负反馈是针对中频区的，在中频范围内，电路中各电抗的影响可以忽略。负反馈放大器的反馈信号与输入信号的相位刚好差 $180°$，使得净输入信号减小，闭环放大倍数下降。在高频区或低频区，电路中各电抗的影响必须考虑，此时，A，F 都是频率的函数。根据频率响应分析可知，当频率升高和下降时，放大器和反馈网络都会产生附加相移 $\Delta\varphi$，导致反馈信号与输入信号相位差不再是 $180°$。若在某一频率处，附加相移 $\Delta\varphi$ 达到 $180°$，则放大器的反馈信号与输入信号同相，使净输入信号由中频时的减小，变成增加，则中频时的负反馈放大电路变成正反馈放大电路，从而可能出现自激。

根据频率响应分析可知，一级 RC 放大电路在低频或高频时的附加相移接近 $90°$，两级 RC 放大电路在低频或高频时的附加相移可接近 $180°$，三级 RC 放大电路在低频或高频时的附加相移可接近 $270°$，以此类推，放大器级数越多，附加相移越大，越易产生自激。可见负反馈产生自激的根本原因之一是 AF 的附加相移。

2. 产生自激振荡的相位条件和幅度条件

前面已经指出，当负反馈放大器满足 $|1+AF|=0$ 时，会产生自激。因此可以推出自激振荡的条件是

$$\dot{A}\dot{F} = -1$$

它含有幅值和相位两个条件

$$|\dot{A}\dot{F}| = 1 \tag{6-24}$$

$$\arg\dot{A}\dot{F} = \pm(2n+1)\pi \quad (n=0,1,2\cdots) \tag{6-25}$$

幅值和相位两个条件同时满足时,负反馈放大电路就会产生自激振荡。

实际上,在满足式(6-25)相位条件后,$|AF|>1$ 也会使放大器自激,且其输出信号的幅度会增加,直到为电路元件的非线性所限制不再增加为止。

比如,在共射阻容耦合放大器中,虽然其中频区段的附加相移为0,但高频段或低频段则存在附加相移,当附加相移达到 $\pm\pi$ 的奇数倍时,原来的负反馈变成了正反馈,反馈不是削弱而是增强了净输入信号,此时若再满足振幅条件,便会产生自激。

6.6.2 自激振荡的判断方法

幅值条件和相位条件同时满足时,负反馈放大电路就会产生自激振荡,否则就不产生自激振荡。相位条件最为关键,只有相位条件满足了,绝大多数情况下,只要 $|AF|\geqslant 1$,放大器将产生自激。如相位条件不满足,则肯定不自激。

一般常假定一个条件满足,判断另外一个条件是否满足?判断方法之一是:假定相位条件满足,即 $\arg AF=\pm\pi$,若 $|AF|\geqslant 1$(或 $20\lg|AF|\geqslant 0$ dB),则放大器将产生自激;若 $|AF|<1$,(或 $20\lg|AF|<0$ dB)放大器将不产生自激,即放大电路是稳定的。

判断方法之二是:假定幅度条件满足,即 $|AF|=1$,若 $|\arg AF|>\pi$,放大器将产生自激;若 $|\arg AF|<\pi$,放大器将不产生自激,即放大电路是稳定的。

工程上,通常利用环路增益 AF 的波德图来判断负反馈放大电路是否会产生自激振荡。

图 6.21(a)和(b)分别表示不稳定与稳定的两种情况。图中 f_c 为附加相移 $\varphi=180°$ 时的频率;f_0 为 $20\lg|AF|=0$ dB 时的频率。

在图 6.21(a)中,当 $f=f_c$ 时,附加相移 $\varphi=-180°$,$20\lg|AF|>0$,即 $|AF|>1$,满足自激条件;同样,当 $f=f_0$ 时,$20\lg|AF|=0$,即 $|AF|=1$,它对应的附加相移 $|\varphi|>180°$,同样满足自激条件。因而,图 6.21(a)对应的负反馈电路会产生自激振荡,即此电路是不稳定的。

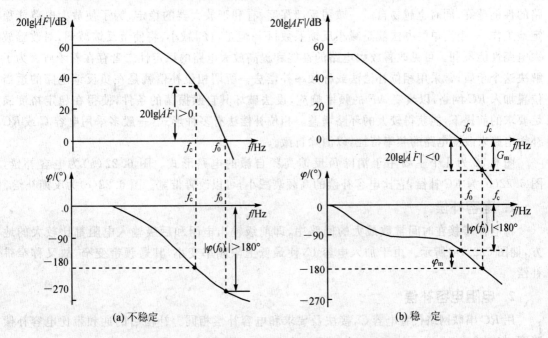

图 6.21 负反馈放大电路环路增益 AF 的波德图

在图 6.21(b)中,当 $f=f_c$ 时,附加相移 $\varphi=-180°$,$20\lg|AF|<0$,即 $|AF|<1$,不满足自激条件;同样,当 $f=f_0$ 时,$20\lg|AF|=0$,即 $|AF|=1$,它对应的附加相移 $|\varphi|<180°$,同样不满足自激条件。因而,图 6.21(b)对应的负反馈电路不会产生自激振荡,即此电路是稳定的。

6.6.3 负反馈放大电路的稳定裕度

对于一个稳定的反馈系统,不仅要求不进入自激状态,而且要求远离自激状态,以保证当环境温度、电路参数及电源电压等因素发生变化时也能稳定地工作。为了衡量稳定性能的好坏,引出两个质量指标,增益裕度 G_m 和相位裕度 φ_m,合称为稳定裕度。

(1) 增益裕度 G_m

前面分析表明,当 $f=f_c$ 时,若 $20\lg|AF|<0$ dB,放大器才能稳定地工作。通常用增益裕度来表示稳定的程度,它定义为

$$G_m = 20\lg|AF|_{f=f_c} \tag{6-26}$$

显然,对于稳定的负反馈放大器,G_m 为负值。G_m 越负越稳定。通常要求 $G_m \leqslant -10$ dB。

(2) 相位裕度 φ_m

当 $f=f_0$ 时,若 $|\varphi(f_0)|<180°$,负反馈放大器才能稳定。通常用相位裕度 φ_m 来表示稳定的程度。它定义为

$$\varphi_m = 180° - |\varphi(f_0)| \tag{6-27}$$

对于稳定的负反馈放大器,$|\varphi(f_0)|<180°$,故 $\varphi_m>0°$。φ_m 越大,电路越稳定,通常要求 $\varphi_m \geqslant 45°$。

6.6.4 负反馈自激的消除

通常情况下,在放大电路中引入负反馈是为了改善放大电路的性能。负反馈越深,放大电路的性能越好,同时也越易自激。减弱反馈深度,有利于放大器的稳定,为了使放大电路能稳定地工作,一个简单的办法就是减小反馈系数 $|F|$;但是,$|F|$ 减小,将使负反馈减弱,对改善放大电路性能不利。可见改善放大电路的性能和提高放大电路的稳定性二者存在着矛盾。为了解决这个矛盾,常采用相位补偿法或称频率补偿法。所谓相位补偿就是在负反馈电路的适当位置加入 RC 网络,以改变 AF 的频率响应,设法破坏其自激振荡的条件,使得在稳定裕度满足要求的前提下,能获得较大的环路增益。相位补偿法有多种形式,一般多采用电容 C 或 RC 补偿电路来改变电路的频率特性,以消除自激。

图 6.22 为几个主要用于消除负反馈高频自激的电路形式。图 6.22(a)为电容补偿,图 6.22(b)为 RC 补偿,它比电容补偿的高频衰减小,可以改善带宽。图 6.22(c)为反馈补偿。

1. 电容补偿

将电容 C 接在时间常数最大的回路中,即前级输出电阻和后级输入电阻都比较大的地方,如图 6.22(a)所示。由于加入电容 C,使最低上限频率变小,其通频带变窄,故又称窄带补偿。

2. 电阻电容补偿

用 RC 串联网络代替电容 C,接法及要求和电容补偿相同。补偿后的通频带比电容补偿略宽,如图 6.22(b)所示。

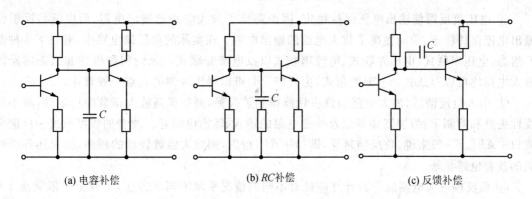

图 6.22 消除自激的几种电路

3. 反馈补偿

以上两种补偿所需电容一般较大。在电路特别是集成电路中，常采用反馈补偿，如图 6.22(c)所示。在电路中接入较小的电容，利用密勒效应可以达到增大电容的作用，获得同样的效果。它们的元件数值可比前两种补偿取的小。图 6.22(c)中，也常用 RC 网络取代电容 C，同样可以增宽通频带。

上述几种补偿方法，都会使开环增益 AF 的相位滞后，习惯称为滞后补偿，补偿元件的数值计算很繁琐，一般可通过实验确定。

负反馈电路在低频范围内，满足自激条件时，也会产生自激现象，称为低频自激。低频自激产生的主要原因有直流电源内阻偏大、电路耦合电容作用以及接地不良等。消除低频自激，首先要选择低内阻直流电源，然后加接去耦电容。实际应用中的去耦电容常用一个大容量的电解电容和一个小容量的无感电容并联使用。

思考题

1. 产生自激振荡的原因是什么？一级和两级放大电路可能产生自激振荡吗？
2. 消除自激振荡的措施有哪些？各有什么特点？

本章小结

本章主要讨论了反馈极性和反馈类型的判别，负反馈对放大电路性能的影响，深负反馈的分析方法以及负反馈放大电路的稳定问题。

① 反馈的实质是输出量参与控制，反馈使净输入量减弱的为负反馈，使净输入量增强的为正反馈。常用"瞬时极性法"来判断反馈的极性。反馈的类型，按反馈信号的成分可分为直流反馈和交流反馈，常用有无电抗元件来判别；按反馈信号与输出信号的关系可分为电压反馈和电流反馈，常用负载短路法判别；按反馈信号与输入信号的关系可分为串联反馈和并联反馈，常用观察法判别。本章主要针对交流负反馈讨论。

② 不同类型的反馈对放大电路产生的影响不同。正反馈使放大倍数增大；负反馈使放大倍数减小，但其他各项技术指标得到改善。直流负反馈的作用是稳定静态工作点，不影响放大电路的动态性能，所以一般不再区分它们的组态；交流负反馈能够改善放大电路的各项动态技术指标。

③ 电压负反馈使输出电压保持稳定,因而降低了放大电路的输出电阻;而电流负反馈使输出电流保持稳定,因而提高了放大电路的输出电阻。在实际的负反馈电路中,有以下 4 种基本组态:电压串联式、电压并联式、电流串联式以及电流并联式。无论何种极性和组态的反馈放大电路均可以写成式(6-5)的形式,由式(6-5)可以得出反馈的几点一般规律。

④ 引入负反馈后,放大电路的许多性能得到了改善,例如提高放大倍数的稳定性,减小非线性失真和抑制干扰,展宽频带以及改变电路的输入、输出电阻等。改善的程度取决于反馈深度 $|1+AF|$。一般来说,负反馈越深,即 $|1+AF|$ 越大,则放大倍数较低的越多,但上述各项性能的改善也越显著。

⑤ 负反馈放大电路的分析计算应针对不同的情况采取不同的方法,工程上一般满足 $1+AF \gg 1$ 的深负反馈条件,本章主要介绍深负反馈闭环电压放大倍数的近似估算法。通常可采用式(6-20)和式(6-23)进行估算。对于电压串联组态的采用式(6-20)可直接估算闭环电压放大倍数;对于任何组态的负反馈放大电路,均可以利用式(6-23)估算闭环电压放大倍数,但对不同的组态,式(6-23)形式有所不同。

⑥ 负反馈放大电路在一定的条件下,可能转化为正反馈,甚至产生自激振荡,自激振荡产生的原因是附加相移,自激振荡的条件是 $AF=-1$。自激振荡必须消除,常用的校正措施有电容补偿和电阻电容补偿等,目的都是为了改变放大电路的开环频率特性,破坏产生自激的条件,保证放大电路稳定的工作。

习 题

题 6.1　怎样分析电路中是否存在反馈?如何判断正、负反馈;交、直流反馈;电压、电流反馈;串、并联反馈?

题 6.2　电压反馈与电流反馈在什么条件下其效果相同,什么条件下效果不同?

题 6.3　在图 6.23 所示的各种放大电路中,试按动态反馈分析:
(1) 各电路分别属于哪种反馈类型?(正/负反馈;电压/电流反馈;串联/并联反馈)。
(2) 各个反馈电路的效果是稳定电路中的哪个输出量?(说明是电流,还是电压)。

题 6.4　在图 6.24 所示的放大电路中:
(1) 电路中共有哪些反馈(包括级间反馈和局部反馈),分别说明它们的极性和组态;
(2) 如果要求 R_{F1} 只引入交流反馈,R_{F2} 只引入直流反馈,应该如何改变?请画在图上;
(3) 在第(2)小题情况下,上述两路反馈各对电路性能产生什么影响?
(4) 在第(2)小题情况下,假设满足深负反馈条件,估算电压放大倍数。

题 6.5　某一负反馈放大电路的闭环放大倍数为 100,若要求开环放大倍数变化 25% 时,其闭环放大倍数的变化不超过 1%,问开环放大倍数至少应为多大?反馈系数应为多大?

题 6.6　某单管共射放大电路在无反馈时的中频放大倍数为 -100,下限频率为 30 Hz,上限频率为 3 kHz。若反馈系数为 -0.1,问闭环后的中频放大倍数、上限和下限频率各为多少?

题 6.7　设某个放大器的开环增益在 100~200 之间变化,现引入负反馈,取 $F=0.05$,试求闭环增益的变化范围。

第 6 章　负反馈放大电路

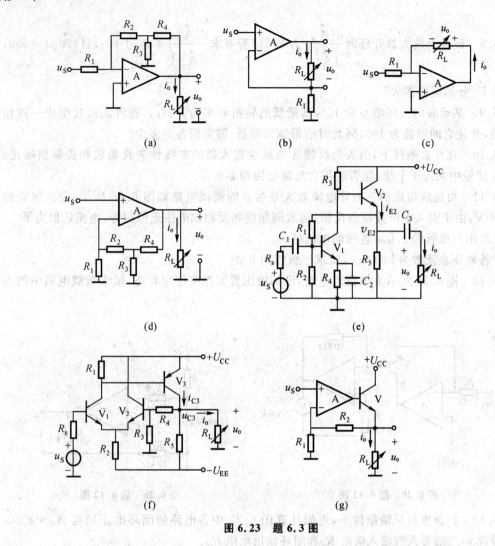

图 6.23　题 6.3 图

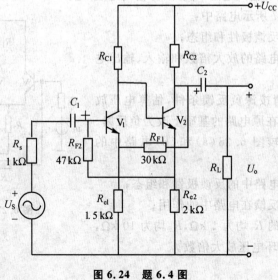

图 6.24　题 6.4 图

题 6.8 设某个放大器开环时 $\dfrac{d|\dot{A}_u|}{|\dot{A}_u|}$ 为 20%,若要求 $\dfrac{d|\dot{A}_{uf}|}{|\dot{A}_{uf}|}$ 不超过 1%,且 $|\dot{A}_{uf}|=100$,问 $\dot{A}_u$ 和 $\dot{F}$ 分别应取多大?

题 6.9 某运放的开环增益为 10^6,其最低的转折频率为 5 Hz。若将该运放组成一同相放大电路,并使它的增益为 100,问此时的带宽和增益-带宽积各为多少?

题 6.10 在什么条件下,引入负反馈才能减少放大器的非线性失真系数和提高信噪比?如果输入信号中混入了干扰,能否利用负反馈加以抑制?

题 6.11 由运放组成的三极管电流放大系数 β 的测试电路如图 6.25 所示,设三极管的 $V_{BE}=0.7$ V,由于引入电压并联负反馈,运放同相端和反相端电位近似相等,电流近似为零。
(1) 求出三极管的 c,b,e 各极的电位值;
(2) 若电压表读数为 200 mV,试求三极管的 β 值。

题 6.12 图 6.26 所示为恒流源电路,已知稳压管工作在稳定状态,试求负载电阻中的电流 I_L。

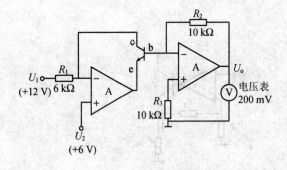

图 6.25 题 6.11 图

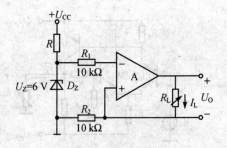

图 6.26 题 6.12 图

题 6.13 在深度负反馈条件下,近似计算图 6.23 中各电路的闭环电压增益 $A_{uf}=u_o/u_S$ 及从信号源 u_S 二端看入的输入电阻 R_{if} 和闭环输出电阻 R_{of}。

题 6.14 在图 6.27 所示电路中:
(1) 试判断级间的反馈极性和组态;
(2) 该反馈对放大电路的放大倍数和输入、输出电阻有何影响?
(3) 若为负反馈,请按深负反馈条件,估算电压放大倍数;若为正反馈,请在原电路的基础上改为负反馈。

题 6.15 观察比较图 6.28(a)和(b)电路中的反馈:
(1) 分别说明两个电路中的反馈极性和组态;
(2) 分别说明上述反馈在电路中的作用;
(3) 若两个电路中的 R_1 均为 1 kΩ,R_F 均为 10 kΩ,分别估算两个电路的闭环电压放大倍数。

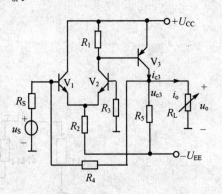

图 6.27 题 6.14 图

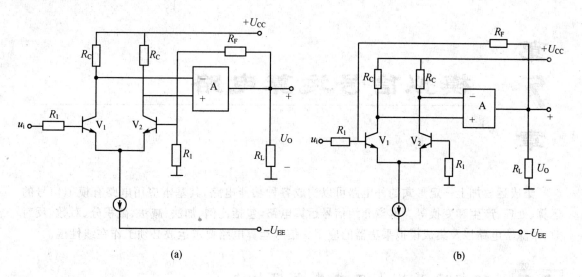

(a)   (b)

图 6.28   题 6.15 图

题 6.16   图 6.29 为某负反馈放大电路在 $\dot{F}=0.1$ 时的环路增益波德图。

(1) 写出开环放大倍数 $\dot{A}$ 的表达式；

(2) 说明该负反馈放大电路是否会产生自激振荡；

(3) 若产生自激，则求出 $\dot{F}$ 应下降到多少才能使电路到达临界稳定状态；若不产生自激，则说明有多大的相位裕度。

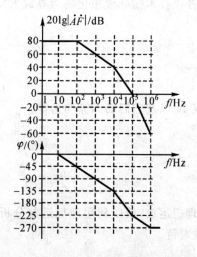

图 6.29   题 6.16 图

第7章 模拟信号运算电路

集成运放加上一定形式的外电路可以构成各种功能电路,其基本应用电路有模拟信号的运算、处理、产生和变换等。本章介绍信号运算电路,包括比例、加法、减法、微积分、对数、反对数、乘除法电路以及集成模拟乘法器的应用。信号运算电路要求运放必须工作在线性区。

7.1 理想运算放大器及其应用特点

通过前面的学习,已经了解到集成运放实际上是一种各项技术指标都比较理想的放大器件。因此,分析集成运放应用电路时,为使分析简化,常把集成运放看成理想运算放大器。实际集成运放绝大部分接近理想运放,由此带来的误差一般在工程许可范围内。

7.1.1 理想集成运算放大器

所谓理想运算放大器就是各项技术指标理想化的运算放大器。理想运算放大器的具体指标有:

① 开环电压放大倍数 $A_{od}=\infty$;
② 输入电阻 $r_{id}=\infty$;$r_{ic}=\infty$;
③ 输入偏置电流 $I_{B1}=I_{B2}=0$;
④ 失调电压 U_{IO}、失调电流 I_{IO} 以及它们的温漂均为零。
⑤ 共模抑制比 $K_{CMRR}=\infty$;
⑥ 输出电阻 $r_{od}=0$;
⑦ -3 dB 带宽 $f_H=\infty$;
⑧ 无干扰、噪声。

由于实际集成运放接近于理想运放,所以利用理想运放分析电路时,造成的误差很小,本章若无特别说明,均按理想运放对待。

7.1.2 集成运放的工作区

1. 集成运放的电压传输特性

集成运放在输入大小不同的信号时,有两种工作区域,即线性工作区和非线性工作区,实际集成运放的电压传输特性如图7.1所示,图中,$u_i=u_+-u_-$ 是差模输入电压,U_{OH},U_{OL} 分别是最大输出电压和最小输出电压。对于双电源集成运放,U_{OH} 为正饱和电压,接近正电源,U_{OL} 为负饱和电压,接近负电源,正负电源一样时,U_{OH},U_{OL} 数值近似相等,常用 $\pm U_{om}$ 或 U_{pp} 表示。

图 7.1 中曲线上升部分的斜率为开环电压放大倍数 A_{od},以 F007 为例,其 A_{od} 可达 10^5,最大输出电压受到电源的限制,不超过 18 V。此时,可以算出输入端的电压不超过 0.18 mV,也就是说 $|u_i|$ 在 0~0.18 mV 之间时,输入输出之间为线性关系,这个区间称为线性工作区;若 $|u_i|$ 超过 0.18 mV,则集成运放内部的三极管进入饱和工作区,最大输出电压接近正负电源,与输入不再是线性关系,故称为非线性工作区。

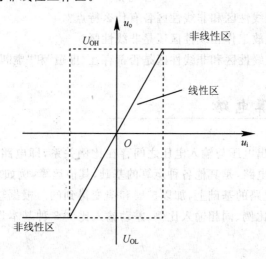

图 7.1 集成运放的电压传输特性

2. 集成运放的线性工作区

由于集成运放的开环差模电压放大倍数很大($A_{od} \to \infty$),而开环电压放大倍数受温度的影响,很不稳定。采用深度负反馈可以提高其稳定性,此外运放的开环频带窄,例如 F007 只有 10 Hz,无法适应交流信号的放大要求,加负反馈后可将频带扩展 $(1+AF)$ 倍。另外负反馈还可以改变输入、输出电阻等。所以要使集成运放工作在线性区,采用深度负反馈是必要条件。为了便于分析集成运放的线性应用,建立了"虚短"与"虚断"这两个概念。

① 当集成运放工作在线性区时,输出电压在有限值之间变化,而集成运放的 $A_{od} \to \infty$,则 $u_{id}=u_{od}/A_{od} \approx 0$,但不是短路,故称为"虚短"。由此得出

$$u_+ \approx u_- \tag{7-1}$$

上式说明,集成运放工作在线性区时,两输入端电位近似相等。

② 由于集成运放的差模开环输入电阻 $r_{id} \to \infty$,输入偏置电流 $I_B \approx 0$,不向外部索取电流,因此两输入端电流为零,即可得出

$$i_+ = i_- \approx 0 \tag{7-2}$$

上式说明,流入集成运放同相端和反相端的电流近似为零,所以称为"虚断"。

3. 集成运放的非线性工作区

当集成运放工作在开环状态或外接正反馈时,由于集成运放的 A_{od} 很大,只要有微小的电压信号输入,集成运放就一定工作在非线性区。其特点是:

① 输出电压只有两种状态,正饱和电压 $+U_{om}$ 或负饱和电压 $-U_{om}$。

当同相端电压大于反相端电压,即 $u_+ > u_-$ 时,$u_o = +U_{om}$;当反相端电压大于同相端电压,即 $u_+ < u_-$ 时,$u_o = -U_{om}$。

② 由于集成运放的差模开环输入电阻 $r_{id} \to \infty$，工作在非线性区时，集成运放的净输入电流仍然近似为 0，即 $i_+ = i_- \approx 0$，"虚断"的概念仍然成立。

综上所述，在分析具体的集成运放应用电路时，应该首先判断集成运放工作在线性区还是非线性区，然后再运用线性区和非线性区的特点对电路进行分析。

思考题

1. 集成运放工作在线性区和非线性区各有什么特点？
2. 如何判断集成运放工作在线性区还是非线性区？
3. 集成运放工作在线性区和非线性区是否都存在"虚短"和"虚断"现象？

7.2 比例运算电路

比例运算电路的输出电压与输入电压之间存在比例关系，即电路可以实现比例运算。比例运算是最基本的运算电路，是其他各种运算的基础，其他运算，例如求和、积分、微分、对数和反对数等，都是在比例电路的基础上，加以扩展和演变得到的。根据输入信号接法的不同，比例运算电路有反相输入比例、同相输入比例、差动输入比例 3 种基本形式，差动输入比例实际上是一种减法电路。

7.2.1 反相输入比例运算电路

如图 7.2(a)所示为反相输入比例运算电路。图中，输入信号 u_i 通过 R_1 接运放反相端，可以判断反馈电阻 R_f 和 R_1 共同构成电压并联负反馈，因此，运放工作在线性区，具有"虚短"和"虚断"特点；R_2 是平衡电阻，要求 $R_2 = R_1 // R_f$，以保证处于平衡对称的工作状态，利于消除偏流和温漂的影响。

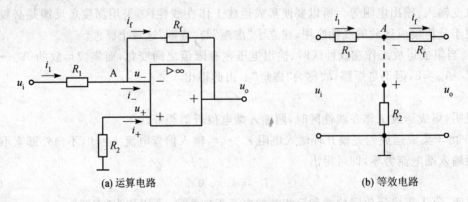

(a) 运算电路　　　　　　　　　　　　(b) 等效电路

图 7.2　反相输入比例运算电路

根据"虚短"和"虚断"知，$u_+ = u_- = u_A = 0$，A 点的电位为 0，称为"虚地"。"虚地"是反相输入的一个重要特点。图 7.2(a)可等效为图 7.2(b)，根据虚断知，$i_+ = i_- \approx 0$，所以 $i_1 = i_f$，又因为

$$i_1 = \frac{u_i}{R_1} \qquad i_f = \frac{0 - u_o}{R_f} = -\frac{u_o}{R_f}$$

所以可得

模拟信号运算电路

$$\frac{u_i}{R_1} = -\frac{u_o}{R_f}$$

由上式可推出

$$A_{uf} = -\frac{u_o}{u_i} = -\frac{R_f}{R_1} \qquad (7-3)$$

上述反相输入电路具有以下特点:

① 输出电压与输入电压成比例关系,且相位相反,当 $R_1 = R_f = R$ 时,输入电压与输出电压大小相等,相位相反,成为反相器。

② 由于反相端和同相端的对地电压都接近于零,所以集成运放输入端的共模输入电压极小,因此对集成运放的共模抑制比要求较低。

③ 由于反相输入比例运算电路引入的是深度电压并联负反馈,所以,输入电阻、输出电阻为

$$r_{if} = R_1 + \frac{r_{id}}{1+AF} \approx R_1$$

$$r_{of} = \frac{r_{od}}{1+AF} \approx 0$$

由于并联负反馈输入电阻小,因此要向信号源汲取一定的电流,由于深度电压负反馈输出电阻小,因此带负载能力较强。

7.2.2 同相输入比例运算电路

在图 7.3(a)中,输入信号 u_i 经过外接电阻 R_2 接到集成运放的同相端,反馈电阻接到其反

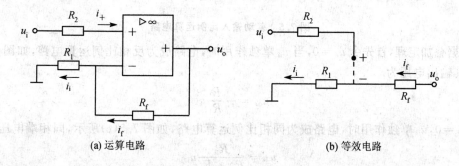

(a) 运算电路　　　　　　　　　　(b) 等效电路

图 7.3　同相输入比例运算电路

相端,构成电压串联负反馈。根据虚短、虚断,图 7.3(a)可等效为图 7.3(b)。由电路可得

$$u_+ = u_i \qquad u_i \approx u_- = u_o \frac{R_1}{R_1 + R_f}$$

由上式可推出

$$A_{uf} = \frac{u_o}{u_i} = 1 + \frac{R_f}{R_1} \qquad (7-4)$$

上述同相输入电路具有以下特点:

① 输出电压与输入电压成比例关系,且相位相同,当 $R_f = 0$ 或 $R_1 \to \infty$ 时,输入电压与输出电压大小相等,相位相同,成为电压跟随器,如图 7.4 所示,实用中常接 R_f,R_f 具有

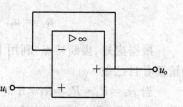

图 7.4　电压跟随器

限流保护作用,为满足平衡要求,输入端也要接一个与 R_f 大小相同的电阻。

② 由于同相端和反相端的对地电压都接近于输入电压,所以集成运放输入端的共模输入电压较高,因此对集成运放的共模抑制比要求较高。

③ 由于同相输入比例运算电路引入的是深度电压串联负反馈,所以,输入电阻为 $r_{if} \approx (1+AF)r_{id} \to \infty$,输出电阻为

$$r_{of} = \frac{r_{od}}{1+AF} \approx 0$$

由于串联负反馈输入电阻大,因此对信号源影响小,由于深度电压负反馈输出电阻小,因此带负载能力较强。

7.2.3 差动输入比例运算电路

差动比例运算电路的输出电压与运放两端的输入电压差成比例,因此,称为差动比例运算电路,又因为能实现减法运算,又称为减法电路。电路如图 7.5(a)所示。

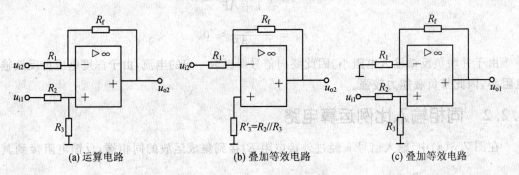

图 7.5 差动输入比例运算电路

根据叠加定理,首先令 $u_{i1}=0$,当 u_{i2} 单独作用时,电路成为反相比例运算电路,如图 7.5(b)所示,其输出电压为

$$u_{o2} = -\frac{R_f}{R_1}u_{i2}$$

再令 $u_{i2}=0$,u_{i1} 单独作用时,电路成为同相比例运算电路,如图 7.5(c)所示,同相端电压为

$$u_+ = \frac{R_3}{R_2+R_3}u_{i1}$$

其输出电压为

$$u_{o1} = \left(1+\frac{R_f}{R_1}\right)\left(\frac{R_3}{R_2+R_3}\right)u_{i1}$$

将两输出电压相加可以测出

$$u_o = u_{o1} + u_{o2} = \left(1+\frac{R_f}{R_1}\right)\left(\frac{R_3}{R_2+R_3}\right)u_{i1} - \frac{R_f}{R_1}u_{i2}$$

根据虚短、虚断特点,利用 KCL,KVL 定律列电路方程求解,可以得到完全一样的结果,请读者自己做。

当 $R_1=R_2=R_3=R_f=R$ 时,$u_o = u_{i1} - u_{i2}$。在理想情况下,它的输出电压等于两个输入信号电压之差,具有很好的抑制共模信号的能力。

差动比例运算电路常用作减法运算以及测量放大器。但是,该电路作为差动放大器对元

第7章 模拟信号运算电路

件的对称性要求比较高,如果元件失配,不仅带来附加误差,还会产生共模电压输出,增益调节困难;同时,还有输入电阻低的缺点。因此,为了满足输入阻抗和增益可调的要求,在工程上常采用多级运放组成的差动放大器来完成对差模信号的放大。

比例电路是一种基本的运算电路,以它为基础可以组合成各种用途的实用电路。数据放大器就常用比例电路组成,数据放大器是一种高增益、高输入电阻和高共模抑制比的直接耦合放大电路,一般具有差动输入、单端输出的形式。它通常在数据采集、自动控制、精密测量以及生物工程等系统中,对各种传感器送来的缓慢变化信号加以放大,然后输出给系统。数据放大器质量的优劣常常是决定整个系统精度的关键。单片集成数据放大器已普及应用,为了让读者对此有更深的了解,下面以例题的形式简单介绍。

【例 7.1】 图 7.6 是一个由集成运放组成的仪用数据放大器,试分析该电路的输出电压与输入电压的关系式。

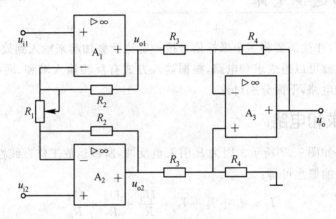

图 7.6 仪用数据放大器

由图 7.6 可以看出,A_1,A_2 构成了两个特性参数完全相同的同相输入比例运算放大器,输入信号分别从 A_1,A_2 的同相端输入,并从 A_1,A_2 的输出端输出 u_{o1},u_{o2} 作为 A_3 的输入电压。所以 A_1,A_2 构成的是双端输入、双端输出的差动放大器。而 A_3 组成了第二级差动放大器。

利用虚短特性可得可调电阻 R_1 上的电压降为 $u_{i1}-u_{i2}$,鉴于理想运放的虚断特性,流过 R_1 上的电流 $(u_{i1}-u_{i2})/R_1$ 就是流过电阻 R_2 的电流,这样就可以推出

$$\frac{u_{o1}-u_{o2}}{R_1+2R_2}=\frac{u_{i1}-u_{i2}}{R_1}$$

由上式可以得出

$$u_{o1}-u_{o2}=\left(1+\frac{2R_2}{R_1}\right)(u_{i1}-u_{i2})$$

A_3 组成的差动放大器与图 7.5(a)完全相同,所以电路的输出电压为

$$u_o=-\frac{R_4}{R_3}\left(1+\frac{2R_2}{R_1}\right)(u_{i1}-u_{i2})$$

通过以上分析,可得如下结论:

① 电路具有差动放大功能,并且通过可调电阻 R_1 可以自由调节增益,同时具有很强的共模信号抑制能力;

② 由于电路采用同相输入结构,故具有很高的输入电阻;

③ 元件参数要精确匹配,否则放大倍数误差将增大,共模抑制比也将减小。

目前,这种仪用数据放大器已有多种型号的单片集成电路,如 LH0036,LH0084 就是典型的单片集成数据放大器,其基本组成单元也是同相比例和差动比例运放电路。

前面分析按理想进行,实际中还是有一定误差的,一般在不同的场合对指标要求不同。在分析误差时,可以认定部分指标理想,考虑某一个或几个指标对实际的影响。只要画出等效电路,按照前面电路分析进行就可以,限于篇幅,不做详细讨论。

思 考 题

1. 3 种比例电路各有什么特点?
2. "虚地"和"虚短"有何区别?同相比例是否有"虚地"点?

7.3　求和运算电路

在测控电路中,往往需要将多个采样信号按一定比例叠加起来输入到放大电路中,这就需要求和电路。用运放可以组成求和电路,根据输入方式有反相输入求和、同相输入求和、双端输入求和 3 种求和电路,下面分别讨论。

7.3.1　反相求和电路

反相求和电路如图 7.7 所示。因为 R_f 引入负反馈,所以运放工作在线性区,根据"虚断"、"虚短"(此处虚地)的概念可得:

$$I_f = I_1 + I_2 + I_3 = \frac{U_{i1}}{R_1} + \frac{U_{i2}}{R_2} + \frac{U_{i3}}{R_3}$$

$$U_o = - I_f R_f$$

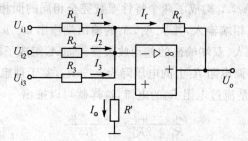

图 7.7　反相求和电路

再综合以上两式可得

$$u_o = - R_f \left(\frac{U_{i1}}{R_1} + \frac{U_{i2}}{R_2} + \frac{U_{i3}}{R_3} \right) \tag{7-5}$$

则实现了各信号按比例进行加法运算,图中 R' 是平衡电阻,要求 $R' = R_1 // R_2 // R_3 // R_f$。此种运算可以推广到 n 个输入信号,并且调节方便。如取 $R_1 = R_2 = R_3 = R_f$,则 $u_o = -(u_{i1} + u_{i2} + u_{i3})$,实现了各输入信号的反相相加。图 7.7 所示电路对 3 个输入所呈现的输入电阻分别为 R_1, R_2, R_3;输出电阻约为 0。

反相求和电路可以模拟如下方程:

模拟信号运算电路

$$Y = -(a_0 X_0 + a_1 X_1 + a_2 X_2)$$

【例 7.2】 设计运算电路,要求实现 $U_o = -(2U_{i1} + 5U_{i2} + U_{i3})$ 的运算。

解: 此题的电路是 3 个输入信号的反相加法运算,实现这一运算的电路如图 7.7 所示。由式(7-5)可知各个系数由反馈电阻 R_f 与各输入电阻的比例关系所决定。只要选取 $R_f/R_1 = 2$,$R_f/R_2 = 5$,$R_f/R_3 = 1$,就可满足要求。若取 $R_f = 10 \text{ k}\Omega$,则可得 $R_1 = 5 \text{ k}\Omega$,$R_2 = 2 \text{ k}\Omega$,$R_3 = 10 \text{ k}\Omega$,$R' = R_1 // R_2 // R_3 // R_f \approx 1.1 \text{ k}\Omega$ 则可实现上述关系。图 7.7 如果再增加一级反相比例电路则可实现同相加法运算。这里要注意选择电阻还要结合实际情况和电路要求。

7.3.2 同相求和电路

同相求和电路如图 7.8 所示,实际中,为减小同相电压 u_+,常在同相端加分压电阻,为了分析方便,图中未画出。因为 R_f 引入负反馈,所以运放工作在线性区,根据"虚断"、"虚短"的概念可得:

$$U_o = I_f R_f + I_1 R_1 = I_1 (R_1 + R_f) = \frac{U_-}{R_1}(R_1 + R_f) = \frac{R_1 + R_f}{R_1} U_+ \qquad (7-6)$$

因为 $I_a + I_b + I_c = 0$,所以有

$$\frac{U_{i1} - U_+}{R_a} + \frac{U_{i2} - U_+}{R_b} + \frac{U_{i3} - U_+}{R_c} = 0 \qquad (7-7)$$

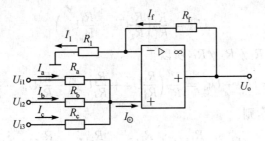

图 7.8 同相求和电路

由式(7-7)可得

$$U_+ = R'\left(\frac{U_{i1}}{R_a} + \frac{U_{i2}}{R_b} + \frac{U_{i3}}{R_c}\right)$$

式中 $R' = R_a // R_b // R_c$,将上式代入式(7-6)可得

$$U_o = \frac{R_1 + R_f}{R_1} R' \left(\frac{U_{i1}}{R_a} + \frac{U_{i2}}{R_b} + \frac{U_{i3}}{R_c}\right) \qquad (7-8)$$

若满足平衡条件 $R_a // R_b // R_c = R_1 // R_f$,则式(7-8)为

$$U_o = \frac{R_f}{R_a} U_{i1} + \frac{R_f}{R_b} U_{i2} + \frac{R_f}{R_c} U_{i3}$$

该电路输出电阻约为 0,有较大的负载能力,能实现同相求和。由于 R' 与 R_a,R_b,R_c 有关,当调节某一系数时,会影响其他输入比值,往往需要反复调节,会给工作带来不便。

7.3.3 双端求和电路

如果从运放的同相端和反相端都都输入信号,就可以实现输入信号之间的加减,这就是双

端求和电路,又称代数求和电路。双端求和电路,如图 7.9 所示。

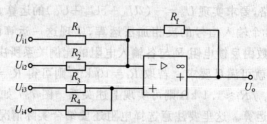

图 7.9 代数求和电路

可采用叠加定理对图 7.9 进行分析。

首先,令 $U_{i3}=U_{i4}=0$,在 U_{i1},U_{i2} 的作用下,由反相求和可得

$$U_{o1} = -\frac{R_f}{R_1}U_{i1} - \frac{R_f}{R_2}U_{i2}$$

然后,令 $U_{i1}=U_{i2}=0$,在 U_{i3},U_{i4} 的作用下,由同相求和式(7-8)可得出

$$U_{o2} = \frac{R_1 /\!/ R_2 + R_f}{R_1 /\!/ R_2}(R_3 /\!/ R_4)\left(\frac{1}{R_3}U_{i3} + \frac{1}{R_4}U_{i4}\right) =$$

$$\frac{R_1 /\!/ R_2 + R_f}{(R_1 /\!/ R_2)R_f}(R_3 /\!/ R_4)\left(\frac{R_f}{R_3}U_{i3} + \frac{R_f}{R_4}U_{i4}\right)$$

将上式变换可得出

$$U_{o2} = \frac{R'}{R''}\left(\frac{R_f}{R_3}U_{i3} + \frac{R_f}{R_4}U_{i4}\right)$$

式中,$R'=R_3 /\!/ R_4$,$R''=R_1 /\!/ R_2 /\!/ R_f$,所以

$$U_o = U_{o2} + U_{o1} = \frac{R'}{R''}\left(\frac{R_f}{R_3}U_{i3} + \frac{R_f}{R_4}U_{i4}\right) - \frac{R_f}{R_1}U_{i1} - \frac{R_f}{R_2}U_{i2}$$

若满足平衡条件 $R'=R''$,则

$$U_o = \frac{R_f}{R_3}U_{i3} + \frac{R_f}{R_4}U_{i4} - \frac{R_f}{R_1}U_{i1} - \frac{R_f}{R_2}U_{i2}$$

利用双端求和方案可以实现加减法,但各项系数相互影响,因此参数调节特别麻烦,一般不常使用。由于理想运放的输出电阻为零,所以其输出电压 U_o 不受负载的影响。当多级理想运放相连时,后级对前级的输出电压 U_o 基本不产生影响。实际中实现加减法运算常采用多级反相求和相串联的方案,下面举例说明。

【例 7.3】 设计一个加减法运算电路,使其实现数学运算 $U_o=U_{i1}+2U_{i2}-5U_{i3}-U_{i4}$。

解:利用两个反相加法器则可以实现此加减法运算,电路如图 7.10 所示。

根据第一级反相求和运算,可以求出 U_{o1}

$$U_{o1} = -\frac{R_{f1}}{R_1}U_{i1} - \frac{R_{f1}}{R_2}U_{i2}$$

将 U_{o1} 作为后级输入,根据第二级反相求和运算,可以求出 U_o

$$U_o = -\frac{R_{f2}}{R_{f2}}U_{o1} - \frac{R_{f2}}{R_3}U_{i3} - \frac{R_{f2}}{R_4}U_{i4} =$$

$$\frac{R_{f1}}{R_1}U_{i1} + \frac{R_{f1}}{R_2}U_{i2} - \frac{R_{f2}}{R_3}U_{i3} - \frac{R_{f2}}{R_4}U_{i4}$$

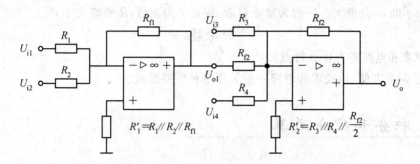

图 7.10　加减法运算电路

将上式和 $U_o = U_{i1} + 2U_{i2} - 5U_{i3} - U_{i4}$ 对比，则可求出电阻值。如果取 $R_{f1} = R_{f2} = 10 \text{ k}\Omega$，则 $R_1 = 10 \text{ k}\Omega, R_2 = 5 \text{ k}\Omega, R_3 = 2 \text{ k}\Omega, R_4 = 10 \text{ k}\Omega, R'_1 = R_1 // R_2 // R_{f1}, R'_2 = R_3 // R_4 // R_{f2}$。由于两级电路都是反相输入运算电路，故不存在共模误差。

反相输入方式调节方便，共模误差较小，十分常用，但是低输入电阻是其严重缺陷。为了提高输入电阻，采取了多种措施。这里以例题的形式进行介绍。

【例 7.4】　图 7.11 是一个由理想运放构成的高输入阻抗放大器，求其输入电阻 r_i。

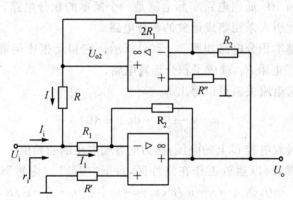

图 7.11　高输入阻抗放大器

解：两个运放都外加有负反馈，所以都工作在线性区，根据"虚短"和"虚断"特点，利用 KVC 定理可推出

$$I_i = I_1 - I = \frac{U_i}{R_1} - \frac{U_{o2} - U_i}{R}$$

由反相比例可推出

$$U_o = -\frac{R_2}{R_1}U_i \qquad U_{o2} = -\frac{2R_1}{R_2}U_o = 2U_i$$

将 U_{o2} 代入上式可得

$$I_i = \frac{R - R_1}{R_1 R}U_i$$

所以

$$r_i = \frac{U_i}{I_i} = \frac{U_i}{\frac{R - R_1}{R_1 R}U_i} = \frac{RR_1}{R - R_1}$$

当 $R-R_1$ 很小时，r_i 会很大。一般为防止自激，保证 r_i 为正值，R 要略大于 R_1。

思考题

1. 3种求和电路各有什么特点？
2. 为了调节方便，构成求和电路一般采用哪种电路形式？

7.4 积分和微分运算

7.4.1 积分运算

积分运算是模拟计算中的基本单元电路，利用它可以实现对微分方程的模拟；同时，它也是各种测控系统中重要单元，利用它的冲放电可以实现延时、定时以及产生各种波形。

例如，积分电路在自动控制系统中用以延缓过渡过程的冲击，使被控制的电动机外加电压缓慢上升，避免其机械转矩猛增，造成传动机械的损坏。积分电路还常用来做显示器的扫描电路，以及模/数转换器、数学模拟运算等。

第 4 章介绍的一阶 RC 低通电路实际上就是一个简单的积分电路，但由于积分电流不恒定，线性效果很差，为此引入采用集成运放的积分电路。

采用集成运放的基本积分电路如图 7.12(a)所示。它和反相比例放大电路的不同，就是用电容器 C 取代了反馈电阻 R_f，就成了积分运算电路。

根据电容上电压与电流关系可以得出

$$u_C = \frac{1}{C}\int i_C \cdot dt + u_C(0)$$

式中，$u_C(0)$ 是积分前时刻电容 C 上的电压，称为电容端电压的初始值。

因为 C 引入负反馈，所以运放工作在线性区，根据"虚断"、"虚短"（此处虚地）的概念可得，$u_+ = u_- = 0$，$i_+ = i_- = 0$，则 $i_C = i_i = u_i/R$，$u_o = -u_C$。把 $i_C = i_i = u_i/R$，代入上式可以得出

$$u_o = -u_C = -\frac{1}{C}\int i_C dt - u_C(0) = -\frac{1}{RC}\int u_i dt - u_C(0) \tag{7-9}$$

上式表明，输出电压为输入电压对时间的积分，且相位相反。

当 $u_C(0) = 0$ 时，可以写成下面形式

$$u_o = -\frac{1}{RC}\int u_i dt$$

若输入电压是图 7.12(b)所示的方波电压时，并假定 $u_C(0) = 0$，方波电压的幅值为 $\pm E$。下面详细分析积分波形形成过程。

当时间在 $0 \sim t_1$ 期间时，$u_i = -E$，电容放电，输出电压为

$$u_o = -\frac{1}{RC}\int_0^{t_1} -E dt = +\frac{E}{RC}t$$

当 $t = t_1$ 时，$u_o = +U_{om}$。$+U_{om}$ 为其正向最大输出幅度。

当时间在 $t_1 \sim t_2$ 期间时，$u_i = +E$，电容充电，电容初始值为

$$u_C(t_1) = -u_O(t_1) = -U_{om}$$

所以得出

模拟信号运算电路
第 7 章

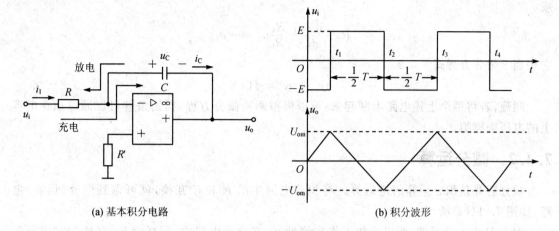

(a) 基本积分电路　　　　　　　　(b) 积分波形

图 7.12　基本积分电路及积分波形

$$u_C = \frac{1}{RC}\int_{t_1}^{t_2} E\,dt + u_C(t_1) = \frac{1}{RC}\int_{t_1}^{t_2} E\,dt - U_{om}$$

所以，$u_o = -u_C = -\dfrac{1}{RC}\int_{t_1}^{t_2} E\,dt + U_{om} = -\dfrac{E}{RC}t + U_{om}$

当 $t=t_2$ 时，$u_o = -U_{om}$。$-U_{om}$ 为其负向最大输出幅度。如此周而复始，即可得到三角波输出。这里要说明两点：其一，输出幅度和积分快慢主要取决于积分时间常数 RC 的大小；其二，若可能输出的最大幅度 $\pm U_{om}$ 大于运放的最大幅度，输出波形将被限幅，成为梯形波。输入其他信号，例如阶跃信号的情况请自己分析。

图 7.12 所示基本积分电路，会产生一定的误差。产生积分误差的主要原因有两个方面，一方面是集成运放不够理想引起的，另一方面是积分电容存在泄露电阻和吸附效应等引起的。为了减小误差，人们采用了多种措施，形成了多种实用的积分电路，但其基本原理是相同的。

对于实际各种积分器不做详细探讨，下面举例进行简单介绍。图 7.13 为一实际积分电路的原理图，利用它还可以模拟一阶微分方程。

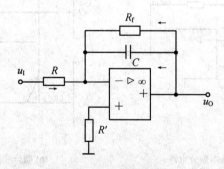

图 7.13　实际积分运算电路

规定输入电流 i_1、电容电流 i_C 以及 R_f 上电流 i_f 正参考方向都指向运放反相端，利用虚地的概念可得

$$i_C = C\frac{du_C}{dt} = C\frac{du_o}{dt} = -(i_1 + i_f) = -\left(\frac{u_1}{R_1} + \frac{u_o}{R_f}\right)$$

或

$$R_1 C \frac{du_o}{dt} + \frac{R_1}{R_f} u_o = -u_1$$

它相当于微分方程式

$$ay' + by = f(x)$$

同理,若将两个上述电路串联起来,可以模拟两阶微分方程,初始条件可以通过加在电容上的电压来模拟。

7.4.2 微分运算

微分运算是积分运算的逆运算。将积分电路中的 R 和 C 互换,就可得到微分(运算)电路,如图 7.14(a)所示。

因为 R 引入负反馈,所以运放工作在线性区,在这个电路中,同样满足"虚地"和"虚断"。根据"虚断"和"虚地"的概念可得,$u_+ = u_- = 0$,$i_+ = i_- = 0$,则 $i_F \approx i_C$。假设电容 C 的初始电压为零,那么可以得出

$$\left. \begin{array}{l} i_F = i_C = C \dfrac{du_i}{dt} \\ u_o = -i_F R = -RC \dfrac{du_i}{dt} \end{array} \right\} \quad (7-10)$$

式(7-10)表明,输出电压为输入电压对时间的微分,且相位相反。RC 为微分时间常数,其值越大,微分作用越强。

微分电路的波形变换作用如图 7.14(b)所示,可将矩形波变成尖脉冲输出。微分电路在自动控制系统中可用作加速环节,例如电动机出现短路故障时,起加速保护作用,迅速降低其供电电压。

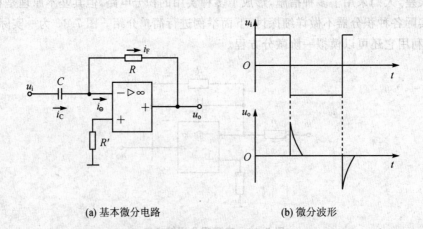

(a) 基本微分电路　　　　(b) 微分波形

图 7.14　基本微分电路及波形

上述基本微分电路还有一些不足,实际中要加以改进。其主要缺点首先是,微分电路是一个高通网络,当输入信号频率升高时,电容的容抗减小,则放大倍数增大,使得电路对输入信号中的高频干扰及高频噪声非常敏感,因而输出信号中的噪声成分严重增加,信噪比大大下降,严重时,甚至淹没有用信号,造成系统无法工作;其次是微分电路中的 RC 元件形成一个滞后

第 7 章 模拟信号运算电路

的移相环节,它和组件中原有的滞后环节共同作用,很容易产生高频自激,使电路稳定性变差。还有在输入发生突变或输入信号过大时,会使输出电压达到最大值,破坏运放内部的正常工作状态,出现"堵塞"现象。

为了克服以上缺点,人们采用了多种方法。为了抑制高频噪声,一般在反馈回路微分电阻 R 上并接一个小电容,在输入回路中与微分电容 C 串接一个小电阻,要求附加的这两个元件在正常频率范围内对微分电路的影响很小,而在一定的高频时,使闭环放大倍数降低,从而抑制了高频噪声;为了避免"堵塞"现象,一般在反馈回路中,并接两个反串联的稳压管,用以限制输出幅度;同时,附加的电阻电容还有一定的频率补偿作用,有时还在同相端电阻 R' 端并联一个电容进一步进行频率补偿。针对不同的应用要求,接法有所不同,补偿元件的估算比较复杂,一般通过实验得到。

将比例运算、积分运算和微分运算 3 部分组合在一起,可组成 PID 调节器。各部分作用是,比例用在常规调节,积分用在提高精度,微分用来反映变化的趋势。PID 常用于工矿企业的各类测控仪表中。

思考题

1. 积分电路可以将方波、正弦波变换成何种波形?
2. 微分电路可以将方波、正弦波变换成何种波形?
3. 基本微分电路有什么缺点?自己设计一个改进电路。

7.5 对数和反对数运算电路

7.5.1 对数运算电路

在控制系统和测量仪表中,经常需要进行对数运算;又如用分贝表示增益也需要对数运算。二极管上电流和电压之间近似为对数关系,利用二极管这种特性将反相比例电路中的 R_f 用二极管代替,即可组成对数运算电路,如图 7.15 所示。

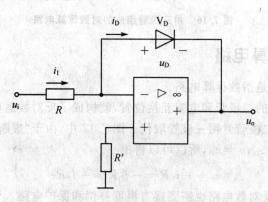

图 7.15 基本对数运算电路

二极管的伏安方程为

$$i_D = I_S(e^{\frac{u_D}{U_T}} - 1)$$

实际中，一般满足 $u_D \gg U_T$，所以上式约为

$$i_D \approx I_S e^{\frac{u_D}{U_T}}$$

或

$$u_D \approx U_T \ln \frac{i_D}{I_S} \tag{7-11}$$

图 7.15 中，由于"虚断""-"端是"虚地"，当二极管正向导通时有

$$i_D = i_1 = \frac{u_i}{R} \qquad u_o = -u_D \tag{7-12}$$

综合式(7-11)和式(7-12)可以得出

$$u_o \approx -U_T \ln \frac{u_i}{RI_S} \qquad (u_i > 0) \tag{7-13}$$

二极管组成的对数电路存在以下问题：
① 运算精度受温度影响大，因为 I_S 和 U_T 都随温度变化；
② 对数关系受电流大小影响，因为只有部分电流范围与电压较符合对数关系；
③ 输出电压幅度小，其绝对值为二极管的正向压降，而且输入信号只能单方向的。

因此，常用温度特性较好的三极管作为二极管形式，构成对数电路，如图 7.16 所示，其原理与图 7.15 相同。实际对数电路有多种形式，往往附加有温度补偿和保护电路。

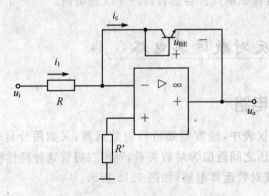

图 7.16 用三极管组成的对数运算电路

7.5.2 反对数运算电路

反对数运算电路就是指数运算电路。

将对数运算电路中的二极管和电阻互换位置，就构成了反对数运算电路，如图 7.17 所示，与对数电路相似，图中二极管常用三极管取代。图 7.17 中，由于"虚断""-"端是"虚地"，当二极管正向导通时有，$i_F = i_D$，$u_i = u_D$，所以可以得出

$$u_o = -i_F R = -i_D R = -I_S R e^{\frac{u_i}{U_T}} \tag{7-14}$$

同对数电路一样，实际反对数电路也需要接有温度补偿和保护电路。

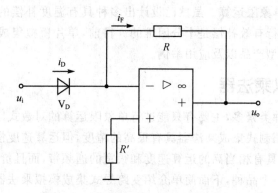

图 7.17 基本反对数运算电路

7.5.3 对数和反对数组合运算电路

利用对数和反对数运算的组合,可以得到多种形式的非线性运算,这里仅探讨对乘除法的实现。

利用对数和反对数以及加或减法运算配合,可以实现乘或除法运算。图 7.18 为两变量乘法和除法原理框图,可以看出,为了实现两个变量的乘除法,只要先取变量的对数然后相加或相减,再取反对数即可。若需求某变量的 n 次方,可先取该变量的对数,通过比例运算乘上一定的系数,再取反对数即可。

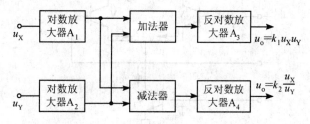

图 7.18 乘法和除法运算电路原理框图

这种组合方案有明显缺点,一方面输入信号必须为正,才能正常工作,只能实现单象限运算;另一方面,电路复杂,并且选择三极管也比较费事。随着高性能模拟乘法器的出现,上述组合式应用已日渐衰微,本节不再作具体讨论。

思考题

1. 基本对数电路有何缺点?
2. 基本反对数运算电路有何缺点?
3. 实际对数和反对数运算电路如何改进?

7.6 集成模拟乘法器及其应用

模拟乘法器的用途十分广泛,不仅可以用来进行乘除及其他非线性运算,而且在通信、测量等领域,可利用它来进行频率变换,实现调制、检波和变频等功能。

用对数和反对数运算电路可构成乘法器,但这种乘法器至少存在 3 个问题,即温度特性差、精度低、只能进行单象限运算。虽然已设计出多种具有温度补偿的对数及反对数电路,但在较宽的温度范围,进行有效补偿是十分困难的。目前,单片模拟集成乘法器已普及应用,下面介绍其工作原理、典型产品以及应用举例。

7.6.1 集成模拟乘法器

集成模拟乘法器种类繁多,主要有只能进行单象限运算的对数式以及四象限的脉冲调制、变跨导等类型。脉冲调制式集成乘法器具有很高的精度,但运算速度慢、带宽窄、价格贵;变跨导式精度低于前者,但具有相当高的运算速度和很宽的通频带,而且价格相当便宜。变跨导式是目前应用最广泛的一个品种,下面简单介绍变跨导式集成模拟乘法器。

1. 变跨导乘法器原理

变跨导乘法器是在差放的基础上发展起来的,因为差放的跨导受控于作为差放长尾的电流源电流,而这个电流又可受控于另一个输入信号,即跨导可以随另外一个输入信号而改变,故名为变跨导式乘法器。

基本变跨导式乘法电路如图 7.19 所示,它是一个带有恒流源的差放电路,u_X 和 u_Y 作为输入信号,u_o 作为输出信号。

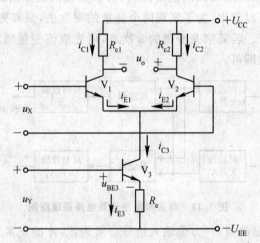

图 7.19 基本变跨导乘法运算电路

由第 4 章分析知,三极管的控制作用可以用跨导表示,当 $r_{bb'} \ll r_{b'e}$ 时,$g_m \approx \beta/r_{be} \approx I_E/U_T$,其中 I_E 单位为 mA,则用跨导表示的差动放大倍数为

$$A_u = \frac{u_o}{u_X} = \frac{\beta R_c}{r_{be}} = g_m R_c$$

电路的输出电压为

$$u_o = g_m R_c u_X = \frac{I_{E1} R_c}{U_T} u_X \qquad (7-15)$$

V_3 和 R_e 组成电流源,忽略三极管的发射结电压,可得

$$I_{E1} = \frac{1}{2} I_{E3} \approx \frac{u_Y}{2R_e}$$

将上式代入式(7-15),可得

模拟信号运算电路

$$u_o = -\frac{R_c}{2R_e \cdot U_T} u_X u_Y = K u_X u_Y \tag{7-16}$$

其中，$K = R_c/(2U_T R_e)$，称为乘法增益系数，U_T 为温度电压当量，常温下，U_T 约为 26 mV，式 (7-16) 表明输出电压与两个输入电压的乘积成正比。

图 7.19 乘法器存在以下缺点：

① u_Y 必须为正值，以保证 V_3 管在 u_Y 的偏置下能工作于线性放大区，因此，只能构成二象限乘法器；

② 由于 V_3 管发射结电压的问题，在 u_Y 很小时，误差很大，因此，精度低；

③ U_T 以及发射结电压都与温度 T 有关，所以这种电路的温度稳定性很差。

为解决四象限乘法问题，常用双平衡式变跨导乘法器。它采用两套对称差放，并增加电流源来提供偏流，这样，u_Y 不论是正值还是负值都能得到乘法运算的结果。为了减小误差，提高稳定性，一些电路中增加了由差分对管、二极管、电流源以及电阻构成的非线性补偿电路。

2. 集成模拟乘法器的表示符号

集成模拟乘法器是实现两个模拟信号相乘的器件，不同型号产品，内部电路结构和性能指标都有很大差别，但功能是相同的。它们可以用同一个电路符号来表示，如图 7.20 所示。

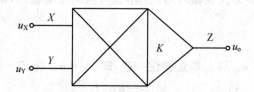

图 7.20　集成乘法器电路符号

集成模拟乘法器有两个输入端 u_X 和 u_Y，一个输出端 u_o，它们之间的关系是

$$u_o = K u_X u_Y$$

其中，K 称为乘法增益系数。

模拟乘法器目前种类很多，如 AD634，AD534L，MC1496 等，且不需外接元件、无须调零即可使用。

7.6.2　集成模拟乘法器的应用

模拟乘法器的用途极为广泛。目前，它不仅用于模拟运算方面，而且可以进行模拟信号处理。因此，它在自动控制、通信系统、信号处理等领域得到了广泛应用。下面仅举例说明几种基本应用。

1. 平方运算电路

在图 7.20 中，若 $u_X = u_Y = u_i$，则模拟乘法器就成为平方电路，其输入输出关系为

$$u_o = K u_X u_Y = K u_i^2 \tag{7-17}$$

当然用两个乘法器可以实现立方运算，以此类推，多个乘法器可以实现 n 次方运算。因为，正弦波可以写成次方和形式，因此，利用乘法器和求和电路可以模拟正弦函数运算。另外，在平方电路后面串接一个隔直电容就可以实现正弦信号的二倍频。

2. 除法电路

将乘法器和运放结合，乘法器作为运放的反馈电路，可组成除法电路，如图 7.21 所示。根

据"虚短"和"虚断"可得

$$\frac{u_{X1}}{R_1} + \frac{u_Z}{R_2} = 0$$

由乘法器的功能可得

$$u_Z = K u_{X2} u_o$$

综合以上两式可得

$$u_o = -\frac{R_2}{KR_1} \frac{u_{X1}}{u_{X2}} \quad (7-18)$$

即输出电压与两个输入电压的商成比例关系。

在图 7.21 所示除法器电路中,为使集成运放能够稳定工作,引入的反馈必须是负反馈。为此,u_Z 的极性必须与 u_{X1} 相反。若是同相乘法器,则 u_{X2} 的极性必须为正,若是反相乘法器,则 u_{X2} 的极性必须为负,只有如此才能保证运放处于负反馈状态。而 u_{X1} 则可正可负,因此这种电路是二象限除法器。

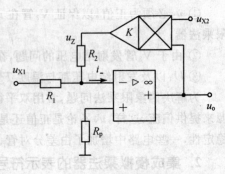

图 7.21 除法电路

图 7.21 所示除法电路为反相输入形式,u_{X1} 也可从同相端输入,请读者自己画出同相端输入电路,并进行分析。

3. 平方根运算

在图 7.21 电路中,将 u_{X2} 与 u_o 端短接在一起,即 $u_{X2} = u_o$,取 $R_1 = R_2 = R$,由式(7-18)可得

$$u_o^2 = -u_{X1}/K$$

$$u_o = \sqrt{-\frac{1}{K}u_{X1}} \quad (7-19)$$

式(7-19)表明,只有当 $u_{X1} \leqslant 0$ 时,才有可能实现平方根运算。

图 7.22 所示为正电压平方根运算运算电路,与上面相比仅多了一个反相器。

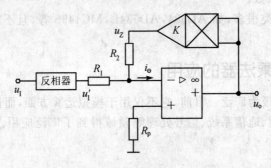

图 7.22 开平方电路($u_1 > 0$)

由图 7.22,根据"虚短"和"虚断"可得

$$\frac{u'_1}{R_1} + \frac{u_Z}{R_2} = 0$$

由乘法器的功能可得

$$u'_1 = -u_1 \qquad u_Z = K u_o^2$$

综合以上两式可得

$$u_\circ = \sqrt{\frac{R_2}{KR_1}u_1} \qquad (7-20)$$

取 $R_1 = R_2 = R$,可得

$$u_\circ = \sqrt{\frac{1}{K}u_1}$$

上面两种平方根运算认为乘法器增益系数为正值,若乘法器增益系数为负值的情况如何,请读者自己思考。

4. 压控增益

考虑到模拟乘法器的输出电压 $u_\circ = K u_X u_Y$,若 u_X 为一直流控制电压,u_Y 为输入信号电压,则有,$u_\circ / u_Y = K u_X$。因此,可以利用改变直流电压 u_x 的大小来控制增益的大小。

5. 功率测量

若乘法器的两个输入信号分别比例于被测电路中某支路的电压和电流,则其输出便比例于该支路的功率。只要对该支路的电压和电流的取样合理而精确,并适当的确定相乘系数,就可完成对功率信号的测量。同样,也可以对交流电压的有效值进行测量。

乘法器还可作为调制解调器、锁相环电路、倍频器、混频器使用,在有源滤波方面也有广泛应用,常选用开关速度较高的 MC1596 型。

思考题

1. 变跨导模拟乘法器有何特点?
2. 变跨导模拟乘法器的主要用途有哪些?请简要说明。

本章小结

模拟运算是是集成运放的典型应用。本章首先介绍理想运放及其特点,然后介绍了几种基本运算电路。

① 理想运放有线性区和非线性区两个工作区域,理想运放必须加接负反馈才能工作在线性区,线性区具有"虚短"和"虚断"两个重要特点,模拟运算电路中的运放必须工作在线性区,因此所有运算电路都接有负反馈。

② 比例运算是最基本的运算电路,有反相比例、同相比例、差动比例 3 种形式,它们各具特点。

③ 求和电路有反相求和、同相求和、双端求和 3 种形式,它们各具特点。其中,反相求和应用最为广泛,这种电路实质上是利用"虚地"和"虚断"特点,通过对各输入回路的电流求和,实现对输入电压求和。同相求和、双端求和参数调整比较烦琐,实际中,很少使用。

④ 积分和微分互为逆运算,这两种路是在比例电路的基础上分别将反馈回路或输入回路中的电阻换为电容而构成的。其原理是利用电容电压与电流的微积分关系以及运放的线性区工作特点。积分电路应用比较广泛,例如用于模拟计算机、控制和测量系统、延时和定时以及各种波形的产生和变换等。微分电路由于对高频噪声比较敏感等缺点,应用不如积分电路广泛。

⑤ 对数和反对数电路利用半导体二极管电流和电压之间存在对数关系而构成,只要将比

例电路中反馈回路或输入回路的电阻换成二极管就可组成上述电路。对数和反对数电路可以组成乘法和除法电路。

⑥ 变跨导模拟乘法器有多种用途,除了用于运算外,还广泛用于测量、控制以及通信等领域。

习 题

题 7.1 在图 7.23 中,设集成运放为理想器件,求下列情况下 u_O 与 u_S 的的关系式:
(1) 若 S_1 和 S_3 闭合,S_2 断开,$u_O = ?$
(2) 若 S_1 和 S_2 闭合,S_3 断开,$u_O = ?$
(3) 若 S_2 闭合,S_1 和 S_3 断开,$u_O = ?$
(4) 若 S_1,S_2,S_3 都闭合,$u_O = ?$

题 7.2 图 7.24 是同相输入方式的放大电路,A 为理想运放,电位器 R_W 可用来调节输出直流电位,试求:
(1) 当 $U_i = 0$ 时,调节电位器,输出直流电压 U_O 的可调范围是多少?

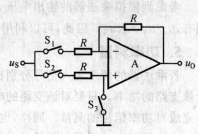

图 7.23 题 7.1 图

(2) 电路的闭环电压放大倍数 $A_{uf} = U_o/U_i = ?$

题 7.3 用集成运放和普通电压表可组成性能良好的欧姆表,电路如图 7.25 所示。设 A 为理想运放,虚线方框表示电压表,满量程为 2 V,R_M 是它的等效电阻,被测电阻 R_X 跨接在 A,B 之间。
(1) 试证明 R_X 与 U_O 成正比;
(2) 计算当要求 R_X 的测量范围为 0~10 kΩ 时,R_1 应选多大阻值?

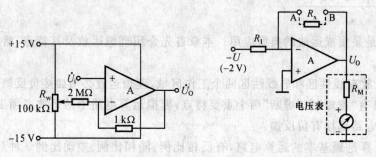

图 7.24 题 7.2 图   图 7.25 题 7.3 图

题 7.4 在图 7.2 所示反相输入比例运算电路中,$R_f = 2R_1 = 12\ \Omega$,理想运放的最大电压输出幅度为 ±12 V。
(1) 计算闭环电压放大倍数、输入电阻以及 R_2 的取值;
(2) 若输入正弦波 $u_i = 10 \sin \omega t$,试画出输出电压 u_o 的波形,要求标出特殊值。

题 7.5 图 7.26(a) 为加法器电路,$R_{11} = R_{12} = R_2 = R$。
(1) 试求运算关系式:$u_o = f(u_{i1}, u_{i2})$;
(2) 若 u_{i1},u_{i2} 分别为三角波和方波,其波形如图 7.26(b) 所示,试画出输出电压波形并注明其电压变化范围。

题 7.6 由 4 个运放组成的电路如图 7.27 所示,4 个运放各组成何种运算电路? 若 $R_1 =$

模拟信号运算电路

第 7 章

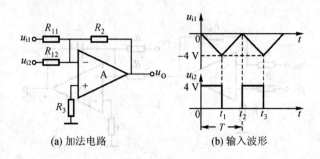

(a) 加法电路   (b) 输入波形

图 7.26 题 7.5 图

$R_2 = R_3 = R$，试写出其输出电压的表达式：$u_o = f(u_{i1}, u_{i2}, u_{i3})$。

题 7.7 试写出图 7.28 加法器对 u_{i1}, u_{i2}, u_{i3} 的运算结果：$u_o = f(u_{i1}, u_{i2}, u_{i3})$。

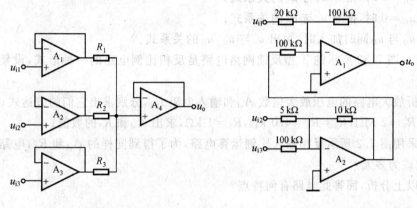

图 7.27 题 7.6 图   图 7.28 题 7.7 图

题 7.8 仿照图 7.28 设计一个求和电路，要求实现 $u_o = 3u_{i1} - u_{i2} - u_{i3} - u_{i4}$。

题 7.9 积分电路如图 7.29(a) 所示，其输入信号 u_i 波形如图 7.29(b)，理想运放的最大电压输出幅度为 ± 12 V。设 $t = 0$ 时，$u_{C(0)} = 0$，试画出相应的输出电压 u_o 波形。

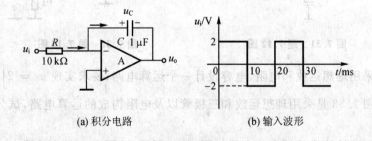

(a) 积分电路   (b) 输入波形

图 7.29 题 7.9 图

题 7.10 题 7.9 电路和输入波形不变，若 $R = 1$ kΩ，$C = 1$ μF，设 $t = 0$ 时，$u_{C(0)} = 0$，重新画出相应的输出电压 u_o 波形。

题 7.11 图 7.30 电路中，A_1，A_2 为理想运放，电容的初始电压 $u_{C(0)} = 0$。

(1) 写出 u_o 与 u_{S1}, u_{S2} 和 u_{S3} 之间的关系式；

(2) 写出当电路中电阻 $R_1 = R_2 = R_3 = R_4 = R_5 = R_6 = R_7 = R$ 时，输出电压 u_o 的表达式。

题 7.12 差动积分运算电路如图 7.31 所示。设 A 为理想运算放大器，电容 C 上的初始

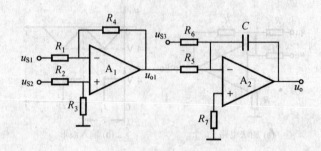

图 7.30 题 7.11 图

电压为零,且 $R_1=R_2=R$,$C_1=C_2=C$。

(1) 当 $u_{i1}=0$ 时,推导 u_o 与 u_{i2} 的关系式;

(2) 当 $u_{i2}=0$ 时,推导 u_o 与 u_{i1} 的关系式;

(3) 当 u_{i1} 与 u_{i2} 同时加入时,写出 u_o 与 u_{i1},u_{i2} 的关系式。

题 7.13 图 7.32 所示的 T 型反馈网络电路是反相比例电路的一种形式,设集成运放为理想运放:

(1) 分析放大电路的电压放大倍数 A_{uf} 和输入电阻 R_{if},分别求出它们的表达式;

(2) 若 $R_1=2$ MΩ,$R_2=R_4=470$ kΩ,$R_3=1$ kΩ,求出 A_{uf} 和 R_{if} 的数值;

(3) 若采用图 7.2 所示反相输入比例运算电路,为了得到同样的 A_{uf} 和 R_{if},电路中的电阻 R_1,R_2,R_f 应该为多大?

(4) 由以上分析,回答此电路有何特点?

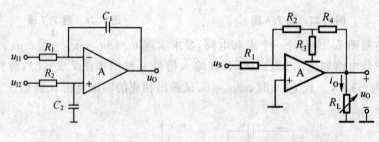

图 7.31 题 7.12 图　　　图 7.32 题 7.13 图

题 7.14 采用理想运放和电阻、电容设计一个运算电路,要求实现 $u_o = 2\int u_i \mathrm{d}t$。

题 7.15 图 7.33 是采用理想运放和三极管以及电阻构成的运算电路,试分析电路功能,说明电路特点。

题 7.16 三运放构成的精密放大器如图 7.34 所示,试写出 u_o 的表达式。

题 7.17 图 7.35 所示的电路中,设 A_1,A_2 为理想运放,且 $R_1=R_2=R_3=R_4=R$。试求:$\dot{A}_u = \Delta u_o / \Delta u_i = ?$

题 7.18 图 7.36 所示的电路中,设 A_1,A_2,A_3 均为理想运放,试求:

(1) 该电路的差模电压增益 $\dot{A}_{ud} = \dfrac{\Delta u_o}{\Delta u_i}$?

(2) 该电路的差模电压增益 $A_{ud} = \Delta u_o / \Delta u_i = ?$

模拟信号运算电路 第7章

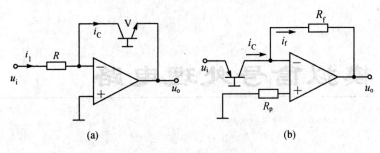

图 7.33　题 7.15 图

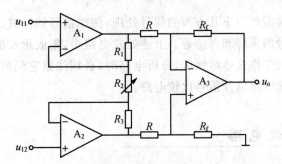

图 7.34　题 7.16 图

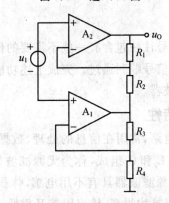

图 7.35　题 7.17 图

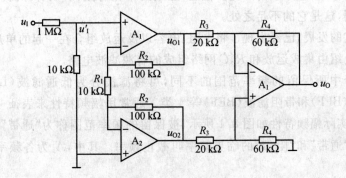

图 7.36　题 7.18 图

题 7.19　采用集成乘法器和运放以及电阻设计一个运算电路,要求实现 $u_O=3u_{i1}^2+6u_{i2}^2$。

第8章 模拟信号处理电路

在电子系统中,经常需要以下几方面的信号处理:例如信号的滤波、信号幅度的比较和选择、信号的变换以及信号的采样和保持等。上述处理电路中,集成运放的工作状态是不同的,有的工作在线性区,有的工作在非线性区,分析电路时,必须注意它们的区别。本章主要探讨有源滤波电路、精密整流电路以及信号比较电路。

8.1 有源滤波电路

8.1.1 滤波电路概述

在实际的电子系统中,输入信号往往包含有一些不需要的信号成分,必须设法将它衰减到足够小的程度,但同时必须让有用信号顺利通过。完成上述功能的电子电路就是滤波电路,称为滤波器。本章研究的是模拟滤波器。

1. 滤波器的类型和幅频特性

滤波电路实质上是一种选频电路,常用在信息的处理、数据的传送和干扰的抑制等方面。早期模拟滤波器主要采用无源 R,L 和 C 组成,称为无源滤波器,因滤波效果较差,已很少应用。由集成运放和 R,C 组成的有源滤波器具有不用电感、体积小、重量轻等优点,此外,由于集成运放的开环电压增益和输入阻抗均很高,输出阻抗又很低,构成有源滤波器后还具有一定的电压增益和缓冲作用,应用较为广泛。但是,运放的带宽有限,所以有源滤波器的最高工作频率受运放的限制,这是它的不足之处。

随着集成工艺的发展,已经出现了将电阻、电容以及运放组合在一起的单片集成有源滤波电路。本节重点介绍由集成运放和 R,C 网络组成的有源滤波电路。

根据输出信号中所保留的频率范围的不同,可将滤波分为低通滤波(LPF)、高通滤波(HPF)、带通滤波(BPF)和带阻滤波(BEF)等4类。通常用幅频特性来表征一个滤波器的特性,它们的理想和实际幅频特性如图8.1所示,被保留的频率范围称为"通带",被抑制的频率范围称为"阻带","通带"和"阻带"的临界频率叫截止频率。其中,A_u 为各频率的增益,A_{um} 为通带的最大增益。

从图8.1可以看出,滤波电路的理想特性是:
① 通带范围内信号无衰减地通过,阻带范围内无信号输出;
② 通带与阻带之间的过渡带为零。

模拟信号处理电路
第 8 章

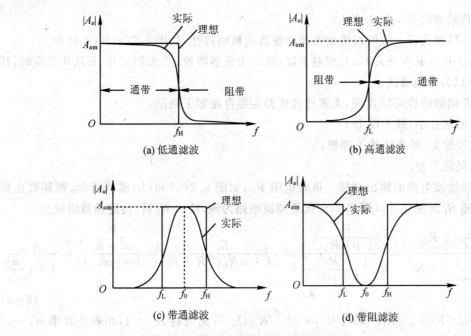

图 8.1 滤波电路的幅频特性

2. 无源 RC 滤波滤电路

最基本的无源 RC 滤波滤电路如图 8.2(a)和(b)所示。

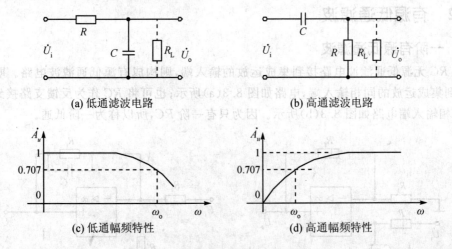

图 8.2 无源滤波器及其幅频特性

由图 8.2(a)，可得其输入输出关系是

$$\dot{A}_u = \frac{\dot{U}_o}{\dot{U}_i} = \frac{\dfrac{1}{j\omega C}}{R + \dfrac{1}{j\omega C}} = \frac{1}{1 + j\omega RC} = \frac{1}{1 + j\dfrac{\omega}{\omega_0}} \tag{8-1}$$

由图 8.2(b)，可得其输入输出关系是

$$\dot{A}_u = \frac{\dot{U}_o}{\dot{U}_i} = \frac{R}{R + \dfrac{1}{j\omega C}} = \frac{1}{1 + \dfrac{1}{j\omega RC}} = \frac{1}{1 - j\dfrac{\omega_0}{\omega}} \tag{8-2}$$

它们的截止角频率均为 $\omega_0 = 1/RC$。

由式(8-1)和式(8-2)可以得出无源滤波器的幅频特性,如图 8.2(c)和(d)所示。

图 8.2(a)中,ω 从 0 升高时,其增益下降,所以为低通滤波,图 8.2(b)中,ω 从 0 升高时,其增益加大,所以为高通滤波。

由图 8.2 幅频特性可以发现,无源滤波电路主要存在如下缺陷:

① 电路的增益小,最大仅为 1;
② 过渡带较宽,频率特性不理想;
③ 带负载能力差。

如在无源滤波电路的输出端接一负载电阻 R_L,如图 8.2(a)和(b)虚线所示,则其截止频率和增益均随 R_L 而变化。以图 8.2(a)低通滤波电路为例,接入 R_L 后,传递函数将成为

$$\dot{A}_u = \frac{\frac{1}{j\omega C} /\!/ R_L}{R + \frac{1}{j\omega C} /\!/ R_L} = \frac{\frac{R_L}{1+j\omega R_L C}}{R + \frac{R_L}{1+j\omega R_L C}} = \frac{R_L}{(1+j\omega R_L C)R + R_L} = \frac{\frac{R_L}{R+R_L}}{1+j\omega R'_L C} = \frac{A'_u}{1+j\frac{\omega}{\omega'_0}}$$

(8-3)

式中,$R'_L = R_L /\!/ R$,$A'_u = R_L/(R_L + R)$,$\omega'_0 = 1/R'_L C$。可见增益 $A'_u < 1$,而截止频率 $\omega'_0 = 1/R'_L C > \omega_0 = 1/RC$。

为了克服上述缺点,可将 RC 无源网络接至集成运放的输入端,因为集成运放为有源元件,故称这种电路为有源滤波电路。

8.1.2 有源低通滤波

1. 一阶有源低通滤波

将 RC 无源低通滤波电路接到集成运放的输入端,则构成有源低通滤波电路。既可以将 RC 接到集成运放的同相输入端,电路如图 8.3(a)所示;也可将 RC 作为反馈支路接到集成运放的反相输入端电路如图 8.3(b)所示。因为只有一阶 RC,所以称为一阶低通。

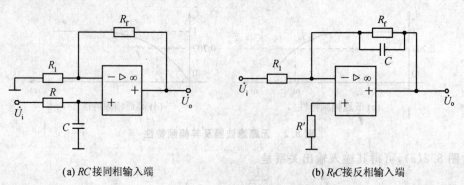

(a) RC 接同相输入端 (b) R_fC 接反相输入端

图 8.3 低通滤波电路

图 8.3(a)和(b)的电路中,都接有深度负反馈,因而,运放工作在线性区,具有"虚短"和"虚断"特点。

对于图 8.3(a),输出电压为

$$\dot{U}_o = \left(1 + \frac{R_f}{R_1}\right)\dot{U}_+$$

$$\dot{U}_+ = \frac{\frac{1}{j\omega C}\dot{U}_1}{R + \frac{1}{j\omega C}} = \frac{1}{1 + j\omega RC}\dot{U}_1$$

所以增益为

$$\dot{A}_u = \left(1 + \frac{R_f}{R_1}\right)\frac{1}{1 + j\omega RC} = \frac{A_{up}}{1 + j\frac{\omega}{\omega_0}} \tag{8-4}$$

式中，$A_{up} = 1 + R_f // R_1$，称为低通滤波器的通带电压放大倍数，它是当工作频率趋近于零时，其输出电压 U_o 与其输入电压 U_i 的比值；$\omega_0 = 1/RC$，称为截止角频率，它是随着工作频率的提高，电压放大倍数下降到 $0.707\,A_{up}$ 时，对应的角频率。

对于图 8.3(b)，根据"虚地"概念可得

$$\dot{A}_u = -\frac{\frac{R_f}{R_1}}{1 + j\frac{\omega}{\omega_0}} = \frac{A_{up}}{1 + j\frac{\omega}{\omega_0}} \tag{8-5}$$

式中，$A_{up} = -R_f // R_1$，截止角频率 $\omega_0 = 1/R_f C$。

比较式(8-4)、式(8-5)以及式(8-1)，可知它们属于同一种形式，而且和第 4 章所探讨的单级放大的高频响应一致。图 8.4(b)是其归一化后的幅频特性曲线，当 $\omega = \omega_0$ 时，增益下降 3 dB，$f_0 = \omega_0/2\pi$，称为截止频率。

由图 8.4(b)的幅频特性曲线可以看出，上述电路具有低通特点。这种滤波电路的幅频特性与图 8.4(a)所示的理想幅频特性相去甚远，滤波效果远达不到实际要求。理想要求，$f > f_0$ 时，输出应该立即减为零，而实际却以 20 dB/10 倍频程的斜率衰减，这就是说，在比截止频率高 10 倍的频率处，幅度只下降了 20 dB。

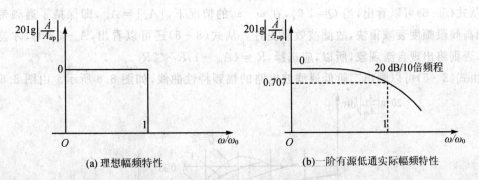

(a) 理想幅频特性　　(b) 一阶有源低通实际幅频特性

图 8.4　低通滤波电路的幅频特性

2. 二阶有源低通滤波

为了改善滤波效果，使输出信号在 $f > f_0 (f_0 = \omega_0/2\pi)$ 时衰减得更快，可将上述滤波电路再加一级 RC 低通电路，组成二阶低通滤波电路，如图 8.5(a)和(b)所示，图 8.5(b)是经过改进的具有更好滤波效果的二阶低通滤波电路。图 8.5(b)中，第一阶电容 C 的一端从地改接到运放的输出端，相当于在二阶低通滤波电路中引入了反馈。由于 RC 网络的移相作用，它的反

馈极性对于不同频段是不同的。在小于截止频率的范围内,有增强输出信号的作用;在大于截止频率范围内,有减弱输出信号的作用。总之,反馈的引入,使高频段幅度衰减更快,更接近理想特性。

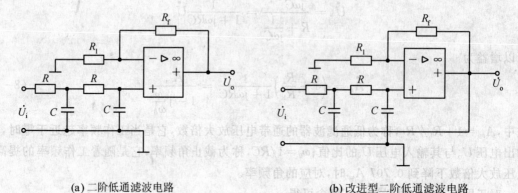

(a) 二阶低通滤波电路　　　　　　　(b) 改进型二阶低通滤波电路

图 8.5　二阶低通滤波电路

图 8.5(b)中,令两级滤波电路中的电阻、电容都相等,根据"虚短"和"虚断"特性,列出电路节点方程,可得出

$$A_u(j\omega) = \frac{U_o(j\omega)}{U_i(j\omega)} = \frac{A_{up}}{1+(3-A_{up})(j\omega CR)-(\omega CR)^2} =$$

$$\frac{A_{up}}{1-\left(\frac{\omega}{\omega_0}\right)^2 + j\frac{1}{Q}\frac{\omega}{\omega_0}} \quad (8-6)$$

式中,各参数定义如下:

$$A_{up} = 1 + \frac{R_f}{R_1} \qquad \omega_0 = \frac{1}{RC} \qquad Q = \frac{1}{3-A_{up}}$$

其中,A_{up} 为通带增益;ω_0 为截止频率;Q 相当于谐振回路的品质因数。

从式(8-6)可以看出,当 $Q=1$ 时,在 $\omega=\omega_0$ 的情况下,$|A_u|=A_{up}$,即保持了通频带的增益,而高频段幅度衰减很快,故滤波效果更好。从式(8-6)还可以看出,$A_{up}<3$ 时,才能稳定工作,否则将出现自激现象,所以,应选择,$R_f=(A_{up}-1)R_1<2R_1$。

由式(8-6)可以画出二阶低通滤波电路的幅频特性曲线,如图 8.6 所示。由图 8.6 曲线

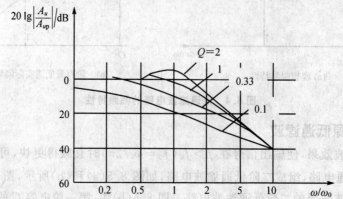

图 8.6　典型的二阶有源低通滤波器幅频特性

可以看出，在 $f > f_0$ 时，二阶滤波可提供 -40 dB/10 倍频程的衰减，而一阶滤波的衰减速度为 -20 dB/10 倍频程，二阶滤波效果要好得多。另外，还要注意，二阶滤波效果与 Q 值有关，要选择在曲线的平坦区域，这样电路更加稳定，一般选择 $Q \approx 1$ 附近。

8.1.3 有源高通滤波

高通滤波器能够通过高频信号，抑制或衰减低频信号。将低通滤波器中起滤波作用的电阻、电容位置互换，即就成为高通滤波器。

1. 有源一阶高通滤波

将图 8.3 中的电阻、电容位置互换，就成为一阶高通滤波器，如图 8.7(a) 和 (b) 所示。图 8.7(a) 为同相输入，图 8.7(b) 为反相输入。

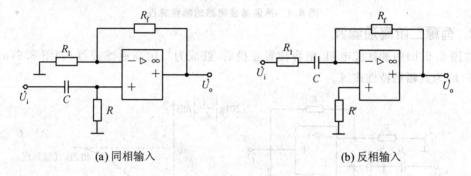

(a) 同相输入　　　　　　　　　　　(b) 反相输入

图 8.7　一阶高通滤波电路

图 8.7(a) 和 (b) 的电路中，都接有深度负反馈，因而，运放工作在线性区，具有"虚短"和"虚断"特点。下面以图 8.7(a) 为例进行分析。

对于图 8.7(a)，输出电压为

$$\dot{U}_o = \left(1 + \frac{R_f}{R_1}\right)\dot{U}_+$$

$$\dot{U}_+ = \frac{R}{R + \frac{1}{j\omega C}}\dot{U}_i = \frac{1}{1 + \frac{1}{j\omega RC}}\dot{U}_i$$

$$\dot{U}_o = \left(1 + \frac{R_f}{R_1}\right)\frac{1}{1 + \frac{1}{j\omega RC}}\dot{U}_i$$

所以增益为

$$\dot{A}_u = \frac{\dot{U}_o}{\dot{U}_i} = \frac{A_{up}}{1 - j\frac{\omega_0}{\omega}} \tag{8-7}$$

式中，$A_{up} = 1 + R_f /\!/ R_1$，称为高通滤波器的通带电压放大倍数，它是当工作频率趋近于 ∞ 时，其输出电压 U_o 与其输入电压 U_i 的比值；$\omega_0 = 1/RC$，称为截止角频率是随着工作频率的下降，电压放大倍数下降到 $0.707 A_{up}$ 时，对应的角频率，$f_0 = \omega_0 / 2\pi$，称为截止频率。

其幅频特性如图 8.8(a) 所示，由幅频特性曲线可以看出，上述电路具有高通特点。当 $\omega = \omega_0$ 时，增益下降 3 dB。但这种滤波电路的幅频特性还远达不到图 8.8(b) 所示的理想幅频特性,滤波效果远达不到实际要求。理想要求,$f < f_0$ 时,输出应该立即减为零,而实际却以 20dB/10 倍频程的斜率衰减,这就是说,在比截止频率低 10 倍的频率处,幅度只下降了 20 dB。

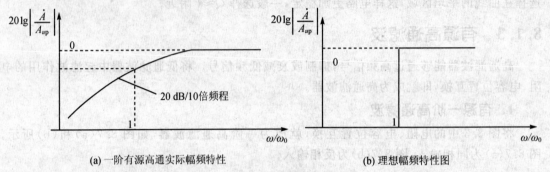

图 8.8 高通滤波电路的幅频特性

2. 有源二阶高通滤波

将图 8.5(b) 中的滤波电阻、电容位置互换后,就成为二阶高通滤波器,如图 8.9(a) 所示,图 8.9(b) 为其幅频特性曲线。

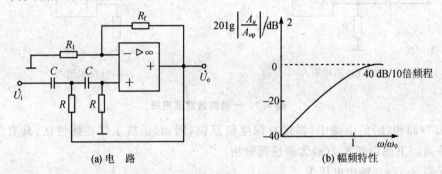

图 8.9 典型的二阶有源高通滤波器

由图 8.9(a) 可以得出其输入输出关系为

$$A_u(j\omega) = \frac{U_o(j\omega)}{U_i(j\omega)} = \frac{(j\omega CR)^2}{1+(3-A_{up})(j\omega CR)-(\omega CR)^2}A_{up} =$$

$$\frac{\left(\dfrac{\omega}{\omega_0}\right)^2 A_{up}}{1-\left(\dfrac{\omega}{\omega_0}\right)^2 + j\dfrac{1}{Q}\dfrac{\omega}{\omega_0}} \tag{8-8}$$

式中,A_{up},ω_0,Q 的意义与前面相同。将式(8-8)和式(8-6)相比较可以看出,前者是将后者的 $j\omega CR$ 变成 $1/j\omega CR$ 后得到的,所以高通滤波电路的频率特性和低通滤波是"镜像"关系,如图 8.9(b) 所示。由幅频特性可以看出,$\omega < \omega_0$ 时,二阶有源高通滤波电路以 40 dB/10 倍频程的斜率衰减,滤波效果好于一阶高通。

为了进一步改善滤波性能,可以将几种典型的二阶电路串接起来,多阶滤波这里不做分析。

8.1.4 有源带通滤波电路

带通滤波电路的作用是只允许某一频段内的信号通过,而比通频带下限频率低和比上限频率高的信号都被阻断。常用于从许多信号(包括干扰、噪声)中获取所需的信号。

将截止频率为 ω_H 的低通滤波电路和截止频率为 ω_L 的高通滤波电路"串接"起来,就可获得带通滤波电路,其原理示意如图 8.10(a)所示。$\omega > \omega_H$ 的信号被低通滤波电路滤掉,$\omega < \omega_L$ 的信号被高通滤波电路滤掉,只有当 $\omega_L < \omega < \omega_H$ 时信号才能通过,显然,只有 $\omega_H > \omega_L$ 才能组成带通电路。

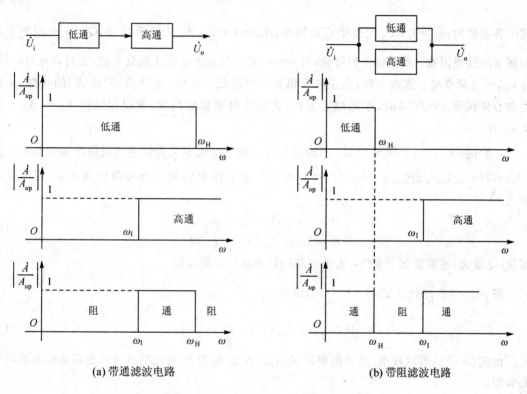

图 8.10 带通滤波和带阻滤波电路的组成原理图

将图 8.5(b)所示二阶低通电路中的一级 RC 改成高通,再通过电阻引入反馈,则可以构成典型的带通滤波电路,如图 8.11(a)所示。

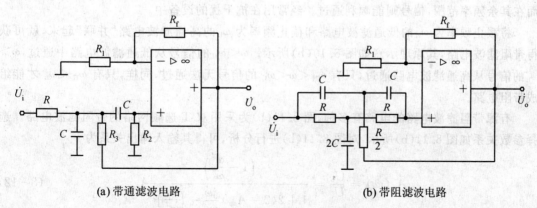

图 8.11 带通滤波和带阻滤波的典型电路

选择 $R_2 = 2R, R_3 = R$,对图 8.11(a)进行分析(详细的电路计算请参阅有关资料),可得其

输入输出关系为

$$A_u(j\omega) = \frac{A_{up}}{(3-A_{up})+j\left(\frac{\omega}{\omega_0}-\frac{\omega_0}{\omega}\right)} = \frac{\frac{A_{up}}{3-A_{up}}}{1+j\frac{1}{3-A_{up}}\left(\frac{\omega}{\omega_0}-\frac{\omega_0}{\omega}\right)} = \frac{QA_{up}}{1+jQ\left(\frac{\omega}{\omega_0}-\frac{\omega_0}{\omega}\right)} \quad (8-9)$$

式中各参数为：$\omega_0=1/RC$，代表中心角频率，$A_{up}=1+\frac{R_f}{R_1}$，A_{up} 为通带增益，$Q=\frac{1}{3A_{up}}$ 相当于谐振回路的品质因数。由式(8-9)可见，当 $\omega=\omega_0$ 时，电压放大倍数达到最大值，此时，$|A_u(j\omega)|=QA_{up}$，而当频率减小或增大时，电压放大倍数都将降低。因此，电路具有"带通"的特性，ω_0 称为中心角频率。$A_{up}<3$ 时，才能稳定工作，否则将出现自激现象，所以应选择 $R_f=(A_{up}-1)R_1<2R_1$。

一般把 $|A_u(j\omega)|$ 下降至 $QA_{up}/\sqrt{2}$ 时所包含的频率范围定义为带通滤波器的通带宽度。将 $|A_u(j\omega)|=QA_{up}/\sqrt{2}$ 代入式(8-9)，可以解得带通滤波器的两个通带截止角频率，则通带宽度为

$$\left.\begin{array}{l} B=(3-A_{up})\omega_0=\omega_0/Q \\ B=(3-A_{up})f_0=f_0/Q \end{array}\right\} \quad (8-10)$$

可见，Q 越大，通带宽度 B 越小，表示电路的频率选择性能越好。

将 $A_{up}=1+\frac{R_f}{R_1}$ 代入式(8-10)可以得出

$$B=(3-A_{up})f_0=\left(2-\frac{R_f}{R_1}\right)f_0 \quad (8-11)$$

由式(8-11)可以看出，这种电路的优点是，改变 R_f 和 R_1 的比例就可改变频宽而不影响中心频率。

8.1.5 有源带阻滤波电路

带阻滤波电路的性能和带通滤波相反，即在规定的频带内，信号不能通过或受很大衰减，而在其余频率范围，信号则能顺利通过。经常用在抗干扰的设备中。

将截止频率为 ω_H 的低通滤波电路和截止频率为 ω_L 的高通滤波电路"并联"起来，就可获得带阻滤波电路，其原理示意如图 8.10(b)所示。$\omega<\omega_H$ 的信号从低通滤波电路中通过，$\omega>\omega_L$ 的信号从高通滤波电路通过，只有 $\omega_H<\omega<\omega_L$ 的信号无法通过，同样，只有 $\omega_H<\omega_L$ 才能组成带阻电路。

有源带阻滤波电路的电路有多种，图 8.11(b)为采用双 T 选频网络的带阻滤波电路。选择参数关系如图 8.11(b)所示，对图 8.11(b)进行分析，可得其输入输出关系为

$$A_u(j\omega)=\frac{U_b}{U_i}=\frac{\left(1-\frac{\omega^2}{\omega_0^2}\right)}{1+2(2-A_{up})\frac{j\omega}{\omega_0}-\left(\frac{\omega}{\omega_0}\right)^2}A_{up} \quad (8-12)$$

式中，$A_{up}=1+R_f/R_1$ 为通带增益，$\omega_0=1/RC$，$\omega=\omega_0$ 时，$A_u=0$，可见电路具有"带阻"特性，ω_0 代表中心角频率。

模拟信号处理电路

利用与前面类似的方法可求得带阻滤波器的阻带宽度为

$$B = 2(2 - A_{up})f_0 \tag{8-13}$$

令

$$Q = f_0/B = \frac{1}{2(2 - A_{up})} \tag{8-14}$$

代入式(8-12)可得

$$A_u(j\omega) = \frac{A_{up}}{1 + j\frac{1}{Q}\frac{\omega\omega_0}{\omega_0^2 - \omega^2}} \tag{8-15}$$

Q值越大,阻带宽度越窄,选频特性越好。这种电路结构简单,便于调节,但滤波性能受元件参数变化影响较大。实现带阻滤波的另外一种方法如图8.12所示。带阻滤波器由带通滤波器和减法运算器组成,只要从输入信号中减去带通滤波器的输出信号,就可得到带阻信号。

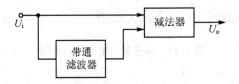

图8.12 带通滤波器和减法器组成的带阻滤波器框图

8.1.6 开关电容滤波器

有源 RC 滤波器的滤波特性取决于 RC 时常数及运放的性能。如果要求时常数很大,势必要在芯片上制作大电容和大电阻,全集成化很难做到,甚至是不可能的。这也是制约通信设备全集成化的因素之一。人们寻求一种能够实现滤波器全集成化的途径,开关电容滤波器(SCF)因此应运而生。它是基于电容器电荷存储和转移原理,由受时钟控制的 MOS 开关、MOS 电容和 MOS 运放组成的网络。它没有电阻,而用开关和电容代替电阻的功能。

开关电容滤波器已于1975年实现了单片集成化,这种滤波器结构简单、性价比高,经过30多年的发展,开关电容滤波器的性能已达到相当高的水平,出现了各具特点的众多型号。开关电容滤波器是一种时间离散、幅度连续的取样数据处理系统,在信号产生、放大、调制、A/D和D/A中有着广泛的应用。

1. 开关电容模拟电阻

如图8.13(a)所示,电路两节点间接有带高速开口的电容器,它可以等效为一个电阻。V_1和V_2是具有对称性的增强型 MOS 场效应管,作为开关使用,分别受如图8.13(b)所示的两相不重叠时钟φ_1和φ_2控制(注意V_1和V_2用的是简化符号),C是接地电容。当φ_1为高电平、φ_2为低电平时,V_1导通,V_2截止,u_1对C充电,其存储的电荷Q_{c1}为

$$Q_{c1} = Cu_1$$

而当φ_1为低电平而φ_2为高电平时,V_1截止,V_2导通,C转接到u_2端,那么C存储的电荷Q_{c2}变为

$$Q_{c2} = Cu_2$$

在时钟的一个周期T_c内,电容C存储的电荷由Q_{c1}变为Q_{c2},则意味着流过的等效电流为

$$i = \frac{Q_{c1} - Q_{c2}}{T_c} = \frac{C(u_1 - u_2)}{T_c} = \frac{u_1 - u_2}{\frac{T_c}{C}} = \frac{u_1 - u_2}{R_{eq}}$$

其中,$R_{eq} = \frac{T_c}{C} = \frac{1}{Cf_c}$ 就是由开关和电容组成的等效模拟电阻,如图 8.13(c)所示。它不仅与电容值有关,而且与时钟频率 f_c 成反比。可见,不仅可用电容和开关代替电阻,且可通过 f_c 来控制 R 的大小。

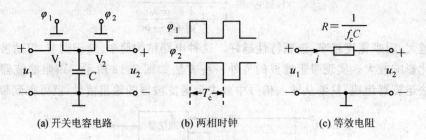

(a) 开关电容电路　　　　(b) 两相时钟　　　　(c) 等效电阻

图 8.13　用开关和电容代替电阻

2. 开关电容积分器

大家知道,用积分器以及其他电路可以组成滤波器,其中积分器是关键的单元电路,如图 8.14(a)所示。根据开关和电容代替电阻的原理,开关电容积分器电路如图 8.14(b)所示。RC 积分器的时常数为 RC,而开关电容积分器的时常数为

$$\tau = R_{eq} \cdot C_2 = T_c \frac{C_2}{C_1}$$

可见,开关电容积分器的时常数取决于时钟频率 f_c 和电容比(C_2/C_1)。在 MOS 集成工艺中,电容比的精度可以达到很高(0.1%~0.01%),而且通过控制 f_c 可以十分精确地控制时常数。因此,滤波器的精度也很高。

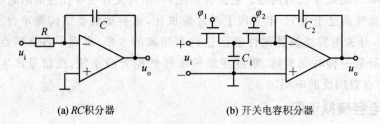

(a) RC 积分器　　　　(b) 开关电容积分器

图 8.14　开关电容积分器

理想 RC 积分器和开关电容积分器的传输函数分别为

$$A(j\omega) = -\frac{1}{j\omega RC}$$

$$A(j\omega) = -\frac{1}{j\omega \frac{C_2}{f_c C_1}}$$

图 8.14(b)开关电容积分器的工作过程为:当 φ_1 为高时,u_i 对 C_1 充电,电荷 $q_1 = U_i C_1$;而当 φ_2 为高时,C_1 被接到运放虚地点,C_1 被强迫放电,而将前个时刻积累的电荷 q_1 全部转移给 C_2,

如图 8.15 所示。

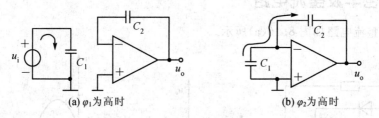

图 8.15 开关电容积分器工作情况

3. 单片集成开关电容滤波器简介

在实际应用中,需要低通、高通、带通和带阻等各种滤波器,对于不同性能、不同阶次的滤波器,其传输特性是不同的,因而具体电路也是多种多样的。但只要利用开关电容等效电阻原理,就可将 RC 有源滤波器转换成开关电容滤波器。具体电路这里不做探讨。

目前,国内外已生产了多种开关电容滤波器,随着 MOS 集成工艺的发展,开关电容滤波器的性能越来越优良,在脉冲调制编码通信、语言信号处理等领域得到了广泛应用。新型开关电容滤波器正朝着高频、宽带、低噪和低功耗方向发展。具体开关电容滤波器的产品型号请参阅有关工具书。

总之,开关电容滤波器的滤波特性决定于电容比和时钟频率,可实现高精度和高稳定性,同时便于集成。目前,开关电容滤波器的各项性能已经达到了很高的水平。

思考题

1. 无源 RC 滤波电路有何缺点?与无源 RC 滤波电路相比有源 RC 滤波电路有何优点?
2. 一阶低通滤波器和两阶低通滤波器频率特性有何区别?
3. 一阶高通滤波器和两阶高通滤波器频率特性有何区别?
4. 对两阶高通或低通滤波器的品质因数 Q 值有何要求,应如何选择通带增益?
5. 用串并联方式组成带通和带阻电路,对低通和高通的截止频率有何要求?
6. 开关电容滤波器有何特点?是如何模拟电阻的?

8.2 精密整流电路

在测控系统中,经常需要把交流信号转化为直流信号,去推动仪表或显示系统工作。将交流电转变为直流电,一般采用二极管整流电路。

但二极管存在死区电压,当输入信号小于阈区电压时,无法实现整流;即使交流电压大于二极管的阈区电压,二极管的非线性也会使输出端的直流电压与输入端的交流电压不成线性关系,信号越小,这种非线性误差越大。这些因素都会造成控制的不可靠和测量的不准确,降低系统性能。

如果把二极管整流与运放相结合,就可以把微弱的交流电转换为单向脉动电,这样的整流电路称为精密整流电路。精密整流电路又分为半波整流电路和全波整流电路,都是有源整流电路。

8.2.1 精密半波整流电路

精密半波整流电路如图 8.16(a)所示。

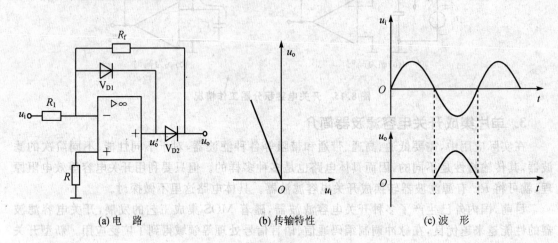

图 8.16 精密半波整流电路

图 8.16 中,二极管 V_{D1} 和 V_{D2} 和反馈电阻 R_f 构成反馈网络。u_i 从反相端输入。当 u_i 为正半周时,u_o' 为负值,由于集成运放的反相端为"虚地"点,V_{D1} 导通,V_{D2} 截止,R_f 中无电流通过,则 $u_o = 0$;当 u_i 为负半周时,u_o' 为正值,V_{D1} 截止,V_{D2} 导通。通过 R_f 的电流为 u_i/R_1,不难得出

$$u_o = -\frac{R_f}{R_1} u_i$$

上式说明,集成运放的输出电压与二极管的阈值电压无关,而与输入电压成比例关系。电压传输特性曲线是通过原点、斜率为 $-R_f/R_1$ 的一条直线,如图 8.16(b)所示。输入、输出波形如图 8.16(c)所示。若 $R_f = R_1$,那么

$$u_o = -u_i$$

由此可知,该电路只在负半周得到线性整流。故称该电路为精密线性半波整流电路。

8.2.2 精密全波整流电路

在半波线性整流电路的基础上,加上一级加法器,就可组成精密全波整流电路,精密全波整流电路如图 8.17(a)所示。图中,运放 A_1 等元件组成半波线性整流电路,运放 A_2 与电阻组成反相输入加法器,加法器的两个输入电压分别为输入电压 u_i、半波线性整流电路的输出电压 u_{o1}'。根据反相求和运算可知,其输出电压为

$$u_o = -\left(\frac{2R}{2R}u_i + \frac{2R}{R}u_{o1}\right) = -(u_i + 2u_{o1}) \qquad (8-16)$$

当输入信号 u_i 为正半周时,A_1 的输出 u_{o1}' 为负,V_{D2} 导通,$u_{o1} = -u_i$,代入式(8-16)得

$$u_o = -(u_i - 2u_i)u_i = -u_i$$

当 u_i 为负半周时,A_1 的输出 u_{o1}' 为正值,V_{D2} 截止,$u_{o1} = 0$,代入式(8-16)得

$$u_o = -u_i$$

全波线性整流电路的输入、输出波形如图 8.17(b)所示。

由此可知,该电路在正负半周都可以得到线性整流。故称该电路为精密线性全波整流电

第 8 章 模拟信号处理电路

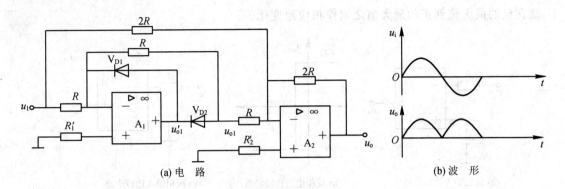

图 8.17 精密全波整流电路

路。总之,精密整流电路的输出波形与二极管参数无关,不但精确,而且有一定的温度稳定性。

思考题

1. 精密整流电路有何特点?
2. 图 8.17 中,R'_1,R'_2 应如何选择?电路输入电阻如何估算?

8.3 信号比较电路

电压比较器的基本功能是比较两个或多个模拟量的大小,并将比较结果由输出状态反映出来。常用于报警、模数转换以及波形变换等场合。

在这种情况下,幅度鉴别的精确性、稳定性以及输出反映的快速性是比较器的主要技术指标。比较器一般由运放组成,集成运放的开环增益越高,则运放传输曲线就越陡,其比较精度就越高;输出反映的快速性与运放的上升速率和增益带宽积有关,所以应该选择上述两项指标都好的通用型运放或专用型运放来组成比较电路。要说明的是,目前已有多种型号的集成比较器可供选用,使用更加方便。

信号的幅度比较时,输入信号是连续变化的模拟量,但要求输出电压只有两种状态:高电平或低电平,所以集成运放通常工作在非线性区。比较器中的运放经常处于开环状态,有时为了使输入输出特性在转换时更加陡直,以提高比较精度,也在电路中引入正反馈。

电压比较实质上是运放的反相端 u_- 和同相端 u_+ 进行比较,根据非线性区特点知:当 $u_-<u_+$ 时,输出正向饱和电压,$U_o=U_{OH}(+U_{om})$;当 $u_->u_+$ 时,输出负向饱和电压,$U_o=U_{OL}(-U_{om})$;当 $u_-=u_+$ 时,$U_{OL}<U_o<U_{OH}$(状态不定),仅此刻同相端和反相端可看成"虚短路"。比较器的类型很多,本节主要讨论常用的单门限比较器、迟滞比较器以及双限比较器。

8.3.1 单限电压比较器

单门限电压比较器的基本电路如图 8.18(a)所示,图中,反相输入端接输入信号 U_i,同相输入端接基准参考电压 U_{REF}(或 U_R)。集成运放处于开环工作状态,工作在非线性区。当 $U_i<U_{REF}$ 时,即 $U_-<U_+$,输出为高电位 $+U_{om}$,当 $U_i>U_{REF}$ 时,即 $U_->U_+$,输出为低电位的 $-U_{om}$。若 U_{REF} 为一恒压,其传输特性如图 8.18(b)所示。

由图 8.18(b)可见,只要输入电压相对于基准电压 U_{REF} 发生微小的正负变化时,输出电压

U_o 就在负的最大值到正的最大值之间作相应地变化。

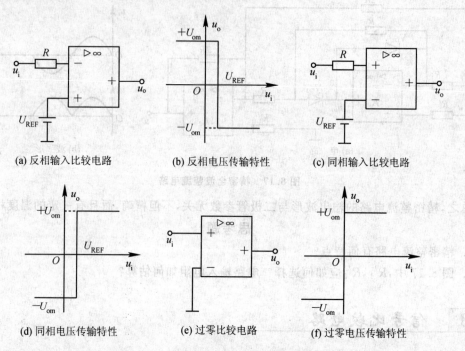

图 8.18 单门限电压比较电路及其电压传输特性

输入信号 U_i 也可从同相输入端接入,只需将 U_i 与 U_{REF} 调换即可,电路如图 8.18(c)所示,其传输特性如图 8.18(d)所示。

由 8.18(b)和(d)可知,输入电压 U_i 的变化经过 U_{REF} 时,输出电压发生翻转,通常把比较器的输出电压从一个平翻转到另一个电平时对应的输入电压值,称为阈值电压,简称阈值;或门限电压,简称门限,用 U_{TH} 表示。

由于上述电路只有一个门限电压,所以称为单限比较器,图 8.18(a)输入信号 U_i 由反相端输入,称为反相输入单限比较器;图 8.18(c)输入信号 U_i 由同相端输入,称为同相输入单限比较器。

如果输入电压过零时,输出电压发生跳变,就称为过零电压比较器,如图 8.18(e)所示,传输特性曲线如图 8.18(f)所示。

比较器也可以用于波形变换。例如,过零电压比较器可以把正弦波转变为方波,如图 8.19 所示。

【例 8.1】 在图 8.18(a)所示的电路中,已知运放的正向输出幅度为 U_{OH},负向输出幅度为 U_{OL},输入电压 u_i 为正弦波,画出 $U_{REF}>0$,$U_{REF}<0$,$U_{REF}=0$ 时的输出电压波形。

解: 由图 8.18(a)求得:$U_{TH}=U_{REF}$,所以,当 $U_{REF}>0$ 时,$U_{TH}>0$;$U_{REF}<0$ 时,$U_{TH}<0$;$U_{REF}=0$ 时,$U_{TH}=0$。3 种情况下的输出电压波形如图 8.20 所示。

由于比较器的两个输出电压分别是集成运放的正、负向输出饱和电压,而比较器往往要驱动数字电路,为了满足数字电路对电平的特殊要求,一般要对输出电压进行限幅。一般采用二极管和稳压管进行限幅,图 8.21 是限制输出幅度的两种连接方法。

图 8.21 中的反并联二极管 V_{D1},V_{D2} 是输入保护电路,当输入电压过大时,V_{D1},V_{D2} 将会导通,从而将运放的输入电压箝位在 $-U_D \sim +U_D$(二极管正向压降)的范围内,起到了保护作用。

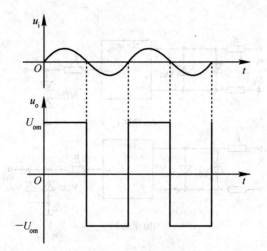

图 8.19 过零电压比较器的波形转换作用

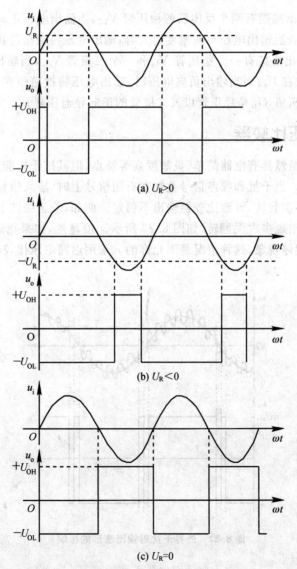

图 8.20 例 8.1 输出波形

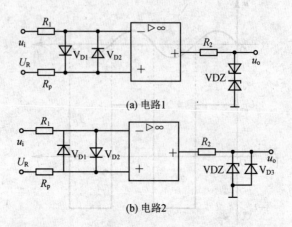

图 8.21　具有输入保护和输出限幅的比较器

图 8.21(a)中,输出端接有两个反串联的稳压管 V_{DZ},当输出电压正向幅度过大时,输出电压将被箝位在 U_z+U_D;当输出电压负向幅度过大时,输出电压将被箝位在 $-(U_z+U_D)$。

图 8.21(b)中,输出端接有一个稳压管 V_{Dz} 和一个二极管 V_{D3},当输出电压正向幅度过大时,输出电压将被箝位在 U_z;而当输出负向电压时,输出电压将被箝位在 $-U_D$。其中,U_z 是稳压管反向击穿时的稳压值,U_D 是稳压管以及二极管的正向导通压降。

8.3.2　迟滞电压比较器

单限电压比较器虽然具有电路简单、灵敏度高等特点,但其抗干扰能力差,在实际应用中,往往存在干扰和噪声。当干扰和噪声信号叠加在有用信号上时,输入信号就会在 U_R 处上下波动,输出电压会出现多次翻转,导致比较器输出不稳定。例如,若正弦波上叠加了高频干扰,过零电压比较器就容易出现多次误翻转,如图 8.22 所示。很显然,如果用这个输出电压去控制电机,将出现频繁的起停现象,这种情况是不允许的。采用迟滞电压比较器可以提高抗干扰能力,消除这种现象。

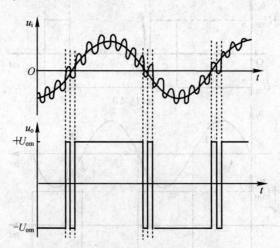

图 8.22　外界干扰对输出波形的影响

模拟信号处理电路

1. 滞回电压比较器的电路组成

滞回电压比较器,顾名思义,它是一个具有迟滞回环的比较器,也就是说它有两个比较门限电平。只要在前面单限比较器中引入正反馈,就可以实现迟滞特性,构成滞回电压比较器。

滞回电压比较器的输入信号,可以从同相端输入,也可以从反相端输入,因此,滞回电压比较器有反相和同相两种电路形式。反相输入方式的电路组成,如图 8.23(a)所示,图 8.23(b)为反相传输特性曲线;同相输入方式的电路组成,如图 8.24(a)所示,图 8.24(b)为同相传输特性曲线。可以看出两种电路形式都通过电阻 R_3 引入了正反馈。

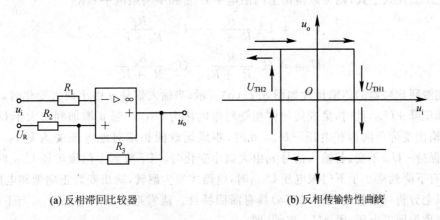

(a) 反相滞回比较器　　　　　　(b) 反相传输特性曲线

图 8.23　反相滞回比较器

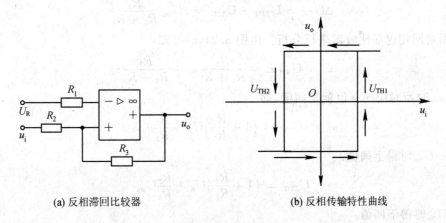

(a) 反相滞回比较器　　　　　　(b) 反相传输特性曲线

图 8.24　同相滞回比较器

2. 传输特性和回差电压

首先对反相迟滞比较器进行分析。由于图 8.23(a)中引入了正反馈,因此集成运放工作在非线性区,那么它的输出只有两种状态:正向饱和电压 $+U_{om}$ 和负向饱和电压 $-U_{om}$。由图 8.23(a)可知集成运放的同相端电压 u_+ 是由输出电压和参考电压共同叠加而成,因此集成运放的同相端电压 u_+ 也有两个。当然,当输出电压在 $+U_{om}$ 和 $-U_{om}$ 之间转换瞬间所对应的输入电压 u_i 值也有两个,一般把数值大的叫上门限电平,用 U_{TH1} 表示,把数值小的叫下门限电平,用 U_{TH2} 表示。

由于运放处于正反馈状态,在绝大多数情况下,输出与输入都是非线性关系,只有在输出端电压发生跳变瞬间,才可认为 $u_+ \approx u_-$。$u_+ \approx u_-$ 是输出电压转换的临界条件。

根据叠加定理,由图 8.23(a)可得出

$$u_i = u_+ = U_R \frac{R_3}{R_3 + R_2} + U_o \frac{R_2}{R_2 + R_3} \qquad (8-17)$$

上式决定的值实际上就是门限电压,即

$$U_{TH} = U_R \frac{R_3}{R_3 + R_2} + \frac{U_o R_2}{R_2 + R_3} \qquad (8-18)$$

将 $U_o = \pm U_{om}$ 代入上式,则可以得出上门限电平 U_{TH1} 和下门限电平 U_{TH2}

$$U_{TH1} = U_R \frac{R_3}{R_3 + R_2} + U_{om} \frac{R_2}{R_2 + R_3} \qquad (8-19)$$

$$U_{TH2} = U_R \frac{R_3}{R_3 + R_2} - U_{om} \frac{R_2}{R_2 + R_3} \qquad (8-20)$$

反相滞回比较器的传输特性如图 8.23(b)所示,当输入信号 u_i 由小向大变化时,电路输出为正饱和压降 $+U_{om}$,此时,集成运放同相端对地电压为 U_{TH1}。当 u_i 增加到略大于 U_{TH1} 时,电路翻转,输出变为负向饱和电压 $-U_{om}$,此时,集成运放同相端对地电压变为 U_{TH2},u_i 继续增加,输出保持 $-U_{om}$ 不变;若输入信号 u_i 由大向小变化时,当下降到上门限电压 U_{TH1} 时,输出不变化,只有下降到略小于下门限电压 U_{TH2} 时,电路才发生翻转,输出变为正向饱和电压 U_{om}。

由以上分析可以看出,图 8.23(a)具有滞回特性。通常把上门限电压 U_{TH1} 与下门限电压 U_{TH2} 之差称为回差电压,用 ΔU_{TH} 表示,即

$$\Delta U_{TH} = U_{TH1} - U_{TH2} = 2U_{om} \frac{R_2}{R_2 + R_3} \qquad (8-21)$$

下面对同相迟滞比较器进行分析。由图 8.24(a)可知,

$$u_- = U_R, \quad u_+ = \frac{R_2}{R_2 + R_3} u_o + \frac{R_3}{R_2 + R_3} u_i$$

当 $u_+ \approx u_-$ 时所对应的 u_i 值就是阈值,即

$$U_{TH} = \left(1 + \frac{R_2}{R_3}\right) U_R - \frac{R_2}{R_3} u_o$$

当 $U_o = -U_{om}$ 时得上阈值:

$$U_{TH1} = \left(1 + \frac{R_2}{R_3}\right) U_R + \frac{R_2}{R_3} U_{om} \qquad (8-22)$$

当 $U_o = U_{om}$ 时得下阈值:

$$U_{TH2} = \left(1 + \frac{R_2}{R_3}\right) U_R - \frac{R_2}{R_3} U_{om} \qquad (8-23)$$

同样可得回差电压 ΔU_{TH},$\Delta U_{TH} = U_{TH1} - U_{TH2} = 2U_{om} R_2/R_3$,同相滞回比较器的传输特性如图 8.24(b)所示。

由以上分析可以看出,回差电压的存在,大大提高了电路的抗干扰能力。只要干扰信号的峰值小于半个回差电压,比较器就不会因为干扰而误动作。但由于门限电压随输出电压而变化,其灵敏度略低一些。

实际中的比较器有很多种接法,下面举例说明。

【例 8.2】 指出图 8.25 中各电路属于何种类型的比较器,并画出相应的传输特性。设集成运放输出幅度为 ± 12 V,各稳压管的稳压值 $U_z = 6$ V,V_{Dz} 和 V_D 的正向导通压降 $U_D =$

模拟信号处理电路

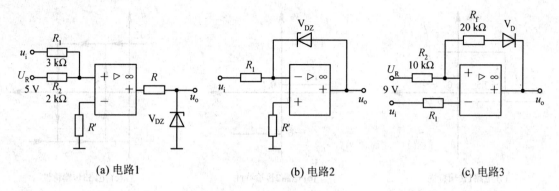

(a) 电路1　　　　　(b) 电路2　　　　　(c) 电路3

图 8.25　例 8.2 电路图

0.7 V。

解： 根据阈值的定义，要求解 U_{TH} 时，应当在 $u_+ \approx u_-$ 的时刻进行。这里 $u_+ \approx u_-$ 是指二者相等，而不是指"+"端与"−"端之间虚短路。

对于图 8.25(a)，因为 $i_+ = i_- \approx 0$，所以可利用叠加原理求得

$$u_+ = \frac{R_2}{R_1+R_2}u_i + \frac{R_1}{R_1+R_2}U_R$$

比较瞬间有 $u_+ = u_- = 0$，所以，可以得出

$$\frac{R_2}{R_1+R_2}u_i + \frac{R_1}{R_1+R_2}U_R = 0$$

解上式可得门限电平

$$U_{TH} = u_i\big|_{u_+=u_-} = -\frac{R_1}{R_2}U_R = -7.5 \text{ V}$$

该比较器输出高电平时，稳压管反向击穿，输出高电平 $U_{OH} = U_z = 6$ V，输出低电平时，稳压管正向导通，相当于一个二极管，输出低电平被箝位在 $U_{OL} = -U_D = -0.7$ V。

图 8.25(a) 是一个具有限制输出幅度的同相单电压比较器，其电压传输特性如图 8.26(a) 所示。

对于图 8.25(b)，比较瞬间有 $u_+ = u_- = 0$，在 $u_+ = u_- = 0$ 时，稳压管 V_{DZ} 必定截止，可视之为开路，因此，应当在 V_{DZ} 开路的情况下，求解图 8.25(b) 的 U_{TH}。此时

$$u_- = u_i, u_+ = i_+ R' \approx 0$$

因而有

$$U_{TH} = u_i\big|_{u_+=u_-} = 0$$

所以该电路是过零比较器。

当 $u_i \neq 0$ 时，稳压管 V_{DZ} 不是反向击穿，就是正向导通。在这两种情况下，V_{DZ} 的等效电阻都不大，因而可以对运放产生很强的负反馈。所以该比较器中的运放是工作在线性区，其"−"端是虚地。由此可以求得，该比较器输出的高电平 U_{OH} 及低电平 U_{OL} 分别为 $U_{OH} = U_D = 0.7$ V, $U_{OL} = -U_z = -6$ V。

按照求得的 U_{TH}, U_{OH} 和 U_{OH} 即可画出其传输特性，如图 8.26(b) 所示。本例说明，比较器中的运放并非全都工作在非线性区，有些比较器中的运放是工作在线性区。

图 8.25(c) 是反相滞回比较器。当 u_i 较低，以致使 $u_- < u_+$ 时，输出电压 $u_O = 12$ V，而

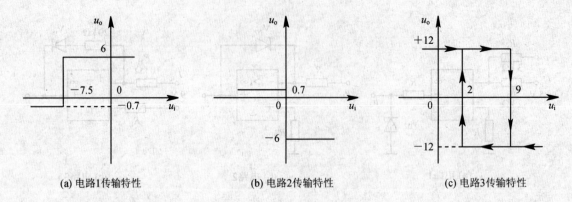

图 8.26 例 8.2 的传输特性

$U_R = 9$ V，由电路可以看出，此时二极管 V_D 必定截止，可视之为开路。在此情况下，运放相当于开环工作，由此求得上阈值为

$$U_{TH1} = U_R = 9 \text{ V}$$

当 u_i 较高，以致使 $u_- > u_+$ 时，输出电压 $u_o = -12$ V，而 $U_R = 9$ V，此时二极管必定导通，可视之为短路，由此求得下阈值为

$$U_{TH2} = \frac{R_f}{R_2 + R_f} U_R - \frac{R_2}{R_2 + R_f} U_{om} = 2 \text{ V}$$

按照求得的 U_{TH1}，U_{TH2}，U_{OH} 和 U_{OL}，再根据滞回比较器的工作原理，即可画出其传输特性，如图 8.26(c)所示。

【例 8.3】 滞回比较器如图 8.24(a)所示，其上、下阈值及输入波形如图 8.27(a)所示，其中虚线三角波是未受干扰时的输入波形，实线是受干扰后的输入波形，请画出受干扰后的输出电压波形。

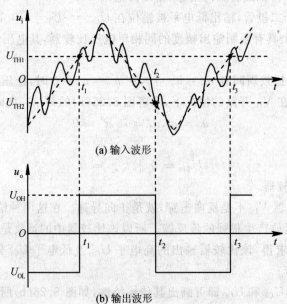

图 8.27 例 8.4 的传输特性

模拟信号处理电路

第 8 章

解: 图 8.24(a)是同相滞回比较器,根据其传输特性可知,当其输出低电平时,只有在输入电压高于上阈值后,输出才能跳变成高电平;反之,当其输出高电平时,只有在输入电压低于下阈值后,输出才能跳变成低电平。

根据以上分析,可以画出输出波形如图 8.27(b)所示。本例说明,迟滞比较器具有很强的抗干扰能力。

8.3.3 双限比较器

前面提到的比较电路,当输入电压单方向变化时,输出电压只变化一次,即由低变高或由高变低,因此,只能检测一个电平。如果要判断输入电压是否在两个参考电平之间,就要采用双限比较电路,又称为窗口比较器。窗口比较器的功能是用来检测由两个门限所决定的"电压窗口"以内的信号。当信号电压落在窗口内时,输出为高电平或低电平;当信号电压落在窗口外时,输出为相反电平。

实现双限比较的具体电路很多,图 8.28(a)是由两个单限比较器以及二极管构成的窗口比较器。其中,单限比较器可以由集成电压比较器构成,也可以由运放构成,由于比较器对速度和灵敏度要求较高,一般应选择专用集成运放。

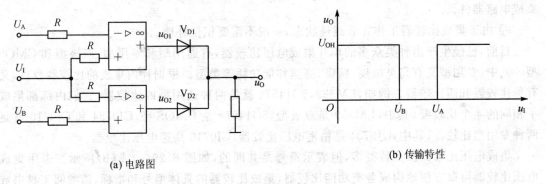

(a) 电路图   (b) 传输特性

图 8.28 双限比较器

图 8.28(a)电路中,输入电压 u_I 分别接两个运放的同相端和反相端,参考电压 U_A 接上面运放的反相端,参考电压 U_B 接下面运放的同相端。当 $u_I > U_A$ 时,u_{O1} 为高电平,V_{D1} 导通;u_{O2} 为低电平,V_{D2} 截止,即 $u_O = u_{O1} = U_{OH}$。

当 $u_I < U_B$ 时,u_{O1} 为低电平,V_{D1} 截止;u_{O2} 为高电平,V_{D2} 导通,即 $u_O = u_{O2} = U_{OH}$。

当 $U_B < u_I < U_A$ 时,$u_{O1} = u_{O2} = U_{OL}$,二极管 V_{D1}、V_{D2} 均截止,$u_O = 0$ V,其传输特性如图 8.28(b)所示,其中,U_{OH} 取决于集成运放或集成比较器的参数。显然,上面两个参考电压必须满足 $U_A > U_B$,否则无法完成上述功能。

8.3.4 单片集成比较器

前面所探讨的各种功能的比较器都是由运放构成的。但是,运放在设计时,更关心的是线性传输放大和工作稳定问题,相对来说工作速度较慢,并且输出电平通常比较高,常需要加限幅措施;而比较器则主要考虑灵敏度误差(即比较误差)、转换速率以及输出电平能否与数字逻辑电平兼容等问题。为此,人们设计了各种类型的集成比较器,集成比较器能更好地适应模/数电压信号之间转换的需要。

集成电压比较器内部电路的结构和工作原理与集成运算放大器十分相似。集成电压比较器的内部电路，其输入级通常是一个差动放大电路，但输出级的电平能与数字电路兼容，中间级应提供足够大的电压增益，并具有电平移动以及双单端转换等功能。为达到提高比较精度和响应速度的要求，在电路中采取了多种技术措施。集成电压比较器应具有以下特点。

① 应具有较高的开环差模增益，开环差模增益越高，比较器的灵敏度越高。

② 应具有较高的响应速度。一般集成电压比较器的响应速度比同等价格集成运放构成的比较器的响应速度要快。比较器的一项重要指标是响应时间，其含义是，当输入端加上一个阶跃电压时，输出电压从逻辑低电平变为逻辑高电平所需的时间。为了提供较大的上升速率，集成比较器输入级工作电流比一般的集成运放要大，故输入电阻较低。

③ 应用较高的共模抑制比，并且允许输入较高的共模电压。因为在很多情况下，加在比较器两个输入端的模拟输入电压和参考电压比较高，因此，比较器将承受较高的共模输入电压，如果共模抑制比不够高，将会影响比较器的精度。

④ 要求失调电压、失调电流以及它们的温漂比较低。如果失调电压、失调电流较大，将影响比较器的精度；如果温漂较大，将影响比较器的稳定性。

⑤ 集成电压比较器输出电压的高低电平能与数字电路相匹配，可直接驱动 TTL 等数字集成电路器件。

⑥ 由于集成比较器工作在非线性状态，一般不需要相位补偿。

目前，已经生产出种类众多的单片集成电压比较器，有通用型和专用型；双极型和 CMOS 型。其中，专用型又有高灵敏度、精密、高速和低功耗等类型。根据片内集成的比较器数目，又有单比较器和四比较器。例如，LM339，5G14574 就是两种通用型四比较器，它们内部都集成了相同的 4 个比较器，其中，LM339 是双极型，5G14574 是 CMOS 型；CJ0734 和 CJ0710 就是两种专用型比较器，其中，CJ0734 是精密电压比较器，CJ0710 高速电压比较器。

集成电压比较器虽然种类多，但表示符号是共同的，如图 8.29(a) 或 (b) 所示。采用集成电压比较器可以方便地构成各类功能比较器，集成比较器的具体型号和指标，请参阅工具书或有关资料。

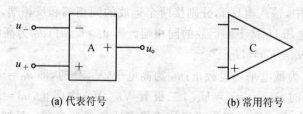

(a) 代表符号　　　　　　　(b) 常用符号

图 8.29　集成电压比较器两种代表符号

思考题

1. 构成电压比较器时，运放一般工作在什么区域？有何特点？
2. 单限比较器有何特点？
3. 迟滞比较器有何特点？

本章小结

本章介绍3种常用的模拟信号处理电路,它们是有源滤波器、有源整流以及电压比较器。

① 滤波器实际上是选频电路,根据工作信号的频率范围可分为低通、高通、带通和带阻4大类。

② 无源 RC 滤波性能较差,无源 RC 滤波和运放组合起来可构成有源滤波器。其中 RC 元件的参数取值决定着低通或高通滤波器的通带截止频率以及带通或带阻滤波器的中心频率,表达式均为 $f_0=1/2\pi RC$。

在有源滤波器中,集成运放的作用是提高通带电压放大倍数和带负载能力。由于要求它起放大作用,因此,必须工作在线性区,为此,常引入深度负反馈。

③ 有源滤波器有一阶和多阶之分,为了改善滤波特性,可以将两级或多级的 RC 电路串联,组成二阶或更高阶的滤波器。在二阶有源低通或高通滤波器中,常常在滤波器的输出端至两级 RC 电路之间引回一个反馈,此反馈对有用信号是正反馈,对不需要信号是负反馈,从而改善了滤波器的对数幅频特性,使之更接近于理想特性。

④ 带通和带阻电路可以由低通和高通电路串并联组成,但要注意对它们的通带截止频率的要求。带阻滤波器也可以由带通滤波器和减法器组成。

⑤ 开关电容滤波器实质上也是一种有源滤波,只不过它采用 MOS 开关和电容模拟电阻,使得集成更加方便,目前已经出现了多种性能优良的集成开关电容滤波器。

⑥ 精密整流电路由集成运放和二极管构成,精密整流电路的输出波形与二极管参数无关,不但精确,而且有一定的温度稳定性。

⑦ 电压比较器的输入信号是连续变化的模拟信号,输出信号只有高电平或低电平两种状态,常认为是模拟电路和数字电路的接口。电压比较器中的集成运放通常工作在非线性区,运放一般处于开环或闭环正反馈状态。

⑧ 常用的比较器有过零比较器、单限比较器、迟滞比较器以及双限比较器等。单限比较器只有一个门限电平,门限电平等于零的单限比较器就是过零比较器;迟滞比较器具有迟滞形状的传输特性,两个门限电平之差称为回差,迟滞比较器具有较强的抗干扰能力;双限比较器有两个门限电平,传输特性呈窗孔状,故又称窗孔比较器。

⑨ 电压比较器广泛用于自动控制和测量系统中,用以实现越限报警、模数转换以及各种波型的产生和变换等。

⑩ 各种类型的比较器可以由运放组成,也可以选用专用的电压比较器。相比之下,选用专用的电压比较器价格较为低廉,使用更加方便,并且其输出电平一般与数字电路的逻辑电平兼容,而无需外加限幅电路。

习 题

题 8.1 试从以下几方面对有源滤波器和电压比较器这两种信号处理电路进行比较:
(1) 电路中的集成运放工作在哪个区域?
(2) 集成运放是作为开关器件还是作为放大器件?

(3) 电路中是否引入反馈以及反馈的极性。

题 8.2　在如图 8.17 所示的全波线性整流电路中，若需对整流输出电压扩大 3 倍，应如何调整参数？

题 8.3　在下列各种情况下，应分别采用哪种类型（低通、高通、带通、带阻）的滤波电路？
(1) 抑制 50 Hz 交流电源的干扰；
(2) 从输入信号中取出高于 2 kHz 的信号；
(3) 抑制频率为 100 kHz 以上的高频干扰；
(4) 有效信号为 20 Hz 至 20 kHz 的音频信号，消除其他频率的干扰和噪声。

题 8.4　分别推导出图 8.30 所示各电路的增益函数，并说明它们属于哪种类型的滤波电路。

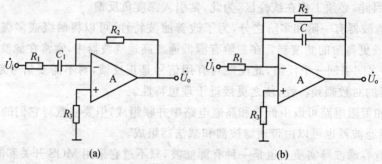

图 8.30　题 8.4 图

题 8.5　根据图 8.31 所示电路，试回答：
(1) 电路为何种类型的滤波器？
(2) 求通带电压放大倍数 A_{up}；
(3) 电路的 Q 值是多少？
(4) $f = f_0$ 时的电压放大倍数是多少？

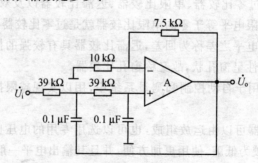

图 8.31　题 8.5 图

题 8.6　试说明图 8.32 所示各电路属于哪种类型的滤波电路，是几阶滤波电路。

题 8.7　在图 8.9 所示的二阶有源高通滤波器中，设 $R = R_1 = R_f = 10$ kΩ, $C = 0.1$ μF，试估算通带截止频率和通带电压放大倍数，并示意画出滤波电路的对数幅频特性。

题 8.8　图 8.33 所示是一个一阶全通滤波器或称为移相器。全通滤波器对频率并没有选择性，人们主要利用其相位频率特性，作为相位校正电路或相位均衡电路。
(1) 试证明电路的电压增益表达式为

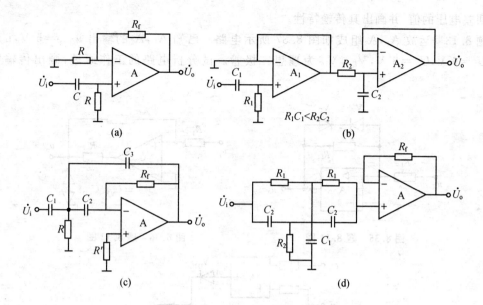

图 8.32 题 8.6 图

$$A_{uf}(j\omega) = \frac{1 - j\omega R_1 C}{1 + j\omega R_1 C}$$

(2) 若将图 8.33 中，R_1 和 C 互换位置，关系式有何变化？

题 8.9　简述开关电容滤波电路的特点。

题 8.10　比较器电路如图 8.34 所示，已知 C 的输出 $u_{omax} = 12$ V，$u_{omin} = 0$ V，稳压二极管稳压值均为 $U_z = 6$ V，稳压管、二极管正向导通电压均为 0 V，$u_R = 0$ V。

(1) 试分析电路的工作原理，画出传输特性曲线；
(2) 若 $u_i = 10\sin\omega t$，画出输出波形，要求标出特殊值，并且时间对应；
(3) 若将图 8.34 中，u_i 和 u_R 互换位置，情况如何？

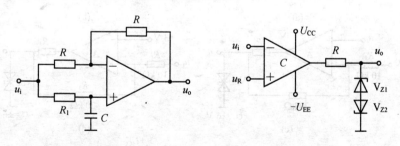

图 8.33　题 8.8 图　　　　图 8.34　题 8.10 图

题 8.11　由运放 A 和稳压管、二极管组成的限幅电路，如图 8.35 所示，图中，$R_f = R_1$，运放 A 的输出电压 $u_o = \pm 12$ V，稳压管稳压值为 $U_z = 6$ V，稳压管、二极管正向导通电压均为 0 V。

(1) 假设二极管的反向击穿电压大于运放的最大输出幅度，试分析电路的工作原理；
(2) 当输入电压 $u_i = 10\sin\omega t$，画出输出波形，要求标出特殊值，并且时间对应；
(3) 若 R_f 开路，图 8.35 是何电路？画出其传输特性。

题 8.12　在图 8.36 所示的同相迟滞比较电路中，$R_1 = R_2$，比较器的最大输出电压为 ± 12 V，稳压管稳压值均为 $U_{VZ} = 6$ V，正向导通电压均为 $U_{VD} = 0.7$ V。试估算两个门限电平以及回差电压的值,并画出其传输特性。

题 8.13 运放 A_1,A_2 组成如图 8.37 所示电路。已知 A_1,A_2 的输出 $u_{omax}=5$ V,$u_{omin}=0$ V,$U_1=6$ V,$U_2=3$ V,V_{D1},V_{D2} 为理想二极管。试分析电路的工作原理,画出传输特性曲线。

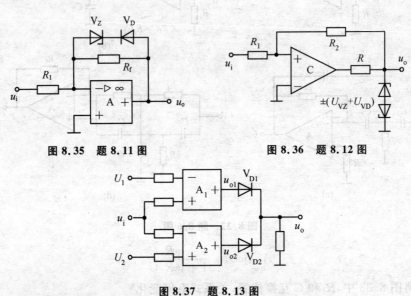

图 8.35 题 8.11 图   图 8.36 题 8.12 图

图 8.37 题 8.13 图

题 8.14 试分别画出图 8.38 所示各电路的电压传输特性曲线。

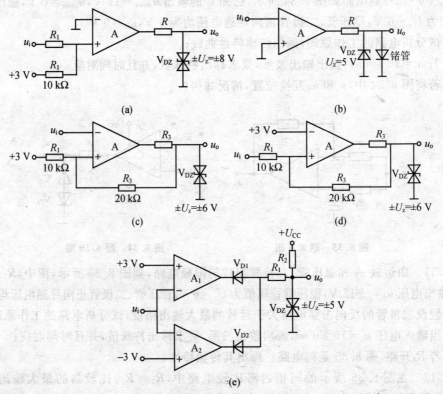

图 8.38 题 8.14 图

模拟信号处理电路
第 8 章

题 8.15 已知 3 个电压比较器的电压传输特性如图 8.39(a),(b),(c)所示,它们的输入电压波形如图 8.39(d),试画出 u_{o1}, u_{o2} 和 u_{o3} 的波形。

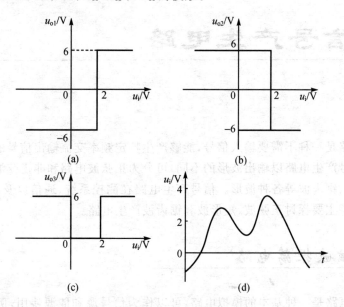

图 8.39 题 8.15 图

题 8.16 在图 8.40(a)~(c)所示电路中,设输入信号 $u_S = 2\sin\omega t$,稳压管 V_{Z1},V_{Z2} 的稳压值均为 4 V,二极管正向压降为 0.7 V,试画出各电路输出电压波形,并指出各电路的特点。

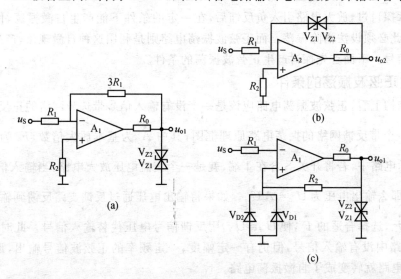

图 8.40 题 8.16 图

第9章 信号产生电路

信号产生电路是一种不需要输入信号,能够产生特定频率交流输出信号的电路,又称为自激振荡电路。信号产生电路以输出波形的不同,可分为正弦波电路和非正弦波电路,它们可产生正弦波、矩形波、锯齿波等各种波形。信号产生电路在测控系统、通信以及工业生产中得到了广泛应用。本章主要探讨正弦波、矩形波和锯齿波产生电路。

9.1 正弦波振荡电路

正弦波振荡电路是一种基本的模拟电路,可以作为信号源和能源使用,例如,在超声波探测、无线通信信号的发送和接收等,都离不开正弦波振荡电路。

9.1.1 正弦波振荡电路概述

在第6章探讨过,放大电路引入负反馈后,在一定的条件下能产生自激振荡,使电路不能正常工作,因此必须设法消除振荡。而正弦波振荡电路则是利用这种自激现象,产生高频或低频的正弦波信号。下面首先探讨产生正弦波振荡的条件。

1. 产生正弦波振荡的条件

从电路结构上看,正弦波振荡电路应该是一个没有输入信号带选频网络的正反馈放大器。图9.1就是一个带反馈网络的振荡电路原理框图,其中 $\dot{A}$ 为基本放大倍数,$\dot{F}$ 为反馈系数。在图9.1所示电路中,若将开关S合在1端,就是一个交流电压放大电路,当输入信号电压 $\dot{U}_i$ 为正弦波时,那么输出电压为 $\dot{U}_o = \dot{A}\dot{U}_i$。如果将输出电压通过反馈支路反馈到输入端,形成反馈电压为 $\dot{U}_f$,选择合适的 $\dot{F}$,使 $\dot{U}_f = \dot{U}_i$,用反馈信号电压代替输入信号。此时,若将开关合在2端,电路中没有输入信号,但仍有一定幅度、一定频率的正弦波信号输出,形成自激振荡,这时放大电路就转变成了自激振荡电路。

由此可见,自激振荡形成的基本条件是反馈信号与输入信号大小相等、相位相同,即 $\dot{U}_f = \dot{U}_i$,而 $\dot{U}_f = \dot{A}\dot{F}\dot{U}_i$,可得自激振荡的条件为

$$\dot{A}\dot{F} = 1 \tag{9-1}$$

式(9-1)包含着两层含义:

① 反馈信号与输入信号大小相等,即

第 9 章　信号产生电路

$$|\dot{A}\dot{F}| = 1 \qquad (9-2)$$

式(9-2)称为幅度平衡条件。

② 反馈信号与输入信号相位相同,表示输入信号经过放大电路产生的相移 φ_A 和反馈网络的相移 φ_F 之和为 $0, 2\pi, 4\pi, \cdots, 2n\pi$,即

$$\varphi_A + \varphi_F = \pm 2n\pi \qquad (n = 0, 1, 2, 3, \cdots) \qquad (9-3)$$

式(9-3)称为相位平衡条件。相位条件是产生振荡的首要条件,只有接成正反馈才能满足相位条件。

2. 正弦波振荡的的建立及稳幅问题

实际振荡电路,一般没有外加输入信号,那么,电路接通电源后是如何产生自激振荡的呢?这是由于在电路中存在着各种电的扰动(如接通电源时的瞬变过程、无线电干扰、工业干扰及各种噪声等),在放大器的输入端产生一个微弱的扰动电压 u_i。这个扰动电压包括从低频到甚高频的各种频率的谐波成分。如果电路本身具有选频、放大及正反馈能力,电路会自动从扰动信号中选出适当的振荡频率分量,经放大器放大、正反馈,再放大、再反馈……,如此反复循环,从而使微弱的振荡信号不断增大,输出信号的幅度很快增加,自激振荡就逐步建立起来。

为了能得到所需要频率的正弦波信号,必须增加选频网络,只有在选频网络中心频率上的信号能通过,其他频率的信号被抑制,在输出端就会得到如图 9.2 的 ab 段所示的起振波形。

那么,振荡电路在起振以后,振荡幅度会不会无休止地增长下去呢?由于基本放大电路中三极管本身的非线性或反馈支路自身输出与输入关系的非线性,当振荡幅度增大到一定程度时,$\dot{A}$ 或 $\dot{F}$ 便会降低,使 $|\dot{A}\dot{F}| > 1$ 自动转变成 $|\dot{A}\dot{F}| = 1$,振荡电路就会稳定在某一振荡幅度,如图 9.2 的 bc 段所示。实际电路中,为了进一步减小失真,稳定波形幅度,一般加有稳幅环节,当振荡电路的输出达到一定幅度后,稳幅环节就会使输出减小,维持一个相对稳定的稳幅振荡。稳幅环节中,一般采用负反馈或或温度元件。

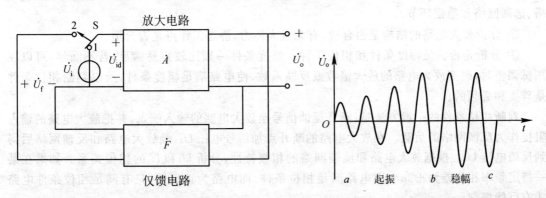

图 9.1　振荡电路的原理方框图　　　　图 9.2　自激振荡的起振和稳定

也就是说,在振荡建立的初期,必须使反馈信号大于原输入信号,反馈信号一次比一次大,才能使振荡幅度逐渐增大;当振荡建立后,还必须使反馈信号等于原输入信号,才能使建立的振荡得以维持下去。由上述分析可知,起振条件应为

$$|\dot{A}\dot{F}| > 1 \qquad (9-4)$$

式(9-2)仅是稳幅后的幅度平衡条件,仅满足幅度平衡条件是不能起振的。

例如,放大电路的放大倍数 $A=100$,则反馈系数就应为 $F\geqslant 0.01$,这样才能满足振荡的幅值条件。

3. 正弦波振荡电路的组成和分类

从以上分析可知,一个正弦波产生电路一般应包括以下几个基本组成部分:

① 放大电路。放大部分应使电路有足够的电压放大倍数,以满足自激振荡的幅值条件。

② 正反馈网络。它将输出信号以正反馈形式引回到输入端,以满足相位条件。

③ 选频网络。由于电路的扰动信号是非正弦的,它由若干不同频率的正弦波组合而成,因此要想使电路获得单一频率的正弦波,就应有一个选频网络,选出其中一个特定信号,使其满足自激振荡的相位条件和幅值条件,从而产生振荡。选频网络可以在放大电路中,也可以存在反馈电路中。

④ 稳幅环节。一般利用放大电路中三极管本身的非线性,可将输出波形稳定在某一幅值,但若出现振荡波形失真,可采用一些稳幅措施,通常采用适当的负反馈网络来改善波形。

综上所述,一个正弦波振荡电路应当包括放大电路、反馈网络、选频网络和稳幅环节 4 个组成部分。

选频网络可以由 R,C 元件组成,也可以由 L,C 元件以及石英晶体组成,根据选频网络组成元件的不同,正弦波振荡电路通常分为 RC 振荡电路,LC 振荡电路和石英晶体振荡电路。RC 振荡电路一般用来产生几赫兹到数十兆赫兹的低频信号,而 LC 振荡电路和石英晶体振荡电路则主要用于产生数十兆赫兹以上的高频信号,石英晶体振荡电路的温度稳定性更好。

4. 正弦波振荡电路的分析方法

通常采用下面的步骤对正弦波振荡电路进行分析。

(1) 判断能否产生正弦波振荡

首先判断能否产生正弦波振荡,判断能否振荡的一般方法是:

① 检查电路是否具备正弦波振荡电路的 4 个组成部分,即是否具有放大电路、正反馈网络、选频网络和稳幅环节。

② 分析放大电路的结构是否合理,有无放大能力,静态工作点是否合适。

③ 分析是否满足幅度条件和相位条件。幅度条件一般比较容易满足,若不满足,可以在测试调整时,改变放大电路的放大倍数或反馈系数,使电路满足幅度条件,所以判断相位条件是首要和必须的。

判断相位条件的一般方法是:断开反馈信号至放大电路的输入端点,并把放大电路的输入阻抗作为反馈网络的负载。在放大电路的断开点加信号电压 U_i,经放大电路和反馈网络后得到反馈电压 U_f。根据放大电路和反馈网络的相频特性,分析 U_f 和 U_i 的相位关系。如果在某一特定频率相位差为 $\pm 2n\pi$,则电路满足相位条件,即电路为正反馈,只有满足相位条件电路才有可能振荡。

判断幅度条件的一般方法是,估算 $|\dot{A}\dot{F}|$。若 $|\dot{A}\dot{F}|\leqslant 1$,则不可能振荡;若 $|\dot{A}\dot{F}|>1$,产生振荡,振荡稳定后 $|\dot{A}\dot{F}|=1$。再加上稳幅措施,振荡稳定,而且输出波形失真小;若 $|\dot{A}\dot{F}|\gg 1$,能振荡,但输出波形明显失真。

(2) 计算振荡频率和起振条件

判断能产生正弦波振荡以后,就要计算振荡频率和起振条件。振荡频率由相位条件决定,

信号产生电路

而起振条件可由幅度条件的关系式求得。为了计算振荡频率,需要画出断开反馈信号至放大电路的输入端点后的交流等效电路,写出回路增益 AF 的表示式。令 $\varphi_A + \varphi_F = \pm 2n\pi$,可求得满足该条件的频率 f_0,f_0 即为振荡频率;然后令 $f=f_0$ 时的 $|AF|>1$,即得起振条件。下面结合具体电路进行分析。

9.1.2 RC 正弦波振荡电路

RC 正弦波振荡电路结构简单,性能可靠。RC 振荡器一般工作在低频范围内,它的振荡频率约为 20 Hz~200 kHz,常用的 RC 振荡电路有 RC 桥式振荡电路和移相式振荡电路。本节重点介绍 RC 桥式振荡电路。

1. RC 串并联网络的选频特性

RC 串并联网络由 R_2 和 C_2 并联后与 R_1 和 C_1 串联组成,如图 9.3(a)所示。输入电压 $\dot{U}_i$ 加在串并联网络的两端,输出电压 $\dot{U}_2$ 从并联网络取出。将输出电压和输入电压之比作为 RC 串并联网络的传输系数,记为 $\dot{F}$,可以进行如下分析。

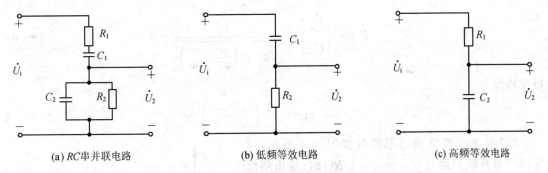

(a) RC 串并联电路　　　　(b) 低频等效电路　　　　(c) 高频等效电路

图 9.3　RC 串并联网络及其高低频等效电路

首先对图 9.3(a)进行定性分析,以使大家对其频率特性有一个基本的了解。图 9.3(a)中,当信号频率足够低时,$\frac{1}{\omega C_1} \gg R_1$,$\frac{1}{\omega C_2} \gg R_2$,可得到近似的低频等效电路,如图 9.3(b)所示。图 9.3(b)是一个超前网络,输出电压 $\dot{U}$ 相位超前输入电压 $\dot{U}_i$;当信号频率足够高时,$\frac{1}{\omega C_1} \ll R_1$,$\frac{1}{\omega C_2} \ll R_2$,其近似的高频等效电路如图 9.3(c)所示。图 9.3(c)是一个滞后网络,输出电压 $\dot{U}_2$ 相位落后输入电压 $\dot{U}_i$。

因此可以断定,在高频与低频之间存在一个频率 f_0,其相位关系既不是超前也不是落后,输出电压 $\dot{U}_2$ 与输入电压 $\dot{U}_i$ 相位一致。这就是 RC 串并联网络的选频特性。

下面进行定量计算,由图 9.3(a)可得

$$\dot{F} = \frac{\dot{U}_2}{\dot{U}_i} = \frac{R_2 \ // \ \frac{1}{j\omega C_2}}{\left(R_1 + \frac{1}{j\omega C_1}\right) + R_2 \ // \ \frac{1}{j\omega C_2}} =$$

$$\frac{\dfrac{R_2}{1+j\omega R_2 C_2}}{R_1 + \dfrac{1}{j\omega C_1} + \dfrac{R_2}{1+j\omega R_2 C_2}}$$

将上式整理后可得

$$\dot{F} = \frac{\dot{U}_2}{\dot{U}_1} = \frac{1}{\left(1+\dfrac{C_2}{C_1}+\dfrac{R_1}{R_2}\right)+j\left(\omega R_1 C_2 - \dfrac{1}{\omega R_2 C_1}\right)}$$

实际电路中，通常取 $R_1=R_2=R$，$C_1=C_2=C$，则

$$\dot{F} = \frac{\dot{U}_2}{\dot{U}_1} = \frac{1}{3+j\left(\dfrac{\omega}{\omega_0}-\dfrac{\omega_0}{\omega}\right)} \qquad (9-5)$$

其中 $\omega_0 = 1/RC$，即 $f_0 = 1/2\pi RC$。

式(9-5)所代表的幅频特性为

$$|\dot{F}| = \left|\frac{\dot{U}_2}{\dot{U}_1}\right| = \frac{1}{\sqrt{3^2+\left(\dfrac{\omega}{\omega_0}-\dfrac{\omega_0}{\omega}\right)^2}} \qquad (9-6)$$

相频特性为

$$\varphi = -\arctan\frac{1}{3}\left(\frac{\omega}{\omega_0}-\frac{\omega_0}{\omega}\right) \qquad (9-7)$$

RC 串并联网络的频率特性如图 9.4 所示，可见，RC 串并联网络只在 $\omega=\omega_0=1/RC$ 时，输出幅度最大，且输入电压与输出电压同相，即相移 $\varphi=0$。所以，RC 串并联网络具有选频特性。

2. RC 串并联网络正弦波振荡电路

由 RC 串并联网络的选频特性得知，在 $\omega=\omega_0=1/RC$ 时，其相移 $\varphi_F=0$，为了使振荡电路满足相位条件

$$\varphi_{AF} = \varphi_A + \varphi_F = \pm 2n\pi$$

要求放大器的相移 φ_A 也应为 $0°$（或 $360°$）。所以，放大电路可选用同相输入方式的集成运算放大器或两级共射分立元件放大电路等。

RC 串并联网络正弦波振荡电路如图 9.5 所示。图中，R_1，R_f 构成负反馈支路和集成运放组成一个同相输入比例运算放大电路；RC 串并联网络既是选频网络，又是正反馈网络。其中，RC 串并联网络与负反馈支路 R_1，R_f 相对构成电桥，因此，又称为 RC 桥式振荡电路。

同相输入比例运算放大电路的输出电压 u_0 作为

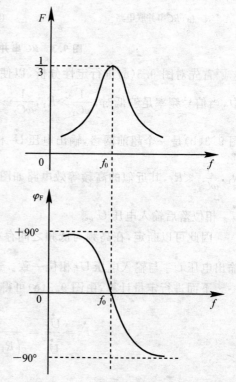

图 9.4 RC 串并联网络的频率特性

RC 串并联网络的输入电压,而将 RC 串并联网络的输出电压作为放大电路的输入电压,图 9.5 所示的反馈系数就是 RC 串并联网络的传输系数。当 $f=f_0$ 时,RC 串并联网络的相位移为零,放大器是同相放大器,电路的总相位移是零,满足相位平衡条件,而对于其他频率的信号,RC 串并联网络的相位移不为零,不满足相位平衡条件。因此,该电路振荡频率为 f_0,从而保证了电路输出为单一频率的正弦波。

为了使电路能振荡,还应满足起振条件,根据式 (9-4)起振条件以及同相比例放大系数 $A_u=1+R_f/R_1$ 可以计算此电路的起振条件。

由于 RC 串并联网络在 $f=f_0$ 时的传输系数 $F=1/3$,因此要求放大器的总电压增益 A_u 应大于 3,即 $1+R_f/R_1>3$,可得起振条件为 $R_f>2R_1$。这对于集成运放组成的同相放大器来说是很容易满足的。但是 R_f 选择过大会造成严重失真,一般选择大于约等于 $2R_1$。

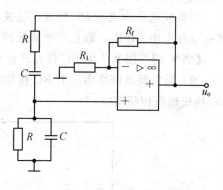

图 9.5 RC 串并联网络正弦波振荡电路

振荡电路的振幅平衡条件是 $AF=1$,当调整 R_f 或 R_1 时,总可以使输出电压达到或接近正弦波。然而,由于温度、电源电压或元件参数的变化,将会破坏幅度平衡条件,使振幅发生变化。当 AF 增加时,输出幅度增大,将使输出电压产生非线性失真;反之,当 AF 减小时,可能不满足幅度条件,将使输出电压消失(即停振)。因此,必须采取稳幅措施,使输出电压幅度稳定。

稳幅措施有多种,一般采用非线性器件,例如二极管或热敏电阻等进行稳幅。如果将图 9.5 中的反馈电阻 R_f 用一个具有负温度系数的热敏电阻代替,当输出电压幅值增加时,流过 R_f 的电流也会增加,结果热敏电阻 R_f 减小,放大器增益下降,从而使输出电压幅值下降。如果参数选择合适,可使输出电压幅值基本稳定,且波形失真较小。当然,用一个正温度系数的热敏电阻代替 R_1 也可以稳幅,请读者自己分析。

图 9.6 是一种常用的具有稳幅作用的 RC 桥式正弦波振荡电路。图中,二极管 V_{D1},V_{D2} 和电阻 R_2 是实现自动稳幅的限幅电路。其中,二极管 V_{D1},V_{D2} 反向并联再与电阻 R_2 并联,然后串接在负反馈电路中。

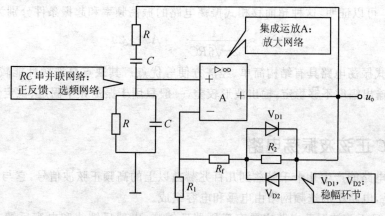

图 9.6 具有稳幅电路的 RC 桥式正弦波振荡电路

当输出幅值很小时(小于二极管阈值电压),二极管 V_{D1},V_{D2} 相当于开路,由 V_1,V_2,R_2 组成的并联支路的等效电阻最大为 R_2,有利于起振;反之,当输出电压幅度加大时,无论在输出的正半周或负半周,两只二极管总有一个处于正向导通状态,并联支路的等效电阻减小。由于二极管的非线性,当振荡振幅增大时,二极管正向导通电阻减小,放大电路的增益下降,限制了输出幅度的增大,起到了自动稳幅的作用。

由集成运放构成的 RC 桥式正弦波振荡电路,具有性能稳定、电路简单、调节方便等优点。其振动频率由 RC 串并联正反馈选频网络的参数决定,即 $f_0 = 1/2\pi RC$。

【例 9.1】 图 9.7 为 RC 移相式正弦波振荡电路,试简述其工作原理。

解:图中反馈网络由三节 RC 移相电路构成,其中,每节 RC 电路都是相位超前电路,三节 RC 构成超前相移网络。

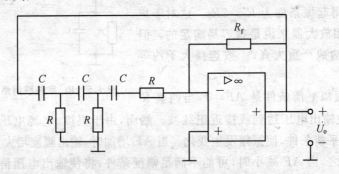

图 9.7 RC 移相式振荡电路

由于集成运算放大器的相移为 $180°$,为满足振荡的相位平衡条件,要求反馈网络对某一特定频率的信号必须再移相 $180°$。

根据频率特性知,一节 RC 电路的最大相移为 $90°$,不能满足振荡的相位条件;二节 RC 电路的最大相移可以达到 $180°$,但当相移等于 $180°$ 时,输出电压已接近于零,故不能满足起振的幅度条件;图 9.7 所示的电路中,采用三节 RC 超前相移网络,三节相移网络的最大相移可接近 $270°$。三节相移网络对不同频率的信号所产生的相移是不同的,但总有某一个频率为 f_0 的信号,通过此相移网络产生的相移刚好为 $180°$,满足相位平衡条件,显然,这时,只要适当调节 R_f 的数值,使放大增益适当,就可同时满足相位平衡和振幅条件,产生正弦波振荡,该频率即为振荡频率 f_0。可以证明,这种超前移相式振荡电路的振荡频率和起振条件分别为

$$f_0 \approx \frac{1}{2\pi\sqrt{6}RC} \qquad A_u > 29$$

RC 移相式振荡电路具有结构简单、经济方便等优点。其缺点是选频性能较差,频率调节不方便,由于输出幅度不够稳定,输出波形较差,一般只用于振荡频率固定、稳定性要求不高的场合。

9.1.3 LC 正弦波振荡电路

LC 振荡电路能产生几十千赫兹到几百兆赫兹以上的高频正弦波信号,它与 RC 振荡电路的主要区别是,电路中的选频网络由电感和电容组成。

常见的 LC 正弦波振荡电路主要有变压器反馈式、电感反馈式和电容反馈式 3 种。它们的选频网络一般都采用 LC 并联谐振回路。下面首先讨论 LC 并联谐振回路的基本特性。

1. LC 并联回路的选频特性

图 9.8 所示为一个 LC 并联回路,其中,R 为回路以及回路所带负载的等效总损耗电阻。首先定性分析并联电路阻抗 Z 的大小和性质随频率的变化情况,以使大家对其频率特性有一个基本的了解。

图 9.8 中,当信号频率足够低时,容抗很大,可以认为开路,但感抗很小,则总的阻抗取决于电感支路;当信号频率足够高时,感抗很大,可以认为开路,但容感很小,则总的阻抗取决于电容支路。所以,在低频时并联阻抗为电感性,而且随着频率的降低,阻抗值越来越小;在高频时并联阻抗为电容性,而且随着频率的升高,阻抗值越来越小。因此可以断定,在高频与低频之间存在一个频率 f_0,当 $f=f_0$ 时,并联阻抗为纯阻性,且等效阻抗达到最大值,频率就是 LC 电路的并联谐振频率。这就是 RC 串并联网络的选频特性。

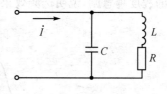

图 9.8 LC 并联电路

并联谐振频率的数值确定于电路的参数,由图 9.8 可知,LC 并联回路的等效阻抗为

$$Z = \frac{1}{\mathrm{j}\omega C} \mathbin{/\mkern-6mu/} (R + \mathrm{j}\omega L) = \frac{\frac{1}{\mathrm{j}\omega C}(R + \mathrm{j}\omega L)}{\frac{1}{\mathrm{j}\omega C} + R + \mathrm{j}\omega L}$$

考虑到实际中,常有 $R \ll \omega L$,所以有

$$Z \approx \frac{\frac{1}{\mathrm{j}\omega C}\mathrm{j}\omega L}{R + \mathrm{j}\left(\omega L - \frac{1}{\omega C}\right)} = \frac{\frac{L}{C}}{R + \mathrm{j}\left(\omega L - \frac{1}{\omega C}\right)} \quad (9-8)$$

由式(9-8)可得出以下几点结论。

(1) 回路谐振频率

在并联谐振角频率 ω_0 时,回路总电流与总电压同相,阻抗应为纯电阻,式(9-8)虚部应为 0,即

$$\omega_0 L = \frac{1}{\omega_0 C}$$

根据上式可解得

$$\omega_0 = \frac{1}{\sqrt{LC}}, \quad f_0 = \frac{1}{2\pi\sqrt{LC}} \quad (9-9)$$

注意,式(9-9)是在忽略损耗电阻 R 的情况下得到的近似式,若考虑 R 可解得

$$\omega_0 = \frac{1}{\sqrt{\left(\frac{R}{\omega_0 L}\right)^2 + 1}} \cdot \frac{1}{\sqrt{LC}} = \frac{1}{\sqrt{\frac{1}{Q^2} + 1}} \cdot \frac{1}{\sqrt{LC}} \quad (9-10)$$

上式表明,ω_0 不仅与 L、C 有关,还与 R 有关,其中,$Q = \omega_0 L/R$,称为谐振回路的品质因数,是谐振回路的一项重要指标。一般的回路 Q 值大约为几十到上千,满足 $Q \gg 1$,式(9-9)是实际中经常使用的一种工程估算。

(2) 谐振时回路的阻抗

由式(9-8)可得,谐振时回路的阻抗为纯电阻,并达到最大值,称为谐振阻抗 Z_0。这时有

$$Z_o = \frac{L}{RC} = Q\omega_0 L = \frac{Q}{\omega_0 C} = Q\sqrt{\frac{L}{C}} \qquad (9-11)$$

由式(9-8)可画出回路的阻抗幅频特性和相频特性如图9.9(a)和(b)所示。由图9.9和式(9-11)可以看出,谐振时相移为零。R值越小和Q值越大,谐振时的阻抗值就越大,相角随频率变化的程度越急剧,说明选频效果越好。

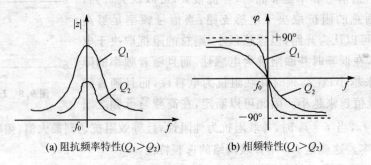

(a) 阻抗频率特性($Q_1 > Q_2$)　　(b) 相频特性($Q_1 > Q_2$)

图 9.9　LC 并联回路的频率特性

(3) 谐振时输入电流和回路电流之间的关系

由式(9-11)和图9.8可得出,LC并联回路谐振时的输入电流为

$$\dot{I} = \frac{\dot{U}}{Z_o} = \frac{\dot{U}}{Q\omega_0 L}$$

而流过电容的电流为

$$|\dot{I}_C| = \omega_0 C |\dot{U}| = Q|\dot{I}|$$

通常$Q \gg 1$,所以,$|\dot{I}_C| \approx |\dot{I}_L| \gg |\dot{I}|$,即谐振时,LC并联电路的回路电流比输入电流大得多,此时谐振回路外界的影响可忽略。这个结论对分析LC正弦波振荡电路的相位关系十分重要。

2. 变压器反馈式 LC 振荡电路

(1) 电路组成

图9.10所示为一个变压器反馈式LC振荡电路。由图9.10可以看出,该电路由放大电路、反馈网络和选频网络3部分组成。其中,LC并联回路作为三极管的集电极负载,是振荡电路的选频网络。电路中3个线圈作变压器耦合,线圈L与电容C组成选频电路,L_2是反馈线圈,与负载相接的L_3为输出线圈。反馈信号从基极注入,放大电路为共射组态。C_1为耦合电容、C_e为旁路电容,由于电容较大,在谐振频率处均看成交流短路。

(2) 振荡条件及振荡频率

① 相位平衡条件

由于在谐振频率f_0处,LC回路的谐振阻抗是纯电阻性,所以集电极输出信号与基极的相位差为180°,即$\varphi_A = 180°$;为了满足相位平衡条件,变压器初次级之间的同名端必须正确连接。电路振荡时,$f = f_0$,LC回路的谐振阻抗是纯电阻性,由图9.10中L_1及L_2同名端可知,反馈信号与输出电压极性相反,即$\varphi_F = 180°$。于是$\varphi_A + \varphi_F = 360°$,保证了电路的正反馈,满足振荡的相位平衡条件。

第 9 章 信号产生电路

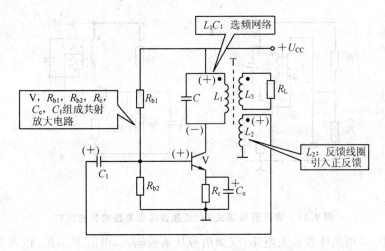

图 9.10 变压器反馈式 LC 正弦波振荡电路

对频率 $f \neq f_0$ 的信号，LC 回路的阻抗不是纯阻抗，而是感性或容性阻抗。此时，LC 回路对信号会产生附加相移，造成 $\varphi_F \neq 180°$，那 $\varphi_A + \varphi_F \neq 360°$，不能满足相位平衡条件，电路也不可能产生振荡。由此可见，LC 振荡电路只有在 $f = f_0$ 这个频率上，才有可能振荡。

② 幅度条件

为了满足幅度条件 $AF \geq 1$，对晶体管的 β 值有一定要求。一般只要 β 值较大，就能满足振幅平衡条件。只要变压器的匝数比设计恰当，一般都可满足幅值条件。反馈线圈匝数越多，耦合越强，电路越容易起振。在满足相位条件的前提下仍不起振，可加、减变压器次级绕组的匝数，使之振荡。

③ 振荡频率

当 Q 值较高时，自激振荡的频率基本上由 LC 并联谐振回路的固有谐振频率 f_0 决定，即

$$f \approx f_0 = \frac{1}{2\pi \sqrt{LC}} \tag{9-12}$$

(3) 电路特点

变压器反馈式振荡电路具有以下特点：

① 容易起振，输出电压较大。由于采用变压器耦合，易满足阻抗匹配的要求。

② 电路结构简单，调频方便。一般在 LC 回路中采用接入可变电容器的方法来实现，调频范围较宽，工作频率通常在几兆赫左右。

③ 输出波形不理想。由于反馈电压取自电感两端，它对高次谐波的阻抗大，反馈也强，因此在输出波形中含有较多高次谐波成分。

变压器反馈式 LC 正弦波振荡电路的结构形式有多种，图 9.11 给出了另外两种电路结构形式，请读者自己分析能否自激振荡。注意，为了便于分析，图 9.11 中已经标示出反馈电压和反馈注入点。

3. 电感三点式 LC 振荡电路

(1) 电路结构

图 9.12 所示为电感三点式 LC 振荡电路，又称为电感反馈式 LC 振荡电路或哈特莱振荡电路。

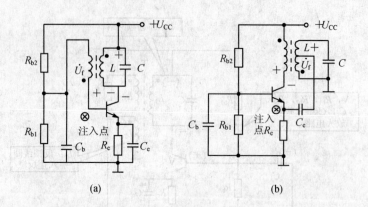

图 9.11　变压器反馈式 LC 正弦波振荡电路的其他形式

图 9.12 中,采用晶体管放大电路,反馈信号从基极输入,电阻 R_{b1},R_{b2} 和 R_e 构成直流偏置电路与三极管 V 组成共射放大电路;LC 并联谐振回路作为选频网络,电感 L_2 作为反馈网络,将谐振电压返回基极。C_e 为发射极旁路电容,C_1,C_2 为隔直电容,可以视为交流短路,C_1 用于防止电源 U_{CC} 经 L_2 与三极管基极接通。结构特点是电感线圈有中间抽头,使 LC 回路有 3 个端点,并分别接到晶体管的 3 个电极上(交流电路为准)。由于电感的 3 个端点分别接输出、公共地以及输入,所以称为电感三点式 LC 振荡电路,而反馈量又取自电感,所以又称为电感反馈式 LC 振荡电路。

(2) 振荡条件及频率

在图 9.12 中,用瞬时极性法判断相位条件。若给基极一个正极性信号,由于共射极电路的倒相作用,晶体管集电极得到负的信号。则在 LC 并联回路中,③端对"地"为负,②端为公共地端,①端对"地"为正,各瞬时极性如图 9.12 所示。反馈电压由①端引至三极管的基极,故为正反馈,满足振荡的相位平衡条件。

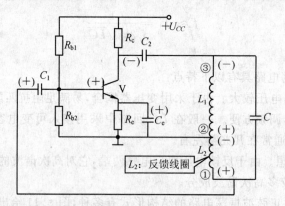

图 9.12　电感三点式 LC 振荡电路

从图 9.12 可以看出反馈电压是取自电感 L_2 两端,加到晶体管 b,e 间的。所以改变线圈抽头的位置,即改变 L_2 的大小,就可调节反馈电压的大小。所以,振荡的幅值条件可以通过调整放大电路的放大倍数 A_u 和 L_2 上的反馈量来实现。当满足起振条件时,电路便可起振。

该电路的振荡频率基本上由 LC 并联谐振回路决定,振荡频率为

$$f_0 \approx \frac{1}{2\pi\sqrt{LC}} = \frac{1}{2\pi\sqrt{(L_1+L_2+2M)C}} \tag{9-13}$$

式中,$L=L_1+L_2+2M$ 为 LC 回路的总电感,M 为 L_1 与 L_2 间的互感耦合系数。

(3) 电路特点

电感三点式 LC 振荡电路具有以下特点:

① 由于 L_1 和 L_2 是由一个线圈绕制而成的,耦合紧密,因而电路容易起振,并且输出幅度大;

② 调频方便,电容 C 若采用可变电容器,就能获得较大的频率调节范围;

③ 由于反馈电压取自电感 L_2 两端,它对高次谐波的阻抗大,反馈也强,因此在输出波形中含有较多高次谐波成分,输出波形不理想。

4. 电容反馈式振荡电路

(1) 电路组成

图 9.13 所示为电容三点式 LC 振荡电路(或电容反馈式),又称为考毕兹振荡电路。电容 C_1,C_2 与电感 L 组成选频网络,该网络的端点分别与三极管的 3 个电极相连接。

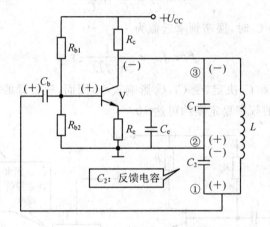

图 9.13 电容三点式 LC 振荡电路

(2) 振荡条件和振荡频率

在图 9.13 中,用瞬时极性法判断振荡的相位条件。若给基极一个正极性信号,则晶体管集电极得到负的信号,则在 LC 并联回路中,③端对"地"为负,②端为公共地端,①端对"地"为正,各瞬时极性如图 9.12 所示。由①端引至三极管的基极,故为正反馈,满足振荡的相位平衡条件。由图 9.13 的电路可看出,反馈电压取自电容 C_2 两端,所以适当地选择 C_1,C_2 的数值,并使放大器有足够的放大量,电路便可起振。其振荡频率为

$$f_0 = \frac{1}{2\pi\sqrt{LC}} \tag{9-14}$$

式中,$C=C_1 \cdot C_2/(C_1+C_2)$ 是谐振回路的总电容。

(3) 电路特点

① 输出波形较好,这是由于 C_2 对高次谐波的阻抗小,反馈电压中的谐波成分少,故振荡波形较好。

② 因为 C_1,C_2 的容量可以选的很小,因此振荡频率较高,一般可达 100 MHz 以上。

③ 电路调节频率不方便。因为 C_1，C_2 的大小既与振荡频率有关，也与反馈量有关。改变 C_1（或 C_2）时会影响反馈系数，从而影响反馈电压的大小，造成电路工作性能不稳定。

5. 电容反馈式改进型振荡电路

对于图 9.13 所示的电容反馈式振荡电路来说，当要求频率很高时，应选择容值较小的 C_1 和 C_2。但是，在交流通路中，C_2 并接在放大管的 b，e 之间，C_1 并接在放大管的 c，e 之间，因此如果 C_1 和 C_2 的容值小到可以与三极管极间电容相比拟的程度，此时管子的极间电容随温度的变化将对振荡频率产生显著的影响，造成频率不稳定。

为了克服上述缺点，提高频率的稳定性，可在图 9.13 电路的基础上进行改进，在 L 支路上串接一个小电容 C_3，如图 9.14 所示。这种电容反馈式改进型 LC 振荡电路又称克拉泼振荡电路。此时，振荡频率的表示式为

$$f = f_0 = \frac{1}{2\pi\sqrt{LC}} \tag{9-15}$$

其中 C 表示回路总电容为

$$\frac{1}{C} = \frac{1}{C_1} + \frac{1}{C_2} + \frac{1}{C_3}$$

当 $C_3 \ll C_1$，$C_3 \ll C_2$ 和 $C \approx C_3$ 时，振荡频率近似为

$$f \approx f_0 \approx \frac{1}{2\pi\sqrt{LC_3}} \tag{9-16}$$

由于 f_0 基本上由 L 和 C_3 决定，受 C_1，C_2 影响较小，因而，三极管的极间电容改变时，对 f_0 的影响很小。这种电路的频率稳定度约可达 10^{-5}。

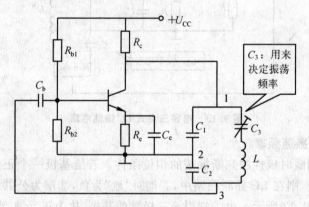

图 9.14 克拉泼振荡电路

【例 9.2】 判断图 9.15 所示电路能否产生正弦波振荡，并说明原因，若能振荡，写出振荡频率。

解： 在图 9.15(a)中，采用运放作放大电路，反馈信号从反相端输入；LC 并联谐振回路作为选频网络，电感 L_1 作为反馈网络，将谐振电压返回反相端。用瞬时极性法判断相位条件，若给反相端一个正极性信号，由于运放的倒相作用，运放输出端得到负的信号。则在 LC 并联回路中，L_1 下端对"地"为正，反馈电压由 L_1 下端引至运放的反相端，故为正反馈，满足振荡的相位平衡条件。所以，图 9.15(a)为由运放组成的电感三点式 LC 振荡电路，其振荡频率为

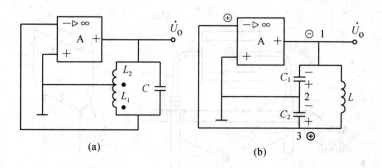

图 9.15 例 9.2 电路图

$$f_0 \approx \frac{1}{2\pi\sqrt{LC}} = \frac{1}{2\pi\sqrt{(L_1+L_2+2M)C}}$$

在图 9.15(b)中,同样采用运放作放大电路,反馈信号从反相端输入;电容 C_2 作为反馈网络,将谐振电压返回反相端。用瞬时极性法判断知,满足振荡的相位平衡条件。图 9.15(b)为由运放组成的电容三点式 LC 振荡电路,其振荡频率为

$$f_0 \approx \frac{1}{2\pi\sqrt{L\dfrac{C_1 C_2}{C_1+C_2}}}$$

通过前面对几种三点式 LC 正弦波振荡电路的探讨,可以总结出满足相位平衡条件的三点式电路的连接规律:

三点式振荡器选频网络由 3 部分电抗组成,有 3 个端子对外,分别接在三极管的 3 个极上或集成运放的两个输入端和输出端上。用三极管作放大器时,从发射极向另外两个极看,应是同性质的电抗,而集电极与基极间应接与上述两电抗性质相反的电抗。用集成运放作放大器时,从同相输入端向反相输入端及输出端看去时,应是同性质的电抗,反相输入端和输出端之间的电抗应是与上述两电抗性质相反的电抗。

9.1.4 石英晶体正弦波振荡电路

有些电路对振荡频率稳定性的要求非常高(如无线电通信的发射机频率、单片机的工作频率等),其稳定度 $\Delta f/f_0$ 一般高达 $10^{-8} \sim 10^{-10}$ 数量级。而前面所讨论的 RC 振荡电路和 LC 振荡电路的稳定度一般只有 $10^{-3} \sim 10^{-5}$ 数量级,很难实现这种高稳定性的要求。采用石英晶体振荡器,则可以满足这样高的稳定性。石英晶体振荡器之所以具有较好的频率稳定性,主要是采用了具有极高 Q 值的石英晶体元件。石英晶体振荡器简称"晶振",广泛应用于计时、标准频率发生、脉冲计数以及计算机中的时钟电路等精密设备中。

1. 石英晶体的基本特性及等效电路

(1) 石英晶体的结构和外形

石英晶体是晶振电路的核心元件,是一种各向异性的结晶体。用其做成石英晶体振荡元件的大致过程是:从一块石英晶体上按确定的方位角切下晶体薄片(称为晶片),它可以通过研磨加工成正方形、矩形或圆形等,然后将晶片的两个对应表面上涂敷银层作为电极,并装上一对金属板,接出引线,封装后就构成石英晶体产品。一般用金属壳密封,也有用玻璃或塑料封装的,其结构和外形如图 9.16 所示。

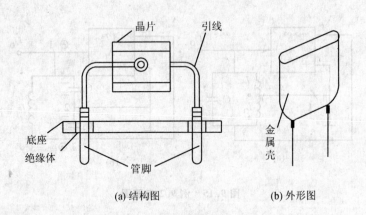

图 9.16 石英晶体的结构及外形

(2) 石英晶体的压电效应

石英晶体之所以能做成谐振器是基于它的压电效应。物理学证明,若在晶片两面间加一电场,晶片就会产生机械变形;反之,若在晶片两面施加机械力,则沿受力方向产生电场,晶片两侧产生异性电荷,这种现象称为"压电效应"。若在晶片两面加的是交变电压,晶片就会产生机械变形振动,同时,机械变形振动又会产生交变电场。一般来说,这种机械变形振动的振幅较小,振荡频率很稳定。当外加交变电压的频率等于晶体的固有频率(决定于晶片的形状和尺寸)时,便会产生"机-电共振",机械振动幅值明显加大,这种现象称为"压电谐振"。它与 LC 回路的谐振现象十分相似。因此,石英晶体又称为石英谐振器。

(3) 石英晶体的等效电路和谐振频率

压电谐振的固有频率与石英晶体的外形尺寸及切割方式有关。从电路上分析,石英晶体可以等效为一个 LC 电路,把它接到振荡器上便可作为选频环节应用。图 9.17(a)为石英晶体在电路中的表示符号,9.17(b)为石英晶体在电路中的等效电路,图 9.17(c)表示其电抗频率特性。

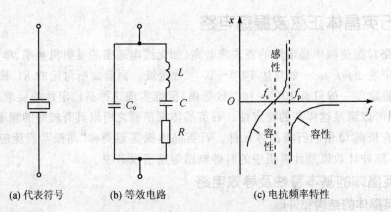

图 9.17 石英晶体的等效电路、频率特性及符号

图 9.17(b)中,C_0 为两金属板间形成的静态电容,其容值由晶片的几何尺寸、介电常数以及极板面积决定,一般为几皮法至几十皮法;L 和 C 分别模拟晶片的惯性和弹性,一般 L 很大(几十毫亨到几百亨),C 很小(小于 $0.1\ \text{pF}$),R 模拟晶片振动时因磨擦而形成的损耗,其值也

很小,因此,等效 LC 电路的品质因数 Q 值很大,高达 $10^4 \sim 10^6$,加上石英晶片的固有频率只与晶体的几何尺寸有关,而且可以做得很精确,所以,利用石英晶体构成的正弦波振荡电路可以获得很高的频率稳定度。

由图 9.17 等效电路可知,石英晶体振荡器应有两个谐振频率,一个是串联谐振频率,另一个是并联谐振频率。

当 L,C,R 支路发生串联谐振时,其串联谐振频率 f_s 为

$$f_s = \frac{1}{2\pi\sqrt{LC}} \quad (9-17)$$

由于 C_o 很小,它的容抗比 R 大得多,因此,串联谐振的等效阻抗最小近似为 R,呈纯阻性,是一个很小的电阻。

当频率高于 f_s 时,L,C,R 支路呈感性,当与 C_o 支路发生并联谐振时,其并联谐振频率 f_p 为

$$f_p = \frac{1}{2\pi\sqrt{L\dfrac{CC_o}{C+C_o}}} = \frac{1}{2\pi\sqrt{LC}}\sqrt{1+\frac{C}{C_o}} = f_s\sqrt{1+\frac{C}{C_o}} \quad (9-18)$$

通常 $C_o \gg C$,所以 f_p 与 f_s 非常接近,f_p 略大于 f_s,也就是说感性区非常窄,其频率特性如图 9.17(c)所示。由图 9.17(c)可知,$f < f_s$,两条支路的容抗起主要作用,电路呈现容性;随着频率的增加,容抗逐步减小,当 $f = f_s$ 时,LC 串联谐振,$Z_o = R$,呈现电阻性;当 $f > f_s$ 时,LC 支路呈现感性;当 $f = f_p$ 时,并联谐振,阻抗呈现纯阻性;当 $f > f_p$ 时,C_o 支路起主要作用,电路又呈现容性。

2. 石英晶体振荡电路

石英晶体正弦波振荡电路的形式是多样的,但基本电路只有两类,即并联型和串联型石英晶体正弦波振荡电路。顾名思义,前者的振荡频率接近于并联谐振状态,而后者则工作在串联谐振状态,分别介绍如下。

图 9.18 所示为并联型石英晶体正弦波振荡电路。当电路的振荡频率 f_0 在 $f_s \sim f_p$ 的窄小的频率范围内时,晶体在电路中起一个电感作用,它与 $C_1、C_2$ 组成电容反馈式振荡电路。根据晶体的等效电路可得

$$f_0 = \frac{1}{2\pi\sqrt{L\dfrac{C(C_o+C')}{C+C_o+C'}}} = \frac{1}{2\pi\sqrt{LC}} \cdot \sqrt{1+\frac{C}{C_o+C'}}$$

式中,$C' = (C_1 \cdot C_2)/(C_1+C_2)$,由于 $C_1 \gg C, C_2 \gg C$,所以 $C'+C_o \gg C$,可见,电路的谐振频率 f_0 应略高于 f_s,C_1 和 C_2 对 f_0 的影响很小,电路的振荡频率由石英晶体决定,改变 C_1 和 C_2 的值可以在很小的范围内微调 f_0。

图 9.19 所示为串联型石英晶体振荡电路,石英晶体串接在正反馈电路中。当振荡频率 $f = f_s$ 时,晶体阻抗最小,且为纯阻 $Z_o = R$,这时正反馈最强,且相移 $\varphi_F = 0$;由于 V_1 采用共基极接法,V_2 为射极输出器,则放大电路的相移 $\varphi_A = 0$,所以电路符合振荡条件产生串联谐振。当 $f \neq f_s$ 时,晶体呈现较大阻抗,且 $\varphi_F \neq 0$,都不能产生谐振,所以该电路的振荡频率只能是 $f_0 = f_s$。图 9.19 中的电位器 R_P 是用来调节反馈量的,可以使输出波形失真较小且幅度稳定。若 R_P 值过大,即反馈量太小,电路不能满足振幅平衡条件,不能振荡;若 R_P 值过小,即反

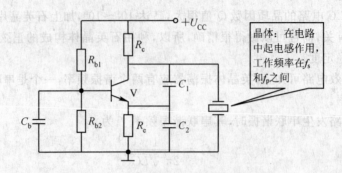

图 9.18 并联型石英晶体振荡电路

馈量太大,输出波形将产生非线性失真,甚至得到近似于矩形波的输出信号。

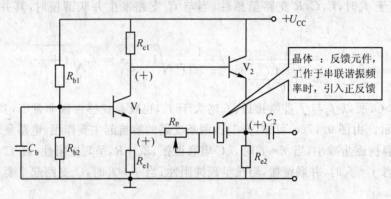

图 9.19 串联型石英晶体振荡电路

在应用晶体振荡电路时要注意,晶体的固有频率与温度有关,它在较窄的温度范围内才具有高的频率稳定性。如果环境温度变化大,就需要选择高精度、高温度稳定性的晶体,必要时应放在恒温装置中。石英晶体振荡电路的突出优点是有很高的频率稳定性,所以常用作标准的频率源。但晶振也存在结构脆弱、怕振动、负载能力差等不足,限制了它的应用范围。

思考题

1. 简述自激振荡的幅频条件和相频条件。
2. RC 和 LC 正弦波电路相比各有何特点?
3. RC 串并联振荡电路中,若不加稳幅环节会出现何现象?
4. 电容反馈式振荡电路与电感式相比有什么优点?说明原因。
5. 石英晶体振荡器有何优点?

9.2 非正弦波产生电路

在电子设备中,常用到一些非正弦信号,例如数字电路中用到的矩形波,显示器扫描电路中用到的锯齿波等,本节将介绍常见的矩形波、三角波、锯齿波信号发生电路。非正弦波产生电路的电路组成、工作原理以及分析方法与正弦波电路有明显的区别,以下分别介绍。

9.2.1 矩形波产生电路

矩形波产生电路是一种能够直接产生矩形波的非正弦波产生电路。由于矩形波包含极丰富的谐波,因此,这种电路又称为多谐振荡器。下面讨论其组成及工作原理。

1. 电路组成

图 9.20(a)是一种能产生矩形波的基本电路,它是在滞回比较器的基础上,增加一条 RC 充、放电负反馈支路构成的。图 9.20 中,电容 C 两端的电压 u_C 就是滞回比较器的反相输入电压,同相端电位 U_+ 由 u_o 通过 R_2,R_3 分压后得到,这是引入的正反馈,R_1 和稳压管 V_{DZ1},V_{DZ2} 组成限幅电路,对输出限幅。

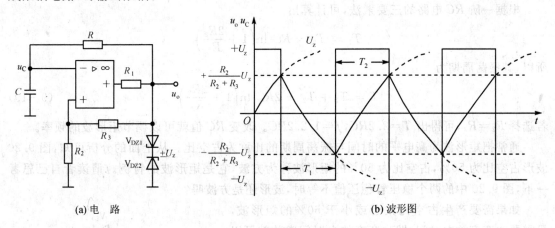

图 9.20 矩形波产生电路及其波形图

2. 工作原理

假定两个稳压管的稳压值相等,即 $U_{z1}=U_{z2}=U_z$,并忽略其正向导通压降进行分析。在图 9.20(a)所示电路中,因为集成运放工作在非线性区,所以电路输出电压只有两个值,$U_{OH}=+U_z$,$U_{OL}=-U_z$(正、负幅度对称)。

当电路接通电源时,u_+ 与 u_- 必存在差别。$u_+>u_-$ 或 $u_+<u_-$ 是随机的。尽管这种差别极其微小,但一旦出现 $u_+>u_-$,则 $u_o=U_{OH}=+U_z$;反之,当出现 $u_+<u_-$ 时,则 $u_o=U_{OL}=-U_z$,u_o 不可能居于其他中间值。设 $t=0$(电源接通时刻),电容两端电压 $u_C=0$,滞回比较器的输出电压 $u_o=+U_z$,则集成运放同相输入端的电位为

$$u_+ = \frac{R_2}{R_2+R_3}U_z$$

输出电压 $+U_z$ 经过电阻 R 对电容 C 开始充电,当充电电压 u_C 升至

$$\frac{R_2}{R_2+R_3}U_z$$

值时,由于运放输入端 $u_->u_+$,于是电路翻转,输出电压由 $+U_z$ 值翻至 $-U_z$,同相端电压变为

$$u_+ = -\frac{R_2}{R_2+R_3}U_z$$

此时,电容器 C 经 R 放电,当放电电压 u_C 降至

$$-\frac{R_2}{R_2+R_3}U_z$$

值时,由于运放输入端 $u_- < u_+$,于是电路再次翻转,输出电压由 $-U_z$ 值翻至 $+U_z$,同相端电压变为

$$\frac{R_2}{R_2 + R_3} U_z$$

电容器 C 再次充电,如此周而复始,产生振荡,在运放输出端便可得到矩形波,其波形如图 9.20(b)所示。

3. 振荡周期计算

电路输出的矩形波电压的周期 T 取决于充、放电的 RC 时间常数。其周期 T 为放电时间 T_1 和充电时间 T_2 之和,即 $T = T_1 + T_2$。

根据一阶 RC 电路的三要素法,可计算出

$$T_1 = T_2 = RC \ln\left(1 + \frac{2R_2}{R_3}\right)$$

所以,其振荡周期为

$$T = T_1 + T_2 = 2RC \ln\left(1 + \frac{2R_2}{R_3}\right) \tag{9-19}$$

若选择 $R_2 = R_3$,可得出 $T = 2.2RC$,$f = 1/2.2RC$。改变 RC 值就可以调节矩形波的频率。

通常把矩形波为高电平的时间与振荡周期的比称为占空比。从上面的分析可知,图 9.20 波形占空比为 50%,占空比为 50% 的矩形波称为方波,它是矩形波的特例。请读者自己思考一下,图 9.20 中的两个稳压管稳压值不等时,波形还是方波吗?

如果需要产生占空比大于或小于 50% 的矩形波,只需要改变充放电时间,即改变充放电时间常数就可以了。实现此目标的一个方案是,利用图 9.21 所示电路,去取代图 9.20(a)中反相端与输出端之间的跨接电阻 R 即可。这样,当 U_O 为正时,V_{D2} 通、V_{D1} 截止,通过 V_{D2},R 及电位器 R_W(下部电阻)对电容充电,当 U_O 为负时,V_{D1} 通、V_{D2} 截止,电容通过 V_{D1},R 及电位器(上部电阻)对 U_O 放电。根据一阶 RC 电路的三要素法,可计算出

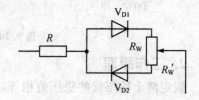

图 9.21 改变充放电时间的电路网络

$$T_1 = (R + r_{d1} + R_W - R_W')C \ln\left(1 + \frac{2R_2}{R_3}\right)$$

$$T_2 = (R + r_{d2} + R_W')C \ln\left(1 + \frac{2R_2}{R_3}\right)$$

$$T = T_1 + T_2 = (2R + r_{d1} + r_{d2} + R_W)C \ln\left(1 + \frac{2R_2}{R_3}\right)$$

上式中,r_{d1},r_{d2} 为二极管交流等效电阻,一般较小,若不考虑,可以得出占空比如下

$$D = \frac{T_2}{T} = \frac{R_W' + r_{d2} + R}{R_W + r_{d1} + r_{d2} + 2R} \approx \frac{R_W' + R}{R_W + 2R} \tag{9-20}$$

调节电位器 R_W 即可改变正负向脉冲宽度以及占空比。

9.2.2 三角波产生电路

三角波发生器的基本电路如图 9.22(a)所示。集成运放 A_1 构成滞回电压比较器,集成运

第 9 章 信号产生电路

放 A_2 构成积分电路。集成运放 A_1 反相端接地,同相端的电压由 u_o 和 u_{o1} 共同决定为

$$U_+ = \frac{R_3}{R_2+R_3}u_o + \frac{R_2}{R_2+R_3}u_{o1}$$

当 $u_+ > 0$ 时,$u_{o1} = +U_z$;当 $u_+ < 0$ 时,$u_{o1} = -U_z$。

当 $u_+ = u_- = 0$ 时,对应的 u_o 值为输出三角波的幅值 $\pm U_{om}$,即

$$U_{om} = -\frac{R_2}{R_3}u_{o1}$$

当 $u_{o1} = +U_z$ 时,三角波的输出幅值为 $-(R_2/R_3)U_z$;当 $u_{o1} = -U_z$ 时,三角波的输出幅值为 $(R_2/R_3)U_z$。

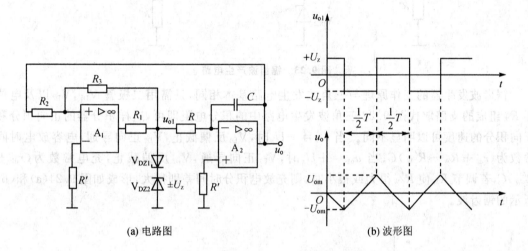

图 9.22 三角波发生器

在电源刚接通时,假设电容器初始电压为零,集成运放 A_1 输出电压为正饱和电压值 $+U_z$,则积分器输入为 $+U_z$,电容 C 开始充电,输出电压 u_o 开始减小,u_+ 值也随之减小,当 u_o 减小到 $-(R_2/R_3)U_z$ 时,u_+ 由正值变为零,滞回比较器 A_1 翻转,集成运放 A_1 的输出 $u_{o1} = -U_z$。当 $U_{o1} = -U_z$ 时,积分器输入负电压,输出电压 u_o 开始增大,u_+ 值也随之增大,当 u_o 增加到 $(R_2/R_3)U_z$ 时,u_+ 由负值变为零,滞回比较器 A_1 翻转,集成运放 A_1 的输出 $u_{o1} = +U_z$。

此后,上述过程不断重复,便在 A_1 的输出端得到幅值为 U_z 的矩形波,在 A_2 的输出端得到幅值为 $(R_2/R_3)U_z$ 的三角波。波形如图 9.22(b)所示。

由 A_2 的积分电路可求出振荡周期。由图 9.22(b)波形可看出,其输出电压 u_o 从 $-U_{om}$ 上升到 $+U_{om}$ 所需时间为 $T/2$,所以

$$\frac{1}{RC}\int_0^{T/2} U_z dt = 2U_{om} = 2\frac{R_2}{R_3}U_z$$

由上式可得出

$$T = \frac{4RCR_2}{R_3} \qquad f = \frac{1}{T} = \frac{R_3}{4RCR_2} \tag{9-21}$$

式(9-21)说明,通过调节 R_2,R_3,R 的值就可以改变频率,也可以通过在稳压管两端并接电位器,并将电位器中间触点与积分器输入相连的方法改变频率。

9.2.3 锯齿波产生电路

在图 9.22 的三角波发生器电路中,输出是等腰三角形波。如果人为地使三角形两边不等

(相差较大),这样输出电压波形就是锯齿波了。基本锯齿波发生器电路如图 9.23 所示。

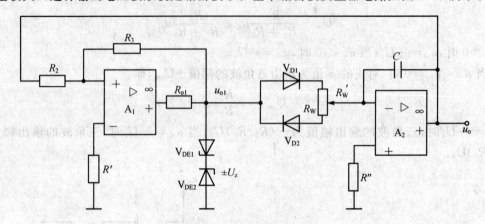

图 9.23 锯齿波产生电路

锯齿波发生器的工作原理与三角波发生电路基本相同,只需用二极管 V_{D1},V_{D2} 以及电位器 R_W 组成的支路取代图 9.22 三角波发生电路中的积分电阻即可,这样积分器的正向积分和反向积分的速度可以明显不同。当 $u_{o1} = -U_z$ 时,V_{D1} 反偏截止,V_{D2} 正向导通,电容放电时间常数为 $(r_{d2} + R_W - R'_W)C$;当 $u_{o1} = +U_z$ 时,V_{D1} 正向导通,V_{D2} 反偏截止,充电常数为 $(r_{d1} + R'_W)C$,若调节 R_W 使 R'_W 很大或很小时,则充放电积分时间差别很大,形成如图 9.24(a)和(b)所示的锯齿波。

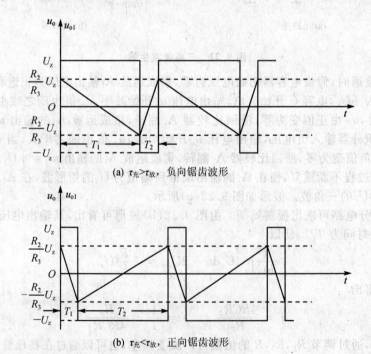

图 9.24 锯齿波波形

锯齿波的幅度和振荡周期与三角波相似。当 $u_{o1} = +U_z$ 时,锯齿波的输出幅值为 $-(R_2/R_3)U_z$;当 $u_{o1} = -U_z$ 时,三角波的输出幅值为 $(R_2/R_3)U_z$。

由图 9.24 波形可看出,振荡周期为 $T=T_1+T_2$,电容充电时间 T_1 为

$$\frac{1}{(r_{d1}+R'_w)C}\int_0^{T_1} U_z dt = 2U_{om} = 2\frac{R_2}{R_3}U_z$$

$$T_1 = \frac{2R_2}{R_3}(r_{d1}+R'_w)C$$

电容放电时间 T_2 为

$$\frac{1}{(r_{d2}+R_w-R'_w)C}\int_0^{T_2} U_z dt = 2U_{om} = 2\frac{R_2}{R_3}U_z$$

$$T_2 = \frac{2R_2}{R_3}(r_{d2}+R_w-R'_w)C$$

故振荡周期为

$$T = T_1 + T_2 = \frac{2R_2}{R_3}(r_{d1}+r_{d2}+R_w)C \tag{9-22}$$

式中,r_{d1},r_{d2} 为二极管 V_{D1},V_{D2} 导通时的电阻,由于较小,估算中可以不考虑。从上式可以看出,适当调节 R_w 就可得到正向和负向两种锯齿波形。

思考题

1. 图 9.22 三角波发生器中的 A_1,A_2 分别工作于线性区还是非线性区?为什么?
2. 图 9.23 锯齿波产生电路能否只用一个二极管,若可以,请画出电路,并进行对比。

9.3 压控振荡器

压控振荡器是一种振荡频率受外加电压控制的振荡电路,其输出信号频率与输入电压成正比,是电压/频率变换电路的一种。压控振荡器应用十分广泛,例如,若用直流电源作为控制电压,压控振荡器可制成频率调节十分方便的信号源;若用正弦电压作为控制电压,压控振荡器就成为调频振荡器,它能输出抗干扰能力很强的调频波;当压控振荡器受锯齿波控制时,它就成为扫描振荡器。在现今的锁相技术中,压控振荡器已成为不可或缺的关键部件。下面举例说明压控振荡器的工作原理。

1. 电路组成

压控振荡器如图 9.25 所示,该电路的输入控制电压为直流电压。A_1 为差动积分电路,积分电压由控制电压 U_i 提供,积分方向由场效应管 V 来改变;A_2 为滞回比较器,它的输出控制着场效应管的导通和截止。

2. 工作原理

设滞回比较器 A_2 的输出电压为负饱和电压 $-U_{om}$,此值一方面使比较器的同相端电压为下门限电压,即

$$U_{TH2} = -\frac{R_5}{R_5+R_6}U_{om}$$

另一方面通过隔离二极管 V_D 将比较大的负电压加在了场效应管的栅极,使场效应管进入夹断区而截止,此时积分电路可等效为图 9.26(a)。

由图 9.26 可以看出,$u_+ = U_i/2$,根据"虚短"的概念,$u_- = u_+ = U_i/2$,再根据"虚断"的概

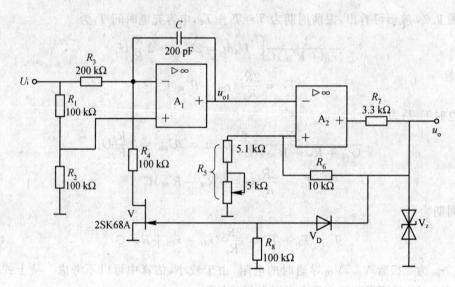

图 9.25 压控振荡器

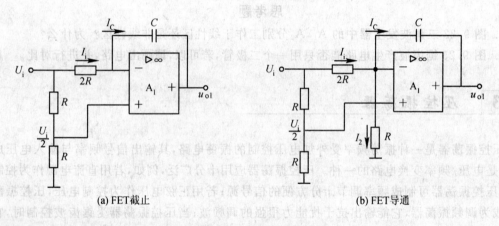

(a) FET 截止   (b) FET 导通

图 9.26 积分电流的流向

念,电容器上的充电电流为

$$I_C = I_i = \frac{U_i - \dfrac{U_i}{2}}{2R} = \frac{U_i}{4R} \tag{9-23}$$

由于输入电压 U_i 为直流电压,因此电容器 C 为恒流充电,电容器 C 上的电压直线上升,而 A_1 的输出电压 u_{o1} 直线下降,当 u_{o1} 降至

$$-\frac{R_5}{R_5 + R_6} U_{om}$$

时,比较器 A_2 翻转为 $+U_{om}$。比较器 A_2 的输出电压 $+U_{om}$ 一方面使比较器的同相端电压为上门限电压,即

$$U_{TH1} = +\frac{R_5}{R_5 + R_6} U_{om}$$

另一方面使隔离二极管 V_D 截止,此时场效应管因栅源电压为零而饱和导通,其积分电路可等效为图 9.26(b)。由图可知

信号产生电路
第 9 章

$$I_i = \frac{U_i - \frac{U_i}{2}}{2R} = \frac{U_i}{4R}, I_2 = \frac{\frac{U_i}{2}}{R} = \frac{U_i}{2R}$$

根据基尔霍夫定律：$I_i = I_C + I_2$，那么

$$I_C = I_i - I_2 = \frac{U_i}{4R} - \frac{U_i}{2R} = -\frac{U_i}{4R} \tag{9-24}$$

式中的负号说明实际电容器上的电流与标定方向相反。电容以 $U_i/(4R)$ 的电流放电，u_C 直线下降，u_{o1} 直线上升，当 u_{o1} 升至 $+\frac{R_5}{R_5+R_6}U_{om}$ 时，比较器 A_2 翻转为 $-U_{om}$，场效应管又截止，电容器开始充电，如此周而复始，会产生如图 9.27 所示波形。

由上述分析可知，该电路利用比较器输出端的高低电平控制场效应管的通断状态，以保证积分器以同样大小的恒定电流充放电，使三角波上升、下降的时间相等。

3. 振荡频率

通过以上的分析可知，差动积分电路的输出电压 u_{o1} 是三角波电压，由于电容器上的充放电电流受到电压 U_i 的控制，所以三角波的振荡频率也受外加电压的控制。由电容器的充电电流表达式

$$i_C = C \frac{du_C}{dt}$$

得电容器上的充电速率为

$$\frac{du_C}{dt} = \frac{i_C}{C}$$

在图 9.25 的压控振荡器电路中，电容器为恒流充电，充电电流用 I_C 表示，那么电容器上的充电速率为

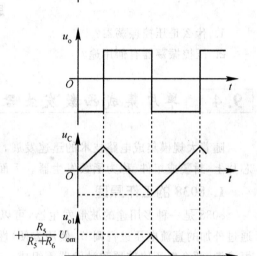

图 9.27 压控振荡器波形

$$\frac{du_C}{dt} = \frac{I_C}{C}$$

又由式(9-24)可知，电容器也是以恒流放电，其放电的速率仍为

$$\frac{du_C}{dt} = \frac{I_C}{C}$$

由电路图 9.25 可看出：积分器 A_1 输出三角波电压的峰峰值为 $U_{P-P} = U_{TH1} - U_{TH2}$，三角波的斜率即为电容器的充（放）电的速率，由此可以计算出积分器输出的三角波电压的上升时间 T_1 为

$$T_1 = \frac{U_{TH1} - U_{TH2}}{I_C}$$

三角波的周期应等于 T_1 的 2 倍，即

$$T = 2T_1 = 2C\frac{U_{TH1} - U_{TH2}}{I_C} \tag{9-25}$$

将 $I_C = U_1/(4R)$ 代入式(9-25)得

$$T = \frac{8(U_{TH1} - U_{TH2})}{U_i}RC$$

$$f = U_1 \frac{1}{8(U_{TH1} - U_{TH2})RC} \tag{9-26}$$

由式(9-26)可知,压控振荡器的振荡频率 f 与控制电压 U_i 成正比。

压控振荡器的电路形式很多,前面只是举例说明,各种实际的压控振荡器请参阅有关资料。

思考题

1. 什么是压控振荡器?
2. 压控振荡器有何用途?

9.4 单片集成函数发生器8038简介

随着大规模集成电路技术的迅速发展,人们把波形发生电路和波形变换电路集成在一块芯片上,封装成组件,称为函数发生器。下面以集成函数发生器8038为例,作简要介绍。

1. 8038的工作原理

8038是一种多用途的波形发生器,可以产生正弦波、方波、三角波和锯齿波,其频率可以通过外加的直流电压进行调节,使用方便,性能可靠。由手册和有关资料可查出,8038由两个恒流源、两个电压比较器和触发器等组成。其内部原理电路框图如图9.28所示。

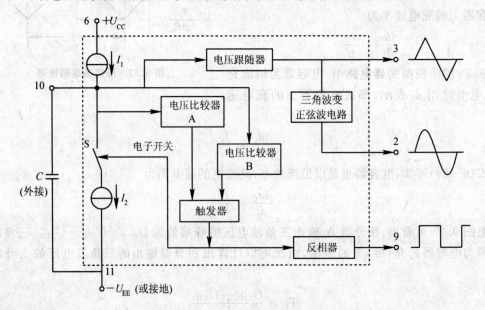

图 9.28 8038 的内部原理电路框图

在图9.28中,电压比较器A,B的门限电压分别为两个电源电压之和$(U_{CC}+U_{EE})$的2/3

和 1/3,电流源 I_1 和 I_2 的大小可通过外接电阻调节,其中 I_2 必须大于 I_1。

当触发器的输出端为低电平时,它控制开关 S 使电流源 I_2 断开。而电流源 I_1 则向外接电容 C 充电,使电容两端电压随时间线性上升,当 u_C 上升到 $u_C=2(U_{CC}+U_{EE})/3$ 时,比较器 A 的输出电压发生跳变,使触发器输出端由低电平变为高电平,这时,控制开关 S 使电流源 I_2 接通。由于 $I_2>I_1$,因此外接电容 C 放电,u_C 随时间线性下降。

当 u_C 下降到 $u_C \leqslant (U_{CC}+U_{EE})/3$ 时,比较器 B 输出发生跳变,使触发器输出端又由高电平变为低电平,I_2 再次断开,I_1 再次向 C 充电,u_C 又随时间线性上升。如此周而复始,产生振荡,外接电容 C 交替地从一个电流源充电后向另一个电流源放电。若 $I_2=2I_1$,u_C 上升时间和下降时间相等,就会在电容 C 的两端产生三角波并输出到引脚 3。该三角波经电压跟随器缓冲后,一路经正弦波变换器变成正弦波后由引脚 2 输出,另一路通过比较器和触发器,并经过反向器缓冲,由引脚 9 输出方波;若 $2I_1>I_2>I_1$ 时,u_C 上升时间和下降时间不相等,引脚 3 输出锯齿波。因此,8038 可以产生正弦波、方波、三角波和锯齿波等 4 种不同的波形。8038 为 14 引脚 DIP 封装,图 9.29 为 8038 的外部引脚排列图。各引脚功能如图中所标,现对部分引脚解释如下。

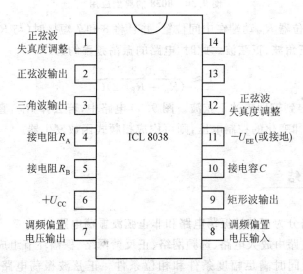

图 9.29 8038 的外部引脚排列图

图 9.29,引脚 8 为调频电压控制输入端,若从此端输入信号,则输出电压频率与调频电压成正比。调频电压的值是指引脚 6($+U_{CC}$)与引脚 8 之间的电压,其值不应超过 $(U_{CC}+U_{EE})/3$。引脚 7 输出调频偏置电压,其值(指引脚 6 与引脚 7 之间的电压)是 $(U_{CC}+U_{EE})/5$,它可作为引脚 8 的输入电压。该器件的矩形波输出端为集电极开路形式,引脚 9 和正电源之间应接电阻,一般常选用 10 k 左右。引脚 4、引脚 5 用来外接电阻以调整恒流源电流,引脚 1、引脚 12 用来外接电阻用以减小正弦波非线性失真,引脚 13、引脚 14 为空脚。

2. 8038 的典型应用

利用 8038 构成的函数发生器如图 9.30 所示,其振荡频率由电位器 R_{P1} 滑动触点的位置、C 的容量、R_A 和 R_B 的阻值决定,图中 C_1 为高频旁路电容,用以消除引脚 8 的寄生交流电压,R_{P2} 为矩形波占空比调节电位器,R_{P2} 位于中间时,可输出方波。R_{P3}、R_{P4} 用于正弦波失真度调节。调节 R_{P1} 可以改变输出波形频率,图 9.30 所示电路是一个频率可调的函数发生器。

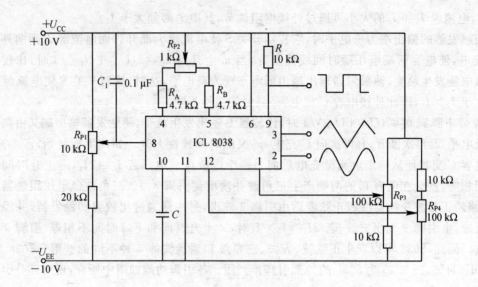

图 9.30 8038 的典型应用

图 9.30 中,当电位器 R_{P2} 动端在中间位置,并且将 8 和 7 短接时(与 R_{P1} 断掉),引脚 9,3,2 的输出分别为方波、三角波、正弦波。此时,电路的振荡频率约为

$$f \approx \frac{0.3}{(R_A + R_{P2}/2)C} \tag{9-27}$$

调节 R_{P3}, R_{P4} 可以使得到较理想的正弦波。图 9.30 电路中,若去掉 R_{P1},直接在引脚 8 和正电源之间加以按一定规律变化的控制电压,则可构成扫频式函数发生器。

☞ 本章小结

① 波形发生电路分为正弦波振荡电路和非正弦波振荡电路。

② 正弦波振荡电路由放大电路、选频网络、正反馈网络、稳幅环节组成。正弦波振荡电路要产生自激振荡必须同时满足幅度条件和相位条件。正弦波振荡电路的选频网络可以由 RC, LC 或石英晶体组成,以此可分为 RC 正弦波振荡电路、LC 正弦波振荡电路、石英晶体正弦波振荡电路。

(a) RC 正弦波振荡电路的振荡频率一般与 RC 的乘积成反比,为了稳定波形,一般加有二极管或热敏器件等稳幅电路。常用的 RC 振荡电路主要有串并联式和移相式等,主要用于产生低频信号。

(b) LC 正弦波振荡电路利用 LC 并联回路作为选频网络。主要用于产生高频信号。其振动频率决定于 LC 并联回路的谐振频率,一般与 LC 的平方根成反比。可分为变压器反馈式、电感反馈式、电容反馈式以及改进型电容反馈式。其中,改进型电容反馈式工作频率较高、波形好、频率稳定,且调节方便,应用广泛。

(c) 石英晶体正弦波振荡电路利用石英晶体作为选频网络,相当于一个高 Q 值的 LC 振荡电路。其振荡频率决定于石英晶体的固有谐振频率,频率稳定性很高。石英晶体正弦波振荡电路有串联和并联之分,因为频率稳定,在稳定性要求高的场合得到了广泛应用。

③ 非正弦波发生电路有矩形波、三角波以及锯齿波发生电路等。其电路组成、工作原理和分析方法与正弦波发生电路差别很大。

（a）矩形波发生电路可以由迟滞比较器和 RC 充放电回路组成。其振荡周期与 RC 充放电时间成正比，也与迟滞比较器的参数有关，控制充电、放电的时间常数不同，即可得到占空比可调的矩形波信号。

（b）将矩形波进行积分即可得到三角波，因此，三角波发生电路可由迟滞比较器和积分电路组成。

（c）在三角波发生电路中，使积分电容充电和放电的时间常数不同，且相差悬殊，在输出端即可得到锯齿波信号。

④ 压控振荡器是一种振荡频率受外加电压控制的振荡电路，可做成调频波振荡器、扫描振荡器等；集成函数发生器能产生三角波、矩形波、锯齿波等波形，只要按照要求连接就可方便使用。

习 题

题 9.1 一个负反馈放大器产生自激振荡的相位条件为 $\varphi_{AF}=(2n+1)\pi$，而正弦振荡器中的相位平衡条件是 $\varphi_{AF}=2n\pi$，这里有无矛盾？

题 9.2 振荡器的幅度平衡条件为 $|\dot{A}\dot{F}|=1$，而起振时，则要求 $|\dot{A}\dot{F}|>1$，这是为什么？

题 9.3 RC 桥式正弦振荡器如图 9.31 所示，其中二极管在负反馈支路内起稳幅作用。

（1）试在放大器框图 A 内填上同相输入端（+）和反相输入端（−）的符号，若 A 为 F007 型运放，试注明这两个输入端子的管脚号码。

（2）如果不用二极管，而改用下列热敏元件来实现稳幅：具有负温度系数的热敏电阻器 R_a；具有正温度系数的钨丝灯泡 R_b。试挑选元件 R_a 或 R_b 来替代图 9.31 中的负反馈支路电阻（R_1 或 R_3），并画出相应的电路图。

题 9.4 试用相位平衡条件判别图 9.32 所示各振荡电路。

（1）哪些可能产生正弦振荡，哪些不能？（注意耦合电容 C_b，C_e 在交流通路中可视作短路。）

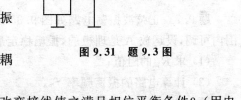

图 9.31 题 9.3 图

（2）对哪些不能满足相位平衡条件的电路，如何改变接线使之满足相位平衡条件？（用电路图表示）

题 9.5 电路如图 9.33 所示，稳压管 V_{DZ} 起稳幅作用，其稳定电压 $\pm V_Z=\pm 6$ V。试估算：

（1）输出电压不失真情况下的有效值；

（2）振荡频率。

题 9.6 电路如图 9.34 所示。

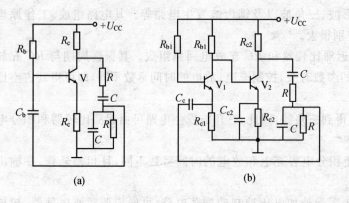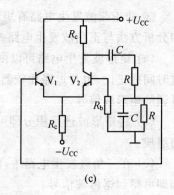

图 9.32 题 9.4 图

(1) 为使电路产生正弦振荡,标明集成运放中的同相和反相输入端符号"+""−";并说明电路属于哪种正弦波振荡电路。

(2) 若 R_1 短路,则电路将产生什么现象?

(3) 若 R_1 断路,则电路将产生什么现象?

(4) 若 R_f 短路,则电路将产生什么现象?

(5) 若 R_f 断路,则电路将产生什么现象?

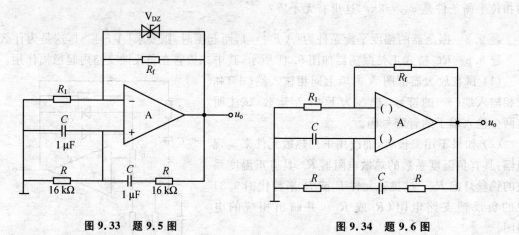

图 9.33 题 9.5 图　　　　图 9.34 题 9.6 图

题 9.7　正弦波振荡电路如图 9.35 所示,已知 $R_1=2\ \text{k}\Omega$,$R_2=4.5\ \text{k}\Omega$,R_W 在 $0\sim 5\ \text{k}\Omega$ 范围内可调,设运放 A 是理想的,振幅稳定后二极管的动态电阻近似为 $r_d=500\ \Omega$。

(1) 求 R_W 的阻值;

(2) 计算电路的振荡频率 f_0。

题 9.8　试用相位平衡条件判断图 9.36 所示的各个电路。

(1) 哪些可能产生正弦振荡,哪些不能?(对各有关电压标上瞬时极性)

(2) 对不能产生自激振荡的电路进行改接,使之满足相位平衡条件(用电路表示)。

题 9.9　收音机中的本机振荡电路如图 9.37 所示。

(1) 当半可调电容器 C_5 在 $12\sim 270\ \text{pF}$ 范围内调节时,计算振荡器的振荡频率可调范围;

(2) 三极管在电路中工作在什么组态?选择这种组态有什么好处?

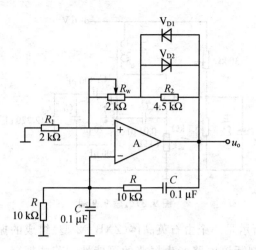

图 9.35 题 9.7 图

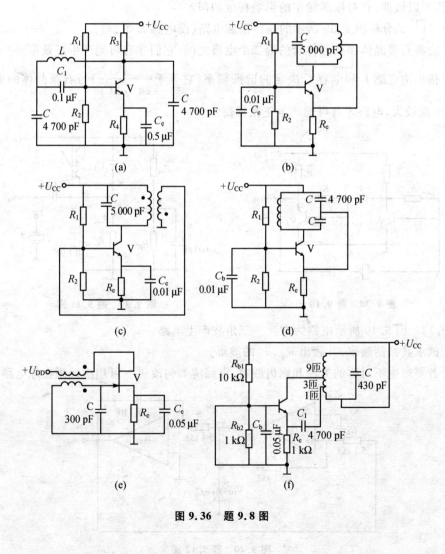

图 9.36 题 9.8 图

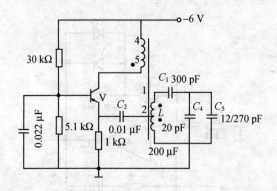

图 9.37 题 9.9 图

题 9.10 图 9.38 所示是一个由石英晶体(ZXB-2型)组成的振荡电路。其中 C_1 为几千皮法,C_2 为几个皮法,试判断该电路产生振荡的可能性。若能振荡,其振荡频率是接近 f_P 还是 f_S?C_1 可以微调,它对振荡频率的影响程度如何?

题 9.11 试分析图 9.39 所示的晶体振荡电路(设电感 L 可调)。

(1) 应将石英晶体接在晶体管的哪二个电极之间,它们才有可能产生正弦振荡?

(2) 指出由电感 L 和电容 C 决定的谐振频率(它等于 $\dfrac{1}{2\pi\sqrt{LC_2}}$)与石英晶体的谐振频率相比,哪个应较大,电路才有可能产生正弦振荡?

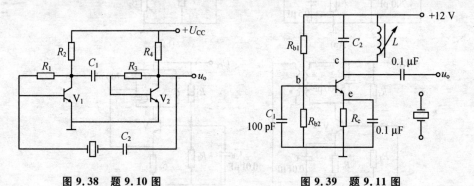

图 9.38 题 9.10 图   图 9.39 题 9.11 图

题 9.12 图 9.40 所示电路为方波—三角波产生电路。

(1) 试求其振荡频率,并画出 u_{o1},u_{o2} 的波形。

(2) 若要产生不对称的方波和锯齿波时,电路应如何改进?可用虚线画在原电路图上。

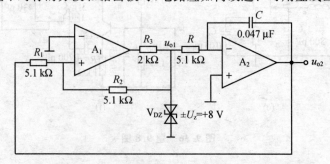

图 9.40 题 9.12 图

信号产生电路 第9章

题9.13 图9.41所示为光控电路的一部分,它将连续变化的光电信号转换成离散信号(即高、低电平信号),电流I随光照的强弱而变化。

(1) 在A_1和A_2中哪个工作在线性区?哪个工作在非线性区?为什么?

(2) 试求出表示U_O与I关系的传输特性。

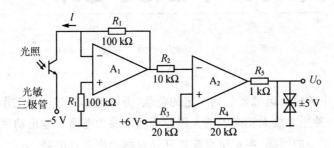

图9.41 题9.13图

第10章 低频功率放大电路

多级放大电路中的输出级都要驱动一定的负载,为使负载能够正常工作,输出级必须有足够大的输出功率,这种用来放大功率的放大级称为功率放大电路。输出功率、效率以及失真是功率放大电路更为关心的问题,本章重点探讨互补对称功率放大电路。

10.1 功率放大电路概述

10.1.1 功率放大器的特点及要求

功率放大电路与电压放大器的区别是,电压放大器是多级放大器的前级,它主要对小信号进行电压放大,主要技术指标为电压放大倍数、输入阻抗及输出阻抗等。而功率放大电路则是多级放大器的最后一级,它要带动一定负载,如扬声器、电动机、仪表和继电器等,所以,功率放大电路要求获得一定的不失真输出功率,具有一些独特的问题和要求。

(1) 输出功率要足够大

功率放大器应给出足够大的输出功率 P_o 以推动负载工作。为获得足够大的输出功率,功放管的电压和电流变化范围应很大。为此,它们常常工作在大信号状态,接近极限工作状态,要以不超过管子的极限参数(I_{CM}, βU_{CEO}, P_{CM})为限度。这就使得功放管安全工作成为功率放大器的重要问题。

如输入信号是某一频率的正弦信号,则输出功率表达式为

$$P_o = I_o U_o \tag{10-1}$$

如用振幅值可表示为

$$P_o = \frac{1}{2} I_{om} U_{om} \tag{10-2}$$

式中,I_o、U_o 均为输出电流、电压有效值,I_{om}、U_{om} 均为正弦输出电流、电压幅值。

(2) 效率要高

功率放大器的效率是指负载上得到的信号功率 P_o 与直流电源供给电路的直流功率 P_E 之比,用 η 表示,即

$$\eta = \frac{P_o}{P_E} \times 100\% \tag{10-3}$$

在直流电源提供相同直流功率的条件下,输出信号功率越大,电路的效率越高。对于小信号电压放大器来讲,由于输出功率较小,电源供给的直流功率也小,因此效率问题一般不需要

考虑。

功率放大器要求高效率地工作,一方面是为了提高输出功率,另一方面是为了降低管耗。直流电源供给的功率除了一部分变成有用的信号功率以外,剩余部分变成晶体管的管耗 P_C($P_C=P_E-P_o$)。管耗过大将使功率管发热损坏。所以,对于功率放大器,提高效率也是一个重要问题。

(3) 非线性失真要小

为提高输出功率,功率放大器采用的三极管均应工作在大信号状态下。由于三极管是非线性器件,在大信号工作状态下,极易超出管子特性曲线的线性范围而进入非线性区造成输出波形的非线性失真。

当输入是单一频率的正弦信号时,输出将会存在一定数量的谐波。谐波成分越大,表明非线性失真越大,通常用非线性失真系数表示,它等于谐波总量和基波成分之比。通常情况下,输出功率越大,非线性失真就越严重。因此,功率放大器比小信号的电压放大器的非线性失真问题严重。

在实际应用中,有些设备对失真问题要求很严,因此,要采取措施减小失真,使之满足负载的要求。减小非线性失真,是功率放大器的又一个重要问题。

(4) 保护及散热问题

由于功放管承受高电压、大电流,相当部分功率消耗在功放管的集电结上,结温和管壳温度会变得很高。因而功放管的保护及散热问题也应重视。

概括起来说,要求功率放大器在保证晶体管安全运用的情况下,获得尽可能大的输出功率、尽可能高的效率和尽可能小的非线性失真。

功率放大器工作点的动态范围大,功率放大电路中的三极管通常工作在大信号状态,因此在进行分析时,通常采用图解法来分析放大电路的静态和动态工作情况。

10.1.2 功率放大器的分类

功率放大器一般是根据功放管工作状态的不同(或功放管导通时间的长短)进行分类的。一般可分为甲类、乙类、甲乙类及丙类 4 种功率放大器。

(1) 甲类工作状态

当输入为正弦信号的情况下,在整个周期内晶体管都处于导通状态,称为甲类工作状态,甲类工作状态又称为 A 类工作状态。这种电路的优点是输出信号失真较小(前面讨论的电压放大器都工作在这种状态),缺点是三极管有较大的静态电流 I_{CQ},这时管耗 P_C 大,电路能量转换效率低。计算知道,甲类工作状态的效率低于 50%。

(2) 乙类工作状态

在正弦信号的一个周期中,晶体管只导通半个周期,而在另外半个周期晶体管截止,称为乙类工作状态。乙类工作状态又称为 B 类工作状态。由于三极管的静态电流 $I_{CQ}=0$,所以能量转换效率高,它的缺点是只能对半个周期的输入信号进行放大,非线性失真大。

(3) 甲乙类工作状态

它是介于甲类和乙类之间的工作状态,晶体管的导通时间大于半个周期,但小于一个周期,称为甲乙类工作状态。甲乙类工作状态又称为 AB 类工作状态。甲乙类放大电路可以有效克服乙类放大电路的失真问题,且能量转换效率也较高,目前使用较广泛。

(4) 丙类工作状态

丙类工作状态下,晶体管导通时间小于半个周期,丙类工作状态又称为C类工作状态。

在相同激励信号作用下,丙类功放集电极电流的流通时间最短,一个周期平均功耗最低,而甲类功放的功耗最高。分析表明,理想情况下,甲类功放的最高效率为50%,乙类功放的最高效率为78.5%,丙类功放的最高效率可达85%~90%。

在低频功率放大电路中,采用前3种工作状态,如在电压放大电路中,采用甲类,功率放大电路采用甲乙类或乙类。至于丙类功放要求特殊形式的负载,不适用于低频,常用于高频领域或特殊振荡器中。

将静态工作点Q设置在负载线性段的中点时,则功放工作在甲类,如图10.1(a)所示;若将静态工作点Q设置在横轴上,则I_C仅在半个信号周期内通过,其输出波形被削掉一半,如图10.1(b)所示,则功放工作在乙类;若将静态工作点设在线性区的下部靠近截止区,则其I_C的流通时间为多半个信号周期,输出波形被削掉一部分。如图10.1(c)所示,则功放工作在甲乙类。

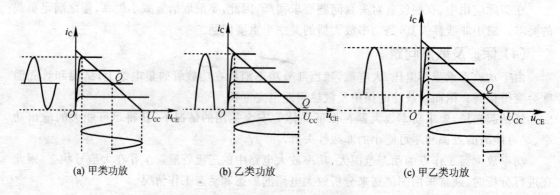

图10.1 功率放大器的工作状态

10.1.3 提高输出功率和效率的方法

输出功率和效率是功放的两个重要指标。实际应用中,通常采取增大直流电源和改善器件散热条件的措施来提高输出功率;采取改变功放管的工作状态和选择最佳负载的措施来提高效率。

1. 提高输出功率的措施

(1) 提高电源电压

输出功率与最大输出电压有直接关系,要提高输出电压必须增大直流电源值。但是增大电源会使功放管承受更大的电压和电流,必须注意功率管极限参数的选择,一定保证管子的极限参数大于实际中可能出现的最大电流和电压,并要留一定余量。

(2) 改善器件的散热条件

普通功率三极管的外壳较小,散热效果差,所以允许的耗散功率低。当加上散热片,使得器件的热量及时散热后,则输出功率可以提高很多。例如低频大功率管3AD6在不加散热片时,允许的最大功耗P_{cm}仅为1 W,加了120 mm×120 mm×4 mm的散热片后,其P_{cm}可达到10 W。在实际功率放大电路中,为了提高输出信号功率,在功放管一般加有散热片。

2. 提高效率的措施

功放电路效率与电路工作状态有直接关系。分析证明,甲类放大静态工作点高,效率低,单管乙类和甲乙类放大,虽然减小了静态功耗,提高了效率,但都呈现了严重的波形失真。因此,既要保持静态时功耗小,又要使失真在许可范围内,这就需要在电路结构上采取措施,通常采用互补对称电路。

功放电路效率与负载的选择也有关系,互补对称电路一般对负载的范围要求较为严格,当负载与电路匹配性差时,将对输出功率和效率有严重影响。为了解决这个矛盾,常采用变压器耦合互补推挽功放,通过变压器的阻抗匹配,可以选择最佳负载,利于提高输出功率和效率。但变压器笨重、体积大、消耗有色金属,并且低频和高频特性差,放大电路引入反馈后易产生自激,所以目前的发展趋势是无输出变压器的功率放大电路。本章主要介绍各种方式的互补对称式功率放大电路。

思考题
1. 简述甲类、乙类、甲乙类的工作特点。
2. 对功率放大电路和电压放大电路的要求有何不同?

10.2 互补对称功率放大电路

低频功放采用乙类或甲乙类工作状态可以提高效率。但功放管处于乙类或甲乙类工作状态时,将产生严重的非线性失真。为解决此矛盾,可以选用两只特性完全相同的异型晶体管,使它们都工作在乙类或甲乙类状态。两只晶体管轮流工作,一只晶体管在输入信号正半周导通,另一只晶体管在输入信号负半周导通,这样两管交替工作,犹如一推一挽,在负载上合成完整的信号波形。这就是互补对称功率放大电路,又称为推挽功率放大电路。根据采用电源不同,又分为双电源和单电源互补对称功率放大电路两类,其中,双电源互补对称功率放大电路又称为 OCL 功率放大电路,单电源互补对称功率放大电路又称为 OTL 功率放大电路。

10.2.1 乙类双电源互补对称功率放大电路

选择两个特性一致的管子,使之都工作在乙类状态,则可组成乙类互补对称功放。乙类互补对称功放其中一个管子在正弦信号的正半周工作,而另一个管子工作在正弦信号的负半周工作,则在负载上得到一个完整的正弦波。

1. 电路组成及工作原理

双电源乙类互补对称功放,既可保持静态时功耗小,又可减小失真,电路如图 10.2 所示。V_1 为 NPN 型管,V_2 为 PNP 型管,两管参数对称。两管的基极和射极应对接在一起,基极接输入信号,射极接输出信号,电路工作原理如下。

(1) 静态分析

当输入信号 $u_i=0$ 时,两个三极管都工作在截止区,此时 I_{BQ},I_{CQ},I_{EQ} 均为零,负载上无电流通过,输出电压 $u_o=0$。

(2) 动态分析

当输入信号为正半周时,$u_i>0$,三极管 V_1 导通,V_2 截止,V_1 管的射极电流 i_{e1} 从 $+U_{CC}$ 自上

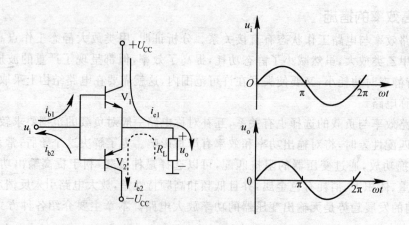

图 10.2 双电源乙类互补对称功率放大器及其输入输出波形

而下流过负载,在 R_L 上形成正半周输出电压,$u_o > 0$。

当输入信号为负半周时,$u_i < 0$,三极管 V_2 导通,V_1 截止,V_2 管的射极电流 i_{e2} 经 $-U_{CC}$ 自下而上流过负载,在 R_L 上形成负半周输出电压,$u_o < 0$。

不难看出,在输入信号 u_i 的一个周期内,V_1,V_2 管轮流导通,而且 i_{e1},i_{e2} 流过负载的方向相反,从而形成完整的正弦波。由于这种电路中的三极管交替工作,即一个"推",一个"挽",互相补充,故这种电路又称为互补对称推挽电路。

2. 指标的计算

互补对称功率放大电路在正常情况下,V_1,V_2 管交替对称各工作半周,因此,分析 V_1,V_2 管工作的半周情况,可推知整个放大器的电压、电流波形。现以 V_1 管工作的半周情况为例进行分析。当 $u_i = 0$ 时,$i_{B1} = i_B = 0$,$i_{C1} = i_C = 0$,$u_{CE1} = u_{CE} = U_{CC}$。电路工作在 Q 点,如图 10.3 所示,当 $u_i \neq 0$ 时,交流负载线的斜率为 $-1/R_L$,因此,过 Q 点作斜率为 $-1/R_L$ 的直线即为交流负载线。如输入信号 u_i 足够大,则可求出 i_C 的最大幅值 I_{cm} 和 U_{ce} 的最大幅值 $U_{cem} = U_{CC} - U_{ces} = I_{cm} R_L$。图 10.2 中,$V_2$ 管的导通情况与 V_1 管相似,区别在于它是负半周导电。综合 V_1 管与 V_2 管的导通情况,显然可得允许的 i_C 最大变化范围为 $2I_{cm}$,u_{CE} 的最大变化范围为 $2(U_{CC} - U_{ces}) = 2I_{cm} R_L$。

根据以上分析,可求出工作在乙类的互补对称电路的输出功率 P_o、管耗 P_C、直流电源供给的功率 P_E 和效率 η。

(1) 输出功率 P_o

输出功率用输出电压有效值和输出电流有效值的乘积来表示(或用管子中变化电流、变化电压的有效值表示)。设输出电压的幅值为 U_{om},由于图 10.2 中的两个三极管是射极输出状态,当输入信号足够大,且考虑饱和压降 U_{ces} 时,则输出的最大电压幅值为

$$U_{om} = U_{cem} = U_{CC} - U_{ces}$$

输出功率为

$$P_o = I_c U_o = \frac{U_{cem}}{\sqrt{2}} \frac{I_{cm}}{\sqrt{2}} = \frac{1}{2} I_{cm} U_{cem} = \frac{1}{2} \frac{U_{cem}^2}{R_L} \tag{10-4}$$

一般情况下,输出电压的幅值 U_{cem} 总是小于电源电压 U_{CC} 值,故引入电源利用系数 ξ

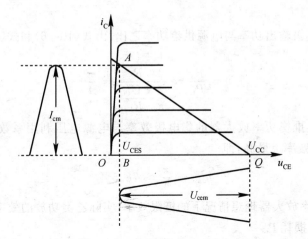

图 10.3　图 10.2 电路 u_i 为正半周时的工作情况

$$\xi = \frac{U_{cem}}{U_{CC}} \tag{10-5}$$

将式(10-5)代入式(10-4)得

$$P_o = \frac{1}{2}\frac{U_{cem}^2}{R_L} = \frac{1}{2}\frac{\xi^2 U_{CC}^2}{R_L} \tag{10-6}$$

当忽略饱和压降 U_{ces} 时,即 $\xi=1$,输出功率最大,输出功率 P_{om} 可按下式估算:

$$P_{om} \approx \frac{1}{2}\frac{U_{CC}^2}{R_L}$$

(2) 直流电源供给的功率 P_E

设输出集电极电流 $i_c = I_{cm}\sin\omega t$,由于两路电源各提供半个周期的电流,所以单个电源提供的平均电流为

$$I_{av1} = I_{av2} = \frac{1}{2\pi}\int_0^{2\pi} i_{c1}\mathrm{d}(\omega t) = \frac{1}{2\pi}\int_0^{\pi} I_{cm}\sin\omega t \mathrm{d}(\omega t) = \frac{1}{\pi}I_{cm}$$

因此,直流电源 U_{CC} 供给的功率为

$$P_{E1} = I_{av1}U_{CC} = \frac{1}{\pi}I_{cm}U_{CC} = \frac{1}{\pi}\frac{U_{cem}}{R_L}U_{CC} = \frac{\xi}{\pi}\frac{U_{CC}^2}{R_L}$$

因考虑是正负两组直流电源,故总的直流电源的供给功率为

$$P_E = 2P_{E1} = \frac{2\xi}{\pi}\frac{U_{CC}^2}{R_L} \tag{10-7}$$

可见 U_{CC} 越大,输入信号越强(ξ 越大),R_L 越小,则电源供给的功率 P_E 就越大。$\xi=1$ 时,P_E 最大为

$$P_{Emax} = \frac{2U_{CC}^2}{\pi R_L}$$

$\xi=0$ 时,P_E 最小为 $P_{Emin}=0$。

由以上分析可知,乙类工作状态下,电源供给的直流功率不是恒定不变的,而是随着输入信号大小而变化。输入信号小时,电源供给的直流功率也小;输入信号大时,电源供给的直流功率也大。所以,乙类工作状态效率较高。

(3) 效率 η

电极效率是集电极输出功率与电源供给功率之比，由式(10-6)和式(10-7)可确定 η

$$\eta = \frac{P_o}{P_E} = \frac{\dfrac{1}{2}\dfrac{\xi^2 U_{CC}^2}{R_L}}{\dfrac{2}{\pi}\dfrac{\xi U_{CC}^2}{R_L}} = \frac{\pi}{4}\xi \tag{10-8}$$

式(10-8)表明，乙类推挽功率放大器的集电极效率与电源电压利用系数 ξ 成正比。当 $\xi=1$ 时，$U_{om}=U_{cm}\approx U_{CC}$，效率 η 最高，即

$$\eta_{max} = \frac{\pi}{4} \approx 78.5\% \tag{10-9}$$

式(10-9)是乙类功率放大器理想情况下的极限效率，实际乙类功放的效率一般在60%左右。

(4) 集电极功率损耗 P_c

直流电源的供给功率与输出功率的差值就是消耗在三极管上的功率，即

$$P_c = P_E - P_o = \frac{U_{CC}^2}{R_L}\left(\frac{2}{\pi}\xi - \frac{1}{2}\xi^2\right) \tag{10-10}$$

由式(10-10)可得最大集电极功耗不是出现在 $\xi=0$（静态）处，也不是出现在 $\xi=1$（输出功率最大）处。对式(10-10)求导数，并令

$$\frac{dP_c}{d\xi} = \frac{U_{CC}^2}{R_L}\left(\frac{2}{\pi} - \xi\right) = 0$$

由上式可求出当 $\xi=2/\pi\approx 0.636$ 时，三极管消耗的功率最大，其值为

$$P_{cmax} = \frac{2}{\pi^2}\frac{U_{CC}^2}{R_L} = \frac{4}{\pi^2}P_{omax} \approx 0.4 P_{omax}$$

单个管子的最大管耗为

$$P_{1cmax} = P_{2cmax} = \frac{1}{2}P_{cmax} \approx 0.2 P_{om} \tag{10-11}$$

式(10-11)可用来作为选择功率管的依据。例如，若要求 $P_{omax}=10$ W，则只要选用集电极功耗 $P_{CM}\geqslant 2$ W 的晶体管即可。

3. 三极管的选择

通过以上分析计算可知，输出功率和管耗都是输出电压的函数。在输出功率最大时，所对应的管耗并不是最大。当 $\xi=0.636$ 时，即 $U_o=0.636 U_{CC}$ 时，管耗最大。

通常必须按照以下要求选择三极管参数：

① 每只三极管的最大允许管耗 P_{CM} 必须大于 $0.2 P_{om}$；

② 考虑到 V_2 导通时，$u_{CE2}\approx 0$，此时，u_{CE1} 具有最大值，且约等于 $2U_{CC}$。因此，应选用 $U_{(BR)CEO}>2U_{CC}$ 的管子；

③ 通过三极管的最大集电极电流为 U_{CC}/R_L，选择三极管的 I_{CM} 应高于此值。

10.2.2 甲乙类双电源互补对称电路

1. 交越失真

图 10.2 乙类互补对称电路效率比较高，但存在交越失真问题。这是因为三极管输入特性曲线有一段死区，而且死区附近非线性又比较严重，而图10.2中两管的静态工作点取在晶体

第 10 章 低频功率放大电路

管输入特性曲线的截止点上,没有基极偏流。当输入信号 $|u_i|$ 小于开启电压时,V_1,V_2 都截止,两管电流均为零,无输出信号;在刚大于开启电压的很小范围内,i_{C1},i_{C2} 变化很慢,输出信号非线性严重。这样,在两管交替工作前后,在负载上产生的波形和输入正弦波形相差较大,如图 10.4 所示。这种乙类推挽放大器所特有的失真称为交越失真。

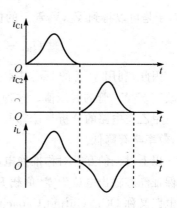

2. 电路组成及工作原理

采用甲乙类互补对称电路,可以克服交越失真问题。为了消除交越失真,可分别给两只晶体管的发射结加适当的正向基极偏压,让两只晶体管各有一个较小的电流 I_{CQ} 流过。这样,既可以消除交越失真,又不会对效率有很大的影响。甲乙类互补对称电路的常用形式如图 10.5 所示。

图 10.4 乙类电路的交越失真波形

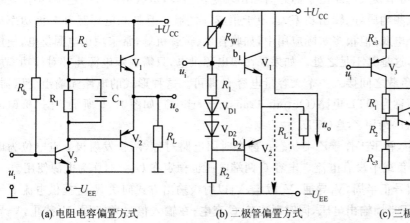

(a) 电阻电容偏置方式　　　(b) 二极管偏置方式　　　(c) 三极管偏置方式

图 10.5 常用的甲乙类互补对称电路形式

对于图 10.5(a) 电路,是利用 V_3 管的静态电流 I_{C3Q} 在电阻 R_1 上的压降来提供 V_1,V_2 管所需的偏压,即

$$U_{BE1} + U_{EB2} = I_{C3Q} R_1$$

其中,V_3 管组成前置放大电路,电容 C 用来抑制偏置对交流信号的影响。当选择管子参数完全一致,且 $U_{CC} = U_{EE}$ 时,有

$$U_{BE1} = U_{BE2} = \frac{1}{2} I_{C3Q} R_1$$

对于图 10.5(b) 电路,利用二极管的正向压降为 V_1,V_2 提供所需的正向偏压,即

$$U_{BE1} + U_{EB2} = U_{D1} + U_{D2}$$

上述两种偏置方法的偏置电压不易调整,实际中,经常采用图 10.5(c) 电路。图 10.5(c) 电路中,V_4,R_1,R_2 组成的 U_{BE} 倍压电路为 V_1,V_2 管提供所需偏压。

由图 10.5(c) 可知

$$I_{R2} = \frac{U_{BE4}}{R_2}$$

设流入 V_4 管的基极电流远小于流过 R_1,R_2 的电流,则可忽略 V_4 管基极电流 I_{B4},则 $I_{R1} \approx$

I_{R2},于是可以得到 V_1,V_2 管上的偏置电压为

$$U_{BB} = U_{CE4} = U_{R1} + U_{R2} = U_{BE4}\frac{R_1+R_2}{R_2} \qquad (10-12)$$

因此,利用 V_4 管的 U_{BE4} 基本为一个固定值(0.6~0.7 V),只要适当调节 R_1,R_2 的比值,就可改变 V_1,V_2 管的偏压值。这种方法常称为 U_{BE} 扩大电路,在集成电路中经常用到。

甲乙类电路的分析与计算与乙类基本相同,但是由于引入了静态偏置电路,功耗有所增加,效率略有降低。

以上讨论的互补对称推挽电路,由于采用正负两组电源供电,当无输入信号时,适当调节,可保证静态输出电位为零,负载 R_L 可直接连到功放电路输出端,不需要输出耦合电容,因此这种电路又称 OCL(Output Capacitor Less)电路。

10.2.3 单电源互补对称电路

双电源互补对称功率放大电路由于静态时输出端电位为零,负载可以直接连接,不需要耦合电容,因而它具有低频响应好、输出功率大、便于集成等优点。但是双电源互补对称功率放大器中需要正、负两个电源,但很多实际应用中,如收音机、扩音机等,常采用单电源供电,使用起来有时会感到不便,这是其不足之处。如果采用单电源供电,只需在双电源互补对称功率放大电路两管发射极与负载之间接入一个大容量电容 C 即可。这种形式的电路无输出变压器,而有输出耦合电容,简称为 OTL 电路(Output Transformerless),如图 10.6 所示。图 10.6(a) 为乙类 OTL,图 10.6(b) 为甲乙类 OTL。

图 10.6(a) 电路中,管子工作于乙类状态。静态时因电路对称,两管发射极 e 点电位为电源电压的一半 $U_{CC}/2$,负载中没有电流。电容 C 两端电压也稳定在 $U_{CC}/2$,作为电源使用。

动态时,在输入信号正半周,V_1 导通,V_2 截止,V_1 以射极输出方式向负载 R_L 提供电流 $i_L = i_{C1}$,使负载 R_L 上得到正半周输出电压,同时对电容 C 充电;在输入信号负半周,V_1 截止,V_2 导通,电容 C 通过 V_2,R_L 放电,V_2 也以射极输出的方式向 R_L 提供电流 $i_L = i_{C2}$,在负载 R_L 上得到负半周输出电压。电容器 C 在这时起到负电源的作用。为了使输出波形对称,即 i_{C1} 与 i_{C2} 大小相等,必须保持 C 上电压恒为 $U_{CC}/2$ 不变,也就是 C 在放电过程中其端电压不能下降过多,因此,C 的容量必须足够大。

为保证功率放大器良好的低频响应,电容 C 一般按下式选择

$$C \geqslant \frac{1}{2\pi f_L R_L} \qquad (10-13)$$

式中,f_L 为放大器所要求的下限频率。

图 10.6(a) 电路的管子工作于乙类状态,同样存在交越失真,为消除交越失真,实际电路多采用图 10.6(b) 电路。

图 10.6(b) 中,V_1,V_2 管子工作于甲乙类状态。V_3 组成激励级,工作在甲类放大状态。V_1,V_2 组成互补功放级,输出端通过大电容 C 与负载 R_L 相接。由 V_3 的静态电流在二极管 V_{D1},V_{D2} 两端产生的电压为 V_1,V_2 提供正向偏置电压,以消除交越失真。

调整激励级 V_3 的静态工作点,可使 V_1,V_2 两管静态时发射极电压为 $U_{CC}/2$,电容 C 两端电压也稳定在 $U_{CC}/2$,这样两管的集、射极之间如同分别加上了 $U_{CC}/2$ 和 $-U_{CC}/2$ 的电源电压。

低频功率放大电路

第 10 章

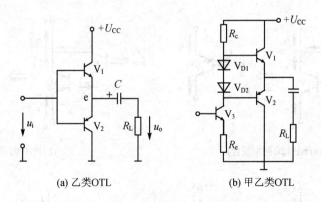

(a) 乙类OTL   (b) 甲乙类OTL

图 10.6 单电源互补对称电路

由于 C 容量很大(大于 200 μF),其充放电时间常数远大于信号的半个周期,所以在两管轮流导通时,电容器两端电压基本不变,近似等于 $U_{CC}/2$。因此 V_1,V_2 两管的等效电源电压为 $U_{CC}/2$,这与正负两组电源供电情况是相同的。

由上述分析可知,单电源互补对称电路的工作原理与正、负双电源互补对称电路的工作原理相似,不同之处只是最大输出电压幅度由 U_{CC} 降为 $U_{CC}/2$,因此,单电源互补对称电路的输出功率、效率、功耗以及三极管的参数等的计算方法与双电源互补对称电路完全相同,只要将 OCL 电路式中的 U_{CC} 改为 $U_{CC}/2$,就可用于单电源互补对称功率放大器。这里不再重复,请读者自行推出该电路的最大输出功率的表达式。

与 OCL 电路相比,OTL 电路少用了一个电源,但由于输出端的耦合电容容量大,则电容器内铝箔卷绕圈数多,呈现的电感效应大,它对不同频率的信号会产生不同的相移,输出信号有附加失真,这是 OTL 电路的缺点。

10.2.4 复合管互补对称电路

在互补对称功率放大电路中,如果负载电阻较小,并要求得到较大的功率,则电路必须为负载提供很大的电流,一般很难从前级获得这样大的电流,因此需设法将电流放大,为此,必须提高三极管的 β 值;另外,为了保证信号正、负半周的对称放大,要求两互补三极管必须匹配,这对 NPN 和 PNP 两种异型大功率管,实现起来比较困难,而同类型管子则容易挑选。为此,通常在电路中采用复合管接法来实现上述要求。

1. 复合管

复合管是由两个或两个以上三极管按一定的方式连接而成的,复合管又称为达林顿管。复合管可以由同类型三极管构成,也可以由不同类型三极管构成,复合管的连接形式共有 4 种,如图 10.7 所示。其中图 10.7(a)和(b)是由两只同类型三极管构成的复合管,图 10.7(c)和(d)是由不同类型三极管构成的复合管。组成复合管时要注意几点:

① 串接点的电流必须相同;
② 所加电压必须保证所有管子 e 结和 c 结同样偏置;
③ 并接点电流的方向必须保持一致。

观察图 10.7 可以看出,复合管的类型取决于第一只三极管。这是因为复合管的基极电流 i_B 等于第一个管子的 i_{B1},所以复合管的性质取决于第一个晶体管的性质。若第一个管子为

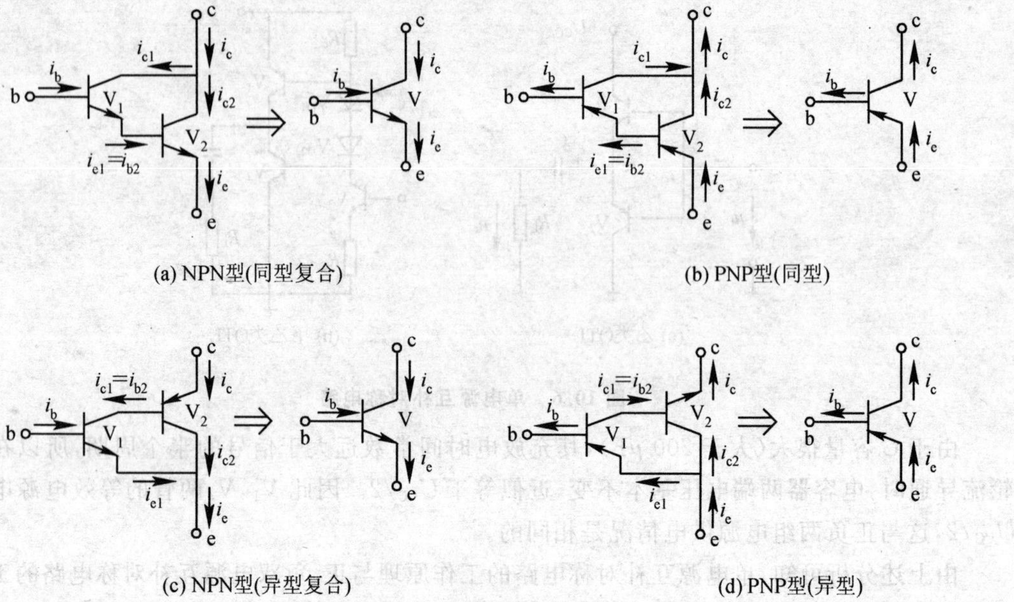

(a) NPN型(同型复合)　　　　(b) PNP型(同型)

(c) NPN型(异型复合)　　　　(d) PNP型(异型)

图 10.7　复合管的组成

PNP,则复合管也为 PNP,反之为 NPN。例如,图 10.7 中,V_1 为 NPN 型,则复合管就为 NPN 型。输出功率的大小取决于输出管 V_2,V_2 是大功率三极管。下面计算复合管的电流放大系数 β 以及发射结等效电阻 r_{be}。

设三极管 V_1,V_2 的电流放大系数分别为 β_1,β_2,发射结等效电阻分别为 r_{be1},r_{be2}。对于同型复合,由图 10.7(a)可得

$$\beta = \frac{i_c}{i_b} = \frac{i_{c1} + i_{c2}}{i_{b1}} = \frac{\beta_1 i_{b1} + \beta_2 i_{b2}}{i_{b1}} = \frac{\beta_1 i_{b1} + \beta_2 (1+\beta) i_{b1}}{i_{b1}} = \beta_1 + \beta_2 + \beta_1 \beta_2 \approx \beta_1 \beta_2 \quad (10-14)$$

$$r_{be} = \frac{u_{be}}{i_b} = \frac{u_{be1} + u_{be2}}{i_{b1}} = \frac{i_{b1} r_{be1} + i_{b2} r_{be2}}{i_{b1}} = \frac{i_{b1} r_{be1} + (1+\beta_1) i_{b1} r_{be2}}{i_{b1}} = r_{be1} + (1+\beta_1) r_{be2} \quad (10-15)$$

图 10.7(b) 可以得出同样的结论。对于异型复合,由图 10.7(c)可得

$$\beta = \frac{i_c}{i_b} = \frac{i_{e2}}{i_{b1}} = \frac{(1+\beta_2) i_{c1}}{i_{b1}} = \frac{(1+\beta_2) \beta_1 i_{b1}}{i_{b1}} = \beta_1 + \beta_1 \beta_2 \approx \beta_1 \beta_2 \quad (10-16)$$

$$r_{be} = \frac{u_{be}}{i_b} = \frac{u_{be1}}{i_{b1}} = r_{be1} \quad (10-17)$$

图 10.7(d)可以得出同样的结论。

综合以上分析,可以得出如下结论:

① 复合管的极性取决于第一只三极管。

② 输出功率的大小取决于输出管。

③ 若 V_1 和 V_2 管的电流放大系数为 β_1,β_2,则复合管的电流放大系数 $\beta \approx \beta_1 \cdot \beta_2$。

④ 同型复合管和异型复合管发射结等效电阻差别很大,异型复合管发射结等效电阻就是第一只三极管的等效电阻,在实用中,要注意区别。

复合管虽有电流放大倍数高的优点,但它的穿透电流较大,且高频特性变差。这是因为,复合管中的第一只晶体管的穿透电流会进入晶体管被放大,致使总的穿透电流比单管穿透电流大得多。

为了减小穿透电流的影响,常在两只晶体管之间并接一个泄放电阻 R,如图 10.8 所示,R 的接入可将 V_1 管的穿透电流分流,R 越小,分流作用越大,总的穿透电流越小。当然,R 的接入同样会使复合管的电流放大倍数下降。

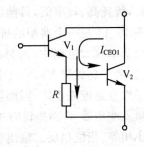

图 10.8 接有泄放电阻的复合管

2. 复合管互补对称功率放大电路

利用图 10.7(a)和(b)形式的复合管代替图 10.5 中的 V_1 和 V_2 管,就构成了采用复合管的互补对称输出级,如图 10.9 所示。它可以降低对前级推动电流的要求。

不过其互补功率放大器要求两个输出管性能对称匹配。图 10.9 电路中,直接为负载 R_L 提供电流的两个末级对管 V_2、V_4 的类型截然不同。V_2 为 NPN 管,V_4 为 PNP 管,在大功率情况下,两者很难选配到完全对称。所以,用复合管构成代替图 10.5 中的 V_1 和 V_2 管时,希望输出管都用 NPN 管,因为 NPN 管的性能一般比 PNP 管好。

NPN 管采用图 10.7(a)电路,PNP 管采用图 10.7(d)电路,则可得出复合管互补对称电路的另一种形式,如图 10.10 所示。这样,承受大电流的管子均用大功率 NPN 管,因此比较容易配对。这种电路被称为准互补对称电路。图 10.10 中 R_{e1} 和 R_{e2} 是为了分流反向饱和电流而加的电阻,目的是提高功放的温度稳定性,同时还能为复合管提供一个合适的静态工作点。

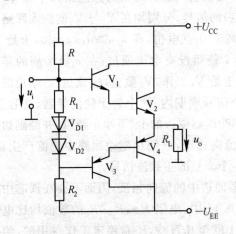
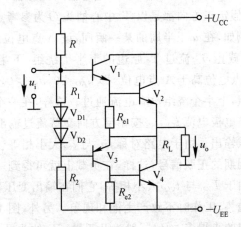

图 10.9 复合管互补对称电路　　图 10.10 复合管准互补对称电路

10.2.5 变压器耦合推挽功率放大电路

OCL、OTL 功率电路虽然结构简单、效率高,具有频率响应好,容易实现集成化、小型化等优点,但在这种电路中,负载的阻值必须限制在一定的范围内,当负载的变化范围较大时,往往不能充分发挥功放管的作用,使输出功率受到影响。利用变压器的阻抗变换特性很容易解决这个问题。

变压器耦合功率放大电路有单管和推挽等形式。变压器耦合单管功率放大电路工作于甲类状态,管耗高、效率低,目前已不采用。下面对变压器耦合推挽功率放大电路进行介绍。

图 10.11 是一个典型的推挽功率放大电路。和前述互补对称电路相似,在图 10.11 所示的推挽功率放大电路中,两只晶体管 V_1 和 V_2 型号相同,参数一致。图 10.11 中,为了减少交越失真,两个功放管 V_1,V_2 工作在甲乙类放大状态,调整基极偏置电路中的电阻 R_{b1},R_{b2} 可使静态工作点靠近截止区,因而静态电流 I_{C1},I_{C2} 很小,可近似为零。

输入变压器 T_1 副边设有中心抽头,以保证输入信号对称输入,使 V_1 和 V_2 两管的基极信号大小相等、相位相反。输出变压器 T_2 的原边亦设有中心抽头,以分别将 V_1 和 V_2 的集电极电流耦合到 T_2 的副边,向负载输出功率。

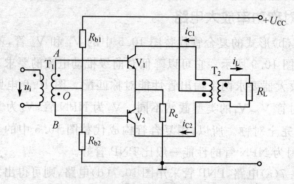

图 10.11 变压器耦合推挽功率放大电路

静态时,$i_L=0$,无功率输出。由于 I_{C1},I_{C2} 很小,所以电源供给的直流功率也很小。

当有正弦信号 u_i 输入时,通过输入变压器 T_1 的耦合,在 T_1 的副边感应出大小相等、极性相反(假定正方向都是以 T_1 中心抽头 O 为参考点)的信号,分别加在 V_1 与 V_2 的输入回路中。

例如,在 u_i 正半周的某一瞬间,设 A 点电位高于 B 点电位,即 $u_{AO}>0$,$u_{BO}<0$,于是 V_1 工作、V_2 截止,i_{C1} 流过 T_2 原边的上半个绕组,下半个绕组没有电流通过;在 u_i 负半周的某一瞬间,B 点电位高于 A 点电位,即 $u_{AO}<0$,$u_{BO}>0$,于是 V_2 工作、V_1 截止,i_{C2} 流过 T_2 原边的下半个绕组,上半个绕组没有电流通过。这样,在一个信号周期内,两个管子轮流导通、交替工作,两管集电极电流 i_{C1},i_{C2} 按相反方向交替流过输出变压器原边的上、下半个绕组,并经副边轮流向负载输出。由于电路对称,i_{C1} 与 i_{C2} 大小相等、流向相反,它们在副边回路中轮流产生正、负半个周期的正弦信号,这样,在负载上就可得到一个完整的正弦波信号。

由于 I_{CQ1} 与 I_{CQ2} 大小相等,它们在输出变压器原边中的流向相反,因而不会在铁芯中产生直流磁势,工作时不致产生饱和现象。另外,图 10.11 中,电阻 R_{b1},R_{b2},R_e 的数值均比电压放大器取的小得多。R_{b1} 一般为几千欧,R_{b2} 约为几十欧至几百欧,R_e 是稳定工作点用的,约为几欧至十几欧。

有关变压器耦合推挽功率放大电路输出功率、管耗及效率的计算,读者可参考乙类互补对称电路的计算公式,二者基本相同。但计算电路的总效率时,应当考虑变压器的效率 η_T,考虑后的总效率为

$$\eta = \eta_T \cdot \eta_C \qquad (10-18)$$

式中,η_C 为管子集电极输出功率与直流电源供给功率的比值。最后还要指出的是,变压器耦合功率电路也有其自身的缺点,如体积大、价格高、低频效应差等,当从变压器的输出端引回反馈时,还易产生自激。因此,这种电路多在一些有特殊要求的场合使用。

10.2.6 实际功率电路举例

1. OCL 功率放大电路

图 10.12 为一准互补功率放大电路,它是高保真功率放大器的典型电路。电路由前置输入放大级、中间放大级和输出级组成。

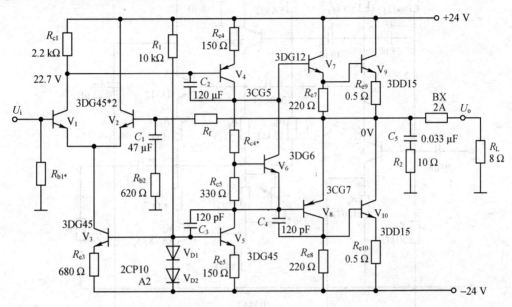

图 10.12 OCL 准互补对称功率放大电路

V_1,V_2,V_3 组成单端输入、单端输出的恒流源差动放大电路,作为前置放大级,除了对输入信号进行放大外,还有温度补偿和抑制零漂的作用;

V_4,V_5 组成有源负载的共射放大器作为中间放大级,其中 V_4 为放大管,V_5 是恒流源,作为 V_4 的有源负载,从而保证本级有较高的电压增益。

由 $V_7 \sim V_{10}$ 共同构成准互补 OCL 电路,作为输出级,向负载输出大功率。其中 V_7,V_9 复合等效为一只 NPN 管,V_8,V_{10} 复合等效为一只 PNP 管。同时,由 V_6,R_{C4},R_{C5} 组成"UBE 扩大电路",为功放复合管提供微弱的正偏电压,以消除交越失真。调节 R_{C4} 可方便地改变 V_7,V_8 基极间的静态压降。$R_{e7} \sim R_{e10}$ 可使电路稳定。

由 V_3,V_5 和 V_{D1},V_{D2},R_1 组成的电流源电路作为偏置电路为各级提供合适的静态偏置,同时兼作有源负载以提高电压增益。C_1 为耦合电容,C_2,C_3,C_4 为消除自激的电容校正,C_5 和 R_2 组成负载补偿电路。

R_f,C_1 和 R_{b2} 构成电压串联负反馈,以提高电路稳定性并改善性能。在满足深负反馈的条件下,电路电压放大倍数 A_{uf} 可通过下式估算:

$$A_{uf} \approx \frac{R_f + R_{b2}}{R_{b2}} \tag{10-19}$$

2. 实际 OTL 功率放大电路

图 10.13 是一个 OTL 互补对称功率放大电路,用作电视机伴音功率放大器。电路中 V_1 是具有工作点稳定的共射电路,构成前置电压放大级。输入信号被放大后,经 C_3 耦合至由 V_2

构成的共射电路，V_2 构成的共射电路作为推动级。V_3，V_4 及相关电阻构成甲乙类互补对称功放电路，作为功率输出级，将信号经 C_6 耦合到负载 R_L 上，其输入信号为推动级的输出信号。

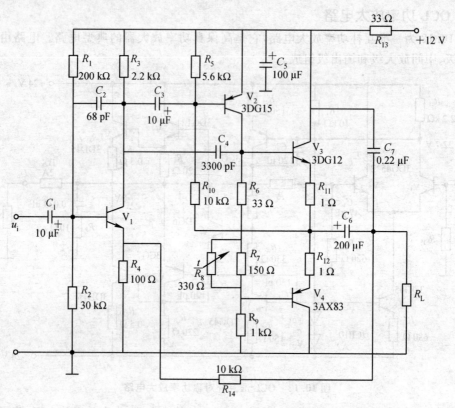

图 10.13 OTL 准互补对称功率放大电路

C_1，C_3，C_6 为耦合电容，C_2，C_4 及 C_7 为相位补偿元件，用以防止高频自激。为防止开机时功放管中电流有可能过大而烧坏功放管，在它们的发射极电路中设置了 R_{11}，R_{12} 两个限流电阻。V_3，V_4 的静态工作点由 V_2 的静态电流及电阻 R_6，R_7，R_8，R_9 决定。其中 R_8 是热敏电阻，其阻值随温度升高而减小，可稳定功放管的静态电流。电阻 R_{10} 连在 V_2 的基极与电容 C_6 的正极之间，构成直流负反馈，以稳定 C_6 正极的电位为 $U_{CC}/2$。

C_5，R_{13} 为去耦电路，用于稳定电源，防止电源的影响。R_{14} 的作用是形成电压串联负反馈，以便改善放大性能。在满足深负反馈的条件下，电路电压放大倍数 A_{uf} 可通过下式估算：

$$A_{uf} \approx \frac{R_4 + R_{14}}{R_4} \tag{10-20}$$

3. 由运放组成的实际 OTL 和 OCL 功率放大电路

OTL 和 OCL 功率放大电路中的输入和驱动级经常用运放来代替。如图 10.14 和图 10.15 所示就是由集成运放驱动的两种功率放大电路。图 10.14 为 OTL 功率放大电路，图 10.15 为 OCL 功率放大电路。

(1) 集成运放驱动的 OTL 功率放大电路

图 10.14 为一个典型 OTL 功率放大电路。运放 A 组成前置放大电路，对输入信号进行放大。$V_4 \sim V_7$ 组成准互补对称电路。其中，V_4，V_6 组成 NPN 复合管，V_5，V_7 组成 PNP 复合管。二极管 V_1，V_2，V_3 为两复合管提供静态偏置，R_7，R_8 用于减小穿透电流，有利于工作点的

稳定。V_4集电极所接电阻R_6是V_4,V_5管的平衡电阻。R_9,R_{10}分别是V_6,V_7管的射极电阻,起限流保护作用,还具有稳定静态工作点、减小非线性失真的作用。C_1为隔直耦合电容,C_2作为直流电源使用,同时还可以隔离输出信号中的直流成分。

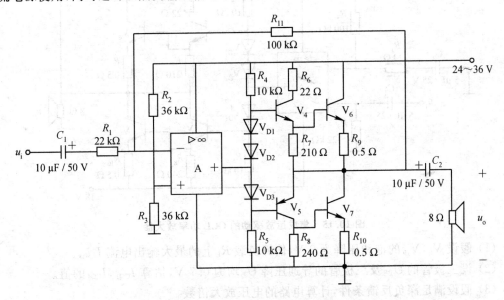

图 10.14 集成运放驱动的 OTL 功率放大器

R_{11}和R_1以及C_1组成电压并联负反馈电路,用来稳定电路性能,提高电路的带负载能力。在满足深负反馈的条件下,电路电压放大倍数A_{uf}可通过下式估算:

$$A_{uf} = -\frac{R_{11}}{R_1}$$

该电路工作原理简述如下:静态时,由R_4,R_5,V_{D1},V_{D2},V_{D3}提供的偏置电压使$V_4 \sim V_7$微导通,且$I_{EQ6} = I_{EQ7}$,中点电位为$U_{CC}/2$,$u_o = 0$ V。

当输入信号u_i为负半周时,经集成运放对输入信号进行反相放大,使互补对称管基极电位升高,推动V_4,V_6管导通,V_5,V_7管趋于截止,i_{e6}自上而下流经负载,输出电压u_o为正半周。

当输入信号u_i为正半周时,由运放对输入信号进行反相放大,使互补对称管基极电位降低,V_4,V_6管趋于截止,V_5,V_7管依靠$C_2(U_{CC}/2)$供电进一步导通,i_{e7}自下而上流经负载,输出电压u_o为负半周。这样,就在负载上得到了一个完整的正弦电压波形。

(2) 集成运放驱动的 OCL 功率放大电路

图 10.15 为典型的集成运放驱动的实用 OCL 功率放大电路。运放 A 对输入电压进行同相放大。$V_4 \sim V_7$组成 OCL 准互补对称电路。其中,V_4,V_6组成 NPN 复合管,V_5,V_7组成 PNP 复合管。C_1,C_2为隔直耦合电容,隔离输入信号中的直流成分。

R_1,R_3和C_2构成电压串联负反馈电路,用于稳定电路的电压放大倍数,提高电路的带负载能力。其他元器件的作用以及工作原理与前面基本相同,请读者自己分析。

在满足深负反馈的条件下,电路电压放大倍数A_{uf}可通过下式估算:

$$A_{uf} \approx \frac{R_1 + R_3}{R_1}$$

【例 10.1】 图 10.12 所示 OCL 准互补对称功率放大电路中,各元器件参数如图中所标,分析电路,计算下列各值。

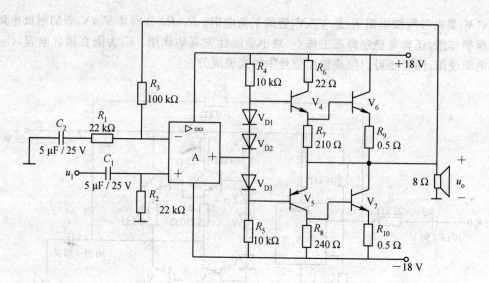

图 10.15 集成运放驱动的 OCL 功率放大器

(1) 假设 V_9,V_{10} 的饱和压降为 2 V,估算负载 R_L 上的最大输出电流 I_{Lmax}。

(2) 设三极管的 U_{BE} 及二极管的导通压降 U_D 均为 0.7 V,估算 I_{CQ1},I_{CQ4} 的值。

(3) 假设满足深负反馈条件,计算电路的电压放大倍数。

(4) 当负载 R_L 上有最大不失真输出电压时,输入信号的幅度 U_{im} 应为多大?

(5) 估算电路的最大输出功率 P_{omax} 和功放管的最大管耗 P_{Cmax}。

解:(1) 当 V_9 或 V_{10} 处于临界饱和状态时,负载 R_L 上可得到最大输出电流 I_{Lmax} 为

$$I_{Lmax} = \frac{U_{CC} - U_{CES9}}{R_L + R_{E9}} = \frac{24-2}{8+0.5} \text{ A} = 2.59 \text{ A}$$

(2) V_1,V_4 管的静态工作电流 I_{CQ1},I_{CQ4}

差动对管 V_1,V_2 的静态工作电流 $I_{CQ1} = I_{CQ2}$,且两者之和等于 V_3 管的静态工作电流 I_{CQ3}。为此,首先计算 I_{CQ3}

$$I_{EQ3} = \frac{2U_D - U_{BE}}{R_{E3}} = \frac{2 \times 0.7 - 0.7}{0.68} \text{ mA} = 1.03 \text{ mA}$$

由此可得

$$I_{CQ1} = I_{CQ2} = \frac{I_{CQ3}}{2} \approx 0.52 \text{ mA}$$

一般 $I_{B4} \ll I_{C1}$,可得到

$$I_{CQ4} \approx I_{EQ4} = \frac{I_{CQ1} \times R_{C1} - U_{EB4}}{R_{E4}} = \frac{0.52 \times 2.2 - 0.7}{0.15} \text{ mA} = 2.96 \text{ mA}$$

(3) 该电路由 R_f,R_{b2},C_1 构成闭环交流电压串联负反馈,符合深负反馈条件,可得电压放大倍数为

$$A_{uf} = \frac{R_f + R_{b2}}{R_{b2}} = \frac{22 + 0.62}{0.62} \approx 36.5$$

(4) 输入信号的幅度 U_{im}

由 R_L 最大输出电流 I_{Lmax} 可求出其最大不失真输出电压幅度 U_{om} 为

$$U_{om} = I_{Lmax} \times R_L = 2.59 \text{ A} \times 8 \text{ Ω} = 20.72 \text{ V}$$

$$U_{im} = \frac{U_{om}}{|A_{uf}|} = \frac{20.72}{36.5} \text{ V} \approx 0.57 \text{ V}$$

考虑到电压损耗,输入信号的幅度应高于上面值,才能得到最大电压幅度。

(5) 最大输出功率 P_{omax} 和最大管耗 P_{Cmax}

由 OCL 电路的分析结果,可以得到最大输出功率为

$$P_{omax} = \frac{U_{om}^2}{2RL} = \frac{20.72^2}{2 \times 8} \text{ W} = 26.8 \text{ W}$$

$$P_{Cmax} \approx 0.2 P_{omax} = 0.2 \times 26.8 \text{ W} = 5.36 \text{ W}$$

4. 功率放大电路中的保护电路

在实际应用中,若管耗 P_C 过大将导致功放管损坏,限制管耗即可有效地保护功放管。限制管耗的常用方法是限制流过功放管集电极的电流(即输出电流 I_L)。基于这一思路,功放保护电路的常见形式如图 10.16 所示。

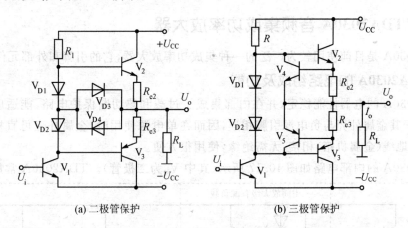

(a) 二极管保护   (b) 三极管保护

图 10.16 输出级保护电路

图 10.16(a)和(b)所示为 OCL 甲乙类互补对称输出电路。图 10.16(a)中,采用二极管作输出限流保护电路。V_{D3},V_{D4} 是附加的限流二极管。正常情况下,V_{D3},V_{D4} 不起作用。

如果正向电流过大,则 R_{e2} 上的压降增大,使 V_{D3} 正向偏置,由截止变为导通,从而分去 V_2 的一部分基极电流,使输出电流减小。最大允许输出正向电流约为 $I_{Lmax} \approx U_{D3}/R_{e2}$。如果设 $U_{D3} \approx 0.6$ V,$R_{e2} = 10\Omega$,则 $I_{Lmax} \approx 60$ mA。如果负向电流过大,则 V_{D4} 导通,其保护原理与 V_{D3} 相同。

由于二极管具有负的温度系数,因此当环境温度升高时,二极管的正向电压降低,从而使输出电流的最大值也相应减小,这也有利于控制功放管的结温不致于升高。

图 10.16(b)中,采用三极管作输出限流保护电路。V_4,V_5 是附加的限流三极管。正常情况下,V_4,V_5 处于截止状态,对输出电流没有影响。

如果正向电流过大,则 R_{e2} 上的压降增大,使 V_4 发射结正向偏置电压大于开启电压,V_4 由截止变为导通,从而分去 V_2 的一部分基极电流,使输出电流减小。最大允许输出正向电流约为 $I_{Lmax} \approx U_{BE}/R_{e2}$。如果设 $U_{BE} \approx 0.6$ V,$R_{e2} = 10$ Ω,则 $I_{Lmax} \approx 60$ mA。如果负向电流过大,则 V_5 导通,其保护原理与 V_4 相同。三极管同样具有负的温度系数,并且温度稳定性好于二极管。保护电路还有很多形式,请参阅有关资料。

思考题

1. 交越失真是如何产生的？应如何消除？
2. 变压器推挽电路、OCL 电路、OTL 电路各有何优缺点？
3. 图 10.12 OCL 准互补对称功率放大电路中，R_2 和 C_3 有何作用？

10.3 集成功率放大器

集成化是功率放大器的发展必然，随着集成技术的不断发展，集成功率放大器产品越来越多。由于集成功放具有输出功率大、外围连接元件少、使用方便、成本低等优点，因而被广泛地应用在收音机、录音机、电视机及直流伺服系统中的功率放大部分。集成功率放大器的型号很多，目前集成功率放大器大都工作在音频段。下面介绍几种常用的集成功率放大器。

10.3.1 TDA2030A 音频集成功率放大器

TDA2030A 是目前使用较为广泛的一种集成功率放大器，它的引脚和外部元件都较少。

1. TDA2030A 的电路组成及功能

TDA2030A 的电器性能稳定，并在内部集成了过载和热切断保护电路，能适应长时间连续工作，由于其金属外壳与负电源引脚相连，因而在单电源使用时，金属外壳可直接固定在散热片上并与地线（金属机箱）相接，无需绝缘，使用很方便。

TDA2030A 的内部电路如图 10.17 所示（其中 V_D 为二极管）。TDA2030A 常用于收录机

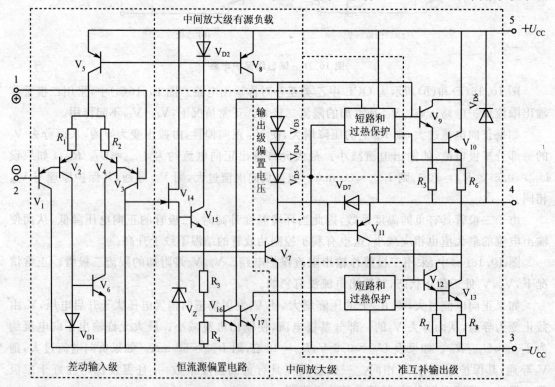

图 10.17 TDA2030A 集成功放的内部电路

低频功率放大电路

和有源音箱中做音频功率放大器,也可作其他电子设备中的功率放大。因其内部采用的是直接耦合,亦可以作直流放大。主要性能参数如下:

电源电压 U_{CC}　　±3~±18 V

输出峰值电流　3.5 A

输入电阻　>0.5 MΩ

静态电流　<60 mA(测试条件:$U_{CC}=±18$ V)

电压增益　30 dB

频响 BW　0~140 kHz

在电源为±15 V,$R_L=4Ω$ 时,输出功率为 14 W。

外引脚的排列如图 10.18 所示。其中,引脚 1 为同相输入端;引脚 2 为反相输入端;引脚 3 为负电源端;引脚 4 为输出端;引脚 5 为正电源端。

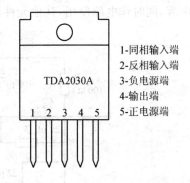

图 10.18　TDA2030 引脚排列及功能

2. TDA2030A 集成功放的典型应用

(1) 双电源(OCL)应用电路

图 10.19 电路是双电源时 TDA2030A 的典型应用电路。输入信号 u_i 由同相端输入,R_1,R_2,C_2 构成交流电压串联负反馈,因此,闭环电压放大倍数为

$$A_{uf} = 1 + \frac{R_1}{R_2} = 33$$

为了保持两输入端直流电阻平衡,使输入级偏置电流相等,选择 $R_3=R_1$。(思考一下若无 C_2 如何选择)V_{D1},V_{D2} 起保护作用,用来泄放 R_L 产生的感生电压,将输出端的最大电压钳位在 ±($U_{CC}+0.7$ V)范围内。C_3,C_4 为去耦电容,用于减少电源内阻对交流信号的影响。C_1,C_2 为耦合电容。

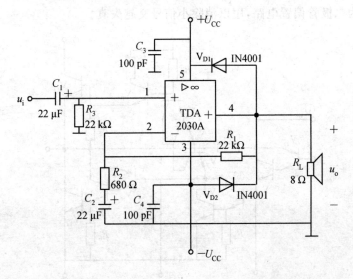

图 10.19　由 TDA2030A 构成的 OCL 电路

(2) 单电源(OTL)应用电路

对仅有一组电源的中、小型录音机的音响系统,可采用单电源连接方式,如图 10.20 所示。

由于采用单电源供电，故同相输入端用阻值相同的 R_1，R_2 组成分压电路，使 K 点电位为 $U_{CC}/2$，经 R_3 加至同相输入端。在静态时，同相输入端、反向输入端和输出端皆为 $U_{CC}/2$。C_7 为隔直电容，同时作电源使用，其他元件作用与双电源电路相同。

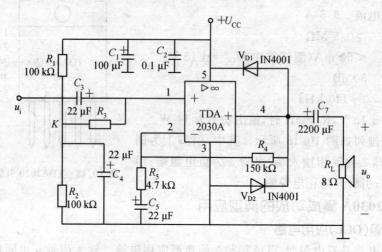

图 10.20 由 TDA2030A 构成的单电源功放电路

10.3.2 单片音频功率放大器 5G37

5G37 是一单片集成音频功率放大器，其最大不失真输出功率为 2～3 W，可作为收音机、录音机、电唱机的功率放大器，也可用于电视机的输出电路，应用非常广泛。其内部电路如图 10.21 所示。图中，V_1，V_2 管互补组成 PNP 型复合管，构成整个放大器的前置输入级；V_3，V_4 管组成 NPN 型复合管，构成放大器的激励级；V_8，V_9，V_{10}，V_{11}，V_{12} 管构成准互补推挽输出级。V_5，V_6，V_7 管作为二极管偏置电路，用以消除小信号交越失真。

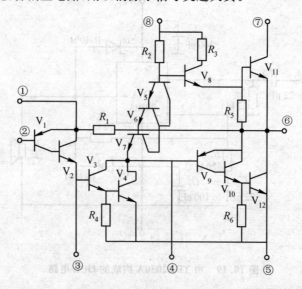

图 10.21 05G37 内部电路图

图 10.22 为 5G37 的典型应用电路。②脚为输入端，经耦合电容 C_1 输入信号。⑦脚接正

第10章 低频功率放大电路

电源,电阻 R'_1,R'_2 的作用是决定中点电位。调节 R_P,可使加到两个推挽管子上的集电极与发射极之间电压相等,亦即使⑥脚的直流电位值等于 $U_{CC}/2$。负载 R_L 为 8Ω 扬声器,其一端经耦合电容 C_5 接⑥脚,另一端接正电源。C'_3 为消振电容,用来防止高频自激。R'_3,C'_2 支路与片内的反馈电阻共同构成交流负反馈网络,改变 R'_3 可以调节放大器的增益。C_5 作为电源使用,电路为 OTL 形式。

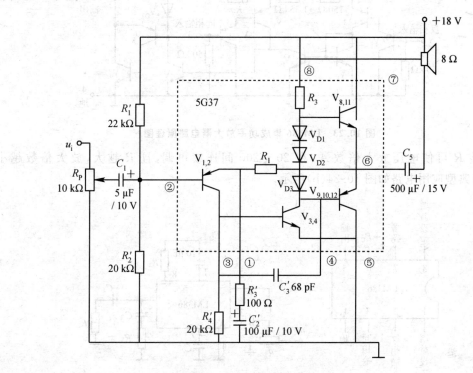

图 10.22 5G37 应用电路

10.3.3 单片音频功率放大器 LM386

LM386 是一种通用型宽带集成功率放大器,频带宽达几百千赫,适用的电源电压为 4~10V,常温下功耗在 660 mW 左右,广泛用于收音机、对讲机、电视伴音、函数发生器等系统中。

LM386 内部电路如图 10.23 所示,共有 3 级。$V_1 \sim V_6$ 组成双端输入单端输出有源负载差动放大器,用作输入级,其中 V_5,V_6 构成镜像电流源用作差放的有源,负载以提高单端输出时差动放大器的放大倍数。中间级是由 V_7 构成的共射放大器,也采用恒流源 I 作负载以提高增益。输出级由 $V_8 \sim V_{10}$ 组成准互补推挽功放,其中 V_{D1},V_{D2} 组成功放的偏置电路以消除交越失真。

LM386 为 8 脚器件,LM386 的引脚排列如图 10.24(a)所示,为双列直插塑料封装。引脚功能为:2,3 脚分别为反相、同相输入端;5 脚为输出端;6 脚为正电源端;4 脚接地;7 脚为旁路端,可外接旁路电容以抑制纹波;1,8 两脚为电压增益设定端。

通过改变 1,8 间外加元件参数可改变电路的增益。当 1,8 脚开路时,负反馈最深,电压放大倍数最小,此时 $A_{uf}=20$;当 1,8 脚间接入 10 μF 电容时,内部 1.35 kΩ 电阻被旁路,负反馈最弱,电压放大倍数最大,此时 $A_{uf}=200(46 \text{ dB})$;当 1,8 脚间接入电阻 R 和 10 μF 电容串联支

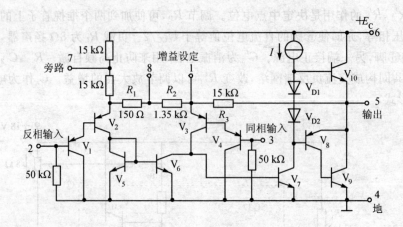

图 10.23　LM386 集成功率放大器电路原理图

路时,调整 R 可使电压放大倍数 A_{uf} 在 $20\sim 200$ 间连续可调,且 R 越大,放大倍数越小。LM386 的典型应用电路如图 10.24(b)所示。

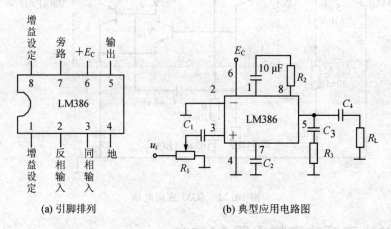

(a) 引脚排列　　　　　　　　(b) 典型应用电路图

图 10.24　LM386 集成功率放大器

参照上面引脚功能,可以知道:5 脚输出电压,R_3,C_3 支路组成容性负载,构成串联补偿网络,与呈感性的负载(扬声器)相并,最终使等效负载近似呈纯阻,防止在信号突变时扬声器上呈现较高的瞬时电压而使其损坏,同时可以防止高频自激;7 脚外接 C_2 去耦电容,用以提高纹波抑制能力,消除低频自激;1,8 脚设定电压增益,其间接 R_2 和 10 μF 串联支路,R_2 用以调整电压增益。当 $R_2 = 1.24$ kΩ 时,$A_{uf} = 50$。C_4 作为电源使用,电路为 OTL 形式。将上述电路稍作变动,如在 1,5 脚间接入 R,C 串联支路,则可以构成带低音提升的功率放大电路。

10.3.4　BiMOS 集成功率放大器

BiMOS 是一种双极晶体管与 MOS 管混合工艺,具有两种器件的优点。SHM1150Ⅱ型音频集成功率放大器是其典型产品。

SHM1150Ⅱ型是双极晶体管与 MOS 管混合的音频集成功率放大器。图 10.25(a)给出集成音频功率放大器 SHM1150Ⅱ型的内部简化电路图。

由图 10.25(a)可见,输入级是由双极型晶体管 V_1,V_2 组成的恒流源差动放大电路,单端

第 10 章 低频功率放大电路

输入、双端输出;第二级是由双极型 PNP 管 V_4、V_5 组成的双端输入、单端输出差动电路,恒流源 I_2 为其有源负载。V_7、V_8、V_9、V_{10} 组成互补对称功率输出级,其中,双极型晶体管 V_7 和功率 MOS 管 V_9 组成 NPN 型 BiMOS 功率管,双极型晶体管 V_8 和功率 MOS 管 V_{10} 组成 PNP 型 BiMOS 功率管,共同构成 OCL 电路。双极型晶体管 V_6、电阻 R_9,R_{10} 构成 UBE 扩大电路,保证功放工作在甲乙类状态,以抑制交越失真。

SHM1150Ⅱ型是一个由双极型晶体管和 VMOS 组成的功率放大器,允许电源电压为 ±12 V～±50 V,电路最大输出功率可达 150 W。其外部接线如图 10.25(b)所示,只需连接两个输入和输出以及电源就可以,使用十分方便。

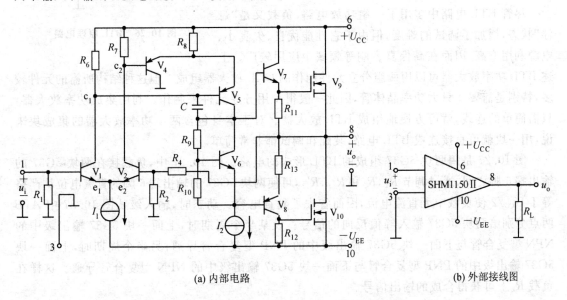

(a) 内部电路　　　　　　　　　　　　　　(b) 外部接线图

图 10.25　SHM1150Ⅱ型 BiMOS 集成功率放大器

10.3.5　桥式平衡功率放大器

对于便携式的设备(如收音机、录音机等),其功率放大器通常采用单电源供电的 OTL 电路。为了获得足够大的输出功率,应提高电源电压,这需要携带较多的电池,增加了重量。因此,对这类设备,输出功率与电源电压成为突出矛盾。为此,人们研究出了低电压下能输出大功率的电路——平衡式无变压器电路,又称 BTL(Balanced Transformer Less)电路或桥式平衡电路。其主要特点是,在同样的电源电压和负载电阻条件下,它可得到比 OCL 或 OTL 大几倍的输出功率。

前面分析过的 OCL 或 OTL 中,推挽输出的两只大功率管有一个共同点,即 V_1 在"推"时,V_2 在"休息";V_2 在"挽"时,V_1 在"休息"。也就是说"推"和"挽"不是同时进行的,它们只是在不同的半周里互相"补齐"信号。可以设想,若 V_1 在扬声器一端"推"时,V_4 在扬声器的另一端"挽";在 V_2"挽"时,V_3"推",则输出情况将大大改观,这就是 BTL 电路设计的出发点。

图 10.26 所示为桥式平衡功率放大器的原理电路,4 个功放管 V_1～V_4 组成桥式电路。静态时,电桥平衡,R_L 上无电流流过。动态时,桥臂对管轮流导通。当输入信号 U_i 为正半周时,V_1、V_4 导通,V_2、V_3 截止,则 V_1、V_4 导通流过负载 R_L 的电流如图 10.26 中虚线所示;当 U_i 为负半周时,V_2、V_3 导通,V_1、V_4 截止,负载 R_L 中电流如图 10.26 中实线所示。这样,R_L 上得到的

是完整的输出信号波形。

忽略管子饱和压降,则两个半周合成,在负载上可得到振幅为 U_{CC} 的输出信号电压。在负载一定的条件下,输出信号电压增加了一倍,BTL 电路的输出功率可达 OTL 电路的 4 倍。BTL 电路虽为单电源供电,却不需要输出耦合电容,输出端与负载可直接耦合,它具有 OTL 或 OCL 电路的所有优点。但要注意:BTL 电路的负载是不能接地的。

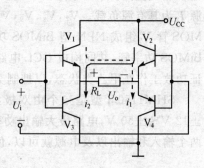

图 10.26 BTL 原理电路

尽管 BTL 电路中多用了一组功放电路,负载又是"悬浮"状态,增加了调试的难度,但由于它性能优良、失真小、电源利用率高,因而在高保真音响等领域中应用较广。上述 BTL 功率放大器可以用两组分立元件制作的 OCL 放大器组成。但这种结构所需的元件较多,特别是需要 4 只大功率晶体管,因此一般很少用分立元件来制作。利用集成功率放大器,只需简单的连线,就可方便地组成 BTL 放大器。对于本身包含两个功率放大器的集成块来说,用一块就可直接连成 BTL 电路,装配和调试都非常简单。

图 10.27 是用两块 5G37 组成的 BTL 形式的电路。图 10.27 中,负载接在两块 5G37 的输出端 6 脚之间,通过调节 R_1, R_2 和 R'_1, R'_2,可使两块 5G37 的输出端 6 脚的直流电位均严格等于 $U_{CC}/2$ 使负载中无直流电流,因而省去了隔直电容。动态时,输入级从图 10.27 中 A, B 两点分别给两块 5G37 输入等值反向的信号。设某半个周期时,上面一块 5G37 输出级中的 NPN 型复合管与下面一块 5G37 输出级中的 PNP 型复合管导通;另半个周期时,上面一块 5G37 输出级中的 PNP 型复合管与下面一块 5G37 输出级中的 NPN 型复合管导通。这样在负载 R_L 上可获得合成的输出信号。

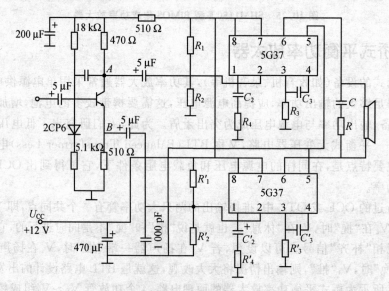

图 10.27 两块 5G37 组成的 BTL 电路

思考题

1. 集成功率放大器有何特点?

2. BTL 结构电路有何优点？

10.4 功率器件

10.4.1 双极型大功率晶体管(BJT)

在低频功率放大器以及后面要介绍的串联型稳压电源中,功率管的最大工作电流必须小于该功率管的最大允许电流 I_{CM}；最大工作反压必须小于允许的击穿电压 $U_{(BR)CEO}$；功率管的功耗要小于允许的最大功耗 P_{CM}。但实际电路中,存在两个问题还要进行探讨,一是最大功耗与散热条件有直接关系,二是有关二次击穿和安全工作区问题。

1. 散热与最大功耗 P_{CM} 的关系

电源供给的功率,一部分转换为负载的有用功率,另一部分则消耗在功率管的集电结,变为热能而使管芯的结温上升。管芯的结温 T_j 取决于管子半导体材料(锗管 T_{jM} 为 75～100℃,硅管 T_{jM} 为 150～200℃),如果晶体管管芯的温度超过管芯材料的最大允许结温 T_{jM},则晶体管将永久损坏。通常把这个界限称为晶体管的最大允许功耗 P_{CM}。

功放管的管耗是通过热传导的形式以散热的方式消耗掉的。所谓热传导,是指热能从高温点向低温点传送的现象。描述热传导阻力大小的物理量称为热阻 R_T。R_T 的量纲为 ℃/W,它表示每消耗 1 W 功率结温上升的度数。为减小散热阻力,改善散热条件,通常采用加散热器的方法。图 10.28(a)给出一种铝型材散热器的示意图。加散热器后,热传导阻力等效通路如图 10.28(b)所示。

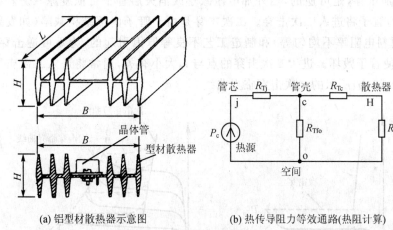

(a) 铝型材散热器示意图　　(b) 热传导阻力等效通路(热阻计算)

图 10.28　散热器和热传导阻力等效通路

图 10.28 中：R_{Tj}——内热阻,表示管芯到管壳的热阻；

R_{Tfo}——管壳到空间的热交换阻力；

R_{Tc}——管壳到散热器之间的接触热阻,与管壳和散热器之间的接触状况有关；

R_{Tf}——散热器到空间的热交换阻力,与散热器的形状、材料以及面积有关。

由图 10.28 可见,不加散热器时,总热阻 R_{To} 为

$$R_{To} = R_{Tj} + R_{Tfo}$$

由于管壳散热面积很小,R_{Tfo}是很大的。

加散热器后,由于$(R_{Tc}+R_{Tf}) \ll R_{Tfo}$,所以,总热阻$R_T$为

$$R_T \approx R_{Tj} + R_{Tc} + R_{Tf}$$

显然,$R_T \ll R_{T0}$。

功率管的最大允许功耗P_{CM}与总热阻R_T、最高允许结温T_{jM}和环境温度T有关,其关系式为

$$P_{CM} = \frac{T_{jM} - T}{R_T}$$

上式表明,在一定的温度下,R_T越小(散热能力强),三极管允许的耗散功率P_{CM}就越大;另一方面,在一定的T_{jM}和R_T下,环境温度T越低,允许的耗散功率P_{CM}也越大。

有关手册上给出的P_{CM}是在环境温度为25℃条件下得到的。在设计功放电路时,为了安全工作起见,常取最高环境温度下的集电极最大允许功耗P_{CM}的80%作为功耗的极限值,即应使集电极功耗P_C满足$P_C \leq 0.8 P_{CM}$。对于大功率晶体管一般需要加散热板以改善散热条件,减小热阻,从而提高P_{CM}。通常是给功放管加装由铜、铝等导热性能良好的金属材料制成的散热片(板),加装了散热片的功放管可充分发挥管子的潜力,增加输出功率而不损坏管子。

2. 二次击穿现象与安全工作区

功率管在实际应用中,常发现功耗并未超额,管子也不发烫,但却突然性能失效。这种损坏不少是由于"二次击穿"所致。

图10.29给出了晶体管的击穿特性曲线。其中图10.29(a)的AB段称为第一次击穿,BC段称为第二次击穿。当集电极电压u_{CE}增大时,首先可能出现一次击穿(图中AB段)。这种击穿是正常的雪崩击穿,是可逆的,当外加电压减小或消失后管子可恢复原状。若在一次击穿后,i_C继续增大,管子将进入二次击穿。二次击穿是由于管子内部结构缺陷(如发射结表面不平整、半导体材料电阻率不均匀等)和制造工艺不良等原因引起的,为不可逆击穿,时间过长(如1秒钟)将使管子毁坏。进入二次击穿的点与i_B大小有关,通常将进入二次击穿的点连起来就成为图10.29(b)所示的二次击穿临界曲线。

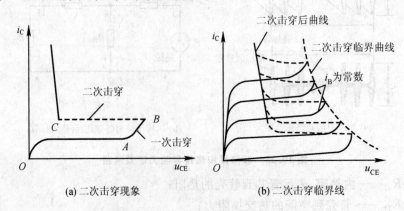

(a) 二次击穿现象　　　　　(b) 二次击穿临界线

图10.29　功率管的二次击穿现象

为保证功率管安全可靠地工作,除保证电流小于I_{CM}、功耗小于P_{CM}、工作反压小于一次击穿电压$U_{(BR)CEO}$外,还应避免进入二次击穿区。所以,功率管的安全工作区如图10.30所示。

防止晶体管二次击穿的措施主要有:使用功率容量大的晶体管,改善管子散热的情况,以

低频功率放大电路

确保其工作在安全区之内;使用时应避免电源剧烈波动、输入信号突然大幅度增加、负载开路或短路等,以免出现过压过流;在负载两端并联二极管(或二极管和电容),以防止负载的感性引起功放管过压或过流。在功放管的 c,e 端并联稳压管以吸收瞬时过电压。

10.4.2 功率 MOS 器件

前面章节讨论过小功率 MOS 场效应管,这里要介绍的是适合大功率运行的 MOS 器件,其中突出的代表是 VMOS 管和双扩散 VMOS 管或称为 DMOS 管。

VMOS 功率场效应管(简称 VMOS 管)是一种短沟道、垂直导电型 MOS 功率器件。它不同于第 1 章中介绍的平面水平沟道结构的 MOS 管。

图 10.31 为 VMOS 管的结构剖面示意图。它在 N^+ 型硅衬底上生长一层 N^- 外延层,N^+、N^- 型区共同构成漏区,在其上引出漏极(D 极)。在 N^- 外延层上掺杂扩散形成 P 层及 N^+ 层,以此为源极区并在其上引出金属电极作为源极(S 极)。最后利用光刻技术刻蚀出纵向(或垂直方向)的 V 形槽,在整个表面氧化生成 SiO_2 层,并在 V 形槽表面蒸发一层金属层形成栅极(G 极)。

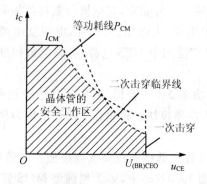
图 10.30 双极型功率管的安全工作区

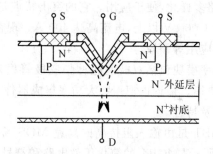
图 10.31 VMOS 管的结构示意图

当栅源间加上正向电压且电压值较高时,栅极下面的 P 层沿 V 形槽外侧生成反型层(由电子构成),该反型层将原本被 P 层隔开的源区和漏区连通,形成一个垂直(或纵向)的 N 层导电沟道。形成导电沟道后,一旦漏源间加上正压,电子便经源极、导电沟道流到漏极,由于这种管子的沟道为 V 形且垂直导电,故称为 VMOS 管。

由于这种场效应管在内部结构上采用纵向沟道结构,并设置有高电阻率的漏极漂移区,其耐压能力、电流处理能力和工作频率均得到大大提高,顺应了大功率器件的要求,因而发展迅速,应用领域正迅速扩大。目前 VMOS 管耐压水平已提高至 1 000 V,电流处理能力达 200 A,工作频率可达数百兆赫。

VMOS 管独特的结构设计,使它不仅有普通 MOS 管的所有优点,还兼有双极型晶体管的一些长处。与双极型三极管比较,VMOS 具有许多优点:

① 垂直导电,充分利用了硅片面积,可提高输出电流,由衬底和 N^- 外延层共同构成的漏极使散热面积明显增大,有利于器件大功率工作。

② 由于 N^- 外延层电场强度低电阻率高,具有较高的击穿电压,使整个器件的耐压得以提高。

③ 由于 N^- 外延层的存在,使漏区 PN 结结宽加大,极间电容减小,器件的工作频率及开

关速度大大提高,适合高频工作(工作频率达几百 kHz 甚至于几百 MHz)。

④ 短沟道的设计使器件具有良好的线性。

⑤ 因为漏极电阻为正温度系数,当器件温度上升时,电流受到限制,不可能产生热击穿,也不可能产生二次击穿。温度稳定性好。

⑥ 输入阻抗大,所需驱动电流小,功率增益高。

目前在 VMOS 基础上已研制出双扩散 MOS 管(简称 DMOS)。此类管子在承受高电压、大电流、速度快等性能方面又有不少提高。

VMOS 管的上述性能不仅使 MOS 管跨入了功率器件的行列,而且在计算机接口、通信、微波和雷达等方面获得了广泛应用。

VMOS 管也可以构成推挽功率放大电路,但由于缺乏配对的大功率 PMOS 管,因而应给构成推挽功率放大器的两个 VMOS 管的栅极加大小相等、极性相反的信号。

10.4.3 功率模块

近年来,功率模块发展很快,已成为半导体器件的重要分支。功率模块将许多独立的大功率三极管、MOS 场效应管等集合在一起封装在同一个外壳中,其电极与散热片相隔离,型号不同,电路多样化,便于应用。它的突出特点是:大电流、大电压、低功耗,电压及电流范围宽,电压高达 1 000 V 以上,电流高达 400 A。现在已广泛用于 UPS 电源、各类电机控制驱动、大功率开关应用等领域。

功率模块包括双极型达林顿三极管模块、功率 MOS 管模块、IGBT(绝缘栅双极型功率管)模块等。最近也把一些大功率集成器件视为功率模块。这里以 IGBT 模块为例,简单介绍其结构及特性。

IGBT 是由输入阻抗高的高速 MOS 场效应管和低饱和压降的双极型三极管组成的。图 10.32 所示是 IGBT 的简化等效电路和符号。图 10.32(a)中,V_2 为增强型 MOS 管,V_1 为 PNP 管,它综合了 MOS 管输入阻抗大、驱动电流小和双极型管导通电阻小、高电压、大电流的优点。

当 MOS 管栅极电压大于开启电压后,出现漏极电流。该电流就是双极型晶体管的基极电流,从而使双极型晶体管导通,且趋向饱和(管压降很低),IGBT 导通;当 MOS 管栅压减小使沟道消失时,$i_D=0$,$i_B=0$,IGBT 截止。

IGBT 具有许多优点,但工作频率不太高,一般小于 50 kHz 左右。现在已研制出多种高速大功率 CMOS 器件,例如 TC4420/29 系列,其脉冲峰值电流高达 6 A,开关速度高达 25 ns,使用十分方便,而且能带动大电容负载($C_L \geqslant 1 000$ pF)。

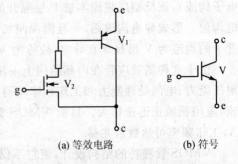

(a) 等效电路 (b) 符号

图 10.32 绝缘栅-双极型功率管(IGBT)

目前,还出现了许多高速大功率运算放大器(Power Operational Amplifiers),例如 OPA2544、OPA3583 等。OPA2544 的最大输出电流为 2 A,电源电压范围 ±10~±35 V,压摆率为 8 V/μs,而 OPA3583 的电源电压高达 ±70~±150 V,输出电流为 75 mA,压摆率达 30 V/μs。OPA2544 和 OPA3583 的输入级为场效应管,输出级为互补跟随器。

为保证功率管的正常运行,要附加一些保护电路,包括安全区保护、过流保护、过热保护等。例如,在 VMOS 的栅极加限流、限压电阻和反接二极管,在感性负载上并联电容和二极管,以限制过压或过流。又如,在功率管的 c,e 间并联稳压二极管,以吸收瞬时过压等。

思考题

1. 何为二次击穿?与一次击穿有何区别?
2. 功率器件为什么要加散热器?
3. IGBT 器件有何特点?

本章小结

① 功率放大器需要向负载提供足够大的输出功率,它应具有输出功率大、非线性失真小的特点,还要保证功率管安全可靠的工作。其主要技术指标为最大输出功率和效率。

② 目前常用互补对称电路,互补对称电路有 OCL 和 OTL 两种电路形式。OTL 省去了变压器,但需要一个大电容,只需要一路电源供电;OCL 不需要大电容,改善了频率特性,有利于集成化,但需要两路电源供电。

③ OCL 和 OTL 都可以工作在乙类和甲乙类工作状态。乙类工作效率高,但存在交越失真,实际中,多采用甲乙类,它可以消除交越失真,并且效率也较高。

④ 由于大功率对称异型三极管不易选配和对输入电流的要求问题,实际中经常采用复合管电路。

⑤ 集成功率放大器具有温度稳定性好、电源利用率高、功耗低、非线性失真小、使用调试方便等优点,得到了广泛应用。

⑥ 功率器件的散热十分重要,它关系到能否安全工作的问题。实际中,一定要保证工作在安全区。

习 题

题 10.1 一双电源互补对称电路如图 10.33 所示,设已知 $U_{CC}=12$ V,$R_L=16$ Ω,u_i 为正弦波。求:

(1) 在三极管的饱和压降 U_{CES} 可以忽略不计的条件下,负载上可能得到的最大输出功率 $P_{om}=$?;

(2) 每个管子允许的管耗 P_{Cm} 至少应为多少?每个管子的耐压 $|U_{(BR)CEO}|$ 应大于多少?

(3) 此电路是何种工作方式?是否会出现失真?若出现失真,如何消除?

题 10.2 在图 10.34 所示的 OTL 功放电路中,设 $R_L=8$ Ω,管子的饱和压降 $|U_{CES}|$ 可以忽略不计。若要求最大不失真输出功率(不考虑交越失真)为 9 W,则电源电压 U_{CC} 至少应为多大?(已知 u_i 为正弦电压。)

题 10.3 OTL 放大电路如图 10.35 所示,设 V_1、V_2 特性完全对称,u_i 为正弦电压,$U_{CC}=10$ V,$R_L=16$ Ω。试回答下列问题:

(1) 静态时,电容 C_2 两端的电压应是多少?调整哪个电阻能满足这一要求?

(2) 动态时,若输出电压波形出现交越失真,应调整哪个电阻?如何调整?

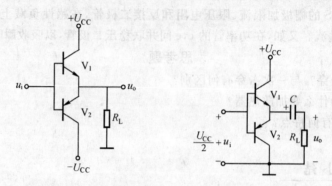

图 10.33 题 10.1 图   图 10.34 题 10.2 图

(3) 若 $R_1=R_3=1.2$ kΩ,V_1,V_2 管的 $\beta=50$,$|U_{BE}|=0.7$ V,$P_{cm}=200$ mW,假设 V_{D1},V_{D2},R_2 中任意一个开路,将会产生什么后果?

题 10.4 在图 10.35 电路中,已知 $U_{CC}=35$ V,$R_L=35$ Ω,流过负载的电流 $i_L=0.45\cos \omega t$。求:

(1) 负载 R_L 所能得到的信号功率 P_O;

(2) 电源供给的功率 P_E;

(3) 两个管子的总管耗 P_T。

题 10.5 乙类 OTL 功放级电路如图 10.36 所示,电源电压 $U_{CC}=30$ V,负载电阻 $R_L=8$ Ω。

(1) 试问驱动管 V 的静态电压 U_{CEQ} 和静态电流 I_{CQ} 应设计为何值?

(2) 设功放管 V_1,V_2 的最小管压降 $|U_{CES}|$ 约为 3 V,试估算最大不失真输出功率 P_{Om} 和输出级效率 η。

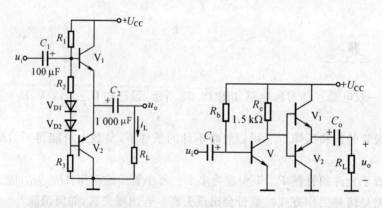

图 10.35 题 10.3 图   图 10.36 题 10.5 图

题 10.6 图 10.37 功放电路中,设运放 A 的最大输出电压幅度为 ±10 V,最大输出电流为 ±10 mA,晶体管 V_1,V_2 的 $|U_{BE}|=0.7$ V。问:

(1) 该电路的电压放大倍数 $A_{uf}=$?

(2) 为了得到尽可能大的不失真输出功率,V_1,V_2 管的 β 值至少应取多少?

(3) 该电路的最大不失真输出功率 $P_{om}=$?

(4) 当达到上述功率时,输出级的效率是多少?每个管子的管耗多大?

题 10.7 在图 10.38 所示电路中,已知 $U_{CC}=15\text{ V}$,V_1 和 V_2 的饱和管压降 $|U_{CES}|=1\text{ V}$,集成运放的最大输出电压幅值为 $\pm 13\text{ V}$,二极管的导通电压为 0.7 V。

(1) 为了提高输入电阻,稳定输出电压,且减小非线性失真,应引入哪种组态的交流负反馈?试在图中画出反馈支路。

(2) 若 $U_i=0.1\text{ V}$,$U_o=5\text{ V}$,则反馈网络中电阻的取值约为多少?

(3) 若输入电压幅值足够大,则电路的最大不失真输出功率为多大?

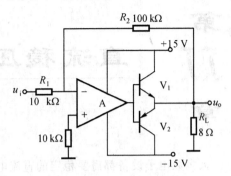

图 10.37 题 10.6 图

题 10.8 一个用集成功放 LM386 组成的功率放大电路如图 10.39 所示。设 u_i 为正弦电压,电路在通带内的电压增益为 40 dB,在 $R_L=8\text{ }\Omega$ 时,不失真的最大输出电压(峰-峰值)可达 18 V。求:

(1) 最大不失真输出功率 P_{om};

(2) 输出功率最大时的输入电压有效值 V_i。

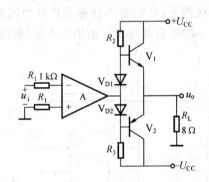

图 10.38 题 10.7 图

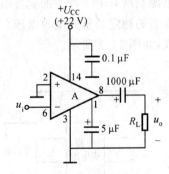

图 10.39 题 10.8 图

题 10.9 某实际功率输出级电路如图 10.40 所示,已知最大输出电流为 6 A,功率管饱和压降为 2 V。

(1) 此电路是什么类型功率电路?

(2) 若图中两个二极管 V_{D1},V_{D2} 短路,将会出现什么现象?若图中两个二极管 V_{D1} 或 V_{D2} 断路,将会出现什么现象?

(3) 估算此电路的最大输出电压和最大输出功率。

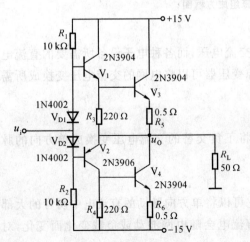

图 10.40 题 10.9 图

第11章 直流稳压电源

大多数电子设备都需要稳定的直流电作为能源，但目前使用的都是 50 Hz 的交流电。因此，需要将交流电转换为直流电，直流稳压电源就是这样一种把交流转换为直流的能量转换装置。直流稳压电源类型很多，本章首先介绍线性稳压电源的各个组成部分，然后介绍集成稳压器，最后介绍开关稳压电路。

11.1 直流稳压电源概述

1. 直流电源的组成

直流稳压电源是所有电子设备的重要组成部分，它的基本任务是将电力网交流电压变换为电子设备所需要的稳定的直流电源电压。小功率直流电源一般由变压器、整流、滤波和稳压电路几部分组成，如图 11.1 所示。

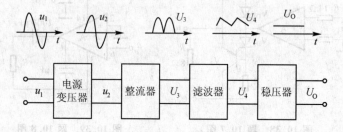

图 11.1 直流稳压电源组成方框图

(1) 电源变压器

电网提供的一般是 50 Hz 的 220 V(或 380 V)交流电压，而各种电子设备所需要的直流电压值各不相同，因此需要将电网电压进行变换，电源变压器可以将电网的交流电压变换成所需要的交流电压。

(2) 整流电路

整流电路利用具有单向导电性能的整流元件，将正负交替的交流电压变换成单方向的脉动直流电，这种直流电压脉动成分很大。

(3) 滤波电路

滤波电路一般由电感、电容等储能元件组成，它可以将单方向脉动的直流电中所含的大部分交流成分滤掉，得到一个较平滑的直流电，输出直流电会随电网波动或负载变化而变化，对要求较高的设备，还不够理想。

(4) 稳压电路

稳压电路用来消除由于电网电压波动、负载改变及温度变化对其产生的影响,从而使输出电压稳定。

直流稳压电源的类型可分为线性和开关型两大类,线性稳压电源的调整控制电路工作在放大状态,开关型稳压电源的调整控制电路工作在开关状态;以稳压电路与负载的链接形式又可分为并联型和串联型两类。开关型稳压电源的类型根据激励方式、控制方式等又有很多分类。

2. 稳压电源的主要技术指标

描述稳压电源的主要技术指标有特性指标和质量指标两大类。特性指标指表明稳压电源工作特征的参数,例如,输入、输出电压及输出电流、电压可调范围等;质量指标指衡量稳压电源稳定性能状况的参数,如稳压系数、输出电阻、纹波电压及温度系数等。现对质量指标的具体含义简述如下。

(1) 稳压系数 S_Y

指通过负载的电流和环境温度保持不变时,稳压电路输出电压的相对变化量与输入电压的相对变化量之比。即

$$S_Y = \frac{\Delta U_o / U_o}{\Delta U_I / U_I}\bigg|_{\Delta I_o = 0, \Delta T = 0} \tag{11-1}$$

式中,U_I 为稳压电源输入直流电压,U_o 为稳压电源输出直流电压。S_Y 数值越小,输出电压的稳定性越好。

(2) 输出电阻 r_o

指当输入电压和环境温度不变时,输出电压的变化量与输出电流变化量之比。即

$$r_o = \frac{\Delta U_o}{\Delta I_o}\bigg|_{\Delta U_I = 0, \Delta T = 0} \tag{11-2}$$

r_o 的值越小,带负载能力越强,对其他电路影响越小。

(3) 纹波电压

指稳压电路输出端中含有的交流分量,通常用有效值或峰值表示。纹波电压值越小越好,否则影响正常工作,如在电视接收机中的表现是交流"嗡嗡"声和光栅在垂直方向呈现S形扭曲。具体电路中多用纹波系数表示。

(4) 温度系数 S_T

指在 U_I 和 I_o 都不变的情况下,环境温度 T 变化所引起的输出电压的变化。即

$$S_T = \frac{\Delta U_o}{\Delta T}\bigg|_{\Delta U_I = 0, \Delta I_o = 0} \tag{11-3}$$

式中,ΔU_o 为漂移电压。S_T 越小,漂移越小,该稳压电路受温度影响越小。

另外,还有其他的质量指标,如负载调整率、噪声电压等。

思考题

1. 简述直流电源的各组成部分及作用。
2. 稳压系数和纹波系数有何区别?

11.2 单相整流电路

把交流电变换为脉动直流电的电路称为整流电路,单相整流电路分为单相半波、单相全波、单相桥式整流以及倍压整流等。本节首先介绍半波整流,然后重点介绍应用广泛的全波桥式整流电路。

11.2.1 单相半波整流电路

1. 电路组成及工作原理

单相半波整流电路如图 11.2 所示,它由整流变压器 T、整流二极管 V_D 及负载 R_L 组成。其中 u_1,u_2 分别表示变压器的原边和副边交流电压,R_L 为负载电阻。设 $u_2 = \sqrt{2}U_2 \sin \omega t$,其中 U_2 为变压器副边电压有效值,并且视 V_D 为理想二极管。

由图 11.2 可知,在 $0 \sim \pi$ 时间内,即在 u_2 的正半周内,变压器副边电压是上端为正、下端为负,二极管 V_D 承受正向电压而导通,此时有电流流过负载,并且和二极管上电流相等,即 $i_o = i_D$。忽略二极管上压降,负载上输出电压 $u_o = u_2$,输出波形与 u_2 相同。

在 $\pi \sim 2\pi$ 时间内,即在 u_2 负半周内,变压器次级绕组的上端为负,下端为正,二极管 V_D 承受反向电压,此时二极管截止,负载上无电流流过,输出电压 $u_o = 0$,此时 u_2 电压全部加在二极管 V_D 上。其电路波形如图 11.3 所示。

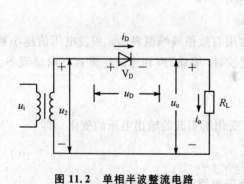

图 11.2 单相半波整流电路

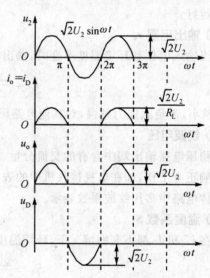

图 11.3 单相半波整流波形

2. 单相半波整流电路的主要技术指标

单相半波整流不断重复上述过程,则整流输出电压为

$$u_o = \sqrt{2}U_2 \sin \omega t \quad (0 \leqslant \omega t \leqslant \pi)$$
$$u_o = 0 \quad (\pi \leqslant \omega t \leqslant 2\pi)$$

从上式得知,此电路只有半个周期有波形,另外半个周期无波形,因此称其为半波整流电路。

(1) 输出电压平均值 U_o

在图 11.3 所示波形电路中，负载上得到的整流电压是单方向的，但其大小是变化的，是一个单向脉动的电压，由此可求出其平均电压值为

$$U_o = \frac{1}{2\pi}\int_0^\pi \sqrt{2}U_2 \sin \omega t \, d(\omega t) = \frac{\sqrt{2}U_2}{\pi} \approx 0.45\, U_2 \qquad (11-4)$$

(2) 脉动系数 S

脉动系数 S 是衡量整流电路输出电压平滑程度的指标。由于负载上得到的电压 U_o 是一个非正弦周期信号，可用付氏级数展开为

$$U_o = \sqrt{2}U_2\left(\frac{1}{\pi} + \frac{1}{2} \cdot \sin \omega t - \frac{2}{3\pi} \cdot \cos \omega t + \cdots\right)$$

脉动系数的定义为最低次谐波（基波 U_{o1}）的峰值与输出电压平均值之比，即

$$S = \frac{U_{o1m}}{U_o} = \frac{\frac{\sqrt{2}U_2}{2}}{\frac{\sqrt{2}U_2}{\pi}} = 1.57 \qquad (11-5)$$

也可以用纹波系数表示，它定义为输出电压交流有效值和平均值之比。

(3) 整流器件参数的计算

① 流过二极管的平均电流 I_D

由于流过负载的电流就等于流过二极管的电流，所以

$$I_D = I_o = \frac{U_o}{R_L} = 0.45\frac{U_2}{R_L} \qquad (11-6)$$

② 二极管承受的最高反向电压 U_{RM}

在二极管不导通期间，承受反压的最大值就是变压器次级电压 u_2 的最大值，即

$$U_{RM} = \sqrt{2}U_2 \qquad (11-7)$$

选择整流二极管时，应保证其最大整流电流 $I_F > I_D$，其最大反向击穿电压 $U_{BR} > U_{RM}$，一般还要根据实际情况留有一定余量。

单相半波整流电路简单，使用元件少；不足方面是变压器利用率和整流效率低，输出电压脉动大，所以单相半波整流仅用在小电流且对电源要求不高的场合。

11.2.2　单相全波整流电路

1. 电路与工作原理

为提高电源的利用率，可将两个半波整流电路合起来组成一个全波整流电路，如图 11.4 所示。

在 u_2 的正半周内，变压器副边电压是上端为正、下端为负，二极管 V_{D1} 承受正向电压而导通，V_{D2} 承受反向电压而截止，电流由副边上半绕组经 V_{D1} 流过负载；在 u_2 负半周内，变压器副边电压是上端为负、下端为正，二极

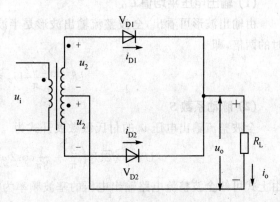

图 11.4　全波整流电路

管 V_{D1} 承受反向电压而截止，V_{D2} 承受正向电压而导通，电流由副边下半绕组经 V_{D2} 流过负载。二极管 V_{D1}，V_{D2} 在正、负半周轮流导电，且流过负载 R_L 的电流为同一方向，故在正、负半周，负载上均有输出电压。忽略二极管上压降，负载上输出电压 $u_o = u_2$，输出波形与 u_2 相同。其电路波形如图 11.5 所示。从图 11.5 得知，此电路在整个周期内都有方向一致的输出波形，因此称其为全波整流电路。

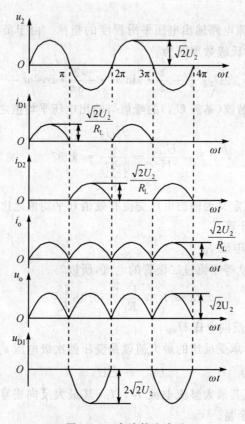

图 11.5　全波整流波形

2. 单相全波整流电路的主要技术指标

(1) 输出电压平均值 U_o

由输出波形可看出，全波整流输出波形是半波整流时的两倍，所以输出直流电压也为半波时的两倍，即

$$U_o = \frac{2\sqrt{2}}{\pi} U_2 \approx 0.9 U_2 \tag{11-8}$$

(2) 脉动系数 S

全波整流输出电压 u_o 的付氏级数展开式为

$$U_o = \sqrt{2} U_2 \left(\frac{2}{\pi} - \frac{4}{3\pi} \cos 2\omega t - \frac{4}{15\pi} \cos 4\omega t - \cdots \right)$$

由上式可知全波整流电路输出电压的基波频率为 2ω，求得基波最大值为

$$U_{C1m} = \frac{4\sqrt{2}}{3\pi} U_2$$

将上式代入脉动系数公式可得 S 为

$$S = \frac{U_{o1m}}{U_o} = \frac{\frac{4\sqrt{2}U_2}{3\pi}}{\frac{2\sqrt{2}U_2}{\pi}} = 0.67 \quad (11-9)$$

(3) 整流器件参数的计算

① 流过二极管的平均电流 I_D

由于两个二极管轮换导通半个周期,因此,每个二极管中流过的平均电流只有负载电流的一半,即

$$I_D = \frac{1}{2}I_o = \frac{1}{2}\frac{U_o}{R_L} = \frac{1}{2} \cdot 0.9\frac{U_2}{R_L} = 0.45\frac{U_2}{R_L} \quad (11-10)$$

② 二极管承受的最高反向电压 U_{RM}

因为无论正半周还是负半周,均是一管截止,而另一管导通,故变压器次级两个绕组的电压全部加至截止二极管的两端。全波整流电路每管承受的反向峰值电压 U_{RM} 为 u_2 的峰值电压的两倍,即

$$U_{RM} = 2\sqrt{2}U_2 \quad (11-11)$$

选择整流二极管时,应保证其最大整流电流 $I_F > I_D = I_O/2$,其最大反向击穿电压 $U_{BR} > U_{RM}$,一般还要根据实际情况留有一定余量。

由以上分析可知,单相全波整流电路,输出电压平均值高、脉动系数小,电源利用率高。但其二极管承受的反向峰值电压 U_{RM} 高,必然对器件参数要求高;同时需要带中间抽头的变压器,而且每个线圈只有一半时间通过电流,变压器利用率低。因此,已经被性能更优的全波桥式整流电路所取代。

11.2.3 单相桥式整流电路

1. 电路与工作原理

单相半波整流和抽头变压器式全波整流电路有很明显的不足之处,针对这些不足,在实践中又产生了桥式整流电路,如图 11.6(a)所示。这种整流电路由变压器、4 个整流二极管和负载组成全波整流,4 个二极管组成一个桥,所以称为桥式整流电路,这个桥也可以简化成如图 11.6(b)的形式。

当 u_2 是正半周时,二极管 V_{D1} 和 V_{D2} 导通,而二极管 V_{D3} 和 V_{D4} 截止,负载 R_L 上的电流是自上而下流过负载,负载上得到了与 u_2 正半周相同的电压;在 u_2 的负半周,u_2 的实际极性是下正上负,二极管 V_{D3} 和 V_{D4} 导通而 V_{D1} 和 V_{D2} 截止,负载 R_L 上的电流仍是自上而下流过负载,负载上得到了与 u_2 正半周相同的电压,其电路工作波形如图 11.7 所示,从波形图上可以看出,单相桥式整流比单相半波整流电路波形增加了 1 倍。

2. 单相桥式整流电路的指标

从图 11.7 桥式整流电路波形可以看出,桥式整流电路的直流电压 U_o 和直流电流 I_o 以及脉动系数 S 与全波整流完全一样。又因为每两个二极管串联轮换导通半个周期,因此,每个二极管中流过的平均电流同样只有负载电流的一半。桥式整流电路的 U_o、I_o、I_D 以及脉动系数 S 分别为

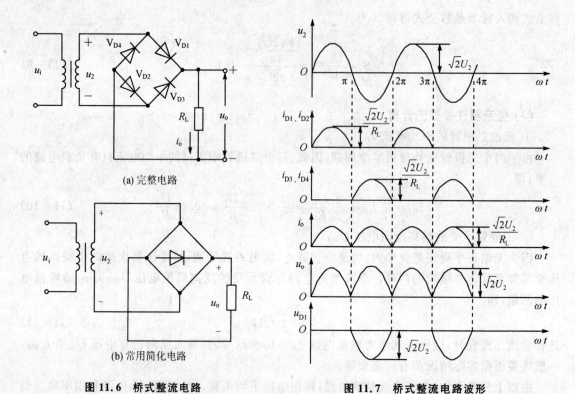

(a) 完整电路

(b) 常用简化电路

图 11.6 桥式整流电路

图 11.7 桥式整流电路波形

$$U_\mathrm{O} = 0.9\, U_2,\ I_\mathrm{O} = 0.9\, \frac{U_2}{R_\mathrm{L}},\ I_\mathrm{D} = \frac{1}{2} I_\mathrm{O} = 0.45\, \frac{U_2}{R_\mathrm{L}},\ S = 0.67$$

但是，二极管承受的最高反向电压 U_RM 与全波整流时不同。由图 11.6 可以看出，导通二极管和截止二极管承受的电压之和，总是等于副边电压 u_2。因此，如果忽略正向压降，截止二极管承受最高反压为 u_2 的峰值，即

$$U_\mathrm{RM} = \sqrt{2}\, U_2 \tag{11-12}$$

桥式整流电路的 4 个二极管的极性容易接错，会造成电路损坏。为了解决这一问题，生产厂家已将整流二极管集成在一起构成桥堆，内部结构如图 11.8(a) 和 (b) 所示。图 11.8(a) 为"半桥"内部结构，它有 3 个引脚，其中两个与电源变压器相连（～端），一个与负载连接（＋或－端）；图 11.8(b) 为"全桥"内部结构，它有 4 个引脚，其中两个与电源变压器相连（～端），两个与负载连接（＋、－端）。使用一个"全桥"或连接两个"半桥"，就可代替 4 只二极管与电源变压器相连，组成桥式整流电路，非常方便。选用时，应注意桥堆的额定工作电流和允许的最高反

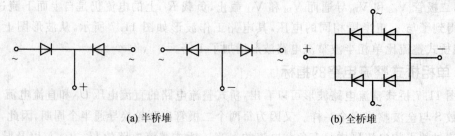

(a) 半桥堆

(b) 全桥堆

图 11.8 桥堆内部结构及外形图

向工作电压应符合整流电路的要求。另外厂家还将多个二极管串接在一起,做成高压整流堆,整流堆模块的反向工作电压可达万伏以上,整流堆常应用在电视机、计算机等高压整流电路中。

综上所述,单相桥式整流电路在变压器次级电压相同的情况下,输出电压平均值高、脉动系数小,管子承受的反向电压和半波整流电路一样。虽然二极管用了 4 只,但小功率二极管体积小,价格低廉,因此全波桥式整流电路得到了广泛的应用。

【例 11.1】 有一单相桥式整流电路要求输出电压 $U_O=110$ V, $R_L=80$ Ω,交流输入电压为 380 V。

(1) 如何选用二极管?
(2) 求整流变压器变比和视在功率容量。

解:(1)根据桥式整流电路公式可求出各参数如下

$$I_O = \frac{U_O}{R_L} = \frac{110}{80} = 1.4 \text{ A}$$

$$I_D = \frac{1}{2}I_O = 0.7 \text{ A}$$

$$U_2 = \frac{U_O}{0.9} = 122 \text{ V}$$

$$U_{RM} = \sqrt{2}U_2 = \sqrt{2} \times 122 \text{ V} = 172 \text{ V}$$

根据二极管选择原则可知,应选择最大整流电流大于 0.7 A、耐压大于 172 V 的二极管。通过对比,选择 2CZ12C 二极管,其最大整流电流 1 A,最高反向电压为 300 V,满足电路要求。

(2) 求整流变压器变比和视在功率容量

考虑到变压器副边绕组及管子上的压降,变压器副边电压大约需要高出 10% 才能满足要求,即实际 $U_2=122\times1.1=134$ V,则变压器变比为

$$n = \frac{380}{134} = 2.8$$

变压器容量即视在功率为变压器副边电流与变压器副边电压的乘积。变压器副边电流 $I=I_O\times1.1=1.55$ A,乘 1.1 倍主要考虑变压器损耗。故整流变压器(视在)功率容量为 $IU_2=134\times1.55=208$ VA。

11.2.4 倍压整流电路

电子电路中,经常需要高电压、小电流的直流电压,如供给显像管的高压。但以上所介绍的整流电路所能供给的整流输出电压小于 U_2,受 U_2 限制,获得大整流输出电压比较困难。可以采用倍压整流电路,提供高电压、小电流的直流电压。利用倍压整流电路可以得到比输入交流电压高很多倍的输出直流电压。图 11.9 为二倍压整流电路,图 11.10 为多倍压整流电路。

1. 二倍压整流电路

图 11.9 所示电路中,设电源变压器副边电压 $u_2=\sqrt{2}U_2\sin\omega t$,电容初始电压为零。当交流电压 u_2 为正半周时(第一个半周,上正、下负),V_{D1} 导通,电容 C_1 充电,电容极性如图 11.9 所示,其峰值电压可达 $\sqrt{2}U_2$;当 u_2 为负半周时(第二个半周,下正、上负),V_{D1} 截止,V_{D2} 导通,于是 u_2 与 C_1 上的电压串联在一起对电容 C_2 充电,电容极性如图 11.9 所示,其峰值电压约为 $2\sqrt{2}$

U_2,即输出电压近似等于 $2\sqrt{2}U_2$,从而实现了二倍压整流。

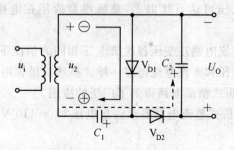

图 11.9 二倍压整流电路

2. 多倍压整流电路

以此类推,当用 n 个二极管和 n 个电容器时,可以构成 n 倍压整流电路,图 11.10 所示为 6 倍压整流电路。

当 u_2 为正半周时,二极管 V_{D1} 正向偏置导通,u_2 通过 V_{D1} 向电容器 C_1 充电,在理想情况下,充电至 $u_{C1}=\sqrt{2}U_2$,极性为右正左负。

当 u_2 为负半周时,V_{D1} 反偏截止,V_{D2} 正偏导通,u_2+u_{C1} 向电容 C_2 充电,最高可充到 $u_{C2}=2\sqrt{2}U_2$,极性为右正左负。

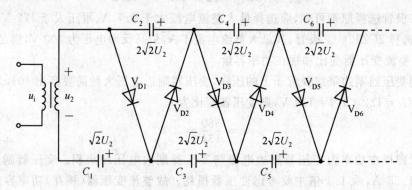

图 11.10 多倍压整流电路

当 u_2 再次为正半周时,V_{D1},V_{D2} 反偏截止,V_{D3} 正偏导通,$u_2-u_{C1}+u_{C2}$ 向电容 C_3 充电,最高可充到 $u_{C3}=2\sqrt{2}U_2$,极性右正左负。

当 u_2 再次为负半周时,V_{D1},V_{D2},V_{D3} 反偏截止,V_{D4} 正偏导通,$u_2+u_{C1}-u_{C2}+u_{C3}$ 向电容 C_4 充电,最高可充到 $u_{C4}=2\sqrt{2}U_2$,极性右正左负。依次类推,可知 C_5,C_6 等电容也都充电到 $2\sqrt{2}U_2$,极性如图 11.10 所示。此时只要将负载接至有关电容组的两端,就可以得到相应的多倍压的输出直流电压。图 11.10 中,将负载跨接到 V_{D1} 正极和 V_{D6} 阴极之间,则可得到 6 倍压整流电路,若在上述倍压整流电路中多增加几级,就可以得到近似多倍压的直流电压。

对于上式倍压整流电路要说明以下几点:

① 在倍压整流电路中,每个二极管承受的最高反向电压不高于 $2\sqrt{2}U_2$;电容 C_1 的耐压应大于 $\sqrt{2}U_2$,其余电容的耐压应大于 $2\sqrt{2}U_2$。

② 每次电容作为电源向其他电容充电时,都要损失电荷,需要在下一个周期补齐,因此,

输出电压是多个周期建立起来的。

③ 以上分析倍压整流电路的工作原理时,都假定在理想情况下,即电容电压被充电到副边电压的最大值。实际上,由于存在放电回路,所以电容上电压达不到最大值,而且在充放电过程中,电容电压还将上下波动,即包含脉动成分。倍压整流电路只适应负载电流较小的场合,此时放电时间常数远大于电源电压周期 T,否则,输出电压将小于 n 倍副边幅值,同时有较大的脉动成分。

思考题

1. 说明半波整流、全波整流和桥式整流电路的区别。
2. 在桥式整流电路中,如果有一个二极管的极性接反,分析电路会出现什么情况?
3. 倍压整流电路对所驱动负载有何要求?

11.3 滤波电路

交流电经过整流后,输出电压在方向上没有变化,但输出电压波形仍然保持输入正弦波的波形。输出电压起伏较大,为了得到平滑的直流电压波形,必须采用滤波电路,以改善输出电压的脉动性。电容和电感是基本的滤波元件,利用它们在二极管导通时储存能量,然后再缓慢释放出来,从而得到比较平滑的波形,这就是滤波。常用的滤波电路有电容滤波、电感滤波、LC 滤波和 π 型滤波等。

11.3.1 电容滤波电路

1. 电路组成和工作原理

电容滤波是在负载 R_L 两端并联一只较大容量的电容器,图 11.11 所示为一单相桥式整流电容滤波电路,由于电容两端电压不能突变,因而负载两端的电压也不会突变,使输出电压得以平滑,达到滤波目的。

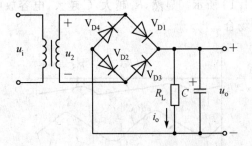

图 11.11 桥式整流、电容滤波电路

滤波过程及波形如图 11.12 所示。未加电容时,输出电压 u_o 的波形如图 11.12 中虚线所示。并联电容以后,假设在 $\omega t=0$ 时,接通电源,并设电容 C 两端的初始电压 u_C 为零,分析如下。

(1) 空载时的情况

空载时 $R_L \to \infty$,设电容 C 两端的初始电压 u_C 为零。接入交流电源后,当 u_2 为正半周时,V_{D1},V_{D2} 导通,则 u_2 通过 V_{D1},V_{D2} 对电容充电;当 u_2 为负半周时,V_{D3},V_{D4} 导通,u_2 通过 V_{D3},V_{D4}

对电容充电。由于充电回路等效电阻(包括变压器次级绕组的直流电阻和导通二极管的正向电阻,用 R_i 表示)很小,所以充电很快,电容 C 迅速被充到交流电压 u_2 的最大值 $\sqrt{2}U_2$。此时二极管的正向电压始终小于或等于零,故二极管均截止,电容不可能放电,故输出电压 U_O 恒为 $\sqrt{2}U_2$,其波形如图 11.12(a)所示。

(2) 带电阻负载时的情况

输出端接负载 R_L 时,在 $t=0$ 时刻接通电源。当 u_2 从零开始上升时,V_{D1},V_{D2} 导通,电源通过 V_{D1},V_{D2} 向负载电阻 R_L 提供电流,同时向电容 C 充电,充电时间常数为 $\tau_充 = (R_i /\!/ R_L)C \approx R_i C$,一般 $R_i \ll R_L$,忽略 R_i 压降的影响,电容上电压将随 u_2 迅速上升;当 $\omega t = \omega t_1$ 时,有 $u_2 = u_o$,此后 u_2 低于 u_o,所有二极管截止,这时电容 C 通过 R_L 放电,放电时间常数为 $R_L C$,放电速度慢,u_o 变化平缓。当 $\omega t = \omega t_2$ 时,$u_2 = u_o$,ωt_2 后 u_2 又变化到比 u_o 大,又开始充电过程,u_o 迅速上升。当 $\omega t = \omega t_3$ 时,有 $u_2 = u_o$,ωt_3 后,电容 C 通过 R_L 放电。如此反复,通过这种周期性充放电,可以得到如图 11.12(b)实线所示的输出电压波形。从图 11.12(b)可以看出,由于电容 C 的储能作用,R_L 上的电压波动大大减小了。

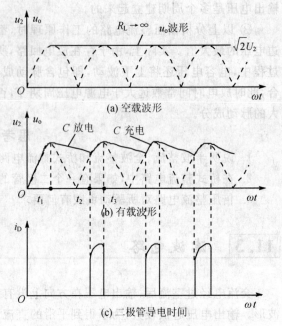

图 11.12 电容滤波波形

根据以上分析,对于电容滤波可以得出以下几点结论:

① 电容滤波以后,输出直流电压提高了,同时输出电压的脉动成分也降低了,而且输出直流电压与放电时间常数有关。时间常数 $R_L C$ 越大,电容放电越慢,输出电压 u_o 波形越平稳,不同 $R_L C$ 的输出波形如图 11.13 所示。显然,R_L 越大,C 越大,电容放电越慢,U_o 越高。电容滤波适合负载电流比较小的场合。

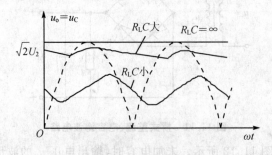

图 11.13 $R_L C$ 对电容滤波的影响

② 电容滤波的输出电压 U_O 随输出电流 I_O 而变化。输出电压 U_O 与输出电流 I_O 之间的关系曲线称为电路的外特性。当负载开路,即 $I_O = 0$ 时,$U_o = U_C = \sqrt{2}U_2$;当 I_O 增大,即 R_L 减小时,C 放电加快,U_o 下降。如果忽略整流电路的内阻,则桥式整流加电容滤波后,其 U_O 值的变化范围在 $\sqrt{2}U_2 \sim 0.9 U_2$ 之间,如果考虑二极管和变压器等效内阻,则 U_O 更低。其外特性如

图 11.14 所示,由图 11.14 可知,电容滤波电路的输出电压随着输出电流的变化下降很快,即它的外特性比较软,所以电容滤波适于负载电流变化不大的场合。

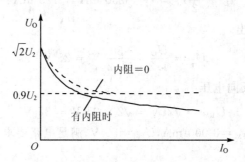

图 11.14　电容滤波电路的外特性

③ 电容滤波电路中整流二极管的导电时间缩短了。从图 11.12(c)可以看出,二极管的导电角小于 180°,而且电容放电时间越大,导电角越小,因此,整流管在短暂的导通时间内流过一个很大的冲击电流,对管子的寿命不利,所以必须选择更大容量的二极管。

2. 指标计算

由于滤波电路的输出电压是一个近似为锯齿波的直流电压,很难用解析式表达,其平均值计算很复杂,工程上一般采用近似估算的方法,估算输出电压。电容滤波整流电路,其输出电压 U_O 在 $\sqrt{2}U_2 \sim 0.9U_2$ 之间,输出电压的平均值取决于放电时间常数的大小。

实际运用中常按下式选择滤波电容的容量

$$R_L C \geqslant (3 \sim 5) \frac{T}{2} \tag{11-13}$$

其中,T 为交流电源电压的周期。则可以近似得出输出电压平均值

$$U_O \approx (1.18 \sim 1.27)U_2$$

实际中,经常进一步近似为

$$U_O \approx 1.2U_2 \tag{11-14}$$

注意式(11-14)在满足式(11-13)条件下成立,否则将有很大误差。

整流管的最大反向峰值电压 U_{RM} 为

$$U_{RM} = \sqrt{2}U_2$$

每个二极管的平均电流是负载电流的一半,为

$$I_D = \frac{1}{2} \frac{U_O}{R_L} \tag{11-15}$$

选择二极管不能根据式(11-15),因为二极管在短暂的导通时间内会出现瞬间大电流,可能导致二极管损坏,因此,选择二极管时,应留有充分的余量,一般大于平均电流的 2~3 倍,即按下式选取二极管。

$$I_F \geqslant (2 \sim 3) \frac{1}{2} \frac{U_O}{R_L} \tag{11-16}$$

【例 11.2】　一单相桥式整流电容滤波电路的输出电压 $U_O = 30$ V,负载电流为 250 mA,试选择整流二极管的型号和滤波电容 C 的大小。

解:(1)选择整流二极管

每个二极管的平均电流是负载电流的一半,为

$$I_D = \frac{1}{2}I_o = \frac{1}{2} \times 250 \text{ mA} = 125 \text{ mA}$$

由 $U_o = 1.2U_2$,可求出

$$U_2 = \frac{U_o}{1.2} = \frac{30}{1.2} \text{ V} = 25 \text{ V}$$

所以,二极管承受的最大反向电压

$$U_{RM} = \sqrt{2}U_2 = \sqrt{2} \times 25 \text{ V} = 35 \text{ V}$$

查手册选 2CP21A,参数 $I_{FM} = 3\,000$ mA, $U_{BM} = 50$ V,满足电路要求。

(2) 选滤波电容

$$R_L = \frac{U_o}{I_o} = \frac{30 \text{ V}}{250 \text{ mA}} = 0.12 \text{ k}\Omega$$

$$T = 1/50 \text{ s} = 0.02 \text{ s}$$

根据式(11-13)选择,可求出电容为

$$C = \frac{5T}{2R_L} = \frac{5 \times 0.02}{2 \times 10} \text{ F} = 0.000\,417\text{F} = 417\ \mu\text{F}$$

11.3.2 电感滤波电路和 *LC* 滤波电路

1. 电感滤波电路

利用电感的电抗性,同样可以达到滤波的目的。在整流电路和负载 R_L 之间,串联一个电感 L 就构成了一个简单的电感滤波电路,如图 11.15 所示。

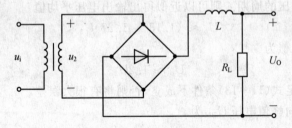

图 11.15 电感滤波电路

电感具有阻止电流变化的特点,电感与负载串联,将使流过负载的电流变得平滑,输出电压的波形也就平稳了。当输出电流发生变化时,L 中将感应出一个反电势,其方向将阻止电流发生变化。在半波整流电路中,这个反电势将使整流二极管的导电角大于 180°,但在桥式整流电路中,反电势只是有延长整流管导电角的趋势,并不能改变导电角,导电角仍然是 180°。这是因为,两管导通后,变压器次边电压将全部以反压的形式加给另外两个管子,强迫其截止。在图 11.15 中,电感对交流呈现很大的阻抗,对直流分量的电阻很小(理想时等于零),频率越高,感抗越大,则交流成分绝大部分降到了电感上,若忽略导线电阻,电感对直流没有压降,即直流均落在负载上,因此,能得到较好的滤波效果,而且直流电压损失很小。

在这种电路中,输出电压的交流成分是整流电路输出电压的交流成分经 X_L 和 R_L 分压的结果,L 越大、R_L 越小,则电感滤波效果越好,所以电感滤波适于负载电流比较大的场合,一般

选择 $\omega L \gg R_L$。

输出电压平均值 U_o，一般小于全波整流电路输出电压的平均值，如果忽略电感线圈的铜阻，则 $U_o \approx 0.9 U_2$。二极管承受的反向峰值电压仍为 $\sqrt{2} U_2$。

采用电感滤波，可以延长整流管的导通时间，因此避免了过大的冲击电流。实际电路中，为了使 L 值大，多采用铁芯电感，有体积大、笨重，且输出电压的平均值 U_o 较低的缺点。

2. LC 滤波电路

采用单一的电容或电感滤波时，电路虽然简单，但滤波效果欠佳，为了达到更好地滤波效果，经常把前两种滤波电路结合起来，组成 LC 滤波电路。电感型 LC 滤波电路如图 11.16 所示。整流输出电压中的交流成分绝大部分降落在电感上，电容 C 又对交流接近于短路，故输出电压中交流成分很少，几乎是一个平滑的直流电压。由于整流后先经电感 L 滤波，总特性与电感滤波电路相近，故称为电感型 LC 滤波电路，若将电容 C 平移到电感 L 之前，则为电容型 LC 滤波电路。LC 滤波电路的直流输出电压和电感滤波电路一样，$U_o = 0.9 U_2$。但要说明的是，如果 L 值太小或 R_L 太大，则将呈现出电容滤波的特性。为了保证整流管的导电角仍为 $180°$，参数之间要恰当配合，可以推出近似条件为 $R_L < 3\omega L$。

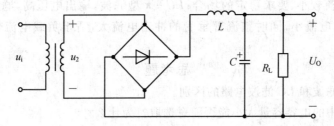

图 11.16 LC 滤波电路

LC 滤波电路与电容滤波电路比较，电感元件限制了电流的脉动峰值，减小了对整流二极管的冲击。而且当输出电流变化时，因为电感内阻小，所以外特性比较好，在负载电流较大或较小时均有良好的滤波效果，也就是说，它对负载的适应性比较强。但存在输出电压低、体积和重量大的缺点。它主要适用于电流较大，要求电压脉动较小的场合。

11.3.3 π型滤波电路

为了进一步减小输出的脉动成分，可在 LC 滤波电路的输入端再加一只滤波电容就组成了 LC-π 型滤波电路，如图 11.17(a) 所示。

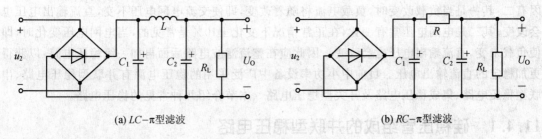

(a) LC-π型滤波　　　　　　　(b) RC-π型滤波

图 11.17 π型滤波电路

LC-π 型滤波电路的整流输出电压先经电容 C_1 滤除了交流成分后，再经电感 L 上滤波，

电容 C_2 上的交流成分极少,因此输出电路几乎是平直的直流电压。其输出电流波形比 LC 更加平滑,由于在输入端接了电容,输出直流电压更高。适当选择电路参数,同样可以达到 $U_o=1.2U_2$。但其外特性较差,整流管的冲击电流比较大。$LC-\pi$ 型滤波电路的外特性与电容滤波相同,若考虑电感上损耗则下降更多。铁芯电感体积大、笨重、成本高、使用不便。当负载电阻 R_L 值较大,负载电流较小时,可用电阻代替电感,组成 $RC-\pi$ 型滤波电路,如图 11.17(b) 所示,电阻 R 对交流和直流成分均产生压降,故会使输出电压下降。R_L 越大,C_2 越大,滤波效果越好。

11.3.4 各种滤波电路性能比较

电容滤波输出电压高(约为 $1.2U_2$)、小电流时滤波效果较好,但其负载能力差,整流管承受的冲击电流大,适于负载电流较小的场合;电感滤波和 LC 滤波负载能力较好,对变化的负载滤波效果好,整流管不会受到冲击电流的损坏,但其输出电压较小(约为 $0.9U_2$),同时对电感的要求高,适于负载变化大、负载电流大的场合;$RC-\pi$ 型滤波输出电压高,滤波效果较好,结构简单经济,能兼起降压限流作用,但其负载能力差,输出电流小,同时整流管承受的冲击电流大,适于负载电流较小、要求稳定的场合;$LC-\pi$ 型滤波,输出电压高,滤波效果较好,但其负载能力差,输出电流小,同时整流管承受的冲击电流大,适于负载电流较小、要求稳定的场合。

思考题

1. 说明电容滤波和 LC 滤波电路的区别。
2. 滤波电路中的电容容量大小能否随意选取?为什么?
3. 在整流电容滤波的电路中,二极管的导通时间为什么变短?
4. 桥式整流电感滤波电路中,二极管的导通角是否大于 $180°$?为什么?
5. 比较一下各种滤波电路的输出电压。

11.4 分立元件稳压电路

电子设备一般都需要稳定的电源电压。如果电源电压不稳定,将会引起直流放大器的零点漂移,交流噪声增大,测量仪表的测量精度降低等。虽然整流滤波后已经得到比较稳定的直流输出电压,但直流输出电压往往会随时间而有些变化。造成这种直流输出电压不稳定的原因有二:其一是当负载改变时,负载电流将随着改变,即使交流电网电压不变,直流输出电压也会改变;其二是电网电压常有变化,在正常情况下变化 $\pm 10\%$ 是常见的,当电网电压变化时,即使负载未变,直流输出电压也会改变。因此应在整流滤波电路后面再加一级稳压电路,以获得更加稳定的直流输出电压。目前中小功率设备中广泛采用的稳压电源有并联型稳压电路、串联型稳压电路、集成稳压电路及开关型稳压电路。本节介绍几种常见的稳压电路。

11.4.1 硅稳压管组成的并联型稳压电路

1. 电路组成及工作原理

硅稳压管工作在反向击穿区,流过稳压管的电流在较大的范围变化时,其两端相应的电压变化量却很小。因此将稳压管和负载并联，就能在一定条件下保持输出电压基本稳定。稳压的数值和质量取决于稳压管的型号和稳压值，稳压管必须在一定的电流范围内，才能正常工作，电流太小稳压性能不好，电流太大会造成稳压管的损坏。

硅稳压管组成的并联型稳压电路如图 11.18 所示。图中稳压管 V_{DZ} 与负载电阻 R_L 并联，在并联后与整流滤波电路连接时，要串联一个限流电阻 R。由于 V_{DZ} 与 R_L 并联，所以也称并联稳压电路。经整流滤波后得到的直流电压作为稳压电路的输入电压，限流电阻 R 和稳压管 V_{DZ} 组成稳压电路，输出电压 $U_o = U_Z$。

在这种电路中，不论是电网电压波动还是负载电阻 R_L 的变化，稳压管稳压电路都能起到稳压作用，因为 U_Z 基本恒定，而 $U_o = U_Z$。下面从两个方面来分析其稳压原理：

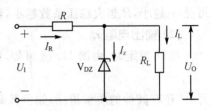

图 11.18 稳压管稳压电路

① 如果输入电压 U_I 不变，而负载电阻 R_L 减小，这时负载上电流 I_L 要增加，电阻 R 上的电流 $I_R = I_L + I_Z$ 也有增大的趋势，则 $U_R = I_R R$ 也趋于增大，这将引起输出电压 U_o 的下降。由于稳压管并联在输出端，由伏安特性可看出，当稳压管两端的电压略有下降时，电流 I_Z 将急剧减小，而 $I_R = I_L + I_Z$，I_R 也有减小的趋势，所以 I_Z 的减小，补偿了 I_L 的增大，I_R 基本维持不变，R 上的压降也就维持不变，从而保证输出电压 $U_o = U_I - I_R R$ 基本不变，即

$$R_L \downarrow \rightarrow I_L \uparrow \rightarrow I_R \uparrow \rightarrow U_O \downarrow \rightarrow I_Z \downarrow \rightarrow I_R \downarrow \rightarrow U_O \uparrow$$

当然，负载电阻 R_L 增大时，I_L 减小，I_Z 增加，保证了 I_R 基本不变，同样稳定了输出电压 U_O。

② 如果负载电阻 R_L 保持不变，而电网电压的波动引起输入电压 U_I 升高时，电路的传输作用会使输出电压也就是稳压管两端的电压 U_O 趋于上升。由稳压管反向特性知，I_Z 将显著增加，于是电流 $I_R = I_L + I_Z$ 加大，所以电压 U_R 升高，$U_O = U_I - U_R$，抵消了 U_I 的升高，从而使输出电压基本保持不变，达到了稳定输出电压的目的，即

$$U_I \uparrow \rightarrow U_O \uparrow \rightarrow I_Z \uparrow \rightarrow I_R \uparrow \rightarrow U_R \uparrow \rightarrow U_O \downarrow$$

同理，电压 U_I 降低时，也通过类似过程来稳定 U_O。

在实际使用中，这两个过程是同时存在的，而两种调整也同样存在。因而无论电网电压波动或负载变化，都能起到稳压作用。

2. 稳压电路的稳压系数和输出电阻的计算

(1) 稳压系数

根据式(11-1)可知，计算稳压系数必须先求出 $\Delta U_O / \Delta U_I$，仅考虑变化量时，可利用图 11.19 所示的稳压电路的交流等效电路，来计算 $\Delta U_O / \Delta U_I$，图中 r_z 为稳压管的动态内阻，可由手册得出，一般较小，则可得

$$\frac{\Delta U_O}{\Delta U_I} = \frac{r_z // R_L}{R + r_z // R_L} \approx \frac{r_z}{R + r_z}$$

代入式(11-1)可得稳压系数为

$$S_r = \frac{\Delta U_O}{\Delta U_I} \cdot \frac{U_I}{U_O} \approx \frac{r_z}{R + r_z} \cdot \frac{U_I}{U_z} \qquad (11-17)$$

当 $R \gg r_z$ 时，上式可简化为

$$S_r \approx \frac{r_z}{R} \cdot \frac{U_I}{U_z} \qquad (11-18)$$

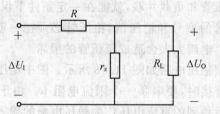

图 11.19 稳压电路的交流等效电路

可见，r_z 越小，R 越大稳压系数越小，稳压性能越好。

(2) 输出电阻 r_O

当 U_I 恒定时，由图 11.18 可知，稳压电路的输出电阻（又称为稳压电路内阻）为

$$r_O = r_z \mathbin{/\mkern-6mu/} R \approx r_z \tag{11-19}$$

另外，还有其他的质量指标，如负载调整率、纹波电压、温度系数 S_T 等。

3. 稳压电路参数确定

(1) 限流电阻的计算

稳压电路要输出稳定电压，必须保证稳压管正常工作。因此必须根据电网电压和负载电阻 R_L 的变化范围，正确地选择限流电阻 R 的大小。从两个极限情况考虑，则有

① 当 U_I 为最小值，I_L 达到最大值时，即

$$U_I = U_{Imin}, I_L = I_{Lmax}$$

这时 $I_R = (U_{Imin} - U_Z)/R$。则 $I_Z = I_R - I_{Lmax}$ 为最小值。为了让稳压管进入稳压区，此时 I_Z 值应大于稳压管的最小工作电流 I_{Zmin}，即

$$I_Z = (U_{Imin} - U_Z)/R - I_{Lmax} > I_{Zmin}$$

其中，U_Z 为稳压管的标准稳压值，由上式可得

$$R < \frac{U_{Imin} - U_Z}{I_{Zmin} + I_{Lmax}} \tag{11-20}$$

② 当 U_I 达最大值，I_L 达最小值时，即

$U_I = U_{Imax}, I_L = I_{Lmin}$，这时 $I_R = (U_{Imax} - U_Z)/R$，则 $I_Z = I_R - I_{Lmin}$ 为最大值。为了保证稳压管安全工作，此时 I_Z 值应小于稳压管的最大工作电流 I_{Zmax}，即

$$I_Z = (U_{Imax} - U_Z)/R - I_{Lmin} < I_{Zmax}$$

由上式可得

$$R > \frac{U_{Imax} - U_Z}{I_{Zmax} + I_{Lmin}} \tag{11-21}$$

所以限流电阻 R 的取值范围为

$$\frac{U_{Imax} - U_Z}{I_Z + I_{Lmin}} < R < \frac{U_{Imin} - U_Z}{I_{Zmin} + I_{Lmax}} \tag{11-22}$$

在此范围内选一个电阻标准系列中的规格电阻即可。在实际电路中，还需要选择 R 的功率，P_R 适当选择大一些，常按下面公式选择。

$$P_R = (2 \sim 3) \frac{(U_{max} - U_z)^2}{R}$$

如上述关系式不能同时满足（例如要求 R 大于 600 Ω，又小于 300 Ω），则说明在给定条件下已

第11章 直流稳压电源

超出稳压管的工作范围,需限制变化范围或选择大容量的稳压管。

(2) 确立稳压管参数

稳压管的稳压值应根据输出电压的要求选择,一般选取二者相等;为了保证稳压管的安全工作,稳压管的最大工作电流应大于负载的最大电流,还要留有足够的余量;这种稳压电路,是一种降压式电路,输入电压必须大于输出电压,稳压电路才能正常工作,在参数许可的情况下,输入电压大些,稳压效果更好。实际中,考虑电网电压变化时,U_I可按如下关系式选择:

$$U_I = (2 \sim 3)U_o \qquad (11-23)$$

稳压管的参数可按下式选择

$$\left. \begin{array}{l} U_Z = U_o \\ I_{Z\max} = (1.5 \sim 3)I_{L\max} \end{array} \right\} \qquad (11-24)$$

4. 硅稳压管稳压电路的特点

硅稳压管稳压电路结构简单,可以使输出电压稳定,当输出电压不需调节,且负载电流比较小的情况下稳压效果较好,主要用在小型电子设备中。

但这种电路存在两个明显的缺点:首先,输出电压由稳压管的型号决定,不能随意调节;其次,输出电流受稳压管的最大允许工作电流的限制,当电网电压和负载电流变化大时,电路将无法适应,因此输出电流很小。为了改进以上缺点,常采用串联型晶体管稳压电路。

【例 11.3】 稳压电路如图 11.18 所示,稳压管为 2CW14,其参数是 $U_z = 6$ V,$I_z = 10$ mA,$P_z = 200$ mW,$r_z < 15$ Ω。整流滤波输出电压 $U_I = 15$ V。

(1) 试计算当 U_I 变化 ±10%,负载电阻在 0.5~2 kΩ 范围变化时,限流电阻 R 值;

(2) 按所选定的电阻 R 值,计算该电路的稳压系数及输出电阻。

解:根据稳定电压和功耗可以求出稳压管最大工作电流为

$$I_{z\max} = \frac{P_z}{U_z} = \frac{200}{6} \text{ mA} \approx 33 \text{ mA}$$

而最小工作电流为

$$I_{z\min} = I_z = 10 \text{ mA}$$

最大和最小输入电压分别为

$$U_{I\max} = U_I + U_I 10\% = U_I(1 + 10\%) = 16.5 \text{ V}$$
$$U_{I\min} = U_I - U_I 10\% = U_I(1 - 10\%) = 13.5 \text{ V}$$

代入上面求电阻公式可得

$$R > \frac{16.5 \text{ V} - 6 \text{ V}}{2 \times 33 \text{ mA} + 6 \text{ mA}} \times 2 \approx 0.29 \text{ k}\Omega$$

$$R < \frac{13.5 - 6}{0.5 \times 10 + 6} \times 0.5 \approx 0.34 \text{ k}\Omega$$

即 0.29 kΩ < R < 0.34 kΩ,可选 $R = 320$ Ω,电阻的额定功率为

$$P_R = \frac{(16.5 - 6)^2}{320} \text{ W} \approx 0.34 \text{ W}$$

实际中,一般选择此值的 2~3 倍。

(2) 稳压系数和输出电阻分别为

$$S_r \approx \frac{r_z}{R + r_z} \frac{U_I}{U_z} = \frac{15}{320 + 15} \times \frac{15}{6} \approx 0.11 = 11\%$$

$$r_O = R \mathbin{/\mkern-6mu/} r_z = 320\ \Omega \mathbin{/\mkern-6mu/} 15\ \Omega = 14.3\ \Omega$$

11.4.2 串联型稳压电路

并联型稳压电路可以使输出电压稳定,但稳压值不能随意调节,而且输出电流很小。为了加大输出电流,使输出电压可调节,常用串联型晶体管稳压电路。

1. 电路组成和工作原理

串联型晶体管稳压电路有多种形式,但其基本原理是一样的。串联型线性稳压电路的组成方框图如图 11.20 所示。一般由调整电路、基准电压电路、比较放大电路以及取样电路 4 部分构成。其中,调整电路既可以是单个三极管,也可以是复合管;比较放大电路既可以是分立元件,也可由集成运放构成。

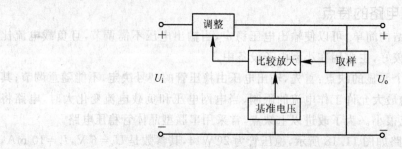

图 11.20 串联型稳压电路组成框图

如图 11.21 所示为串联型晶体管稳压电路的一种基本电路形式。图 11.21 稳压电路由分立元件组成,图中,各元器件作用分析如下。

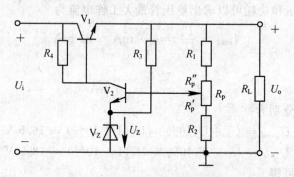

图 11.21 分立元件的串联型稳压电路

R_1,R_2 以及电位器 R_P 组成采样电路,当输出电压变化时,取样电阻将其变化量的一部分送到比较放大管的基极,基极电压能反映输出电压的变化,称为取样电压。取样电阻不宜过大,也不宜过小,若太大,控制灵敏度下降,若太小,带负载能力减弱。

电阻 R_3 和稳压管 V_Z 组成基准电路,为 V_2 发射极提供一个基准电压,其中 R_3 为限流电阻,保证 V_Z 有一个合适的工作电流。

三极管 V_2 和 R_4 构成比较放大环节,V_2 是比较放大管,R_4 既是 V_2 的集电极电阻,又是 V_1 的基极偏置电阻,比较放大管的作用是先放大输出电压的变化量,然后加到调整管的基极,控制调整管工作,可以提高控制的灵敏度和输出电压的稳定性。

V_1 是调整管,它与负载串联,所以称之为串联型线性稳压电路。调整管 V_1 受比较放大管

直流稳压电源
第 11 章

的控制，工作在放大状态，集射间相当于一个可变电阻，用来抵消输出电压的变化。

电路工作原理分析如下。

① 当负载 R_L 不变，输入电压 U_I 减小时，输出电压 U_O 有下降趋势，通过取样电阻的分压使比较放大管的基极电位 U_{B2} 下降，而比较放大管的发射极电压不变（$U_{E2}=U_Z$），因此 U_{BE2} 也下降，于是比较放大管导通能力减弱，U_{C2} 升高，调整管导通能力增强，调整管 V_1 集射之间的电阻 R_{CE1} 减小，管压降 U_{CE1} 下降，由于 $U_O=U_I-U_{CE1}$，所以使输出电压 U_O 上升，保证了 U_O 基本不变。上述稳压过程表示如下：

$$U_I\downarrow \to U_O\downarrow（下降趋势）\to U_{B2}\downarrow \to U_{BE2}\downarrow \to U_{C2}\uparrow（U_{B1}\uparrow）\to U_{CE1}\downarrow \to U_O\uparrow$$

当输入电压减小时，稳压过程与上述过程相反。

② 当输入电压 U_I 不变，负载 R_L 增大时，引起输出电压 U_O 有增长趋势，则电路将产生下列调整过程：

$$R_L\uparrow \to U_O\uparrow（上升趋势）\to U_{B2}\uparrow \to U_{BE2}\uparrow \to U_{C2}\downarrow（U_{B1}\downarrow）\to U_{CE1}\uparrow \to U_O\downarrow$$

当负载 R_L 减小时，稳压过程相反。

通过上述分析，可以看出，串联稳压电路实际上是一个负反馈电路，稳压的过程实质上是通过负反馈使输出电压维持稳定的过程。

2. 输出电压的计算

图 11.21 所示稳压电路中有一个电位器 R_P 串接在 R_1 和 R_2 之间，可以通过调节 R_P 来改变输出电压 U_O。设计这种电路时要满足取样电阻上电流 $I'\gg I_{B2}$，因此，可以忽略 I_{B2} 对取样电流的影响，由电路可得

$$\left.\begin{aligned} U_{B2} &= U_O \cdot \frac{R_2+R'_P}{R_1+R_2+R_P} \\ U_O &= U_{B2} \cdot \frac{R_1+R_2+R_P}{R_2+R'_P} = (U_Z+U_{BE2})\cdot \frac{R_1+R_2+R_P}{R_2+R'_P} \end{aligned}\right\} \quad (11-25)$$

式中，U_Z 为稳压管的稳压值，U_{BE2} 为 V_2 发射结电压，R'_P 为图 11.21 中电位器滑动触点下半部分的电阻值。

当 R_P 调到最上端时，输出电压为最小值

$$U_{Omin} = (U_Z+U_{BE2})\cdot \frac{R_1+R_2+R_P}{R_2+R_P} \quad (11-26)$$

当 R_P 调到最下端时，输出电压为最大值，

$$U_{Omax} = (U_Z+U_{BE2})\cdot \frac{R_1+R_2+R_P}{R_2} = \left(1+\frac{R_1+R_P}{R_2}\right)(U_Z+U_{BE2}) \quad (11-27)$$

如果将图 11.21 中的放大元件改成集成运放，不但可以提高放大倍数，而且能提高灵敏度，这样就构成了由运算放大器组成的串联型稳压电路，电路如图 11.22 所示。请读者自己分析图 11.22 电路的稳压过程。

3. 调整管的选择

调整电路对稳压电路的性能起着非常关键的作用，合理选择调整管是设计和正确使用稳压电路必须解决的问题。调整管既要根据外部条件变化，随时调整本身的管压降，以保持输出电压稳定，同时还要提供负载所需要的全部电流，因此功耗比较大，通常采用大功率三极管。为了保证调整管的安全，在选择三极管的型号时，应对管子的主要参数进行初步估算，估算时，

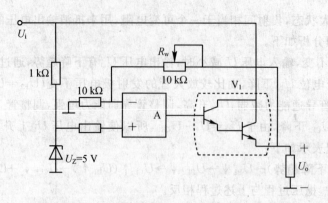

图 11.22 运算放大器组成的串联型稳压电路

一般要考虑以下几方面问题：

① 由图 11.21 稳压电路可以知道，流过调整管的电流为负载电流和流过取样电阻的取样电流之和。假设取样电阻上的电流为 I'，则选择调整管时，应使其集电极的最大允许电流 I_{CM} 必须大于负载最大电流 I_{Lmax} 和取样电流 I' 之和。即

$$I_{CM} > I_{Lmax} + I' \tag{11-28}$$

② 调整管集电极消耗的功率等于管子集射电压与流过管子电流的乘积，而调整管两端的电压又等于 U_I 与 U_O 之差，即调整管的管耗为

$$P_C = U_{CE} I_C = (U_I - U_O) I_C$$

可见，当输入电压最大，而输出电压最小、同时负载电流最大时，调整管的实际功耗是最大的。为了保证可靠工作，调整管最大允许功耗 P_{CM} 必须大于调整管的实际最大功耗。通常根据下式来选择调整管的参数 P_{CM}：

$$P_{CM} > (U_{Imax} - U_{Omin}) I_{Cmax} \approx (1.1 \times 1.2 U_2 - U_{Omin}) I_{Cmax} \tag{11-29}$$

式中，U_{Imax} 是满载时整流滤波电路的最大输出电压，在电容滤波电路中，如滤波电容的容量足够大，可以认为其输出电压近似为 $1.2 U_2$。

③ 调整管最大允许击穿电压 $U_{(BR)CEO}$ 必须大于输入最大电压 U_{Imax}。因为，当输出短路时，输入最大电压 U_{Imax}，全加在调整管 c,e 间。

在电容滤波电路中，输出电压的最大值可能接近于变压器副边电压的峰值，即 $U_I \approx \sqrt{2} U_2$，再考虑电网可能有 10% 的波动，因此，应选择三极管的参数为

$$U_{(BR)CEO} \geqslant 1.1 \sqrt{2} U_2 \tag{11-30}$$

④ 调整管必须工作在线性放大区，其管压降一般不能小于 3 V，通常取 $U_{CE} = 3 \sim 8$ V。由于 $U_{CE} = U_I - U_O$，因此，整流滤波电路的输出电压，即稳压电路的输入直流电压应为

$$U_I = U_{Omax} + (3 \sim 8) \text{ V} \tag{11-31}$$

如果采用桥式整流电容滤波电路，则此电路的输出电压 U_I 与变压器副边电压 U_2 之间近似为以下关系

$$U_I = 1.2 U_2$$

考虑到电网电压的波动，因此要求变压器副边电压为

$$U_2 \approx 1.1 \times \frac{U_I}{1.2} \tag{11-32}$$

⑤ 如果单管基极电流不够，则采用复合管；若单管输出电流不能满足负载电流的需要，则可使用多管并联。

⑥ 稳压电路中，若输出端过载甚至短路，将使调整管承受大电流、大电压，若无保护措施，将造成调整管损坏，所以稳压电路中通常加有保护措施。主要有过热保护、过流保护等措施，以免调整管损坏。

【例 11.4】 运算放大器组成的串联型稳压电路如图 11.22 所示，按照图中所标参数计算输出电压的最大值和最小值。

解： 当电位器触点滑到最左端时，负反馈最强，输出电压最小。

根据运放"虚短""虚断"特点，可得

$$U_{omin} = U_- = U_+ = U_z = 5 \text{ V}$$

当电位器触点滑到最右端时，负反馈最弱，输出电压最大。

根据运放"虚短""虚断"特点，可得

$$U_{omax} = U_z(1 + R_W/10) = 5(1 + 10/10) = 10 \text{ V}$$

所以输出电压的调节范围为 5~10 V。

思考题

1. 硅稳压管稳压电路中，稳压管的内阻对稳压电路性能有何影响？
2. 图 11.21 中，稳压管 V_3 的稳压值对输出电压有何影响？若 V_3 开路或短路，输出电压将如何变化？
3. 画出串联型稳压电源框图，并说明各单元电路作用。

11.5 集成稳压电路

将串联型稳压电路中的取样、基准、比较放大、调整电路外加启动电路和保护电路集成于一块硅片上，便成为集成稳压器。启动电路的作用是在刚接通电源时，使调整管、放大电路和基准电源等建立起各自的工作电流，而当稳压电路正常工作时启动电路被断开，以免影响稳压电路的性能；集成稳压器中已经将限流、过压以及过热等保护电路集成在芯片内。其他部分与前面所讲原理一致。集成稳压器的具体电路，这里不作介绍。集成稳压器具有完整的功能体系、可靠的工作性能，应用极为广泛。

集成稳压器种类繁多，按照输出电压是否可调可分为固定式和可调式；按输出电压的极性可分为正稳压器和负稳压器；按引出端不同可分为三端和多端集成稳压器。

三端稳压器有输入端、输出端和公共端（接地）3 个接线端点，由于它所需外接元件较少，使用方便，工作可靠，因此在实际中得到广泛应用。按输出电压是否可调，三端集成稳压器可分为固定式和可调式两种。本节主要介绍几种三端集成稳压器。

11.5.1 三端固定式集成稳压器

1. 三端固定式集成稳压器的外形和指标

常用的三端固定式集成稳压器有 7800 系列、7900 系列，其外型如图 11.23(a) 和 (b) 所示。由于它只有输入、输出和公共地 3 个端子，故称为三端稳压器。型号中 C 表示国标，W 表示稳压器，78 表示输出为正电压值，79 表示输出为负电压值，00 表示输出电压的稳定值。根据输出电流的大小不同，又分为 CW78 系列，最大输出电流 1～1.5 A（带散热片）；CW78M00 系列，最大输出电流 0.5 A；CW78L00 系列，最大输出电流 100 mA 左右。7800 系列输出电压等级有 5 V，6 V，9 V，12 V，15 V，18 V，24 V，7900 系列有 −5 V，−6 V，−9 V，−12 V，−15 V，−18 V，−24 V。如 CW7815，表明输出 +15 V 电压，输出电流可达 1.5 A，CW79M12，表明输出 −12 V 电压，输出电流为 −0.5 A。

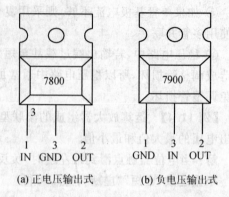

(a) 正电压输出式　　(b) 负电压输出式

图 11.23　三端固定式集成稳压器外形图

2. 三端固定式集成稳压器的应用

(1) 输出固定电压应用电路

输出固定电压的应用电路如图 11.24 所示，其中图 11.24(a) 为输出固定正电压，图 11.24(b) 为输出固定负电压。图 11.24 中，C_i 用以抵消输入端因接线较长而产生的电感效应，用以旁路高频干扰信号，防止自激振荡，其取值范围在 0.1～1 μF 之间（若接线不长时可不用）；C_o 用以改善负载的瞬态响应，一般取 1 μF 左右，其作用是减少高频噪声。

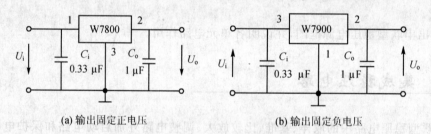

(a) 输出固定正电压　　(b) 输出固定负电压

图 11.24　固定输出的稳压电路

(2) 提高输出电压的方法

如果需要输出电压高于三端稳压器输出电压时，可采用图 11.25 所示电路。

图 11.25(a) 中的电路利用稳压管 V_{DZ} 来提高输出电压。由图可见，电路的输出电压为

$$U_O = U_{XX} + U_Z \tag{11-33}$$

式中，U_{XX} 为集成稳压器的输出电压，U_Z 为稳压管 V_{DZ} 的稳压值。电路中输出端的二极管 V_D 用来保护二极管，正常工作时，V_D 处于截止状态，一旦输出电压低于 U_Z 或输出端短路，二极管 V_D 将导通，于是输出电流被旁路，从而保护集成稳压器的输出级免受损坏。

图 11.25(b) 中的电路利用电阻来提升输出电压。假设流过电阻 R_1，R_2 的电流远大于三端稳压器的静态电流 I_W（一般为几毫安），则可以得出

$$U_{XX} \approx \frac{R_1}{R_1 + R_2} U_O$$

即输出电压为

$$U_O \approx U_{XX}\left(1 + \frac{R_2}{R_1}\right) \tag{11-34}$$

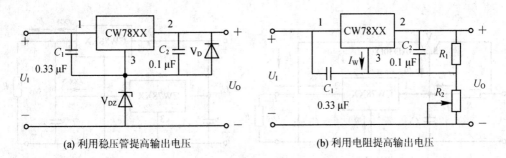

(a) 利用稳压管提高输出电压　　　　(b) 利用电阻提高输出电压

图 11.25　提高输出电压的接线图

此种电路比较简单,但稳压性能将有所下降。通过调整 R_2 可得到所需要电压,但由于器件参数的限制,它的调节范围很小。若需增大电压调节范围,可采用如图 11.26 所示的电路。

图 11.26 电路中,接入了一个集成运放以及采样电阻 R_1 和 R_2,R_1 和 R_2 实际上是电位器的两部分电阻。从图 11.26 上可以看出,集成运放接成了电压跟随器形式,根据运放"虚短""虚断"特点容易得出

$$U_+ = \frac{R_2}{R_1+R_2}U_O, U_O = U_{XX} + U_+$$

即

$$U_O = U_{XX} + \frac{R_2}{R_1+R_2}U_O$$

则电路的输出电压为

$$U_O = \left(1+\frac{R_2}{R_1}\right)U_{XX} \tag{11-35}$$

式中,R_1,R_2 分别为电位器的上部和下部电阻,调节范围较大。但要注意,当输出电压 U_O 调的过低时,集成稳压器入、出两端之间的电压 (U_1-U_O) 将很高,使内部调整管的管压降增大,同时调整管的功耗也随之增大,此时应防止其管压降和功耗超过额定值,以保证安全。

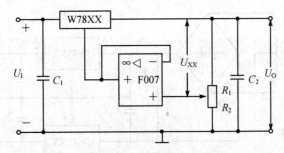

图 11.26　输出电压可调电路

(3) 提高输出电流的方法

当负载电流大于三端稳压器的输出电流时,可以通过外接大功率三极管的方法实现扩流,也可以将多片同型号电路并联使用实现扩流,电路接法如图 11.27 所示。

图 11.27(a)中,负载所需要的电流由大功率三极管 V 和稳压器共同提供,$I_O = I_{XX} + I_C$。图中,R 为 V 提供偏置电压,具体数据可由式 $R \approx U_{EB}/I_{XX}$ 决定。其中,U_{EB} 由三极管决定,锗管为 0.3 V,硅管为 0.7 V。

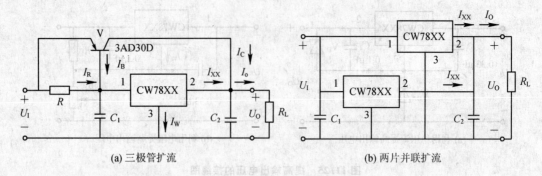

图 11.27 提高输出电流的接线图

由图 11.27(a)可得

$$I_O = I_{XX} + I_C$$
$$I_{XX} = I_R + I_B - I_W$$

所以可以得出

$$I_O = I_R + I_B - I_W + I_C = \frac{U_{EB}}{R} + \frac{1+\beta}{\beta}I_C - I_W$$

由于 $\beta \gg 1$,且 I_W 很小,可忽略不计,所以

$$I_O \approx \frac{U_{EB}}{R} + I_C \tag{11-36}$$

图 11.27(b)中,采用两片同型号电路并联使用实现扩流,输出电流为单片三端稳压器的两倍,即

$$I_O = 2I_{XX} \tag{11-37}$$

(4) 输出正、负电压稳压电路

当需要正、负两组电源输出时,可采用 7800 系列和 7900 系列各一块,按图 11.28 接线(电源变压器带有中心抽头并接地),输出端即可得到大小相等、极性相反的两组电源。

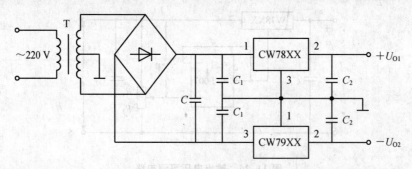

图 11.28 正负对称的稳压电路

11.5.2 三端可调集成稳压器

前面介绍的 78,79 系列集成稳压器,只能输出固定电压值,在实际应用中不太方便。现在已经有输出电压连续可调的三端稳压器。按输出电压分为正电压输出和负电压输出两大类。按输出电流的大小又有 0.1 A,0.5 A,1.5 A 等类型。CW117,CW217 和 CW317 是三端可调

式正电压输出稳压器,而 CW337,CW137 是三端可调式负电压输出稳压器。三端可调集成稳压器克服了固定三端稳压器输出电压不可调的缺点,继承了三端固定式集成稳压器的诸多优点,应用更加方便。具体参数请参阅有关资料。

三端可调集成稳压器 CW317 和 CW337 是一种悬浮式串联调整稳压器,它们的外形如图 11.29 所示。输入电压范围在 ±2~±40 V 之间,输出电压可在 ±1.25~±37 V 之间调整,负载电流可达 1.5 A。

CW317 和 CW337 的基本应用电路如图 11.30 所示,它只需外接两个电阻(R_1 和 R_P)来确定输出电压。

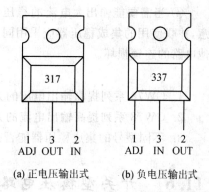

(a) 正电压输出式　　(b) 负电压输出式

图 11.29　三端可调式集成稳压器外形图

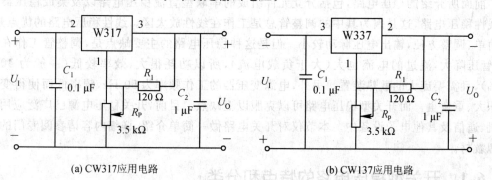

(a) CW317 应用电路　　(b) CW137 应用电路

图 11.30　CW317 和典型应用电路

调整端的输出电流约为 50 μA,并且十分稳定,为了使电路正常工作,一般输出电流不小于 5 mA。那么在 CW317 应用电路中,输出电压可用下式表示:

$$U_o = 1.25\left(1 + \frac{R_P}{R_1}\right) + 50 \times 10^{-6} \times R_P$$

由于调整端的电流非常小,而 R_P 阻值又不大,忽略调整端电流的影响可得

$$U_o \approx 1.25\left(1 + \frac{R_P}{R_1}\right)$$

对于 CW137 应用电路,上述关系同样成立,只是输入、输出压都为负值。式中,1.25 V 是集成稳压器输出端与调整端之间的固定参考电压 U_{REF};R_1 一般取值 120~240 Ω(此值保证稳压器在空载时也能正常工作),调节 R_P 可改变输出电压的大小(R_P 取值视 R_L 和输出电压的大小而确定)。

11.5.3　三端集成稳压器的使用注意事项

使用三端集成稳压器时必须注意以下几点:

① 三端集成稳压器的输入、输出和公共端绝对不能接错,否则会损坏稳压器。

② 三端集成稳压器为降压式稳压,它的输入电压必须大于输出电压。一般输入、输出电压差值应大于 2 V,否则不能输出稳定的电压。

③ 当温度过高时,稳压性能将变差,甚至损坏。因此,实际应用时,稳压器要加接散热片。

④ 当需要能输出大电流的稳压电源时，可以采用将多块三端稳压器并联使用。但要注意，并联使用的集成稳压器应采用同厂家、同型号的产品，以避免个别集成电路失效时导致其他电路的连锁损坏。

思考题
1. CW78系列提高输出电压的方法有哪些？
2. CW78系列提高输出电流的方法有哪些？
3. 不同型号的集成稳压器能否并联使用？为什么？

11.6 开关型稳压电路

前面所介绍的稳压电路，包括分立元件组成的串联型直流稳压电路以及集成稳压器均属于线性稳压电路，这是因为其中的调整管总是工作在线性放大区。线性稳压电路的优点是，结构简单、调整方便，输出电压脉动较小。但是这种稳压电路的主要缺点是，调整管工作在放大区，管压降大，流过的电流也大（大于负载电流），所以功耗很大，效率较低（一般为40%～60%），且需要庞大的散热装置。另外，电源变压器的工作频率为50 Hz，频率低而使得变压器体积大、重量重。而开关型稳压电路可以克服以上缺点。目前，开关稳压电源已广泛应用于计算机、通信及其他电子设备中。本节仅对开关电路做一简单介绍，详细内容请参阅专门的开关电源教材。

11.6.1 开关型稳压电路的特点和分类

1. 开关型稳压电路的特点

开关型稳压电路的特点主要有以下几个方面。

(1) 效率高

开关型稳压电路的调整管工作在开关状态，可以通过改变调整管导通和截止时间的比例来改变输出电压的大小。开关型稳压电路的管子损耗很小，效率可提高到60%～80%，甚至可高达90%以上。

(2) 体积小、重量轻

因调整管的功耗小，故散热器也可随之减小。而且，许多开关型稳压电路还可以省去50 Hz电源变压器，并且开关频率通常很高（一般大于40 kHz），故滤波电感、电容的容量均可以大大减小，因而与同功率的线性稳压电路相比，整个电源体积小、重量轻，易加各种保护电路。

(3) 对电网电压的要求不高

由于开关型稳压电路的输出电压与调整管导通和截止时间的比例有关，而输入直流电压的幅度变化对其影响很小，因此，允许电网电压有较大的波动。一般线性稳压电路允许电网电压波动10%左右，而开关稳压电路在电网电压波动50%时，仍能正常工作。

(4) 调整管的控制电路比较复杂

为了使调整管工作在开关状态，需要增加控制电路，调整管输出的脉冲波形还需经过LC滤波后再送到输出端，因此相对于线性稳压电路，其结构十分复杂。

(5) 输出电压中纹波和噪声成分较大

因调整管工作在开关状态，易产生尖峰干扰和谐波信号，虽经整流滤波，与线性稳压电路相比，输出电压中的纹波和噪声成分仍较大。当然，随着技术的进步，这些问题已得到了较好的解决。

总之，由于开关型稳压电路的突出优点，使其在计算机、电视机、空调、通信及空间技术等领域应用越来越广泛。

2. 开关型稳压电路的类型

开关型稳压电路的电路形式很多。按不同的控制方式可分为脉冲宽度调制型（PWM），即开关工作频率固定，控制导通脉冲的宽度；脉冲频率调制型（PFM），即开关导通脉冲的宽度固定，控制开关的工作频率；以及混合调制型，为以上两种控制方式的结合，即脉冲的宽度和脉冲频率都将变化。以上3种方式中，脉冲宽度调制型应用最多。

按是否使用工频变压器来分类，有低压开关稳压电路，即 50 Hz 电网电压先经工频变压器转换成较低电压后再输入开关稳压电路，这种电路需要笨重的工频变压器，且效率低，已被淘汰；高压开关电路，即无工频变压器的开关电路，采用高压大功率管，可以将电网电压直接进行整流滤波，然后再进行稳压，体积和重量大大减小，效率更高。

按负载与储能电感的连接方式可分为串联式和并联式电路；按不同激励方式分为自激和它激式开关电路；按所用开关管的种类可分为双极型、MOS、BIMOS 以及可控硅开关电路等。另外还有很多分类方式，在此不做列举。

11.6.2 开关型稳压电路的组成

串联式开关稳压电路的组成如图 11.31 所示。图 11.31 中输入电压 U_1 为 50 Hz 市电通过输入回路中的整流器和滤波器转换成的直流电压。图 11.31 中包括开关调整管、滤波器、控制器、比较电路、基准电路和采样电路等 6 部分组成，其中，采样电路、比较电路、基准电路在组成及功能上都与普通的串联型稳压电路相同；不同的是增加了开关控制器、开关调整管和续流滤波等电路，新增部分的功能如下。

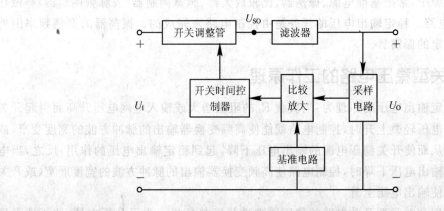

图 11.31 开关电源的组成框图

(1) 开关调整管

开关调整管实质上是一个高频变换器。在开关脉冲的作用下，调整管工作在饱和或截止状态，把输入的直流电压 U_1 转变为高频（$\geqslant 20$ kHz）脉冲电压，如图 11.32 所示。该脉冲电压通过输出回路中的高频整流器和滤波器变成直流电压供给负载。高频变换器是开关稳压电源的核心。它和输出回路一起组成开关稳压电源的主回路。开关调整管采用大功率管。

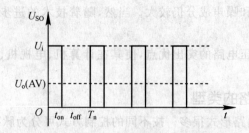

图 11.32 开关调整管输出的脉冲电压波形

设调整管闭合时间为 t_{on},断开时间为 t_{off},则工作周期为 $T=t_{on}+t_{off}$。负载上得到的输出电压平均值为

$$U_O = \frac{U_I \times t_{on} + 0 \times t_{off}}{t_{on}+t_{off}} = \frac{t_{on}}{T} \times U_I$$

式中,t_{on}/T 称占空比,用 D 表示,即在一个通断周期 T 内,脉冲持续导通时间 t_{on} 与周期 T 之比值。改变占空比的大小就可改变输出电压 U_O 的大小。对于一定的输入电压 U_I,通过调节占空比,即可调节输出电压 U_O。调节占空比的方法有两种:一种是固定开关的频率来改变脉冲的宽度 t_{on},称为脉宽调制型开关电源,用 PWM 表示;另一种是固定脉冲宽度而改变开关周期,称为脉冲频率调制型开关电源,用 PFM 表示。

(2) 滤波器

一般是由储能电感、电容和二极管组成的高频整流器和滤波器,负责把调整管输出的高频脉冲电压变成直流电压 U_O 供给负载。

(3) 开关时间控制器

一般由振荡器和脉宽调制器(或脉频调制器)组成,控制开关管导通时间长短,从而改变输出电压高低。

集成开关电源中,常把基准电源、振荡器、比较放大器、脉宽调制器(或脉频调制器)等做在一起,称为控制电路。稳定输出电压的任务是由控制电路来完成的。振荡器的振荡频率由外接电阻和电容决定的振荡器。

11.6.3 开关型稳压电路的工作原理

开关电源稳定输出电压的原理为:当负载 R_L 的阻值增大或输入电网电压升高而引起开关稳压电源的输出电压轻微上升时,控制电路就能使高频变换器输出的脉冲方波的宽度变窄(或开关频率降低),从而使开关稳压电源的输出电压下降,起到稳定输出电压的作用;反之,当电网电压下降引起输出电压下降时,控制电路使高频变换器输出的脉冲方波的宽度展宽(或开关频率升高),从而使输出电压上升。

下面对串联型和并联型开关电路的稳压原理进行简单分析。为了分析方便,便于读者理解,仅画出了调整管和储能滤波部分电路图。

1. 串联型开关电路

串联型开关电路的简化示意图如图 11.33 所示。由开关管 V_1、储能电路(包括电感 L、电容 C 和续流二极管 V_D)及控制器组成。控制器可使 V_1 处于开/关状态并可稳定输出电压。

当 V_1 饱和导通时,由于电感 L 的存在,流过 V_1 的电流线性增加,线性增加的电流给负载

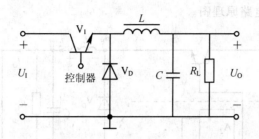

图 11.33 串联型开关电路原理示意图

R_L 供电的同时也给 L 储能(L 上产生左"正"右"负"的感应电动势),V_2 截止。

当 V_1 截止时,由于电感 L 中的电流不能突变(L 中产生左"负"右"正"的感应电动势),V_D 导通,于是储存在电感上的能量逐渐释放并提供给负载,使负载继续有电流通过,因而称 V_D 为续流二极管。电容 C 起滤波作用,当电感 L 中电流增长或减少变化时,电容储存过剩电荷或补充负载中缺少的电荷,从而减少输出电压 U_O 的纹波。

2. 并联型开关电路

将串联型开关稳压电源的储能电感 L 与续流二极管位置互换,使储能电感 L 与负载并联,即成为并联型开关稳压电源。其电路如图 11.34 所示。

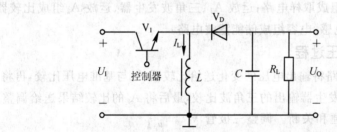

图 11.34 并联型开关电路原理示意图

当调整管开启(饱和导通)期间,输入直流电压 U_I 通过调整管 V_1 加到储能电感两端,在 L 中产生上正下负的自感电动势,使续流二极管 V_2 反偏截止,以便 L 将 V_1 的能量转换成磁场能储存于线圈中。调整管 V 导通时间越长,I_L 越大,L 储存的能量越多。

当调整管从饱和导通跳变到截止瞬间,外电源能量输入电路切断,L 的自感作用将产生上负下正的自感电动势,导致续流二极管 V_2 正偏导通,这时 L 将通过 V_2 释放能量并向储能电容 C 充电,并同时向负载供电。

当调整管再次饱和导通时,虽然续流二极管 V_2 反向截止,但可由储能电容释放能量向负载供电。

通过上面分析可以归纳出开关稳压电源的工作原理。调整管导通期间,储能电感储能,并由储能电容向负载供电;调整管截止期间,储能电感释放能量对储能电容充电,同时向负载供电。这两个元件还同时具备滤波作用,使输出波形平滑。

11.6.4 开关型稳压电路实例

开关型电路有很多电路形式,下面仅举一个简单的例子对其工作过程加以简要说明。

串联型开关稳压电源是最常用的开关稳压电源。图 11.35 为串联它激式单端降压型脉宽调制式开关稳压电源的电路原理图。

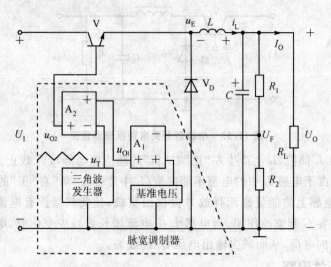

图 11.35 串联型开关稳压电源的电路原理图

1. 电路组成

图 11.35 中，R_1、R_2 组成取样电路；运放 A_1、三角波发生器、运放 A_2 组成比较器和开关时间控制器；续流二极管、电感、电容组成储能滤波电路。

2. 工作原理和稳压过程

图 11.35 中，采样电路将输出电压的变化送给比较器 A_1 与基准电压比较，再将 A_1 的输出送给比较器 A_2 与三角波发生器输出的三角波比较，最后将 A_2 的比较结果送给调整三极管 V，控制调整三极管 V 的导通和关断。调整三极管 V 输出脉冲波形，通过由续流二极管、电感、电容组成的储能滤波电路则可得到比较平滑的输出电压 $U_O = (t_{on}/T)U_I$。其调整管输出电压、电感上电流以及输出电压 U_O 波形如图 11.36 所示。

下面分析图 11.35 的稳压过程。

① 正常情况下，输出电压 U_O 恒定不变，即为该稳压器的标称值，此时取样电压 U_F 与基准电压 U_R 应相等，则 $u_{O1}=0$，A_2 比较器即为过零比较器，此时 u_{O2} 波形的占空比 $D=50\%$，波形如图 11.37(a)所示。

② 当输入电压 U_I 或负载电流 I_O 变化时，将引起输出电压 U_O 偏离标称值。由于负反馈的作用，电路将自动调整而使 U_O 基本上维持在标称值不变。

当 U_O 上升时，取样电压 U_F 增大为大于基准电压 U_R，则通过比较器 A_1 使 $u_{O1}<0$，则通过比较器

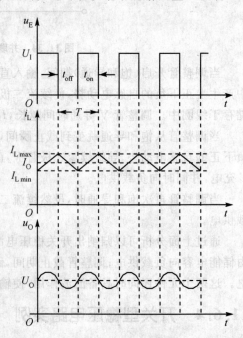

图 11.36 u_E，i_L 和 u_O 波形

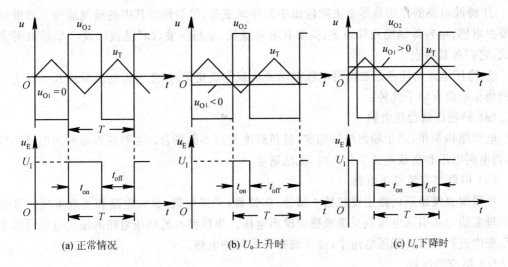

(a) 正常情况　　　　(b) U_o 上升时　　　　(c) U_o 下降时

图 11.37　U_O 变化引起占空比 D 变化的自动稳压过程

A_2 输出的脉冲电压 u_{O2} 的 $t_{on} < t_{off}$，根据 $U_O = (t_{on}/T)U_1$ 可知，输出电压将下降，抵消了上升趋势，从而稳定了输出电压。各点输出波形如图 11.37(b)所示。稳压过程表示如下：

$$U_O \uparrow \rightarrow U_F \uparrow (U_F > U_R) \rightarrow u_{O1} < 0 \rightarrow t_{on} < t_{off} \rightarrow D < 50\% \rightarrow U_O \downarrow$$

当 U_O 下降时，分析与上述相同，各点输出波形如图 11.37(c)所示。综合以上分析，上述电路可以输出比较理想的直流电压，并具有很强的自动稳压功能。

目前已有型号众多的集成开关稳压器产品出现。常用的集成开关稳压器通常分为两类。一类是单片的脉宽调制器，其代表产品有 SG1524、TL494 等。这类脉宽调制器需要外接开关功率调整管，其电路复杂，但应用灵活。SG1524 系列是采用双极型工艺制作的模拟、数字混合集成电路，其既可以升压，又可以降压，还可以改变电压极性；另一类把脉宽调制器和开关功率管制作在同一芯片上，构成单片集成开关稳压器，其代表产品有 LH1605、μA78S40 等。这类集成开关稳压器集成度更高，使用方便。例如，LH1605/1605C 是具有输出大电流(5A)能力的高效开关稳压器，输出电压在 3.0～30 V 之间可调。

思考题

1. 比较开关电源与串联型线性稳压电源的异同点。
2. 开关稳压电路有哪些部分组成？各部分有何作用？
3. 什么是占空比？占空比的大小对输出电压有什么影响？

本章小结

直流稳压电源的种类很多，它们一般由变压器、整流、滤波和稳压电路等 4 部分组成，其输出电压基本上不受电网、负载及温度变化的影响。无论何种稳压电源，都必须输出稳定的电压，描述其性能的指标有稳压系数、输出电阻等。

① 整流电路有半波、全波和桥式 3 种形式，它们可以将电网电压变成单方向的脉动电压。桥式整流电路性能优良，应用广泛。倍压整流电路利用二极管的单向导电性和电容的储能效应，可以得到很高的直流电压，但仅适合小负载应用。

② 滤波电路的作用是尽量去除输出中的脉动成分,尽量保留其中的整流成分。滤波电路主要由电感、电容等储能元件组成,类型有电容滤波、电感滤波、LC 滤波以及 π 型滤波等多种形式,它们各具特点。

③ 稳压电路的任务是在电网电压波动或负载电流变化时,使输出电压保持基本稳定。常用的稳压电路有以下几种:

(a) 硅稳压管稳压电路

电路结构简单,适于输出电压固定,且负载电流较小的场合。主要缺点是输出电压不可调节,当电网电压和负载电流变化大时,无法适应。

(b) 串联型直流稳压电路

串联型直流稳压电路主要包括 4 部分:调整管、采样电阻、放大电路和基准电压。其稳压的原理实质上是引入电压负反馈来稳定输出电压。串联型直流稳压电路的输出电压可以在一定范围内进行调节。稳压电路中,经常加有各种保护电路。

(c) 集成稳压器

集成稳压器由于其体积小、可靠性高以及温度特性好等优点,得到了广泛的应用。特别是三端点集成稳压器,只有 3 个引出端,使用更加方便。三端点集成稳压器的内部,实质上是将串联型直流稳压电路的各个组成部分,再加上保护电路和启动电路,全部集成在一个芯片上而做成的。

(d) 开关型稳压电路

开关型稳压电路的调整管工作在开关状态。它具有体积小、效率高、稳压范围宽等突出优点,但也存在电路复杂、输出电压中纹波和噪声成分较大等缺点。

习 题

题 11.1 在图 11.6 所示的单相桥式整流电路中,已知变压器副边电压 $U_2=10$ V(有效值):
(1) 正常工作时,直流输出电压是多少?
(2) 如果二极管 V_{D1} 虚焊,将会出现什么现象?
(3) 如果二极管 V_{D1} 接反,又可能出现什么问题?
(4) 如果 4 个二极管全部接反,则直流输出电压又是多少?

题 11.2 单相全波整流电路如图 11.38 所示,变压器副边有一个中心抽头,并设整流管正向压降和变压器内阻可以忽略不计。
(1) 画出变压器副边电压与整流输出电压波形;
(2) 求整流电路输出直流平均电压 $U_{O(AV)}$ 与 U_{21},U_{22} 的关系;
(3) 求各整流二极管的平均电流 $I_{D(AV)1}$,$I_{D(AV)2}$ 与负载电流平均值 $I_{L(AV)}$ 的关系;
(4) 求各整流二极管所承受的最大反向电压 $U_{(BR)}$ 与 U_{21},U_{22} 的关系 。

题 11.3 图 11.39 所示为桥式整流电路。
(1) 分别标出 U_{O1} 和 U_{O2} 对地的极性;
(2) 当 $U_{21}=U_{22}=20$ V(有效值)时,输出电压平均值 $U_{O(AV)1}$ 和 $U_{O(AV)2}$ 各为多少?
(3) 当 $U_{21}=18$ V,$U_{22}=22$ V 时,画出 U_{O1},U_{O2} 的波形,并求出 U_{O1} 和 U_{O2} 各为多少?

直流稳压电源
第11章

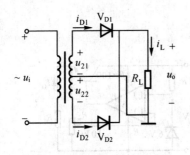

图 11.38 题 11.2 图

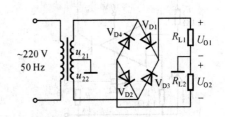

图 11.39 题 11.3 图

题 11.4 桥式整流电容滤波电路如图 11.40 所示。已知 $u_2 = 20\sqrt{2}\sin\omega t$，在下述不同情况下，说明输出直流电压平均值 $U_{O(AV)}$ 各为多少伏？

(1) 电容 C 因虚焊未接上；
(2) 有电容 C，但 $R_L = \infty$（负载 R_L 开路）；
(3) 整流桥中有一个二极管因虚焊而开路，有电容 C，$R_L = \infty$；
(4) 有电容 C，$R_L \neq \infty$。

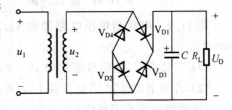

图 11.40 题 11.4 图

题 11.5 试定性分析在下列几种情况下，应该选用哪一种滤波电路比较合适。

(1) 负载电阻为 1 Ω，电流为 10 A，要求 $S=10\%$；
(2) 负载电阻为 1 kΩ，电流为 10 mA，要求 $S=0.1\%$；
(3) 负载电阻从 20 Ω 变到 100 Ω，要求 $S=1\%$，且输出电压变化不超过 20%；
(4) 负载电阻为 100 Ω 可调，电流从零变到 1 A，要求 $S=1\%$，且希望变压器副边电压尽可能低。

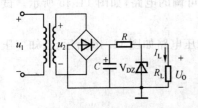

图 11.41 题 11.6 图

题 11.6 整流稳压电路如图 11.41 所示。设 $U_2 = 18$ V（有效值），$C = 100$ μF，V_{DZ} 的稳压值为 5 V，I_L 在 10～30 mA 之间变化。如果考虑到电网电压变化时，U_2 变化 ±10%，试问：

(1) 要使 I_Z 不小于 5 mA，所需 R 值应不大于多少？
(2) 按以上选定的 R 值，计算 I_Z 最大值为多少？

题 11.7 串联型稳压电路如图 11.42 所示，设 A 为理想运算放大器，求：

(1) 流过稳压管的电流 I_Z；
(2) 输出电压 U_O；
(3) 将 R_3 改为 0～3 kΩ 可变电阻时的最小输出电压 $U_{O(min)}$ 及最大输出电压 $U_{O(max)}$。

题 11.8 串联型稳压电路如图 11.43 所示。设 A 为理想运算放大器，其最大输出电流为 1 mA，最大输出电压范围为 0～20 V。

(1) 在图中标明运放 A 的同相输入端（＋）和反相输入端（－）；
(2) 估算在稳压条件下，当调节 R_w 时，负载 R_L 上所能得到的最大输出电流 $I_{O(max)}$ 和最高输出电压 $V_{O(max)}$，以及调整管 V 的最大集电极功耗 P_{CM}。

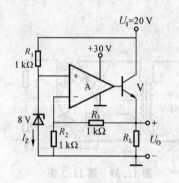

图 11.42　题 11.7 图

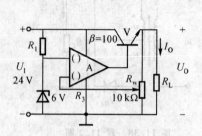

图 11.43　题 11.8 图

题 11.9　串联型稳压电路如图 11.44 所示,设 $U_{BE2}=0.7$ V,稳压管 $U_Z=6.3$ V,$R_2=350$ Ω。

(1) 若要求 U_O 的调节范围为 $10\sim20$ V,则 R_1 及 R_P 应选多大?

(2) 若要求调整管 V_1 的压降 U_{CE1} 不小于 4 V,则变压器次级电压 U_2(有效值)至少应选多大?(设滤波电容 C 足够大。)

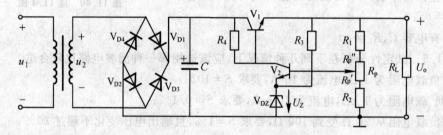

图 11.44　题 11.9 图

题 11.10　利用三端集成稳压器 W7800 接成输出电压可调的电路,如图 11.45 所示。试写出 U_O 与 U'_O 的关系。

题 11.11　三端稳压器 W7815 和 W7915 组成的直流稳压电路如图 11.46 所示,已知变压器副边电压 $u_{21}=u_{22}=20\sqrt{2}\sin\omega t$。

(1) 在图中标明电容的极性;
(2) 确定 U_{O1},U_{O2} 的值;
(3) 当负载 R_{L1},R_{L2} 上电流 I_{L1},I_{L2} 均为 1 A 时,估算三端稳压器上的功耗 P_{CM} 值。

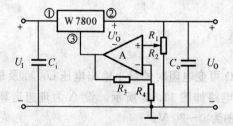

图 11.45　题 11.10 图

题 11.12　图 11.47 是由 LM317 组成的输出电压可调的三端稳压电路(LM317 与

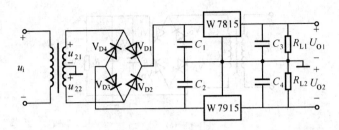

图 11.46　题 11.11 图

CW317 功能相似)。已知当 LM317 上 3～1 之间的电压 $U_{31}=U_{REF}=1.2\text{ V}$ 时,流过 R_1 的最小电流 $I_{R(min)}$ 为 5～10 mA,调整端 1 输出的电流 $I_{adj} \ll I_{R(min)}$,且要求 $U_I - U_O \geq 2\text{ V}$。

(1) 求 R_1 的大小；

(2) 当 $R_1=210\text{ }\Omega$,$R_2=3\text{ k}\Omega$ 时,求输出电压 U_O；

(3) 当 $U_O=37\text{ V}$,$R_1=210\text{ }\Omega$ 时,$R_2=$? 电路的最小输入电压 $U_{I(min)}=$?

(4) 调节 R_2 从 0 变化到 6.2 kΩ 时,求输出电压的调节范围。

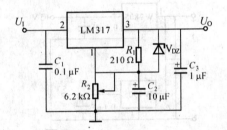

图 11.47　题 11.12 图

题 11.13　可调恒流源电路如图 11.48 所示。

(1) 当 $U_{31}=U_{REF}=1.2\text{ V}$,$R$ 从 0.8～120 Ω 改变时,恒流电流 I_O 的变化范围如何？（假设 $I_{adj} \approx 0$）；

(2) 将 R_L 用待充电电池代替,若用 50 mA 进行恒流充电,充电电压 $U_E=1.5\text{ V}$,求电阻 $R_L=$?

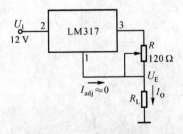

图 11.48　题 11.13 图

题 11.14　指出图 11.49 中各电路有无错误,并改正之。

题 11.15　试说明开关稳压电路的特点。在下列各种情况下,应该采用何种稳压电路(线性或开关稳压电路)？

(1) 希望稳压电路的效率比较高；

(2) 希望输出电压的纹波和噪声尽量小；

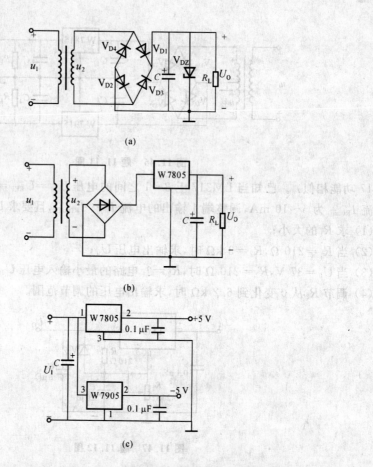

图 11.49 题 11.14 图

(3) 希望稳压电源的质量轻、体积小;

(4) 希望电路结构简单,使用元件少,调试方便。

题 11.16 要得到下列直流稳压电源,试分别选用适当的三端式集成稳压器,画出电路原理图(包括整流、滤波电路),并标明变压器副边电压 U_2 及各电容的值。

(1) +24 V,1 A;

(2) −5 V,100 mA;

(3) ±15 V,500 mA(每路)。

第12章 晶闸管及其应用电路

晶闸管又称可控硅(Silicon Controlled Rectifier,SCR),是一种大功率半导体可控器件,具有耐压高、容量大、效率高和控制灵敏等优点。晶闸管既有单向导电的整流作用,又有可以控制的开关作用,具有输出电压可调以及弱电控制强电等特点。它主要用于可控整流、逆变、调压和可控开关4个方面,应用最多的是晶闸管整流。

晶闸管的种类很多,有普通单向晶闸管、双向晶闸管、可关断晶闸管、光控晶闸管、温控型晶闸管、快速型晶闸管等。本章主要介绍普通晶闸管的工作原理、特性参数及基本应用电路。

12.1 普通单向晶闸管

单向晶闸管是用硅材料制成的半导体器件,外形主要有螺栓式、平板式和塑封式等几种。单向晶闸管有3个电极:阳极 A、阴极 K 和门极 G。螺栓式晶闸管的阳极是紧栓在铝制散热器上的,而平板式晶闸管则用两个彼此绝缘的而形状相同的散热器把阳极与阴极紧紧夹住。类型不同的单向晶闸管其基本结构是相同的,共用同一电路符号,文字符号常用 SCR,V 表示,本章用 V 表示。单向晶闸管的外形和电路符号如图 12.1(a)~(d)所示。按其容量有大、中、小功率管之分,一般认为电流容量大于 50 A 为大功率管,5 A 以下则为小功率管;小功率可控硅触发电压为 1 V 左右,触发电流为零点几到几毫安;中功率以上的触发电压为几伏到几十伏,电流几十到几百毫安。

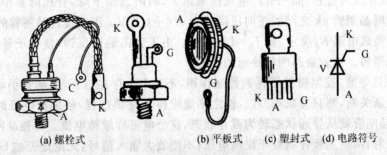

(a) 螺栓式　　(b) 平板式　　(c) 塑封式　　(d) 电路符号

图 12.1　晶闸管的外形和电路符号

12.1.1　单向晶闸管的基本结构和工作原理

1. 单向晶闸管的基本结构

晶闸管的内部结构如图 12.2(a)和(b)所示。由图 12.2 可知,晶闸管由 PNPN 四层半导体构成,中间形成 P_1—N_1—P_2—N_2 3个 PN 结,表示为 J_1,J_2,J_3。其中,由 P_1 层引出的电极称为阳极 A(或 a);N_2 层引出的电极称为阴极 K(或 k);P_2 层引出的电极称为控制极 G(或 g)。

2. 单向晶闸管的工作原理

为了说明晶闸管的工作原理,可把四层 PNPN 半导体分成两部分,如图 12.2(b) 所示。P_1,N_1,P_2 组成 PNP 型管,N_1,P_2,N_2 组成 NPN 型管,这样,可控硅就好像是由一对互补复合的三极管构成的,其等效电路如图 12.2(c) 所示。如果在控制极不加电压,无论在阳极与阴极之间加上何种极性的电压,管内的 3 个 PN 结中,至少有一个结是反偏的,因而阳极没有电流产生,这时晶闸管是关断的,若加正压时,称为正向阻断,加负压时,称为负向阻断。

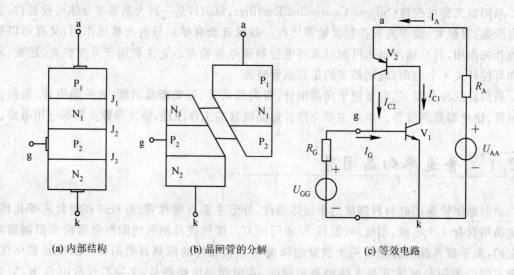

(a) 内部结构　　(b) 晶闸管的分解　　(c) 等效电路

图 12.2　晶闸管的内部结构及其等效电路

如果在晶闸管 ak 之间接入正向阳极电压 U_{AA} 后,在控制极加入正向控制电压 U_{GG},V_1 管基极便产生输入电流 I_G,经 V_1 管放大,形成集电极电流 $I_{C1}=\beta_1 I_G$,I_{C1} 又是 V_2 管的基极电流,同样经过 V_2 的放大,产生集电极电流 $I_{C2}=\beta_1\beta_2 I_G$,$I_{C2}$ 又作为 V_1 的基极电流再进行放大。如此循环往复,形成正反馈过程,晶闸管的电流越来越大,内阻急剧下降,管压降减小,直至晶闸管完全导通。这时晶闸管 ak 之间的正向压降约为 $0.6\sim1.2$ V。因此流过晶闸管的电流 I_A 由外加电源 U_{AA} 和负载电阻 R_A 决定,即 $I_A\approx U_{AA}/R_A$。由于管内的正反馈,使管子导通过程极短,一般不超过几微秒。这就是晶闸管导通的原理。

晶闸管一旦导通,控制极就不再起控制作用,不论 U_{GG} 存在与否,晶闸管仍将导通。若要导通的管子重新关断,则只有减小 U_{AA},使之不能维持正反馈过程,使阳极电流减小到刚好小于某一值时晶闸管就从导通状态转为截止状态,这个电流称维持电流。可控硅阳极和阴极之间加反向电压时,两只三极管均处于反向电压,不能放大输入信号,无论是否加 U_{GG},晶闸管都不会导通。

综上所述,晶闸管是一个可控制的单向开关元件,它的导通条件为:
① 阳极到阴极之间加上阳极比阴极高的正偏电压;
② 晶闸管控制极要加门极比阴极电位高的触发电压。
而晶闸管关断条件为晶闸管阳极接电源负极,阴极接电源正极,或使晶闸管中电流减小到维持电流以下。

12.1.2 单向晶闸管的伏安特性曲线及其主要参数

1. 晶闸管的伏安特性

晶闸管的伏安特性如图 12.3 所示。以下分别讨论其正向特性和反向特性。

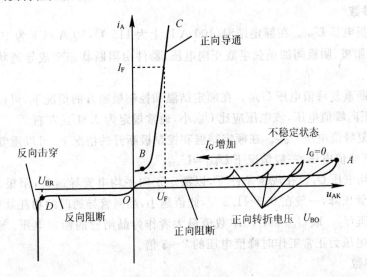

图 12.3　单向晶闸管的伏安特性

(1) 正向特性

晶闸管的阳极和阴极之间加正向电压时,晶闸管有以下 3 种状态。

① 正向阻断状态

若控制极不加信号,即 $I_G=0$,阳极加正向电压 U_{AA},晶闸管呈现很大电阻,处于正向阻断状态,如图 12.3 中 OA 段。

② 负阻状态

当正向阳极电压进一步增加到某一值后,J_2 结发生击穿,正向导通电压迅速下降,出现了负阻特性,见图 12.3 中曲线 AB 段,此时的正向阳极电压称之为正向转折电压,用 U_{BO} 表示。

在晶闸管阳极与阴极之间加上正向电压的同时,控制极所加正向触发电流 I_G 越大,晶闸管由阻断状态转为导通所需的正向转折电压就越小,伏安特性曲线向左移。$I_G=0$ 时,U_{BO} 最大,阳极与阴极之间电压超过 U_{BO} 出现的导通,不是由控制极控制的,称为误导通,晶闸管使用中应避免误导通产生。

③ 触发导通状态

晶闸管导通后的正向特性如图 12.3 中 BC 段,与二极管的正向特性相似,即通过晶闸管的电流很大,而导通压降却很小,约为 1 V。

(2) 反向特性

晶闸管的反向特性与一般二极管相似。在反向电流急剧增大时,所对应的电压为反向击穿电压 U_{BR}。晶闸管的阳极和阴极之间加反向电压时,晶闸管有以下两种状态。

① 反向阻断状态

晶闸管加反向电压后,处于反向阻断状态,如图 12.3 中 OD 段,与二极管的反向特性相似。

② 反向击穿状态

当反向电压增加到 U_{BR} 时，PN 结被击穿，反向电流急剧增加，可能造成永久性损坏。

2. 晶闸管的主要参数

(1) 电压参数

① 正向转折电压 U_{BO}。在额定结温(100 A 以上为 115 ℃，50 A 以下为 100 ℃)和控制极断开的情况下，阳极、阴极间加正弦半波正向电压，器件由阻断状态变成导通状态所对应的电压峰值。

② 正向阻断重复峰值电压 U_{VM}。在额定结温和控制极断开的情况下，可以重复加在晶闸管 AK 两端的正向峰值电压，该电压应比 U_{BO} 小，通常规定为 $0.8U_{BO}$ 左右。

③ 反向重复峰值电压 U_{RM}。在额定结温和控制极断开的情况下，可以重复加在晶闸管元件上的反向重复峰值电压，一般情况下 $U_{RM}=U_{VM}$。

④ 通态平均电压 U_F。在规定条件下，以额定正向平均电流导通时，阳极、阴极两端压降的平均值，又称管压降，一般在 0.3～1.2 V，此值越小，晶闸管导通时的功耗就越小。

⑤ 额定电压 U_D。取 U_{RM} 和 U_{VM} 中数值最大者作为晶闸管的额定电压。为了安全，实用中，一般取额定电压为正常工作时峰值电压的 2～3 倍。

(2) 电流参数

① 额定正向平均电流 I_F。在规定环境温度和标准散热及全导通条件下，晶闸管元件允许连续通过电阻负载的工频正弦半波电流的平均值。一般选择正常工作平均电流的 1.5～3 倍。

② 维持电流 I_H。是在规定环境温度和控制极开路时，维持晶闸管继续导通所必须的最小电流。维持电流小的晶闸管工作比较稳定。

(3) 控制极参数

① 控制极触发电压 U_G 与触发电流 I_G。在规定环境温度和 A，K 加正向电压的条件下，使晶闸管从阻断转变为导通时所需的最小控制极电压和电流，分别称为触发电压和触发电流。

② 控制极反向电压 U_{GR}。在规定环结温条件下，控制极和阴极间所能加的最大反向电压峰值。一般 $U_{GR} \leqslant 10$ V。

另外，还有反映晶闸管动态特性的参数，如导通时间 t_{on}、关断时间 t_{off}、通态电流上升率 di/dt、断态电压上升率 du/dt 等。

晶闸管的型号有多种，其表示方法以及参数请参阅有关工具书。晶闸管的内部结构由 3 个 PN 结组成，通常可以用万用表的电阻档对晶闸管的好坏进行检测，也可以对晶闸管的关断状态和触发能力进行检测。

思考题

(1) 简述晶闸管的特性和导通条件。

(2) 如何关断导通的晶闸管？

(3) 晶闸管的伏安特性可划分为哪几个区域？

(4) 简述用万用表判断晶闸管各极的方法。

12.2 单相可控整流电路

由于晶闸管具有和二极管相似的单向导电性,因此晶闸管也具有整流作用。但晶闸管整流与二极管整流相比有一个明显区别,就是通过改变控制极上电压的相位,可以控制晶闸管的导通时间,达到调节输出电压的目的,实现可控整流。晶闸管整流类型的电源通常称为相位控制型电源,简称为相控型电源。晶闸管整流有单相半波可控整流、单相半控桥式整流、单相全控桥式整流3种形式,本节仅探讨前2种。

12.2.1 单相半波可控整流电路

1. 电路组成和工作原理

用晶闸管替代单相半波整流电路中的二极管就构成了单相半波可控整流电路,如图12.4(a)所示。其中负载电阻为R_L,在输入交流电压$u_2=\sqrt{2}U_2\sin\omega t$时,电路各点的波形如图12.4(b)所示。

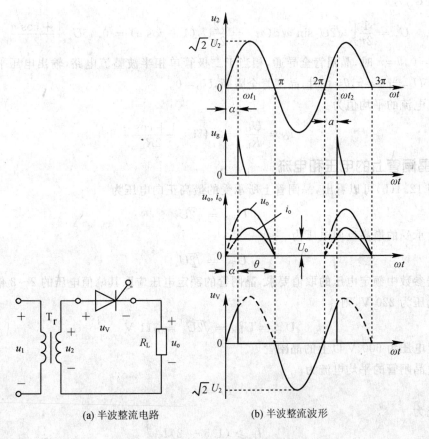

(a) 半波整流电路 (b) 半波整流波形

图 12.4 单相半波整流电路及波形

在u_2正半周,晶闸管承受正向电压,但在$0\sim\omega t_1$期间,因控制极未加触发脉冲,故不导通,负载R_L没有电流流过,负载两端电压$u_o=0$,晶闸管承受u_2全部电压。

在$\omega t_1=\alpha$时刻,触发脉冲加到控制极,晶闸管导通,由于晶闸管导通后的管压降很小,约1

V,与u_2的大小相比可忽略不计,因此在$\omega t_1 \sim \pi$期间,负载两端电压与u_2相似,并有相应的电流流过。

当交流电压u_2过零值时,流过晶闸管的电流小于维持电流,晶闸管便自行关断,输出电压为零。

当交流电压u_2进入负半周时,晶闸管承受反向电压,无论控制极加不加触发电压,可控硅均不会导通,呈反向阻断状态,输出电压为零。当下一个周期来临时,电路将重复上述过程。

在正向阳极电压作用下,加入控制极电压u_g使晶闸管开始导通的角度α称为控制角,晶闸管导通的电角度$\theta = \pi - \alpha$称为导通角,如图12.4(b)所示。显然,控制角α越小,导通角θ就越大,当$\alpha = 0$时,导通角$\theta = \pi$,称为全导通。α的变化范围为$0 \sim \pi$。

由此可见,改变触发脉冲加入时刻就可以控制晶闸管的导通角,负载上电压平均值也随之改变,α增大,输出电压减小,反之,α减小,输出电压增加,从而达到可控整流的目的。

2. 输出直流电压和电流

由图12.4(b)可知,负载电压u_o是正弦半波的一部分,在一个周期内的平均值用U_O表示,其平均值U_O为

$$U_O = \frac{1}{2\pi}\int_\alpha^\pi \sqrt{2}U_2 \sin\omega t\, d(\omega t) = \frac{\sqrt{2}}{2\pi}U_2(1+\cos\alpha) = 0.45 U_2 \frac{1+\cos\alpha}{2} \quad (12-1)$$

当$\alpha = 0, \theta = \pi$时,晶闸管全导通,相当于二极管单相半波整流电路,输出电压平均值最大可至$0.45U_2$,当$\alpha = \pi, \theta = 0$时,晶闸管全阻断,$U_O = 0$。

负载电流的平均值为

$$I_O = \frac{U_O}{R_L} = 0.45 U_2 \frac{1+\cos\alpha}{2R_L} \quad (12-2)$$

3. 晶闸管上的电压和电流

由图12.4(b)可以看出,晶闸管上所承受的最高正向电压为

$$U_{VM} = \sqrt{2}U_2 \quad (12-3)$$

晶闸管上承受的最高反向电压为

$$U_{RM} = \sqrt{2}U_2 \quad (12-4)$$

根据参数中额定电压的取值要求,晶闸管的额定电压应取其峰值电压的2~3倍。如果输入交流电压为220 V,则

$$U_{Vm} = U_{RM} = \sqrt{2}U_2 = 311 \text{ V}$$

应选额定电压为600 V以上的晶闸管。

流过晶闸管的平均电流为

$$I_V = I_O \quad (12-5)$$

额定电流为

$$I_F \geqslant (1.5 \sim 2) I_V \quad (12-6)$$

单相半波可控整流电路,虽然具有电路简单,使用元件少等优点,但输出电压脉动性大,电流小,实际多采用单相桥式整流电路。

【例 12.1】 有一电阻性负载,其阻值为15 Ω,要求负载两端的电压平均值为74.2 V,采用单相半波整流电路,直接由交流电220 V供电。试求晶闸管的导通角θ、晶闸管中通过电流

的平均值,并选择晶闸管元件。

解:由式(12-1)可知:

$$74.2 = 0.45 \times 220 \times \frac{1+\cos\alpha}{2}$$

$$\cos\alpha = 0.5 \Rightarrow \alpha = 60°$$

导通角

$$\theta = 180° - \alpha = 120°$$

晶闸管中通过的电流平均值为

$$I_V = \frac{U_O}{R} = \frac{74.2}{15} \text{ A} \approx 5 \text{ A}$$

晶闸管承受的最大反向电压为

$$U_{RM} = \sqrt{2}U_2 = \sqrt{2} \times 220 \text{ V} \approx 311 \text{ V}$$

按 2 倍裕量选择晶闸管元件,则额定电流为 10 A,额定电压为 600 V,型号为 KP10-6。

11.2.2 单相半控桥式整流电路

单相桥式可控整流电路有半控和全控两种类型。二极管桥式整流电路中的 4 个二极管全部用晶闸管替换,可构成全控桥式整流电路,若只有 2 个二极管被晶闸管替换,就构成了半控桥式整流电路。由于全控桥式整流电路需用 4 只晶闸管,触发电路比较复杂,因此,在通信等整流设备中一般都采用半控桥式整流电路。下面只介绍单相半控桥式整流电路。

1. 阻性负载

(1) 电路组成和工作原理

单相半控桥式整流电路由两只晶闸管和两只整流二极管组成,电路如图 12.5(a)所示,图中负载为纯电阻。

假设输入电压 u_2 为正弦信号,在 $\omega t = \alpha$ 处给晶闸管 V_1 加入触发脉冲,在 $\omega t = \pi + \alpha$ 处给晶闸管 V_2 加入触发脉冲,则电路各点的波形如图 12.5(b)所示。

在 u_2 的正半周,a 端为正,b 端为负时,晶闸管 V_1 和二极管 V_4 承受正向电压,在 $\omega t = \alpha$ 时刻触发晶闸管 V_1 使之导通,其电流回路为:电源 a 端→V_1→R_L→V_4→电源 b 端。若忽略 V_1、V_4 的正向压降,输出电压 u_O 与 u_2 相等,极性为上正下负,这时晶闸管 V_2、二极管 V_3 均承受反向电压而阻断。电源电压 u_2 过零时,V_1 阻断,电流为零。

在 u_2 的负半周,a 点为负,b 点为正,晶闸管 V_2 和二极管 V_3 承受正向电压,当 $\omega t = \pi + \alpha$ 时触发 V_2,使之导通,其电流回路为:电源 b 端→V_2→R_L→V_3→电源 a 端,负载电压大小和极性与 u_2 在正半周时相同,这时 V_1 和 V_4 均承受反向电压而阻断。当 u_2 由负值过零时,V_3 阻断,电流为零。

在 u_2 的第二个周期内,电路将重复第一个周期的变化。如此重复下去,便可得到如图 12.5(b)所示的输出波形。

(2) 输出电压和电流

从图 12.5(b)输出电压 u_O 的波形可以看出,在一个周期内,负载电压平均值 U_O 为

$$U_O = \frac{1}{\pi}\int_\alpha^\pi \sqrt{2}U_2 \sin\omega t \, \mathrm{d}(\omega t) \approx 0.9U_2 \frac{1+\cos\alpha}{2} \tag{12-7}$$

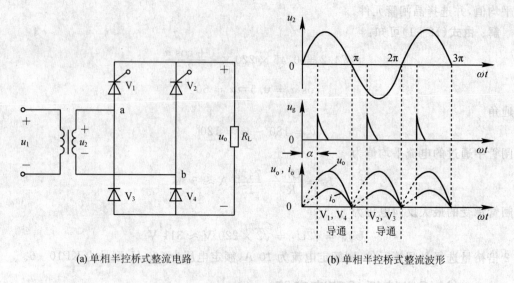

(a) 单相半控桥式整流电路　　　　　　(b) 单相半控桥式整流波形

图 12.5　单相半控桥式整流电路及波形

将半控桥式与半波整流电路加以比较可以看出,当输入电压和控制角都相等时,半控桥式整流电路的整流电压平均值为半波整流电路的 2 倍。当 $\alpha=0$ 时,晶闸管全导通,$U_o=0.9U_2$。该值与不可控桥式整流电路输出电压平均值完全相等。当 $\alpha=180°$ 时,负载电压等于零。因此,触发脉冲的移相范围为 $0°\sim180°$。负载电流平均值为输出电流的平均值为

$$I_o = \frac{U_o}{R_L} \approx 0.9\frac{U_2}{R_L}\frac{1+\cos\alpha}{2} \tag{12-8}$$

(3) 晶闸管上的电压和电流

由工作原理分析可知,晶闸管和二极管承受的最高反向工作电压以及晶闸管可能承受的最大正向电压均等于电源电压的最大值,即

$$U_{VM} = U_{RM} = \sqrt{2}U_2 \tag{12-9}$$

流过每个晶闸管和二极管电流的平均值等于负载电流的一半,即

$$I_V = \frac{1}{2}I_O \tag{12-10}$$

2. 感性负载

上述电路负载为纯电阻,但实际中有些负载呈电感性(如电机绕组)。由于感性负载上电流的变化滞后于电压的变化,这就有可能在电源正半周结束时,阳极电流仍大于维持电流,使晶闸管不能及时关断。现在以半控桥式整流电路为例,讨论感性负载对整流电路的影响。

(1) 感性负载半控桥式整流电路

图 12.6(a) 是具有电感性负载的单相半控桥式整流电路。如前所述,在纯电阻负载的情况下,负载中的电流是断续的,当输入电压 u_2 为零时,负载中的电流也减小为零,如图 12.5(b) 所示。但对于感性负载,情况就会发生变化。在 u_2 的正半周内,由于 u_{g1} 的触发作用,晶闸管 V_1 与二极管 V_4 同时导通。此时 L 的作用表现在减小晶闸管 V_1 导通电流 i_{a1} 的变化,如图 12.6(b) $i_o-\omega t$ 波形中的 1~2 段,波形幅度减小,比较平坦。

u_2 由正变负过零时,$u_2=0$,i_{a1} 原要减小为零,但由于 L 两端要产生感应电动势,以阻止 i_{a1}

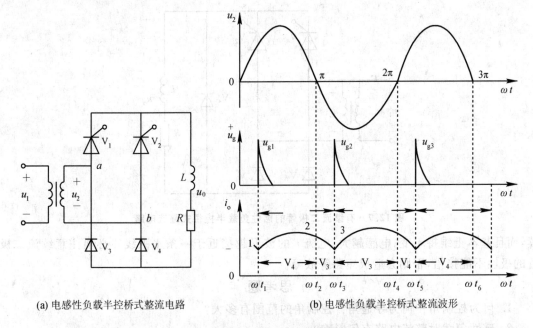

(a) 电感性负载半控桥式整流电路　　　　(b) 电感性负载半控桥式整流波形

图 12.6　电感性负载半控桥式整流电路及波形

的减小,故 i_{a1} 并不为零。事实上,这时感应电动势的极性为下"+"上"-",它加在二极管 V_3、V_1 和 R 串联的电路两端,并使二极管 V_3 的阳极具有正电位,晶闸管 V_1 的阴极具有负电位,故晶闸管 V_1 继续导通,电流路径是:

$$L \text{ 下"正"} \rightarrow R \rightarrow \text{二极管 } V_3 \rightarrow \text{晶闸管 } V_1 \rightarrow L \text{ 上"负"}$$

必须强调,在这种情况下,二极管 V_3 代替了 V_4,并和晶闸管 V_1 一起组成导通电路。因此,i_{a1} 继续流过负载,波形如图 12.6(b)中 i_o 波形的 2~3 段所示。

在 u_2 负半周,u_{g2} 接入,使得晶闸管 V_2 触发导通,晶闸管 V_1 因承受反向电压而关断。于是负载电流转换成为晶闸管 V_2 的导通电流 i_{a2},其后的变化过程与前相似。

由图 12.6(b)可以看出,二极管在电源电压过零时换相,可控硅在触发时换相,输出电流是连续不断的,出现可控硅在感性负载时的导通时间比阻性负载时的导通时间长的状态,对于这种情况,一般来说,整流器仍能正常工作,但输出电压从零开始则不易调整,对控制角有严格限制的整流器也不易调整。

(2) 加有续流二极管的半控桥式整流电路

由以上分析可知,产生失控现象的原因是流过晶闸管的电流 i_{a1}(或 i_{a2})减小时,L 两端产生下"正"上"负"的感应电动势。因此,要消除失控现象,就必须设法减小感应电动势。克服的方法是在整个负载上并联一个二极管 V_5,它的正极接在感性负载的下端,负极接在其上端,如图 12.7 所示。一旦流过 V_1 的电流 i_{a1} 减小,致使 L 产生下正上负电动势时,二极管 V_5 立即导通,将 V_1 与 V_3 串联电路短接,使晶闸管 V_1 的阳极电压降为零,于是 V_1 立即关断,由于 V_5 为感性负载提供了一个放电回路,因而避免了感性负载的持续电流通过可控硅,故 V_5 称为续流二极管。

加续流二极管后,其感性负载的输出电压 u_o 的波形与纯电阻负载时相同,计算公式也一样,但负载电流的波形不同了。因电感阻碍电流变化的作用,使流过负载的电流不但可以连

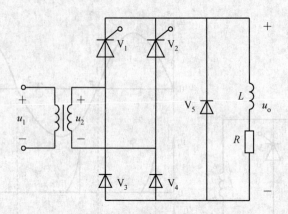

图 12.7　有续流二极管的感性负载半控桥式整流电路

续,而且基本上维持不变;电感越大,电流 i_o 的波形越接近于一条水平线。必须注意续流二极管的极性不能接错,否则会造成短路等故障。

思考题

1. 何为控制角？何为导通角？控制角的范围有多大？
2. 感性负载对整流电路有何影响？
3. 简述续流二极管的作用和连接方法。

12.3　单结晶体管触发电路

　　晶闸管导通并能正常工作的条件是:除在阳极与阴极之间加上正向电压外,还必须在控制极与阴极之间加上适当的触发信号。产生和控制触发信号的电路称为晶闸管触发电路,其工作性能的好坏对可控整流的效果有很大影响。为了保证晶闸管的可靠工作,对触发信号有以下几点要求:

① 触发时能够提供足够的触发脉冲电压和电流,通常要求触发电压幅度为 4~10 V。
② 为使触发时间准确,触发脉冲的前沿要陡,一般要求前沿时间小于 10 μs。
③ 触发脉冲要有足够的宽度,实践证明,触发脉冲的宽度最好取 20~50 μs。
④ 触发信号必须与主电路的交流电源同步。只有主电路中的晶闸管在每个周期的导通角相等时,整流电路才能正常工作。
⑤ 为了均匀地调整晶闸管的导通角,触发信号的相位应能连续可调,并要求有足够宽的移相范围。对于单相可控整流电路,移相范围要求接近或大于 150°。
⑥ 晶闸管不应导通时,触发电路输出的漏电电压不应超过 0.25 V,以免发生误导通。

　　同时满足上述要求才能使可控整流电路可靠而稳定地工作。触发电路的种类很多,这里只介绍目前应用较为普遍的单结晶体管触发电路。

12.3.1　单结晶体管的结构及其性能

1. 外形及符号

　　单结晶体管是具有 3 个电极的二极管,管内只有 1 个 PN 结,所以称之为单结晶体管。3

个电极中,1 个是发射极,2 个是基极,所以也称为双基极二极管。图 12.8(a)所示为单结晶体管的外形图。

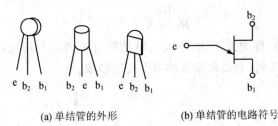

(a) 单结管的外形　　　　(b) 单结管的电路符号

图 12.8　单结管的外形、符号图

双基极二极管的电路符号如图 12.8(b)所示,文字符号用 V 表示。其中,有箭头的表示发射极 e;箭头所指方向对应的基极为第一基极 b_1(或 B_1),表示经 PN 结的电流只流向 b_1 极;第二基极用 b_2(或 B_2)表示。

2. 单结管的结构及其等效电路

单结晶体管的结构如图 12.9(a)所示。在一块电阻率比较高的 N 型硅片上下两端制作 2 个接触电极,下边的称为第一基极 b_1,上边的称为第二基极 b_2,故称双基极晶体管。在硅片的另一侧靠近 b_2 的部位掺入 P 型杂质,引出电极,称为发射极 e(或 E),发射极与 N 型硅片间形成一个 PN 结,故称单结管。

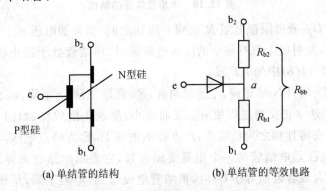

(a) 单结管的结构　　　　(b) 单结管的等效电路

图 12.9　单结管结构及等效电路

单结晶体管发射极和两基极间的 PN 结具有单向导电性,可等效成一个二极管;同时两基极 b_1、b_2 之间呈电阻性,称基极电阻,b_1 到 PN 结之间的硅片电阻为 R_{b1};b_2 到 PN 结之间的硅片电阻用 R_{b2} 表示,基极电阻 $R_{bb} = R_{b1} + R_{b2}$,基极电阻的范围约为 2~12 kΩ,具有正的温度系数,其中,R_{b1} 阻值随发射极电流而变化,R_{b2} 基本不变。单结晶体管的等效电路如图 12.9(b)所示。

单结管的型号有 BT31,BT32,BT33,BT35 等,各型号具体指标请参阅工具书。用万用表的电阻档分别测试 e,b_1 和 b_2 之间的电阻值,可以判断管子结构的好坏,识别 3 个引脚。

3. 单结管的伏安特性

测试电路如图 12.10(a)所示,用实验方法可以得出单结管的伏安特性如图 12.10(b)所示。图 12.10(a)中 U_{BB} 为单结管外接实验用电源,接在两个基极 b_1 与 b_2 之间(b_1 接负,b_2 接正),U_{EE}为加在发射极回路的可调电源,U_J为单结管中PN结的正向压降。由图12.10(a)可知,U_{BB}在$b_1 \sim a$与$b_2 \sim a$之间按一定比例η分配,$b_1 \sim a$之间电压用U_A表示为

$$U_A = \frac{R_{b1}}{R_{b1}+R_{b2}}U_{BB} = \eta U_{BB} \tag{12-11}$$

式中,$\eta = R_{b1}/(R_{b1}+R_{b2})$,称为分压比,不同的单结管有不同的分压比,其数值与管子的几何形状有关,在$0.3 \sim 0.9$之间,它是单结管的很重要的参数。

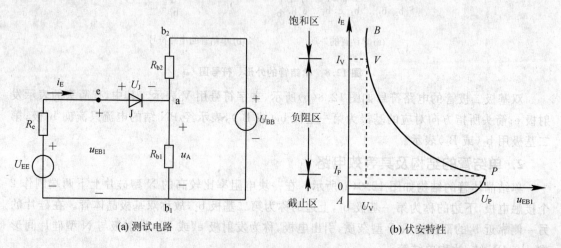

图 12.10 单结晶体管的特性

可调直流电源U_{EE}通过限流电阻R_e接到e和b_1之间,当外加电压$u_{EB1} < u_A + U_J$时,PN结上承受了反向电压,发射极上只有很小的反向电流通过,单结管处于截止状态,这段特性区称为截止区。如图12.10(b)中的AP段。

当$u_{EB1} > u_A + U_J$时,PN结正偏,i_E迅速增加,R_{b1}急剧下降,η下降,u_A也下降,PN结正偏电压增加,i_E更大。这一正反馈过程使u_{EB1}反而减小,呈现负阻效应,如图12.10(b)中的PV段曲线。这一段伏安特性称之为负阻区,P点处的电压U_P称为峰点电压,相对应的电流称之为峰点电流,峰点电压是单结管的一个很重要的参数,它表示单结管未导通前最大发射极电压,当U_{EB1}稍大于U_P或者近似等于U_P时,单结管电流增加,电阻下降,呈现负阻特性,所以习惯上认为达到峰点电压U_P时,单结管就导通,峰点电压U_P为:$U_P = \eta U_{BB} + U_J$。

当U_{EB1}降低到某个值以后,i_E增加,u_E也有所增加,器件进入饱和区,如图12.10(b)所示的VB段曲线。其动态电阻为正值。负阻区与饱和区的分界点V称为谷点,该点的电压称为谷点电压U_V。谷点电压U_V是单结管导通的最小发射极电压,在$U_{EB1} < U_V$时,器件重新截止。

综上所述:当$U_{EB1} < U_V$时,单结晶体管截止;当$U_{EB1} \geq U_P$时,单结晶体管处于导通状态;当U_{EB1}因导通从U_P下降到使$U_{EB1} < U_V$时,单结晶体管将恢复截止。

12.3.2 单结晶体管触发电路

利用单结晶体管的负阻效应并配以RC充放电回路,可以组成一个非正弦波的自激振荡电路,这个电路可产生可控整流电路中晶闸管所需要的触发脉冲电压。单结晶体管触发电路如图12.11(a)所示。通常R_1和R_2的阻值远小于单结管两基极间的电阻R_{bb}。

在图12.11(a)所示电路中,接通电源以前$U_C = 0$,接通电源后,电源通过电阻R向C充

第12章 晶闸管及其应用电路

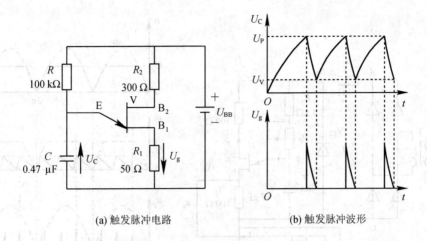

(a) 触发脉冲电路　　　　　　(b) 触发脉冲波形

图 12.11　单结晶体管触发脉冲电路

电,当 U_C 上升到峰点电压 $U_P(U_C=U_P)$ 时,单结晶体管导通,电容器 C 即通过 V 管向 R_1 放电。由于 R_{b1} 的负阻特性,R_{b1} 的阻值在 V 管导通后迅速下降,又因 R_1 的阻值很小,故放电很快,使 U_C 迅速下降,当 U_C 放电到谷点电压,即 $U_C<U_V$ 时,单结晶体管恢复截止。电源又通过电阻 R 向 C 充电,使 U_C 再次等于 U_P,上述过程又重复进行。这样在电容 C 两端可获得锯齿波电压,而在电阻 R_1 上就得到了一个又一个由电容器放电产生的脉冲电压 U_g,因 C 放电很快,故 U_g 为尖脉冲电压,其波形如图 12.11(b)所示。改变 R 的阻值,即可改变 u_C 上升到 U_P 所需的时间,因此可以调整输出脉冲的周期 T 或频率 f。

12.3.3　单结管同步触发电路

上述的单结管振荡电路还不能直接用于晶闸管整流电路中,因为可控整流电路还要求触发脉冲与主电路的电源电压同步。单结管同步触发电路如图 12.12(a)所示。

图 12.12 中晶闸管 V_1、V_2 和二极管 V_3、V_4 组成单相半控桥式整流电路,上半部分为单结管触发电路,它是采用变压器实现同步的。同步变压器 T 的初级绕组与主电路由同一个交流电源供电,交流电源经变压器 T 降压后进行单相桥式整流,得到脉动直流电压 U_{AD};再经电阻 R_3 和稳压管 V_{DZ} 削波,得到梯形波电压 U_{BD},如图 12.12(b)所示,此电压作为单结晶体管的工作电压。加削波环节首先可以稳定电压,使单结管输出的脉冲幅度不受交流电源波动的影响,提高了脉冲的稳定性;其次,可增加梯形波的陡度,扩大移相范围。

当交流电源电压过零时,U_{BD} 也过零,即单结管的 $U_{BB}=0$,于是 u_P 也近似为零,单结管 e、b_1 之间导通,电容 C 将迅速放完所存电荷,u_C 迅速降为零值,所以每次充电时总是从电压的零点开始,从而保证了触发脉冲与主电路晶闸管阳极电压同步。

当 U_{BD} 梯形电压由 0 上升时,电容器 C 开始充电。电容器 C 充电到单结晶体管峰点电压 U_P 时,单结晶体管进入负阻区,电容器 C 放电,电容器 C 放电到单结晶体管的谷点电压 U_V,在 R_1 上产生触发脉冲。当下一个 U_{BD} 梯形电压到来时,重复上述过程。

该电路在主电路交流电源的半个周期内,可能产生多个触发脉冲,但起作用的只有第一个触发脉冲,去触发加有正向电压的那个晶闸管导通。在各个周期中,晶闸管的导通角相同,电路中各点电压的波形如图 12.12(b)所示。

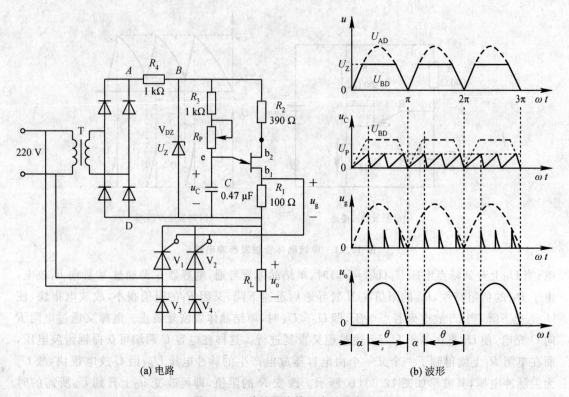

(a) 电路　　　　　　　　　　　　　　(b) 波形

图 12.12　单结晶体管同步触发电路

半控整流输出电压电流的大小，可以通过调节充电回路的电阻来实现。在图 12.12(a) 所示的电路中，人工调整 R_p，即可改变第一个触发脉冲的相位。R_p 减小，产生脉冲的数目增多，则第一个脉冲发出的时刻往前移，u_o 波形上的 α 角减小，θ 增大，整流电压平均值 u_o 升高，达到调节 u_o 的目的。其移相范围主要取决于经削波后梯形波平顶段的电压，而且电容 C 充电也必须占有一定的时间，所以小于 180°，移相范围约为 140°。

思考题

1. 简述用万用表判断单结管 3 个电极的方法。
2. 如何调节单结管振荡电路的振荡频率？
3. 图 12.12 所示单结管同步触发电路是如何实现同步的？稳压管削波环节有何作用？

12.4　晶闸管的保护

晶闸管的主要缺点是过载能力差，在实际应用时必须加以保护，以防损坏。一般采取过电流保护和过电压保护两种措施。

12.4.1　过电流保护

过电流保护造成晶闸管过电流的主要原因是：电网电压波动太大，负载超过允许值，电路中管子误导通以及管子击穿短路等。

因为晶闸管承受过电流的能力比一般电器元件差，所以必须在极短时间内把电源断开或把电流值降下来,最常用的方法是采用快速熔断器。

快速熔断器是最有效、最简单的过电流保护元件,专门为保护大功率半导体元件而制造,简称快熔,与普通熔断器相比具有快速熔断的特性;在通常的短路电流时,熔断时间小于20 ms,能保证在晶闸管损坏之前快速切断短路故障。

快速熔断器的熔体采用一定形状的银质熔丝,周围填充以石英砂,构成封闭式熔断器。银质熔丝导热性好、热量小,它与普通的熔丝相比,在同样的过电流倍数下,它的熔断时间要短得多。我国目前生产的快熔大容量的有RTK,RS3,RS0;小容量的有RSL系列。

快速熔断器的接法一般有以下3种:

① 与晶闸管元件串联,流过快熔的电流就是流过晶闸管的电流,保护最直接可靠,如图12.13(a)所示,图12.13中FU即快熔;

② 接在交流侧,如图12.13(b)所示;

③ 接在直流侧,如图12.13(c)所示。

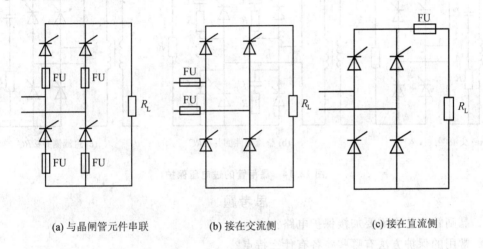

(a) 与晶闸管元件串联　　　　(b) 接在交流侧　　　　(c) 接在直流侧

图 12.13　快速熔断器过电流保护

图12.13(b)和12.13(c)这两种接法,虽然快速熔断器数量用得较少,但保护效果不如图12.13(a),所以,这两种接法较少被采用。

选择快速熔断器时要考虑以下几点:

① 快速熔断器的额定电压应大于线路正常工作电压;

② 快速熔断器的额定电流应大于或等于内部熔体的额定电流;

③ 熔体的额定电流是有效值,用I_{FU}表示,选择时取$I_{FU}=I_F(AV)$。

其中,$I_F(AV)$为被保护的晶闸管的额定电流;I_{FU}为快速熔断器熔体的电流有效值。

由于晶闸管额定电流在选择时已考虑了1.5~2倍的安全裕量,因而取$I_{FU}=I_F(AV)$。例如,20 A晶闸管就选配熔体为20 A的快速熔断器与之相串联即可。对于小容量整流装置也可以用普通RL1系列熔断器代替,但熔体的额定电流只能按晶闸管额定电流的1/3~2/3来选配。

12.4.2　过电压保护

整流元件两端的电压远远超过额定电压的现象称为过电压。晶闸管元件的过电压能力较差,当加在晶闸管元件两端电压达到反向击穿电压时,短时间就会造成晶闸管损坏。

电路中出现过电压的原因及分类有下面几种:

① 变压器初、次级合闸时产生的过电压叫操作过电压;

② 晶闸管由正向导通转为反向阻断引起的过电压叫换相过电压;

③ 直流侧快速熔断器熔断时引起的过电压称为直流侧过电压。

为了抑制过电压,常在晶闸管电路中接入阻容吸收电路,因为电路断开时,电路中电感储存的能量在极短的时间要释放出来,电路中接电容的目的一方面是将电感储存的磁场能量转化为电场能量,另一方面利用电容 C 两端电压不能突变来抑制过电压。

串联电阻的目的是为了在能量转化过程中消耗部分能量,同时抑制 LC 高频振荡,如图12.14 所示。图 12.14(a)中,RC 并接在交流侧抑制过电压;图 12.14(b)中,RC 并接在元件侧抑制换相过电压;图 12.14(c)中 RC 并接在直流侧抑制直流侧过电压。

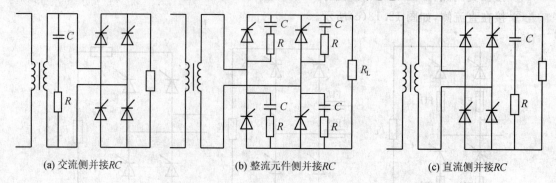

(a) 交流侧并接RC　　(b) 整流元件侧并接RC　　(c) 直流侧并接RC

图 12.14　晶闸管的过电压保护

思考题

1. 晶闸管为什么需要加接保护电路?
2. 常用的保护方法有哪些?各有什么特点?

12.5 双向晶闸管及双向触发二极管

双向晶闸管和双向触发二极管是控制电路中经常用到的两种半导体器件,下面对其结构和应用作简单介绍。

12.5.1 双向晶闸管

1. 结构与特性

实际应用中经常需要驱动交流负载,要控制交流负载,必须将两只单向晶闸管反极性并联,让每一个晶闸管控制一个半波,为此需要配套独立的电路,使用很不方便,为此,人们研制出了双向晶闸管。双向晶闸管可以实现交流调压、交流调速、交流开关以及灯光控制等多种功能,还经常用在固态继电器和固态接触器电路中。

双向晶闸管是在普通晶闸管的基础上发展起来的,它不仅能代替两只反极性并联的晶闸管,而且仅用一个触发电路,是目前比较理想的交流开关器件。小功率双向晶闸管一般用塑料封装,有的还带小散热板,外形如图 12.15 所示。

典型产品有 BCM1AM(1A/600V), BCM3AM(3A/600V), 2N6075(4A/600V), MAC218—10(8A/800V)等。

双向晶闸管的结构如图 12.16(a)所示。它由 NPNPN 五层半导体组成,引出 3 个电极分别是 T_1, T_2, G。因该器件可以双向导通,故控制极 G 以外的两个电极统称为主端子,用 T_1, T_2 表示,不再划分成阳极和阴极。其特点是,当 G 极和 T_2 极相对于 T_1 的电压均为正时,T_2 是阳极,T_1 是阴极。反之,当 G 极和 T_2 极相对于 T_1 的电压均为负时,T_1 变为阳极,T_2 变为阴极。双向晶闸管的电路符号如图 12.16(b)所示,文字符号用 SCR, KS, V 等表示,本书用 V 表示。

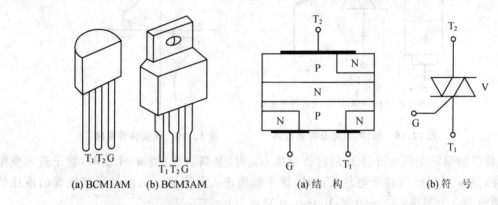

图 12.15 小功率双向晶闸管外形　　图 12.16 双向晶闸管的结构与符号

图 12.17 是双向晶闸管的伏安特性。显然,它具有比较对称的正反向伏安特性。第一象限的曲线表明,T_2 极电压高于 T_1 极电压,称为正向电压,用 U_{21} 表示。若控制极加正极性触发信号($I_G > 0$),则晶闸管被触发导通,电流方向是从 T_2 流向 T_1;第三象限的曲线表明,T_1 极的电压高于 T_2 极电压,称为反向电压,用 U_{12} 表示。若控制极加负极性触发信号($I_G < 0$),则晶闸管也被触发,电流方向是从 T_1 流向 T_2。由此可见,双向晶闸管只用一个控制极,就可以控制它的正向导通和反向导通了。双向晶闸管不管它的控制极电压极性如何,它都可能被触发导通,这个特点是普通晶闸管所没有的。用万用表的电阻档可以检测双向晶闸管电极与触发能力。

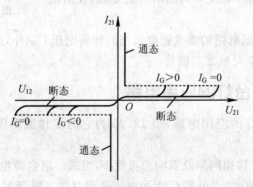

图 12.17 双向晶闸管的伏安特性

12.5.2 触发二极管

触发二极管是双向触发二极管的简称,亦称二端交流器件(DIAC),它与双向晶闸管同时问世。它结构简单,价格低廉,常用来触发双向晶闸管,还可构成过电压保护电路、定时器等。双向触发二极管文字符号用 V 表示,双向触发二极管的构造、符号及等效电路如图 12.18 所示。

双向触发二级管是由 NPN 三层半导体构成、且具有对称性的二端半导体器件,可等效于基极开路、发射极与集电极对称的 NPN 晶体管。其正、反向伏安特性完全对称,如图 12.19 所示。

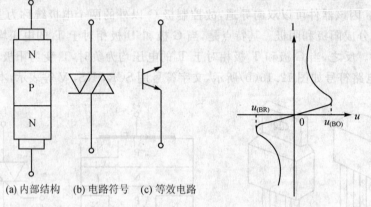

(a) 内部结构　(b) 电路符号　(c) 等效电路

图 12.18　结构、符号及等效电路　　　图 12.19　伏安特性曲线

当器件两端的电压 u 小于正向转折电压 U_{BO} 时,呈高阻态;当 $u>U_{BO}$ 时,管子进入负阻区;同样,当 u 超过反向转折电压 U_{BR} 时,管子也能进入负阻区。双向触发二极管的耐压值 U_{BO} 大致分为 3 个等级:20～60 V,100～150 V 和 200～250 V。

双向触发二极管转折电压的对称性用 $\triangle U_B$ 表示,$\triangle U_B = U_{BO} - |U_{BR}|$,一般要求 $\triangle U_B < 2$ V。

利用万用表测量双向触发二极管的正、反向电阻值,可检测触发二极管的质量,也可以用万用表测量转折电压。

双向触发二极管除用来触发双向晶闸管外,还常用在过压保护、定时、移相等电路,图 12.20 就是由双向触发二极管和双向晶闸管组成的过压保护电路。当瞬态电压超过 DIAC 的 U_{BO} 时,DIAC 迅速导通并触发双向晶闸管也导通,使后面的负载免受过压损害。

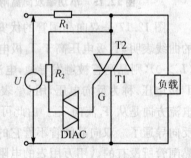

图 12.20　过压保护电路

在实际应用中,除根据电路的要求选取适当的转折电压 U_{BO} 外,还应选择转折电流 I_{BO} 小、转折电压偏差 $\triangle U_B$ 小的双向触发二极管。

12.5.3　交流调光台灯的应用电路

图 12.21 是调光台灯的应用电路,图 12.22 为它的工作波形图。下面分析电路的工作原理。

触发电路由两节 RC 移相网络及双向二极管 V_2 组成。当电源电压 u 为上正下负时,电源电压通过 R_P 和 R_1 向 C_1 充电,当电容 C_1 上的电压达到双向二极管 V_2 的正向转折电压时,V_2 突然转折导通,给双向晶闸管的控制极一个正向触发脉冲 u_G,V_1 由 T_2 向 T_1 方向导通,负载 R_L 上得到相应的正半波交流电压(见图 12.22(c))。在电源电压过零瞬间,晶闸管电流小于维持电流 I_H 而自动关断。当电源电压 u 为上负下正时,电源对 C_1 反向充电,C_1 上的电压为下正上负,当 C_1 上的电压达到双向二极管 V_1 的反向转折电压时,V_1 导通,给双向晶闸管的控制极一

第12章 晶闸管及其应用电路

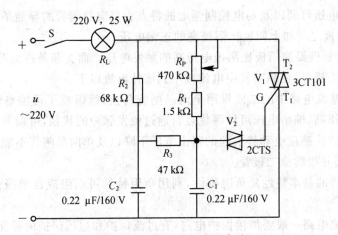

图 12.21 调光台灯应用电路

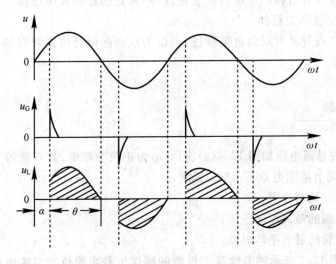

图 12.22 双向晶闸管交流调压波形图

个反向触发脉冲 u_G，晶闸管由 T_1 向 T_2 方向导通，负载 R_L 上得到相应的负半波交流电压。

通过改变可变电阻 R_P 的阻值，达到改变电容 C_1 充电的时间常数的目的，也就改变了触发脉冲出现的时刻，使双向晶闸管的导通角 θ(图 12.22(c))受到控制，达到交流调压的目的。

在图 12.21 中，还设置了 $R_2 C_2$ 移相网络，它与 R_P, R_1, C_1 一起构成两节移相网络，这样移相范围可接近 180°，使负载电压可从零伏开始调起，即灯光可从全暗逐渐调亮。

思考题

1. 双向晶闸管与单向晶闸管的结构和特性有何不同？
2. 怎样用万用表识别双向晶闸管的电极？
3. 双向触发二极管与双向晶闸管有何不同？

☞ 本章小结

① 晶闸管是一种大功率半导体可控器件，既有单向导电的整流作用，又有可以控制的开

关作用,具有输出电压可调以及弱电控制强电的特点。单向晶闸管的导通条件为

(a) 阳极到阴极之间加上阳极比阴极高的正偏电压;

(b) 晶闸管控制极要加门极比阴极电位高的触发电压。而关断条件为晶闸管阳极接电源负极,阴极接电源正极,或使晶闸管中电流减小到维持电流以下。

② 将二极管整流电路中的二极管用单向晶闸管替换,就组成了可控整流电路,它具有输出电流大、反向耐压高、输出电压可调等优点。通过触发脉冲的移相,可调节输出电压的大小,对于感性负载,为防止感应电动势引起的输出电压下降以及单向晶闸管不能及时关断等问题,需在感性负载两端并接续流二极管。

③ 单结晶体管的基本特性是负阻特性,利用负阻特性可以组成自激振荡器,为单向晶闸管提供触发脉冲。

④ 晶闸管整流电路一般要加接保护电路,有过流保护和过压保护两种保护方式。

⑤ 双向晶闸管具有对称的正反向伏安特性,不管它的控制极电压极性如何,都可能被触发导通,是理想的交流开关器件。

⑥ 双向触发二极管具有双向负阻特性,可以为双向晶闸管提供双向的触发脉冲,同时也可以用作保护电路。

习 题

题 12.1 半波整流电路如图 12.4(a)所示,u_2 为正弦交流电,其有效值 $U_2 = 100$ V,$R_L = 10$ Ω,控制角 α 的调节范围为 $60° \sim 180°$,试求:

(1) 输出电压的调节范围;

(2) 晶闸管两端的最大反向电压;

(3) 流过晶闸管的最大平均电流。

题 12.2 在图 12.7 所示的有续流二极管的感性负载半控桥式整流电路中,设输入电压为正弦交流电,控制角 α 约为 $30°$,要求:

(1) 画出输出电压波形图;

(2) 画出输出电流波形图;

(3) 写出输出电压平均值的表达式。

题 12.3 某电阻性负载,需要电压为 75 V,电流为 7.5 A 的直流供电。采用半波可控整流,直接由 220 V 交流电网供电,要求:

(1) 画出主电路图;

(2) 计算导通角 θ;

(3) 画出有关电压、电流的波形图。

题 12.4 负载同上题,主电路改为单相桥式可控整流电路,试计算晶闸管的导通角 θ,画出有关电压、电流的波形图。

题 12.5 用单结晶体管和功放电路以及电阻、电容、开关等器件设计一个简易音乐门铃。

附录 A 综合实训

目前学生普遍存在实际应用能力不强,理论与实践脱节的问题,仅靠有限的基本实验是达不到要求的。为了加强学生的综合能力,实训是必不可少的。

A.1 综合实训的任务与基本要求

综合实训是理论与实践紧密结合的教学环节,是在学完本课程全部理论知识之后,对学生进行的一次综合性实际技能操作训练。其任务是让学生通过实训项目的理解、安装与调试,进一步加深对所学基础知识的理解,培养和提高学生的自学能力、实践动手能力和分析解决问题的能力,为以后参与电子电路的设计和产品的制作打下初步的基础。综合实训应当达到下述要求。

① 巩固和加深对本课程基本知识的理解,提高学生综合运用所学知识的能力。
② 通过实训,初步掌握简单实用电路的原理图理解、元件选择、电路安装调试的方法,全面提高学生的动手能力。
③ 通过编写实训报告,对实训全过程作出系统的总结,训练学生编制科技报告或技术资料的能力。

A.2 电子电路的安装与调试

制作电子电路的基本过程一般是:根据设计电路选择元器件,先在面包板上进行初步安装调试,调试成功之后,制作印刷电路板,再进行安装焊接,最后再进行调试,直至达到设计要求的指标。这里介绍元器件的选择、装置的布局、安装调试以及制板焊接等问题,以供在实训中参考。

A.2.1 元器件的选择

选择的元器件要满足电路的要求,并兼顾价廉、耐用。下面介绍常用元器件的选用原则。

1. 电阻器的选择

选择电阻器的基本依据是电阻器的阻值、准确度和额定功率。要求严格的还应考虑其稳定性和可靠性。常用的额定功率有 $1/8,1/4,1/2,1,2,4,8$ W 等。选用时应留有余量,一般选取额定功率比电阻的实际耗散功率大 2 倍左右。电阻器的实际耗散功率可在选定电阻值之后，根据工作电流按 $P=I^2R$ 算出。

2．电容器的选择与质量检查

(1) 电容器的选择

选择电容器的基本依据是所要求的容量和耐压，实际选择时，在满足容量和耐压的基础上，可根据容量大小，按下述方法简捷地确定电容器类型。

① 大容量电容器的选用：低频、低阻抗的耦合、旁路、退耦电路以及电源滤波等电路，常可选用几微法以上大容量电容器，其中以电解电容器应用最广，选用时重点考虑其工作电压和环境温度，其他参数一般能满足要求。对于要求较高的电路，如长延时电路，可采用钽或铌介质的优质电容器。

② 小容量电容器的选用：这类电容器是指容量在几微法以下乃至几皮法的电容器，多数用于频率较高的电路中。普通纸介电容器可满足一般电路的要求。但对于振荡电路、接收机的高频和中频变压器以及脉冲电路中决定时间因素的电容器，因要求稳定性好，或要求介质损耗小，应选用薄膜、瓷介甚至云母电容等。

(2) 电容器的质量检查

电容器的常见故障有漏电、断路、短路和失效等，使用前应予以检查。

① 电容器漏电检查：对于 5 000 pF 以上的电容器，用万用表电阻档 $R\times 10$ k(Ω) 量程，将表笔接触电容器两极，表头指针应先向顺时针方向跳转一下，尔后慢慢逆向复原，退至 $R=\infty$ 处。若不能复原，表示电容器漏电。稳定后的阻值即为电容器漏电的电阻值，一般为几百兆至几千兆欧。阻值越大，电容器绝缘性能越好。

② 电容器容量的判别：对于 5 000 pF 以上的电容器，将万用表拨至最高电阻档，表笔接触电容器两极，表头指针应先偏转，后逐渐复原。

将两表笔对调后再测量，表头指针又偏转，且偏转得更快，幅度更大，尔后又逐渐复原，这就是电容充、放电的情况。

电容器容量越大，表头指针偏转越大，复原速度越慢。若在最高电阻档下表针都不偏转，说明电容器内部断路了。若电阻很小，说明短路。

(3) 电解电容器极性的判别

电解电容器正接时漏电小、反接时漏电大。据此，用万用表正、反两次测量其漏电阻值，漏电阻值大(即漏电小)的一次中，黑表笔所接触的是正极。

3．电感器的选择与检查

选择电感器的主要参数是电感量、品质因数、分布电容和稳定性。一般电感量越大，抑制电流变化的能力越强；品质因数越高，线圈工作时损耗越小。

电感器的分布电容是线圈的匝间及层间绝缘介质形成的，工作频率越高，分布电容的作用越显著，电感器的参数受温度影响越小，电感器的稳定性越高。

为了判断电感线圈好坏，可用万用表欧姆挡测其直流阻值，若阻值过大甚至为 ∞，则为线圈断线；若阻值很小，则为严重短路。不过，内部局部短路一般难以测出。

4．半导体二极管的选择与判别

点接触二极管的工作频率高，但可承受电压不高，允许通过的电流也小，多用于检波、小电流整流或高频开关电路；面接触二极管的工作电流和能承受功率较大，但适用的频率较低，多用于整流、稳压和低频开关电路等。

选用整流二极管时,主要考虑最大整流电流、最大反向工作电压及反向电流。在实际应用中,应根据技术要求查阅有关器件手册。

应用万用表的电阻档可以鉴别二极管的极性和判别其质量的好坏。测试小功率二极管时一般使用 $R\times 100(\Omega)$ 或 $R\times 1\ k(\Omega)$ 档,以免损坏管子。

5. 半导体三极管的选择与判别

(1) 半导体三极管的选择

选用三极管时,应考虑工作频率、集电极最大耗散功率、电流放大系数、反向击穿电压、稳定性及饱和压降等。不过,这些因素中有的相互制约,选择时应根据用途的不同,以主要参数为准,兼顾次要参数。

(2) 三极管引脚的判别

三极管的引脚可用万用表来判别。

首先是找出管子的基极。方法是:用万用表 $R\times 100\ \Omega$ 或 $R\times 1\ k(\Omega)$ 电阻挡,红表笔接触某一引脚,黑表笔接触另外两引脚,若电表读数都很小(约几百欧),则与红表笔接触的那一引脚是基极,并可知此管为 PNP 型;若黑表笔接触某一引脚,红表笔分别接触另外两引脚,则当表头读数都很小(约几百欧)时,与黑表笔接触的那一引脚是基极,并可知此管为 NPN 型。

找出基极之后,再确定发射极与集电极。方法是:以 NPN 型管为例,假定其余两引脚中的一个是集电极,并将黑表笔接到此引脚,红表笔接假设的发射极,再把假设的集电极与已测出的基极捏在手中(但两引脚不可相碰),记下此时的阻值读数;再将原假设的集电极设为发射极,而原发射极设为集电极,重复测试读数。两次读数中,电阻值较小(偏转角度较大)的那次假设是正确的,其黑表笔接的一只引脚是集电极,剩下的一只是发射极。若为 PNP 型管,则将表笔对调,再用上述方法判断。

(3) 三极管性能的鉴别

① 穿透电流 I_{CEO} 的判断:用万用表 $R\times 100\ \Omega$ 或 $R\times 1\ k(\Omega)$ 电阻档测量集-射间电阻(对 NPN 管,黑表笔接集电极,红表笔接发射极),此值越大,说明 I_{CEO} 越小。一般硅管应大于数兆欧,锗管应大于数千欧。

所测阻值为无穷大时说明管子内部断线。所测阻值接近于零时表明管子已被击穿。有时阻值不断地下降,说明管子性能不稳。

② 电流放大系数 β 的估计:用万用表 $R\times 100\ \Omega$ 或 $R\times 1\ k(\Omega)$ 电阻档测量管子集-射间电阻(对 NPN 管,黑表笔接集电极,红表笔接发射极),观察此时的读数,然后再用手指捏住基极与集电极(两极不可相碰),同时观察表针摆动情况。摆动幅度越大,说明管子的 β 值越高。若为 PNP 管,将表笔对调,再用上述方法判别。当然现在多数万用表都有测 β 的端点,只需插入,就可直接读出。

6. 半导体场效应管的选择与判别

选用场效应管时,应考虑工作频率、漏极最大耗散功率、跨导、反向击穿电压、稳定性及极间电容等。

由于 MOS 管的输入电阻极高,不宜用万用表测量,必须用测试仪器测量,而且测试仪必须良好接地。结型场效应管可用万用表判别其引脚和性能的优劣。

(1) 引脚的判别

首先确定栅极,用万用表 $R\times 100\ \Omega$ 或 $R\times 1\ k(\Omega)$ 电阻档测量,用黑表笔接假设的栅极,再用红表笔接另外两脚。若测得的阻值小,黑、红表笔对调后阻值很大,则假设的栅极正确,并可知是 N 沟道管;反之为 P 沟道管。其次,确定源极和漏极,因元件对称,剩余两极就是源极和漏极。

(2) 质量判定

用万用表 $R\times 100\ \Omega$ 或 $R\times 1\ k(\Omega)$ 电阻档,黑、红表笔分别交替接源极和漏极,阻值均应很小。随后将黑表笔接栅极,红表笔分别接源极和漏极,对 N 沟道管阻值应很小;对 P 沟道管阻值应很大。再将黑、红表笔对调,测得的数值相反,可知管子基本是好的。否则,要么击穿,要么断路。

7. 晶闸管的判别

(1) 单向晶闸管引脚的判别

用万用表 $R\times 10\ \Omega$ 档测量引脚间的静态电阻,由于 R_{AK},R_{KA},R_{AG},R_{GA} 及 R_{KG} 均应很大,只有 R_{GK} 较小,由此便可作出判断:若某两引脚间电阻较小,此时黑表笔所接的为控制极(G 极),红表笔所接的为阴极(K 极),剩余的为阳极(A 极)。

(2) 双向晶闸管引脚的判别

G 极与 T_1 极靠近,距 T_2 极较远,因此,G,T_1 之间的正、反向电阻很小(约 100Ω)。而 T_2,G 和 T_2,T_1 之间的正、反向电阻均为无穷大。用万用表 $R\times 1\ k(\Omega)$ 挡分别测量引脚间的正反向电阻。若测得某两引脚间正反向电阻很小,则这两引脚为 T_1 和 G 极,余下的即 T_2 极。如果测出某引脚和其他两引脚都不通,这肯定是 T_2 极。

找出 T_2 极之后,首先假定剩下两引脚中某一引脚为 T_1 极,另一引脚为 G 极,用万用表 $R\times 10\ \Omega$ 档,将两表笔(不分正负)分别接至假设的 T_1 和已确定的 T_2 上。然后,将 T_2 与 G 相连并观察万用表阻值。若阻值变小,说明此时晶闸管因触发而处于通态。此时把 G 断开(但 T_2 仍保持与表笔相接),若电阻值仍小,即管子仍在通态。

将两表笔对调,重复上述步骤,仍处于通态,则假设的 T_1,G 正确。否则假设不成立。

8. 单结晶体管的判别

用万用表 $R\times 100\ \Omega$ 或 $R\times 1\ k\Omega$ 电阻档分别测试 e,b_1 和 b_2 之间的电阻值,可以判断管子结构的好坏,识别 3 个引脚。

测试 e,b_1 和 e,b_2 之间的正反向电阻,测试 b_1 和 b_2 之间的正反向电阻。b_1,b_2 之间相当于一个固定电阻,正反向电阻一样,不同的管子,此阻值不同,一般在 $3\sim 12\ k\Omega$。由上述结果,可找出发射极;由于 e 靠近 b_2,故 e,b_1 之间的正向电阻比 e,b_2 之间的正向电阻大些,以此可以区分 b_1,b_2。

A.2.2 电子设备的布局与安装

1. 总体布局

在电子设备总体布局时,大、中功率电子设备可划分为若干个模块,各模块内部布局又可划分为若干个电路单元。

小功率电子设备一般装在一个机箱内,箱内布局可划分为若干个电路单元或功能组。模块、电路单元是根据电路原理图或方框图来划分的。整机布局应遵循以下原则：

① 各模块、电路单元的划分要有一定的独立性,能够单独进行调整测试。

② 要注意防止各元件间的相互干扰,在同一模块或同一单元内最好不布置电气方面彼此严重影响的元器件。

③ 各模块之间的输入、输出导线要尽量减少,使接线数目减少至最低,以避免布线不合理而引起寄生耦合和反馈。

④ 总体布局要满足散热、减振、屏蔽等防护要求。

⑤ 总体布局要有利于维护、调整、测试和装配。

2. 元器件的排列和安装

元器件的排列对整机性能影响很大。焊接之前需要先了解电路原理图,再根据电路要求在座板上合理排列元器件并由此设计印刷电路板。排列元器件的注意事项有：

① 输入、输出、电源及可调元件的位置要合理安排,做到调节方便、安全。

② 输入电路要远离输出电路,以防寄生耦合产生自激。

③ 各元件(尤其是高频部件)的连线宜短宜直,兼顾整齐美观。

④ 注意电解电容的极性不要接错,不得将其靠近发热元件(如大瓦数电阻、大功率管及散热片等),以防过热熔化。

在安装元件时应当注意：

① 大个儿元件须用支架固定,不能仅靠焊接固定。

② 元件上的接线需要绝缘时,须套上绝缘套管。

③ 为了稳定,体积较大的元件(大容量电解电容等)必须紧靠底板,体积较小的元件(如电阻、瓷管电容)可以架空或直接接于管座,以便缩短接线,使排列紧凑,适用于高频电路。在低频电路中,为了整齐美观,可将元件排列在接线板上,再引线接到管座。

④ 需接地的元件应良好接地。

⑤ 元件上标数值的一面应当朝外,以易于观察。

A.2.3 电路的调试

1. 调试方法

新设计的电路,一般采用边安装边调试的方法。即按照原理图上的功能将复杂电路分块安装和调试,逐步扩大安装和调试的范围,直至完成整机调试。这种方法可及时发现问题,及时解决。

对于定型产品或各分块间需要相互配合才能运行的产品,可在整机安装完毕后进行一次性调试。

电路中含有的模拟电路、数字电路和微机系统,它们之间一般不允许直接连用。其原因是这3部分的输出电压波形不同,对输入信号的要求也不同,盲目相连容易发生故障,造成元器件损坏。为此,可先按设计指标对这3部分分别调试,然后再经信号及电平转换电路进行整机联调。

2. 调试步骤

先作通电观察：按设计要求调定电源电压,关掉电源。接好接线后,打开电源,同时,注意观察有无异常现象,如冒烟、异味、手摸元件发烫、电源短路等。若有异常现象,应立即关断电源,仔细检查,排除故障后方可重新加电。

再作分块调试:分块调试分静态调试和动态调试。静态调试是在不加外界信号条件下测试电路各点的电位。有些已损坏的元器件或处于临界状态的元器件经静态调试即可发现,因而使问题及时得到处理。动态调试是在输入信号条件下调试,可以利用前级的输出信号作为本功能块的输入信号,也可利用本功能块自身的信号来检查各种指标。最后,再把静态与动态调试的结果与设计要求的指标对照分析,提出修改意见。

最后作整机联调:在完成分块调试,并做好各功能块之间接口电路的调试工作后,可将各部分电路连通,进行整机联调。整机联调只观察动态指标即可,把各项测量结果与设计指标一一对比,根据存在的问题修改电路参数,使之最后达到设计要求。

A.2.4 制板与焊接

电路在面包板上调试成功后,可制作印刷电路板。目前已广泛采用计算机辅助设计来绘制印刷电路板。印刷电路板的尺寸,应根据元器件的数量、大小合理安排。由于多块电路板之间是通过插座互相连接的,因此板上应留出与插座对应的插头的位置。

焊接质量的好坏直接影响到电路的性能和可靠性。因此,首先,应根据焊接点的面积大小及散热快慢选择电烙铁,焊接晶体管电子电路一般可选内热式 25 W 电烙铁;初次使用的新烙铁头应先清理干净,通电加热后涂上松香(或焊锡膏),再挂上一层焊锡;使用中,要防止将烙铁头不上锡而一直通电加热,以免烙铁头表面氧化而不粘锡。

焊接前,应先将焊件金属表面的绝缘漆或氧化层刮除干净。焊接时,烙铁头与焊接点接触的时间以使焊锡光亮、圆滑为宜。若焊接时间过长,温度过高,会烫坏元件,并且容易使焊锡流散造成接点部位存锡量少,影响牢固程度;反之,若焊接时间过短,温度低,则焊剂未充分挥发,会夹在元件引脚与焊锡之间造成虚焊。

A.3 综合实训举例

综合实训 1 铂电阻测温电路的制作实训

【实训原理】

本实训为一个铂电阻测温电路。它以铂电阻传感器作为测温元件,加上测量电桥、恒流源电路以及差动运算放大器等电路,将温度信号转换为电压信号输出,并推动显示仪表显示温度数值。实训电路如图 A.1 所示。

1. 铂电阻传感器及测量电桥

图 A.1 中,Pt100 是一个铂电阻传感器,它实质上是一个铂热电阻,其电阻值在一定温度范围内随温度作线性变化。比如,Pt100 在 0℃时电阻值为 100 Ω,在−50℃时为 80.31Ω,而+50℃时为 119.40Ω,100℃时为 138.50Ω,150℃时为 157.31Ω。因此,将铂电阻作为一臂接入电桥电路中,就可将温度的变化经铂电阻转换为电桥的不平衡电压。温度变化越大,铂电阻值变动也越大,因而电桥输出的不平衡电压就越大。测量电桥的不平衡电压就可定量地测出温度(变化)值。

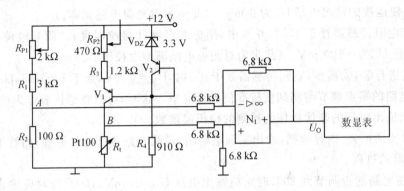

图 A.1　铂电阻测温电路

2. 恒流源电路

图 A.1 中,V_1,V_2,稳压管 V_{DZ},R_3(1.2 kΩ),R_{P2}(470Ω),R_4(910Ω)组成恒流源,作为桥臂之一,向铂电阻 R_t 提供恒定的电流 I_C。在恒流源电路中,三极管 V_2 接成二极管使用,具有温度补偿作用,可以提高 V_1 基极电位的温度稳定性。

这样,当铂电阻阻值随温度作线性变化时,由于其通过的电流恒定,电压便随温度作线性变化,从而使电桥输出的不平衡电压(A,B 两点之间电压)亦随温度作线性变化,保证了测量的线性度与准确性。

3. 零点调节与满刻度校准

调节电位器 R_{P1}(2 kΩ)可以改变 A 点的电位,起到调节零点的作用。比如,0℃时,调节 R_{P1} 使 $U_A = U_B$,这样,整机输出 $U_O = 0$ V,从而将数显表指示的 0 点选在了 0℃的温度上。这样,当铂电阻阻值随温度作线性变化时,由于其通过的电流恒定,电压便随温度作线性变化,从而使电桥输出的不平衡电压(A,B 两点之间电压)亦随温度作线性变化,保证了测量的线性度与准确性。

调节电位器 R_{P2}(470Ω)可以改变恒流源的电流 I_C。比如,减小 R_{P2},则 I_C 增大。这样,对应同样的温度变化量(即对应同样的铂电阻值变化量),B 点电位(即铂电阻 R_t 上的电压降变化量就大,输出不平衡电压值就大。因此,电位器 R_{P2} 的作用是调节温度转换倍率,调节 R_{P2} 可以对数显表满度进行校准。

4. 运放的作用

图 A.1 中的运算放大器是一个减法运算(差动比例)电路,其输出电压为两个输入端的电位之差(即电桥输出的不平衡电压)。在数显表与测温电桥之间插入这一减法电路的目的是,利用运算放大器输入电阻高的特性来减少对测温电桥的影响。此外,运算放大器又具有一定的带负载能力,因而可以推动显示仪表正常工作。

【实训内容】

① 按照图 A.1 在多功能实验板上焊好电路(在运放的位置先焊插座,测试时再插运放片子)。

② 将运放调零。

③ 将铂电阻传感器置于冰水混合物中,使其温度为 0℃(用标准温度计检测温度)。调节电位器 R_{P1},使运放的输出电压 U_O 为 0 mV。(此步为对测温电路调零。)

④ 将铂电阻传感器置于 100℃开水中(用标准温度计检测温度)。调节电位器 R_{P2},使运放的输出电压 U_O 为 +100 mV。(此步为对测温电路满刻度校准。)

⑤ 反复进行③、④两步,直到传感器处于 0℃时,$U_O=0$ mV,处于 100℃时,$U_O=100$ mV。这样,测温电路的零点调节与满刻度校准便进行完毕。这时,可以将毫伏表作为被测温度的显示仪表,且以输出电压的毫伏数作为被测的摄氏温度数。

⑥ 写出实训报告,内容包括:画出实训电路图,说明电路各部分的原理;回答下列问题,并写明分析计算的过程。

(a) 上述电路能否调节到 20℃时对应输出电压 $U_O=0$ mV,100℃时对应输出电压 $U_O=100$ mV?

(b) 若要 0℃对应 $U_O=0$ mV,50℃对应 $U_O=100$ mV,电路应如何改动?

(c) 若要 0℃对应 $U_O=0$ mV,150℃对应 $U_O=100$ mV,电路应如何改动?

(d) 欲提高测量灵敏度,可采取什么办法?

综合实训 2　扩音机的制作

【实训原理】

该实训介绍的扩音机总共有 6 只晶体管,整机原理电路如图 A.2 所示。图 A.2 中只绘出一个声道,另一个声道与之完全相同。本机的输入级没有采用差动放大器,而是将反馈分别加在输入级晶体管的发射极,并与各自的偏置电路组成上、下对称的输入放大级。采用这种电路的优点是:

① 在前级的发射极上不易混入噪声信号,即使不使用稳压电源,也能获得很高的 S/N(信噪比)值;

② 工作稳定、调节十分简单;

③ 成本低,对晶体管一致性的要求不高,因而降低了制作成本。

负反馈是从输出端(OUT)经 R_{15},R_{16} 分别(上下交叉)反馈到前级晶体管 V_1,V_2 的发射极。在 V_2(PNP)晶体管的发射极与地之间接有 R_{13} 和电容器 C_{17},C_{19},作用是对上部的反馈量加以限制。V_2 的偏置是由 R_{P1},R_{11} 从 +33 V 电源取得。V_1(NPN)晶体管的反馈由 R_{14} 和电容器 C_{18},C_{20} 取得,偏置由 -33 V 经 R_{12} 供给。R_{13},R_{14} 起电流负反馈作用,目的是控制前级增益,使电路能稳定工作。

R_{P1},R_{11} 和 C_{17},C_{19} 以及 R_{12} 和 C_{18},C_{20} 组成脉冲滤波器,目的是降低脉动噪声。由图 A.2 给出的前级放大器的总增益 A_{u1} 可以用下式表示:

$$A_{u1} = \frac{R_{13}+R_{15}}{R_{13}} = \frac{R_{14}+R_{16}}{R_{14}}$$

该放大器的第一级 V_1,V_2 和第二级 V_3,V_4 选用相同型号的晶体管。此时,负反馈量不能做得太深,否则会降低放大器的稳定性。为了提高稳定性,本机第一级的增益 A_{u1}(见上式)可通过 $R_{13} \sim R_{16}$ 的合理取值,使 $A_{u1} \leqslant 5(14$ dB$)$;第二级 V_3,V_4 引入补偿电容 C_{21},C_{22},使该级的

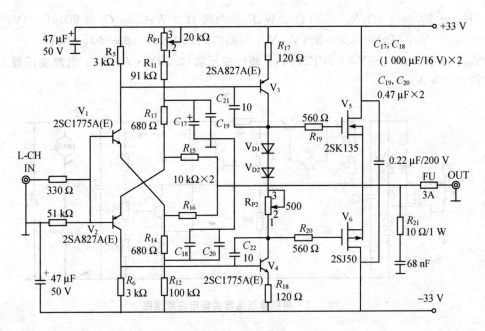

图 A.2 扩音机原理图

增益 $A_{u2}=1(0\ \text{dB})$。所以图示的放大器变得十分稳定。

末级功放 V_5,V_6 的栅极限流电阻 R_{19},R_{20} 取值较大($560\ \Omega$),以便增强输出级的电容负载能力。R_{19},R_{20} 和 V_5,V_6 的输入电容对功放的截止频率有直接影响,当 V_5 选用 2SK135,V_6 选取 2SJ50,R_{19} 取 $560\ \Omega$,R20 取 $560\ \Omega$ 时,末级功放的截止频率 $f_{Tmax}=1.3\ \text{MHz}$。由于前级的作用,所以整机放大器的截止频率略低于 1.3 MHz(约为 1.2 MHz),这对音域已经足够了。

本机的调节十分简单,首先调整 R_{P2},使中点电压为 0 V,然后再调节 R_{P1},使末级功放的静态电流为 150 mA(可通过在电源支路串入电流表予以监测)。该放大器的主要性能指标如下:

  输出功率 $P_o \geqslant 35$ W 单声道;
  频率范围 0~350 kHz;
  增益 $A_u \geqslant 23$ dB;
  阻尼 100。

【实训内容】

按照图 A.2 选件、焊接和调试。通过实训,学会识别元件、判断元件好坏、调试电路和查找故障的方法。

综合实训 3 直流稳压电源的制作

【实训原理】

实训电路如图 A.3 所示。电路由电源变压器、整流滤波、采样电路、比较放大器、调整管、限流型保护和负载等环节组成。元件参考数值如下:

$R_0=5.1\ \Omega, R_1=330\ \Omega, R_2=2\ \text{k}\Omega, R_3=360\ \Omega, R_4=51\ \text{k}\Omega, R_5=1\ \text{k}\Omega, R_6=1\ \text{k}\Omega;$

$R_{P1} = R_{P2} = 1 \text{ k}\Omega, R_L = 30 \text{ }\Omega/2 \text{ W}, R_P = 470 \text{ }\Omega/2 \text{ W}; C_1 = C_2 = 200\mu\text{F}/25\text{V};$
$V_1: 3\text{DD}50\text{B}, \beta > 30; V_2, V_3: 3\text{DG}6, V_4: 3\text{BX}31\text{C}, \beta = 60 \sim 80;$
$V_{DZ}: 2\text{CW}52; V_{D1} \sim V_{D4}: 2\text{CP}21; T_1:$ 调压变压器$(0.5\text{kV} \cdot \text{A}); T_2:$ 电源变压器 220V/12 V$(>5 \text{ V} \cdot \text{A});$

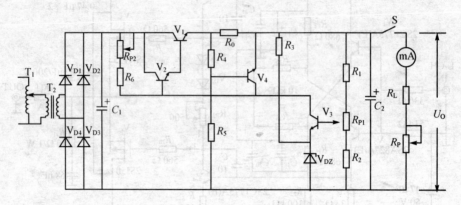

图 A.3 串联稳压电源实训电路原理图

【实训内容】

为培养学生结合理论的实训能力,提高测试技能,本实训要求在预习稳压电源的理论知识的基础上,能独立制定出实训内容与实训步骤。在实验板上按照图 A.3 焊接电路,注意,元器件布局要合理,连线要整齐,焊点要光滑。

1. 实训说明书

实训之后,能整理出一份实训电路的稳压电源性能说明书,内容要求包括:
① 直流稳压电源原理线路图。
② 电路结构方框图。
③ 说明直流稳压电源的简明工作原理。
④ 主要特性指标和质量指标。
(a) 特性指标:包括输入电压范围、输出电压和输出电流的额定值、输出电压调节范围和保护电路动作值等。
(b) 质量指标:包括电压稳定度、输出电阻、纹波电压和外特性曲线。
⑤ 电路改进方案及其改进性能的研究与测定。

2. 调整测试中有关注意问题

① 安全问题。仔细检查实训线路,确认无误后方可通电。通电前,应将调压变压器的输出置于零位,通电后再缓慢调节到所需电压值。实训结束后,将调压变压器仍调回零位并切断电源。另外,要求外部接线要安全可靠,测试时要注意安全。
② 系统正常工作性能检查。通电后应立即检查稳压电源各部分是否处于正常工作状态,可检查下列电路电压情况:
(a) 整流滤波后直流电压值是否正常。
(b) 输出在空载下,调节 R_{P1},观察输出电压是否有线性变化。能变化则说明工作基本正常,否则说明线路可能有故障,或 V_1, V_2, V_3 管子工作点不正常,没有处于线性放大区,或 V_4

未能处于正常截止状态。

③ 为提高测量精度，对输出电压可用直流数字电压表或数字式万用表测之。

④ 对纹波电压的测试，可采用示波器交流耦合输入档来观察纹波电压波形的峰—峰值。由于纹波电压不是正弦波，故不能用电子毫伏表测其有效值，然而可借此表测得的数值对各种情况下的纹波电压大小作相对比较。

附录 B 部分习题参考答案

第1章

题 1.1　(1)作图可得；(2)否，因为非线性。

题 1.2　导通，0.36 A。

题 1.3　双限幅电压波形。

题 1.4　单方向脉动电压波形。

题 1.5　上限幅电压波形。

题 1.6　串联 9 V,3.7 V,6.7 V,1.4 V；并联：0.7 V,3 V。

题 1.8　选 $\beta=50, I_{CEO}=10\mu A$ 的管子较稳定。

题 1.9　50,0.98。

题 1.10　A 管：NPN 硅管、$V_1(c), V_2(e), V_3(b)$；
　　　　B 管：PNP 锗管、$V_1(c), V_2(e), V_3(b)$。

题 1.13

(a) NPN 硅管，工作在饱和状态；

(b) PNP 锗管，工作在放大状态；

(c) PNP 锗管，管子的 b-e 结已开路；

(d) NPN 硅管，工作在放大状态；

(e) PNP 锗管，工作在截止状态；

(f) PNP 锗管，工作在放大状态；

(g) NPN 硅管，工作在放大状态；

(h) PNP 硅管，工作在临界饱和状态。

题 1.16

图(a)：增强型 N 沟道 MOS 管，$U_{GS(th)} \approx 3\ V, I_{DO} \approx 3\ mA$；

图(b)：增强型 P 沟道 MOS 管，$U_{GS(th)} \approx -2\ V, I_{DO} \approx 2\ mA$；

图(c)：耗尽型 P 沟道 MOS 管，$U_{GS(off)} \approx 2\ V, I_{DSS} \approx 2\ mA$；

图(d)：耗尽型 N 沟道 MOS 管，$U_{GS(off)} \approx -3\ V, I_{DSS} \approx 3\ mA$。

第2章

题 2.1　输出电阻 5 kΩ、开路输出电压 5 V。

题 2.2

(a)没有放大作用。因为输入端在交流通路中接地，信号加不进去；

(b)有放大作用，属于共集组态，因此为同相放大电路；

部分习题参考答案

附录B

(c) 没有放大作用，因为输出端交流接地；

(d) 有放大作用，属于共基组态，因此为同相放大电路。

题 2.4

(1) S 接 A 点：$I_B \approx 0.14$ mA，$I_C \approx 3$ mA，$U_{CE} \approx 0.3$ V，管子饱和；

S 接 B 点：$I_B \approx 28.6$ mA，$I_C \approx 1.43$ mA，$U_{CE} \approx 7.85$ V，放大状态；

S 接 C 点：$I_B \approx 0$，$I_C \approx 0$，$U_{CE} = 15$ V，管子截止。

(2) 不能够测得实际数值。测 U_{BE} 时，会引起三极管截止；测 U_{CE} 时，由图解法可知所测电压值偏小。

(3) R_C 不应小于 2 kΩ。

题 2.5

(1) $I_B = 18.2$ μA，静态工作点不合适；

(2) 取 $R_b = 100$ kΩ，使 $I_B = 90$ μA；

(3) $R_c = 4$ kΩ，$R_b \approx 250$ kΩ。

题 2.6

(1) $I_{CQ} \approx 6.39$ mA，$I_{BQ} \approx 0.21$ mA，$U_{CEQ} \approx 7.23$ V；

(2) 能工作在放大状态；

(3) U_C 将减小；

(4) 图略，$I_{CQ} \approx 6.39$ mA，$I_{BQ} \approx 0.21$ mA，$U_{CEQ} \approx -7.23$ V。

题 2.7

(1) 直流负载线方程：$U_{CE} = 15 - 3I_C$；

(2) $I_{CQ} \approx 2.6$ mA，$U_{CEQ} \approx 7.5$ V；

(3) 交流负载线略；

(4) 3.5 V。

题 2.9：

(a) $I_B \approx 47.7$ μA，$I_C \approx 2.38$ mA，$U_{CE} \approx 10.2$ V；

(b) $I_B \approx 0.243$ mA，$I_C \approx 7.35$ mA，$U_{CE} \approx 0.3$ V；

(c) $I_B \approx 0$，$I_C \approx 0$，$U_{CE} \approx 15$ V；

(d) $I_B \approx 97$ μA，$I_C \approx 4.85$ mA，$U_{CE} \approx 10.6$ V；

(e) $I_D \approx 0$，$I_C \approx 0$，$U_{CE} \approx 6$ V；

(f) $I_B \approx 195$ μA，$I_C \approx 1.425$ mA，$U_{CE} \approx 0.3$ V。

题 2.10

图(a)：静态工作点 I_B 不对，应把 R_b 接地；

图(b)：无静态基极电流 I_B；

图(c)：无基极偏置电流，R_b 一端应接地；

图(d)：无基极电路，动态时发射极和集电极都接地了。

正确的电路图略。

题 2.11

(a) 当电源为 5 V 时，三极管已处于饱和状态，$U_{CE} \approx 0.3$ V；当电源为 0 V 时，三极管处于截止状态，$U_{CE} \approx 5.7$ V；

(b) 三极管已处于饱和状态，$I_C = 5.7$ mA；

(c) $U_{CE} = -4.8$ V；

(d) $U_C = -10.8$ V。

题 2.12

(1)静态工作点：

图(a)：$I_{BQ} \approx 18.5$ μA，$I_{CQ} \approx 0.93$ mA，$U_{CEQ} \approx 8.2$ V；

图(b)：$I_{BQ} \approx 73$ μA，$I_{CQ} \approx 3.67$ mA，$U_{CEQ} \approx -5.7$ V；

图(c)：$I_{BQ} \approx 18$ μA，$I_{CQ} \approx 0.9$ mA，$U_{CEQ} \approx 9.5$ V。

(2)交流通路略。

题 2.13　图(d)

题 2.14

(1) $\dot{A}_u = \dfrac{\beta(R_c // R_L)}{r_{be}}$，$R_i = R_b // r_{be}$，$R_o = R_C$；

(2)若换用 β 值较小的晶体管，则 I_{BQ} 基本不变，U_{CEQ} 增大，$|\dot{A}_u|$ 减小，R_i 基本不变，R_o 不变；

(3)由三极管的非线性特性引起的失真,不是饱和失真,也不是截止失真；

(4)截止失真,应减小 R_b；

(5)饱和失真,主要原因是由于温度升高,晶体管的 $U_{BE}\downarrow$，$\beta\uparrow$，$I_{CEQ}\uparrow$，使三极管的静态工作点升高。

题 2.15

图(a)电路：

(1) $I_{BQ} \approx 73$ μA，$I_{CQ} \approx 3.65$ mA，$U_{CEQ} \approx -5.65$ V；

(2) 共射组态,微变等效电路略；

(3) 动态指标

$-179, -64, R_i = 0.56$ kΩ，$R_o = R_c = 2$ kΩ；

(4) 当截止失真时，$U_{om1} = I_{CQ} \cdot R_c = 7.3$ V；

当饱和失真时，$U_{om2} = |U_{CEQ}| - |U_{CES}| = 5.65 - 0.7 \approx 5.0$ V

所以，首先出现饱和失真，$U_{om} = 5.0$ V。

图(b)电路：

(1) $I_{BQ} = 18$ μA，$I_{CQ} = 0.9$ mA，$U_{CEQ} = 9.5$ V；

(2) 共基组态,微变等效电路略；

(3) 动态指标

$77.7, R_i = 31$ Ω，$R_o \approx R_c = 5.1$ kΩ；

(4) 当截止失真时，$U_{om1} = I_{CQ} \cdot R_L' = 0.9 \times (5.1 // 5.1) = 2.3$ V；

当饱和失真时，$U_{om2} = V_{CEQ} - V_{CES} = 9.5 - 0.7 = 8.8$ V；

所以，首先出现截止失真，$U_{om} = 2.3$ V。

图(c)电路：

(1) $I_{BQ} = 40.5$ μA，$I_{CQ} = 2$ mA，$U_{CEQ} = 9$ V；

(2) 共集组态,微变等效电路略；

部分习题参考答案

附录B

(3) 动态指标

$$\dot{A}_u = 0.99, R_i = 55.8 \text{ k}\Omega, R_o = 54 \text{ }\Omega, \dot{A}_{us} = 0.96$$

(4) 当截止失真时，$U_{om1} = I_{CQ} \cdot R_L' = 2 \times 1.5 = 3$ V；

当饱和失真时，$U_{om2} = U_{CEQ} - U_{CES} = 9 - 0.7 = 8.3$ V；

所以，首先出现截止失真，$U_{om} = 3$ V。

题 2.16

(1) $I_{BQ} = 34.6 \text{ }\mu\text{A}, I_{CQ} = 1.4$ mA, $U_{CEQ} = 6.4$ V；

(2) 微变等效电路略

$$\dot{A}_u = -4.4, R_i = 5.4 \text{ }\Omega, \dot{A}_{us} = -4.0;$$

(3) 考虑截止失真时，$U_{om1} = I_{CQ} \cdot R_L' = 1.4 \times 1 = 1.4$ V；

考虑饱和失真时，$U_{om2} = (U_{CEQ} - U_{CES}) \dfrac{R_L'}{R_{e1} + R_L'} = (6.4 - 0.7) \dfrac{1}{0.2 + 1} = 4.8$ V；

所以，首先出现截止失真，最大不失真输出电压为：$U_{om} = 1.4$ V。

题 2.17

(1) $I_{BQ} = 0.275$ mA, $I_{CQ} = 5.5$ mA, $U_{CEQ} = 8.5$ V；

(2) 微变等效电路略；

(3) $\dot{A}_u = -50, R_i = 382\Omega$；

(4) 电阻 R 对稳压管起限流作用，使稳压管工作在稳压区；

(5) 若 V_{DZ} 极性接反，则 $U_{BQ} = 1.4$ V, $I_{CQ} = 14.3$ mA, $U_{CEQ} = 5$ V，因此，该电路仍能正常放大，但由于 I_{CQ} 变大，使 $|\dot{A}_u|$ 增大，R_i 减小。

题 2.18

$u_1 = 2$ V, 4 V 时，MOS管工作在截止区；

$u_1 = 6$ V, 8 V 时，MOS管工作在恒流区（放大区）；

$u_1 = 10$ V, 12 V 时，MOS管工作在可变电阻区。

题 2.19 $I_{DQ} \approx 5.8$ mA, $U_{DSQ} \approx 6.3$ V, $U_{GSQ} \approx 6.3$ V。

题 2.20 利用公式求解得：$I_D = 0.5$ mA $U_{GS} = 10$ V。

题 2.21

(1) 图(a)：$I_{DQ} \approx 0.25$ mA, $U_{GSQ} \approx 2.8$ V, $U_{DSQ} \approx 13$ V；

图(b)：$I_{DQ} \approx 0.76$ mA, $U_{GSQ} \approx -1.5$ V, $U_{DSQ} \approx 8.5$ V。

(2) 交流通路略

图(a)为共源极放大电路；

图(b)为共漏极放大电路。

第3章

题 3.1 (1) 60 dB；(2) 1 kΩ；(3) 不可以。

题 3.2

(1) V_1 管组成共射组态，V_2 管组成共集组态；

(2) 整个放大电路的微变等效电路略；

(3) $\dot{A}_u = \dot{A}_{u1} \cdot \dot{A}_{u2} = \dfrac{-\beta_1\{R_2 /\!/ [r_{be2} + (1+\beta_2)(R_4 /\!/ R_L)]\}}{r_{be1}}$；

$R_i = R_{i1} = R_1 /\!/ r_{be1}$；

$R_o = R_4 /\!/ \dfrac{R_2 + r_{be2}}{1 + \beta_2}$。

题 3.3

(1) 第二级的静态工作点：$I_{CQ2} \approx I_{EQ2} = 1.45$ mA，$U_{CEQ2} = 7.5$ V；

(2) 整个放大电路简化的微变等效电路略；

(3) $\dot{A}_{u1} = -60, \dot{A}_{u2} = -12.3, \dot{A}_u = 73.8$；

(4) 输入电阻 $R_i = R_g + R_{g1} /\!/ R_{g2} = 47.1$ MΩ，输出电阻 $R_o = R_c = 3$ kΩ；

(5) 当加大输入信号时，电路先出现截止失真，最大不失真输出电压为 $U_{om} = 1.9$ V。

题 3.4

(1) V_1 管为共源放大电路，V_2 管为共基放大电路；

(2) $I_{CQ} \approx I_{DQ}, U_{DSQ} = -(U_Z - U_{BE} - I_{DQ}R_3), U_{CEQ} = -[U_{CC} + U_{DSQ} - I_{DQ}(R_2 + R_3)]$；

(3) 中频微变等效电路略

$\dot{A}_u = \dot{A}_{u1} \cdot \dot{A}_{u2} = \left(-g_m \dfrac{r_{be}}{1+\beta}\right) \cdot \dfrac{\beta(R_c /\!/ R_L)}{r_{be}} \approx -g_m(R_c /\!/ R_L)$，

$R_i = R_1, R_o = R_2$。

题 3.5 (1) $R_i = 12.1$ kΩ，$R_o = 2R_c = 10$ kΩ；(2) $\dot{A}_{ud} = -66$。

题 3.6

(1) 静态工作点：$I_{CQ} = 0.56$ mA，$U_E \approx -0.7$ V，$U_{CEQ} = 7.1$ V；

若将 R_{c1} 短路，则

$I_{C1Q} = I_{C2Q} = 0.56$ mA（不变），$U_{CE1Q} = 12.7$ V，$U_{CE2Q} = 7.1$ V（不变）

(2) $R_{id} = 29.9$ kΩ，$\dot{A}_d = -67, \dot{A}_{d2} = 33.5$；

(3) 共模电压放大倍数 $\dot{A}_{c2} = -0.5$，共模抑制比 $K_{CMR} = 67$（即 36.5 dB）；

(4) V_{O2} 相对于静态值增加了 285 mV，e 点电位增加了 100 mV。

题 3.7

(1) 静态工作点：$I_{C1Q} = I_{C2Q} = \dfrac{1}{2}I_Q = 1$ mA，$U_{C2Q} = 4.5$ V，$U_{EQ} = -0.71$ V；

(2) $\dot{A}_{d2} = 18.75, R_{id} = 2(R_b + r_{be}) = 8$ kΩ，$R_o = R_c = 3$ kΩ；

(3) $\dot{A}_{c2} = -7.5 \times 10^{-4}, K_{CMR} = 25\,000$（即 88 dB）；

(4) 波形略。

题 3.8

(1) 静态工作点：$I_{CQ3} = 1.5$ mA，$I_{CQ1} = I_{CQ2} = \dfrac{1}{2}I_{CQ3} = 0.75$ mA，$U_{OQ2} = 2.25$ V；

(2) 差模性能指标：$\dot{A}_{d2} = 12.8, R_{id} = 19.5$ kΩ，$R_o = R_c = 10$ kΩ；

(3) 共模性能指标：$R_{o3} = 832$ kΩ，$\dot{A}_{c2} = -0.003, K_{CMR} = 4\,267$（即 72.6 dB）；

部分习题参考答案

附录 B

(4) u_O 波形略。

题 3.9

(1) $R_{c2} = 8.64 \text{ k}\Omega$；

(2) 差模电压放大倍数 $\dot{A}_{ud}$：$\dot{A}_{ud1} = 15$，$\dot{A}_{u2} = -42.7$，$\dot{A}_{ud} = -640.5$；

(3) V_1，V_2 管、V_3 处于截止状态，$I_{CQ2} = 0$，$U_{B3} = 12$ V，$U_{OQ} = 0$。

题 3.10

(1) 双端输出时，$\dot{A}_{ud} = -13.3$；

(2) 单端输出时，$\dot{A}_{ud1} = -6.7$，$\dot{A}_{uc1} = -0.325$，$K_{CMR} = 20.5$（即 26.3 dB）。

第 4 章

题 4.1 极间电容与耦合电容。

题 4.2

(1) 微变等效电路略；

(2) $\dot{A}_{um} = -200$，下限频率 $f_L = 159$ Hz；

(3) $\dot{A}_{uL} = 0.707\dot{A}_{um} = -140$，输出电压与输入电压的相位差为 $-180° + 45° = -135°$。

题 4.3 60 dB，$f_L > 100$ Hz，$f_H < 20$ kHz。

题 4.4 $\dot{A}_u = \dfrac{-103}{(1 + jf/1 \text{ MHz})(1 - j10 \text{ Hz}/f)}$，波德图略。

题 4.5 波德图略，$f_H = 99$ kHz。

题 4.6 波德图略，$f_L = 10$ Hz，$f_H = 50$ kHz。

题 4.7

(1) $\dot{A}_u = \dfrac{-10^4}{(1 + jf/10^5 \text{ Hz})(1 + jf/10^7 \text{ Hz})(1 + jf/10^8 \text{ Hz})}$；

(2) 中频区的电压放大倍数为 80 dB，即 -10^4，高频转折频率分别为 10^5 Hz，10^7 Hz，10^8 Hz，$f_L = 0$ Hz，$f_H \approx 10^5$ Hz。

(3) $\varphi = -180° - \arctan(f/10^5) - \arctan(f/10^7) - \arctan(f/10^8)$；

对数相频特性曲线略。

第 5 章

题 5.3

(1) V_1，V_2 和 R_2 组成基本镜像电流源电路；

(2) $I_{C2} = I_{REF} = \dfrac{U_{CC} - U_{BE}}{R_{REF}}$；

(3) V_2 和 V_3 构成有源负载共射放大电路。

题 5.4 (1) 错误；(2) 错误；(3) 正确

题 5.5 甲好（提示：单位稳定放大倍数的温漂小好）。

题 5.7 (1) 0.12 mV，(2) 0.06 μA。

题 5.8 $u_o = 50\sin\omega t$，但由于运放的最大输出电压幅度为 $U_{om} = \pm 10$ V，所以当 $|u_{id}| \leq$ 2 mV 时，按上述正弦规律变化；而当 $|u_{id}| > 2$ mV 时，u_o 已饱和。输出电压波形略。

题 5.9

(1) $u_o = -10$ V（临界饱和输出）；

(2) $u_o = -15$ V，已超过饱和输出值，所以实际 u_o 为 -10 V；

(3) 若 $U_{io} = 2$ mV 时，则静态时 $U_{OQ} = -A_{od} \cdot U_{io} = -10$ V，已处于反向饱和状态，放大器不能实现正常放大。

题 5.10

交流通路略。

输入级差分放大电路的电压放大倍数为 $\dot{A}_{u1} = -7.97$；

中间级共射放大电路的电压放大倍数为 $\dot{A}_{u2} = -174$；

输出级的电压放大倍数近似为 1，$\dot{A}_{u3} \approx 1$；

所以，总的电压放大倍数为 $\dot{A}_u = \dot{A}_{u1} \cdot \dot{A}_{u2} \cdot \dot{A}_{u3} = 1\,387$；

输入电阻和输出电阻为：$R_i = 4$ kΩ，$R_o = 0.13$ kΩ。

题 5.11

(1) 可选用通用型运放 CF741(μA741)；

(2) 可选用高精度型运放 CF7650(ICL7650)；

(3) 宜选用高阻型运放 5G28；

(4) 宜选用低功耗型运放 CF3078(CA3078)；

(5) 宜选用高压型运放 CF143(LM143)；

(6) 可选用高速型运放 CF715 或宽带型运放 CF507。

第 6 章

题 6.2 在负载不变的条件下，电压反馈与电流反馈效果相同；当负载发生变化时，则二者效果不同，如电压负反馈将使输出电压恒定，但此时电流将发生更大的变化。

题 6.3

(a) 电压并联负反馈，稳定 u_o；

(b) 电流串联负反馈，稳定 i_o；

(c) 电流并联负反馈，稳定 i_o；

(d) 电压串联负反馈，稳定 u_o。

(e) 电压并联负反馈，稳定 u_o；

(f) 电压串联负反馈，稳定 u_o；

(g) 电压串联负反馈，稳定 u_o。

题 6.5 开环放大倍数至少 2 400，反馈系数 0.01。

题 6.6 闭环后的中频放大倍数约为 -10，上限和下限频率各为 33 kHz，3 Hz。

题 6.7 16.67～20。

题 6.8 $\dot{A}_u = 2\,000$，$\dot{F} = 0.009\,5$。

题 6.9 $f_{Hf} = 50$(kHz)，$\dot{A} \cdot BW = 100 \times 50$ kHz。

题 6.10 负反馈只能减少由放大器内部产生的非线性失真和噪声。而为了提高信噪比，

部分习题参考答案
附录 B

还必须在引入负反馈的同时,增大输入信号。若输入信号中混进了干扰,或输入信号本身具有非线性失真,则反馈无能为力。

题 6.11 (1) $U_B=0$ V, $U_E=-0.7$ V, $U_C=6$ V; (2) $I_B=0.02$ mA, $I_C=1$ mA, $\beta=50$。

题 6.12 $I_L=I_{R2}=0.6$ mA。

题 6.13

(a) $A_{uf}=\dfrac{u_o}{u_s}=\dfrac{R_2R_3+R_4(R_2+R_3)}{R_1R_3}$, $R_{if}=u_s/i_1\approx R_1$, $R_{of}\approx 0$;

(b) $A_{uf}=u_o/u_s=R_L/R_1$, $R_{if}\approx\infty$, $R_{of}\approx\infty$;

(c) $A_{uf}=u_o/u_s=-R_L/R_1$, $R_{if}=u_s/i_1=R_1$, $R_{of}\approx\infty$;

(d) $A_{uf}=\dfrac{u_o}{u_s}=\dfrac{(R_1+R_2)R_3+(R_1+R_2+R_3)R_4}{R_1R_3}$,

  $R_{if}=u_s/i_1\approx\infty$, $R_{of}\approx 0$;

(e) $A_{uf}=u_o/u_s=-R_1/R_s$, $R_{if}=u_s/i_s=R_s$, $R_{of}\approx 0$;

(f) $A_{uf}=u_o/u_s=(R_3+R_4)/R_3$, $R_{if}\approx\infty$, $R_{of}\approx 0$;

(g) $A_{uf}=u_o/u_s=(R_1+R_2)/R_1$, $R_{if}\approx\infty$, $R_{of}\approx 0$。

题 6.14

(1) 电压并联负反馈;

(2) 减小放大倍数、减小输入电阻、减小输出电阻;

(3) $A_{uf}=\dfrac{u_o}{u_s}=-\dfrac{R_4//R_5//R_1}{R_s}$

题 6.15

(a) 电压串联负反馈;增大输入电阻、减小输出电阻、减小电压放大倍数,稳定输出电压; $A_{uf}=11$;

(b) 电压并联负反馈;减小输入电阻、减小输出电阻,稳定输出电压; $A_{uf}=-10$。

题 6.16

(1) $\dot{A}=\dfrac{10^5}{\left(1+\mathrm{j}\dfrac{f}{10^2}\right)\left(1+\mathrm{j}\dfrac{f}{10^4}\right)\left(1+\mathrm{j}\dfrac{f}{10^5}\right)}$;

(2) 幅频特性上 $20\lg|\dot{A}\dot{F}|=0$ 处作垂直线与相频特性交于 $-225°$,所以会自激;

(3) 相频特性上 $-180°$ 处作垂直线与幅频特性交于 20 dB。临界自激时应与幅频特性交于 0 dB 处,所以若幅频特性再往下移 20 dB 即可,原来 $\dot{F}=0.1$,所以 $\dot{F}=0.01$ 时临界自激。

第 7 章

题 7.1 (1) $u_o=-u_s$; (2) $u_o=u_s$; (3) $u_o=u_s$; (4) $u_o=-u_s$。

题 7.2

(1) -7.5 mV $\sim +7.5$ mV;

(2) $\dot{A}_{uf}\approx 1$。

题 7.3 (1) 略; (2) $R_1=10$ kΩ。

题 7.4 (1) $A_{uf}=-2$、输入电阻 $R_{if}=6$ Ω, $R_2=4$ Ω; (2) 提示:考虑限幅问题。

题 7.5 (1) $u_o = -(u_{i1}+u_{i2})$;(2)图略。

题 7.6 A_1,A_2,A_3 组成电压跟随器,A_4 和 3 个电阻组成加法器

$$u_0 = \frac{R_2 /\!/ R_3}{R_1+R_2/\!/R_3} \cdot u_{i1} + \frac{R_1/\!/R_3}{R_2+R_1/\!/R_3} \cdot u_{i2} + \frac{R_1/\!/R_2}{R_3+R_1/\!/R_2} \cdot U_{i3}$$

题 7.7 A_2 的输出 $u_{o2}=-2u_{i2}-0.1u_{i3}$, $u_o=-5u_{i1}+2u_{i2}+0.1u_{i3}$

题 7.9

在 $t=0\sim 10$ ms 区间,$u_i=2$ V,$u_o=-200t$

当 $t=0$ 时,$u_o=0$ V,当 $t=10$ ms 时,$u_o=-2$ V

当 $t=10\sim 20$ ms 区间,$u_i=-2$ V,$u_o=-2+0.2(t-10 \text{ ms})$

$t=20$ ms 时,$u_o=0$ V,波形略。

题 7.11

(1) $u_{o1} = \frac{R_1 R_3 + R_3 + R_4}{R_1(R_2+R_3)} \cdot u_{s2} - \frac{R_4}{R_1} \cdot u_{s1}$

$u_o = -\frac{1}{C}\int_0^4 \left(\frac{u_{o1}}{R_5} + \frac{u_{s3}}{R_6}\right)dt$

(2) $u_o = -\frac{1}{RC}\int_0^t (u_{s2}-u_{s1}+u_{s3})dt$

题 7.12

(1) $u_0 = \frac{1}{RC}\int_0^4 u_{i2} \cdot dt$;

(2) $u_o = -\frac{1}{RC}\int_0^4 u_{i1} \cdot dt$;

(3) 用迭加原理得 $u_o = \frac{1}{RC}\int_0^4 (u_{i2}-u_{i1})dt$,也可以用相量分析式表示。

题 7.16 $u_0 = \left(1+\frac{R_1+R_3}{R_2}\right)\left(-\frac{R_f}{R}\right)(u_{i1}-u_{i2})$

题 7.17 $A_u=u_o/u_i=2$

题 7.18 (1) $A'_{ud}=-63$;(2) $A_{ud}=-0.63$

第 8 章

题 8.1 有源滤波器中,集成运放工作在线性区域,作为放大器件,引入负反馈;电压比较器中,集成运放一般工作在非线性区域,作为开关器件,引入正反馈或开环。

题 8.3 (1)带阻;(2)高通;(3)低通;(4)带通。

题 8.4 (a)—高通滤波器;(b)低通滤波器

题 8.5 (1)二阶低通;(2) $A_{up}=1+\frac{R_f}{R_1}=1.75$;(3) $Q=\frac{1}{3-A_{up}}=0.8$;(4) $|A_u|_{f=f_0}=1.4$。

题 8.10

(1)反相过零比较器,高电平 6 V,低电平 0 V;

(2)方波,高电平 6 V,低电平 0 V;

(3)同相过零比较器。

部分习题参考答案

第9章

题9.1 无矛盾,反馈极性不同

题9.2 振荡稳定前,信号必须不断加强

题9.3

(1) 与 RC 串并联网络连接的输入端为(+),与负反馈支路连接的输入端为(-),其引脚号为:反相输入端为2,同相输入端为3。

(2) 负温度系数的热敏电阻 R_a 取代 R_3;正温度系数的钨丝灯泡 R_b 取代 R_1。

题9.4

(1) 电路(a)中,不满足相位平衡条件。

(2) 电路(b)中,通过切环与瞬时极性法,可判断该电路不满足相位平衡条件。而将反馈信号引入 T_1 基极时,即可满足相位平衡条件。

(3) 由电路(c)中的瞬时极性可知,该电路满足相位平衡条件。

题9.5 (1) $U_o = 9/\sqrt{2}$ V(有效值);(2) $f_o = \dfrac{1}{2\pi RC} = 9.95$ Hz。

题9.7 (1) $R_p = 3.55$ kΩ;(2) $f_o = 159$ Hz。

题9.9 $f_{max} = 2.094$ MHz,$f_{min} = 927.2$ kHz,共基组态,频率特性好

题9.12 (1) $f_o = 3067$ Hz;(2) 略

题9.13 A_1 线性区,需要放大;A_2 非线性区,作为比较器。

$I \geqslant 0.055$ mA 时 $u_o = -5$ V;$I \leqslant 0.005$ mA 时,$u_o = +5$ V。

第10章

题10.1

(1) $P_{om} = 4.5$ (W)

(2) $P_{CM(max)} = 0.2 P_{om} = 0.9$ W,$P_{CM} \geqslant 0.9$ W,$|U_{(BR)CEO}| \geqslant 24$ V

(3) 乙类工作方式,出现交越失真,采用甲乙类工作方式

题10.2 电源电压 U_{CC} 至少 24 V

题10.3

(1) 静态时,电容 C_2 两端的电压应为 5 V。调整 R_1,R_3,可调整上、下两部分电路的对称性,从而使 C_2 两端电压为 5 V。

(2) 若出现交越失真,应调大 R_2,使 b_1b_2 间电压增大,提供较大的静态电流。

(3) 若 D_1,D_2,R_2 中任意一个开路,则 $I_{B1} = I_{B2} = \dfrac{U_{CC} - 2U_{BE}}{2R_1} = 3.58$ mA

$I_{C1} = I_{C2} = \beta I_{B1} = 179$ mA

$P_C = I_{C1} \cdot U_{CE} = I_{C1} \cdot 5$ V $= 895$ mW $> P_{cm}$,∴功率管会烧坏。

题10.4

(1) $P_o = \left(\dfrac{i_{Lm}}{\sqrt{2}}\right)^2 R_L \approx 3.54$ W

(2) $P_E = \dfrac{1}{2\pi}\int_{-\frac{\pi}{2}}^{\frac{\pi}{2}} U_{CC} \cdot i_L d\omega t = \dfrac{1}{2\pi}\int_{-\frac{\pi}{2}}^{\frac{\pi}{2}} U_{CC} \cdot 0.45 \cos \omega t d\omega t = \dfrac{1}{2\pi} \times U_{CC} \times 0.45 \times 2 \approx 5$ W

(3) $P_T = P_E - P_o \approx 1.46$ W

题 10.5

(1) $U_{CEQ} = \frac{1}{2}U_{CC} = 15$ V, $I_{CQ} = \frac{U_{CC}-U_{CEQ}}{R_C} = \frac{15}{1.5K} = 10$ mA

(2) $U_{om} = \frac{1}{2}U_{CC} - |U_{CES}| = 15 - 3 = 12$ V

$$P_{om} = \frac{U_{om}^2}{2R_L} = \frac{12^2}{2 \times 8} = 9 \text{ W}$$

$$P_V = \frac{1}{2\pi}\int_0^\pi U_{CC} \cdot \frac{U_{om}}{R_L}\sin\omega t\,d(\omega t) = \frac{1}{2\pi} \times U_{CC} \times \frac{U_{om}}{R_L} \times 2 \approx 14.3 \text{ W}$$

$$\eta = \frac{P_{om}}{P_U} = 62.5\%$$

题 10.6

(1) $A_{uf} = -10$

(2) 运放最大输出电流 ± 10 mA,所以功放管的 $I_B = 10$ mA,运放的最大输出电压 ± 10 V, u_o 的最大输出电压幅度为 $\pm(10-0.7)$ V $= \pm 9.3$ V, $I_{om} = \frac{9.3}{R_L} = 1.17$ A

管子 $I_{Em} = I_{om}$,所以 $\beta \geqslant \frac{I_{Em}}{I_B} = 117$

(3) $P_{om} = \frac{U_{om}^2}{2R_L} = \frac{9.3^2}{2 \times 8}$ W ≈ 5.41 W

$$P_V = 2 \times \frac{1}{2\pi}\int_0^\pi U_{CC} \cdot \frac{U_{om}}{R_L}\sin\omega t\,d(\omega t)$$

$$= \left(2 \times \frac{1}{2\pi} \times 15 \times \frac{9.3}{8} \times 2\right) \text{ W} \approx 11.1 \text{ W}$$

$$\eta = \frac{P_{om}}{P_V} \approx 48.7\%$$

$$P_{T1} = P_{T2} = \frac{1}{2}(P_V - P_{om}) \approx 2.85 \text{ W}$$

题 10.7

(1)应引入电压串联负反馈,图略

(2) $R_f = 49$ kΩ

(3)集成运放的最大输出电压幅度为 13 V,则 u_o 的最大幅度

$$U_{om} = 13 + U_D - U_{BE} = 13 + 0.7 - 0.7 = 13 \text{ V}$$

$$P_{om} = \frac{U_{om}^2}{2R_L} = \frac{13^2}{2 \times 8} = 10.56 \text{ W}$$

题 10.8 (1) $P_{om} = 5.1$ W,(2) $U_i = 64$ mV

题 10.9 (1)复合管准互补甲乙类功率电路;(2)交越失真,损坏功率管;(3)10 V,1 W。

第 11 章

题 11.1 (1)9 V;(2)半波整流;(3)短路故障;(4)9 V。

题 11.2

(1)图略;

(2)直流平均电压 $U_o = 0.9U_{21} = 0.9V_{22}$, U_{21}, U_{22} 为付边电压有效值;

附录 B 部分习题参考答案

(3) $I_{D(AV)1} = I_{D(AV)2} = 1/2 I_L$；

(4) $U_{BR} > 2\sqrt{2} U_{21}$。

题 11.3

(1) U_{O1} 上"+"下"-"，V_{O2} 上"+"下"-"；

(2) $U_{O(AV)1} = U_{O(AV)2} = 0.9 U_{21} = 18$ V；

(3) $U_{O(AV)1} = U_{O(AV)2} = 1/2 \times 0.9(U_{21} + U_{22}) = 18$ V，波形略。

题 11.4

(1) C 未接上，$U_{O(AV)} = 0.9 U_2 = 0.9 \times 20 = 18$ V；

(2) R_L 开路，$U_{O(AV)} = 20\sqrt{2} \approx 28.3$ V；

(3) $U_{O(AV)} = \sqrt{2} U_2 \approx 28.3$ V；

(4) $U_{O(AV)} = 1.2 U_2 = 24$ V。

题 11.5 (1)电感滤波；(2)RC-π 型滤波；(3)LC 滤波；(4)LC-π 型滤波。

题 11.6

(1) $R \leq 413$ Ω（取 390 Ω）；

(2) $I_{zmax} = \dfrac{U_{Imax} - U_o}{R} - I_{Lmin} = \left(\dfrac{23.76 - 5}{0.39} - 10\right)$ mA $= 38$ mA

题 11.7

(1) $I_z = I_{R1} = 12$ mA；

(2) $U_o \cdot \dfrac{R_2}{R_2 + R_3} = 8$ V，$V_o = 16$ V；

(3) $R_3 = 0$ kΩ 时，$U_{omin} = 8$ V

$R_3 = 3$ kΩ 时，代入式 $U_o \cdot \dfrac{R_2}{R_2 + R_3} = 8$ V 得 $U_o = 32$ V，可见此时 V 管 $U_{CE} = U_I - U_o < 0$，V 已进入饱和，所以要使 V 处于线性放大状态，$U_{omax} \leq 20$ V（忽略 V 饱和压降）。

题 11.8

(1) 上"+"下"-"。

(2) $I_{omax} = \beta \cdot 1$ mA $= 100$ mA，$U_{omax} = 20 - U_{BE} = (20 - 0.7)$ V $= 19.3$ V

当 R_w 滑动触头置于最上端时，输出电压 U_o 最小，$U_{omin} = 6$ V

$$P_{CM} = I_{omax} \cdot U_{CEmax} = I_{omax} \cdot (24\text{V} - 6\text{V}) = 1.8 \text{ W}$$

题 11.9

(1) $R_1 = 300$ Ω，$R_w = 350$ Ω

(2) $U_I = U_o + U_{CE1} \geq 20 + 4 = 24$ V

$U_I = 1.2 U_2$ 所以 $U_2 \geq 20$ V

题 11.10 $U'_o = U_o \left[1 - \dfrac{R_2}{R_1 + R_2} \cdot \dfrac{R_3 + R_4}{R_4}\right]$（提示：运放输出电压与稳压器输出电压之和等于输出电压）。

题 11.11

(1) 上"+"下"-"；

(2) $U_{O1} = +15$ V，$U_{O2} = -15$ V

(3)三端稳压器输入电压 $U_I=1.2V_2=(1.2\times20)$ V $=24$ V,输出电压 $U_O=15$ V 所以加在稳压器上的电压为 $U_I-U_O=9$ V,功耗 $P_{CM}=9$ V$\times 1$ A$=9$ W。

题 11.12

(1) $I_{R1}=U_{31}/R_1$, $R_1=240$ Ω; $R_1=120$ Ω

(2) $U_o=18.3$ V;

(3) $R_2=6.3$ kΩ, $U_I-U_o\geqslant 2$ V,所以 $U_I\geqslant 39$ V

(4) $R_2=0$ 时, $U_o=1.2$ V; $R_2=6.2$ kΩ 时, $U_O=36.6$ V

题 11.13

(1) $I_o=U_{31}/R=1.2$V$/R$,所以 $I_o=10$ mA~ 1.5 A

(2) $R_L=1.5$ V$/50$ mA$=30$ Ω

题 11.14

(a)稳压管 V_{DZ} 方向接反。

(b)整流电路输出应接滤波电容,稳压器输入也应接电容(如 500 μf+0.33 μf)

(c)稳压器 79L05 接错。

题 11.15 (1)开关稳压电路;(2)线性稳压电路;(3)开关稳压电路;(4)线性稳压电路。

第 12 章

题 12.1 (1) 33.75~0 V;(2) 141 V;(3) 14.1 A。

题 12.3 (1)图略;(2)$\theta=120°$;(3) 图略。

附录 C 本书常用文字符号

1. 元器件符号

(1) 器件名称

V(或 T)　三极管、MOS 管

V_D(或 V,D)　二极管符号

V　晶闸管

(2) 器件引脚名称

b　晶体三极管的基极

c　晶体三极管的集电极

e　晶体三极管的发射极

G(g)　MOS 管栅极

D(d)　MOS 管漏极

S(s)　MOS 管源极

B　MOS 管衬底

2. 电压、电流和功率符号

(1) 电压符号

u　一般电压符号

U_m　电压幅度

u_i　输入电压

u_o　输出电压

U_{ON}　二极管、晶体管开启电压

U_T　温度的电压当量

$U_{(BR)}$　二极管的击穿电压

u_{CE}　三极管 c-e 间的电压

$U_{CE(sat)}(U_{CES})$　三极管 c-e 间的饱和电压

$U_{(BR)CEO}$　三极管基极开路时 c-e 间的击穿电压

u_{GS}　MOS 管栅极-源极间电压

u_{DS}　MOS 管漏极-源极间电压

U_{T+}　迟滞比较器正向阈值电压

U_{T-}　迟滞比较器负向阈值电压

$\triangle U_T$　迟滞比较器回差电压

U_{REF} 基准参考电压
U_{CC} 双极型三极管的集电极电源电压
U_{BB} 双极型三极管的基极电源电压
U_{DD} MOS管的漏极电源电压

(2) 电流符号

$i(I)$ 一般电流符号
i_I 输入电流
i_O 输出电流
$I_{CC}(I_{DD})$ 电源电流
I_F 二极管正向电流
I_R 二极管反向电流
I_S 二极管的反向饱和电流
i_C 双极型三极管的集电极电流
I_{CBO} 发射极开路时的 c-b 间的反向电流
I_{CEO} 基极开路时的 c-e 间的穿透电流
$I_{C(sat)}$ 临界饱和集电极电流
I_{CM} 集电极最大允许电流
i_B 双极型三极管的基极电流
$I_{B(sat)}$ 临界饱和基极电流
i_L 负载电流

(3) 功率符号

P 功率通用符号
P_M 最大允许功耗
P_{CM} 集电极最大允许耗散功率

3. 电阻、电导和电容符号

R,r 电阻通用符号（小写表示器件内部等效电阻）
R_I 输入电阻
R_O 输出电阻
R_L 负载电阻
R_S 信号源内阻
R_F 反馈电阻
G,g 电导的通用符号
C 电容的通用符号
C_{ext} 外接电容负载
C_L 负载电容
g_m 跨导

4. 时间和频率符号

(1) 时间

T 一般时间符号

附录 C 本书常用文字符号

- t_d 延迟时间
- t_s 存储时间
- t_r 上升时间
- t_f 下降时间
- t_{re} 二极管反向恢复时间
- t_{on} 开启时间或开通时间
- t_{off} 关闭时间
- T 周期
- t_w 脉冲宽度
- τ 时间常数

(2) 频率

- f 频率通用符号
- ω 角频率通用符号
- f_O 中心频率、谐振频率、输出频率
- q 占空比

5. 其他参数符号

- β 三极管共发射极电流放大系数
- α 三极管共基极电流放大系数
- A 放大倍数的通用符号
- F 反馈系数的通用符号
- K 绝对温度
- η 效率
- D 非线性失真系数

参考文献

[1] 康华光.电子技术基础(模拟部分)[M].第4版.北京:高等教育出版社,1999.
[2] 童诗白.模拟电子技术基础[M].第2版.北京:高等教育出版社,1988.
[3] 杨素行.模拟电子技术简明教程[M].第2版.北京:高等教育出版社,1998.
[4] 陈大钦.模拟电子技术基础[M].第2版.北京:高等教育出版社,2000.
[5] 吴运昌.模拟集成电路原理与应用[M].广州:华南理工大学出版社,1995.
[6] 王汝君,钱秀珍.模拟集成电子电路[M].南京:东南大学出版社,1993.
[7] 谢嘉奎.电子线路[M].第4版.北京:高等教育出版社,1999.
[8] 童诗白,华成英.模拟电子技术基础[M].北京:高等教育出版社,2003.
[9] 陈兆仁.电子技术基础实验研究与设计[M].北京:电子工业出版社,2000.
[10] 董在望,杨明杰.模拟电路技术资料汇编[M].北京:高等教育出版社,1998.
[11] 杜虎林.用万用表检测电子元器件[M].沈阳:辽宁科学技术出版社,2002.
[12] 江晓安,董秀峰.模拟电子技术基础[M].第2版.西安:西安电子科技大学出版社,2002.
[13] 苏文平.新型电子电路应用实例精选[M].北京:北京航空航天大学出版社,1999.
[14] 张庆双,等.电子元器件的选用与检测[M].北京,机械工业出版社,2002.
[15] 周雪.模拟电子技术[M].第2版.西安:西安电子科技大学出版社,2005.
[16] 莫正康.半导体变流技术[M].第2版.北京:机械工业出版社,1997.
[17] 郭维芹.模拟电子技术[M].北京:科学出版社,1998.
[18] 李雅轩.模拟电子技术[M].西安:西安电子科技大学出版社,2003.
[19] 刘全忠.电子技术[M].北京:高等教育出版社,1999.